멜섹 PLC

백승수 저

오성미디어

머 리 말

산업사회의 자동화는 꾸준히 추진되는 중요한 경쟁력 강화수단중의 하나이다. PLC를 이용한 공장자동화, 생산자동화는 보편적인 기술로 자리 매김하고 있다. 본 교재에서는 미쓰비시 MELSEC-Q PLC와 FX PLC를 사용하는 학생들의 학습과 생산자동화 산업기사 실기 준비를 대상으로 다음의 내용들을 서술하였다.

1장에서는 PLC의 발전과 개념 등 보편적인 사항들을 다루는 부분으로 이루어져 있다.
2장에서는 GX Developer의 사용법과 메뉴 등에 대해 설명하였다.
3장에서는 전기 시퀀서에서 다루는 전기회로의 내용을 PLC 명령어 들을 이용하여 구현해 볼 수 있도록 서술하였다. 특히 FX PLC를 직접 프로그래밍하고 배선하여 확인 할 수 있도록 구성하였다.
4장에서는 PLC에서 제공하는 기본_응용명령어들의 사용방법과 예제를 다루어 이해와 응용을 할 수 있도록 하였다.
5장에서는 생산자동화 산업기사 실기 문제를 해결할 수 있도록 부분으로 나누어서 설명하고 프로그램을 제시하였다.
6장에서는 생산자동화 산업기사 필기, 실기 출제 기준 실기 채점기준을 나타내었다.
7장에서는 FX_PLC에 대한 소개와 입출력 배선방법과 접속방법에 대해 설명하였다.

본 교재에서는 다양한 프로그램 작성 예를 제시하여 학생들이 참고하거나 변형해서 스스로 학습할 수 있도록 구성하였다. 또한 연습문제를 두어 스스로 해결할 수 있도록 하면서 그 문제의 답에 해당하는 프로그램을 1~2 가지를 함께 실어서 학습에 도움이 될 수 있도록 구성하였다.

차　　례

1장 PLC 개요

1. PLC 개요

1.1 PLC 정의

PLC(Programmable Logic Controller)는 기존의 전기시퀀서 회로에 사용되는 릴레이, 타이머, 카운터 등을 배선으로 직접 결선을 하여 이용하던 기능을 마이크로프로세서를 기반으로 만들어진 PLC 장치를 이용하여 프로그램의 작성과 간편하고 편리한 변경으로 종래의 시퀀서 제어 기능뿐만 아니라 연산기능과 프로그래머 제어 능력을 가능하도록 하여 처리 능력을 확대한 제어장치이다.

미국 전기공업협회(NEMA: National Electrical Manufactures Association)에서는 "디지털 또는 아나로그 입출력 모듈을 통하여 로직, 시퀀서, 타이밍, 카운팅, 연산과 같은 특수한 기능을 수행하기 위하여 프로그램 가능한 메모리를 사용하고 여러 종류의 기계나 프로세서를 제어하는 디지털 조작 전자장치"로 정의하고 있다.

따라서 PLC는 제어를 수행할 수 있는 마이크로세서를 포함하는 로직, 시퀀스와 연산 등의 기능과 명령을 저장할 프로그램 메모리를 사용하며, 프로그램의 수정과 변경만으로 복잡하고 다양한 제어가 가능하다.

1.2 PLC 역사

산업사회가 빠른 속도로 세분화, 집중화 되면서 산업현장의 생산관련 시설들의 각 공정들이 대규모, 고도화, 복잡한 형태로 변화하면서 이것을 제어하기 위한 제어 시스템 역시 보다 정밀하고 고도화된 제어시스템이 필요하게 되었다. 자동화 초기 단계에서는 각종 소자(Relay, Contractor, Timer, Counter등)들을 연결하여 사용했으나 단순하고 저렴한 장점은 있지만 제어 환경의 변화에 따라 대응하기가 어려워지고 유접점 사용으로 수명에도 한계가 있고, 실제 배선 작업이 복잡하고 어려우며, 시퀀스 제어를 위하여 많은 공간이 필요하였으며, 처리속도에 한계가 있다는 문제점이 발생하였다,

이러한 제어시스템을 유기적으로 연결 또는 변경하기 위해서는 많은 시간과 비용이 소요되었다. 1968년 미국의 자동차 메이커인 제너럴모터스(General Motors)사가 자동차의 조립라인에 사용할 새로운 제어장치를 구입하기 위해 10가지 조건을 명시하였다.

이러한 조건이 PLC 개발의 계기가 되었고 다음과 같다.

(1) 프로그램 및 시퀀스 시스템의 작성과 변경이 용이할 것.

(2) 점검 및 보수 용이하고 Plug-In 방식을 기본으로 할 것.

(3) 릴레이 제어반 보다 신뢰성이 높을 것.
(4) 출력은 상위 컴퓨터와 결합기능을 가질 것.
(5) 릴레이 제어반보다 소형일 것.
(6) 릴레이 제어반, 무접점 제어반보다 가격 면에서 유리할 것.
(7) 입력을 AC115[V]를 표준으로 할 것.
(8) 출력은 AC115[V], 2[A]를 공급할 수 있을 것.
(9) 전체 시스템 변경을 최소화하면서 기본 시스템 확장 가능할 것.
(10) 최저 4K Word까지 확장 가능한 프로그래머블 메모리를 가질 것.

다음은 PLC의 역사를 연도별로 정리한 것이다.

구 분	발 달 과 정
1968	PLC의 개념 출현(GM)
1970	논리지시 및 1K 기억용량과 128 I/O 점수 제어기 등장
1974	타이머, 카운터, 산술연산 기능과 12K 기억용량과 1024 I/O 점수처리
1976	원격 입·출력 시스템 소개(최초로 규격 제정 - 미국)
1977	16비트 마이크로프로세서를 CPU로 채택한 PLC 등장
1980	지능형 고성능 I/O 모듈, 고기능 통신장치, 고기능 소프트웨어, 프로그래밍 도구로 컴퓨터와 통신 가능
1983	저렴한 소형 PLC 등장
1985	표준화, 컴퓨터와의 네트워크 기능으로 분산 및 계층 제어 가능
1991	퍼지이론을 도입한 퍼지 모듈 및 전용 퍼지 제어기 등장

1.3 PLC의 차별성

초기의 PLC와는 달리 현재에는 PLC의 고기능이 급속하게 진행됨에 따라 고기능, 산업용 컴퓨터와 차별성이 줄어들고 있지만 PLC의 특징을 다음과 같이 구별할 수 있다.

■ 프로그램의 시작부터 시작해서 차례로 끝까지 실행하고 다시 처음부터 계속 반복하면서 수행한다.

■ PLC(Programmable Logic Controller)의 프로그램 작성 방법은 직관적인 래더 다이어그램을 많이 사용한다.

■ 다른 산업용 컴퓨터보다 상대적으로 더 열악한 산업 환경에도 적용 가능하도록

설계되어 있다.

■ 기능의 다양화, 프로그램의 고기능성 (제어회로 설계용이), 조작의 간편성, 유지보수의 편리성, 고 신뢰성, 설치의 간편성

다음은 산업현장에 적용 가능한 자동화 처리 방법을 구분하여 각 시스템의 장단점과 특징들을 나타내었다.

구 분	릴레이 제어반 전기시퀀서	마이크로프로세서 디지털 회로	사업용 컴퓨터	PLC
가격	매우 저가	저가	고가	저가
크기	대형	소형화 가능	적당	소형화 가능
처리속도	느림	매우 빠름	매우 빠름	빠름
제어기능	설계와 설치시 많은 시간 소요	설계에 많은 시간 소요	Program시 아주 많은 시간 소요	간단
제어 변경	배선 재 시공	어렵다.	프로그램 변경	프로그램 변경
유지보수	매우 곤란	어렵다.	용이	용이

1.4 PLC 종류

세계적으로 많은 회사에서 다양한 종류의 PLC를 생산하고 있다. 국내에서는 LS산전, 사이몬, 삼성전자 등 여러 업체에서 PLC를 개발 및 생산하고 있다.

LS산전 : GOLDSEC 시리즈
MASTER-K 시리즈
GLOFA-GM 시리즈
XGT 시리즈
XGB 시리즈

해외에서는 MITSUBISHI(MELSEC A-Series, Q-Series, FX-Series), GE, FANUC, AB(ALLEN-BRADLEY), MODICON, SIEMENS, FESTO, OMRON, 후지, 히다치등이 있다.

PLC는 시스템 구성방식에 따라 모듈식과 고정식으로 나눌 수 있으며 모듈식은 베이스 유닛에 입출력부와 전원부, CPU모듈 등이 모듈단위로 구성되어 있어 입출력 접점수의 확장이 가능하며 아나로그 모듈, 펄스 입출력, 카운터 모듈, 위치결정 모듈, 제어 네트워크 모듈, 에너지 측정 모듈, 정보모듈 등 다양한 기능의 모듈들을 연결 부착하여 그 기능과 성능을 확장 할 수 있다.

반면에 고정식은 입출력장치와 CPU등이 일체형으로 만들어져 그 기능과 성능의 확장에 어려움이 있는 구조를 가지고 있다. 따라서 기능 확장이 제한적이며 가격이 저렴해서 비교적 간단한 자동화 설비에 많이 사용되고 있다.

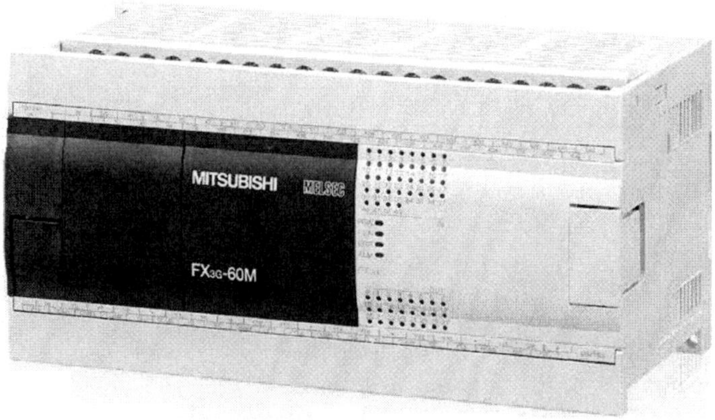

1.5 적용분야

자동화 생산, 자동화 설비의 고기능, 고능률화의 요구에 따라 PLC의 적용범위는 시간이 흐를수록 적용범위가 넓어지고 있다.

특히, 공장 자동화와 생산자동화의 확대에 따른 PLC에 대한 요구는 고기능화, 고속화의 추세로 소규모 공작기계에서 대규모 시스템 설비 등에 적용되고 있다. 반도체 기술의 발전으로 디지털 제어, PID제어, 고속카운터 제어, 위치 제어, 인버터 등이 가능하여 FMS, FA 제어부분까지 점차적으로 확대되고 있다.

다음은 PLC 제어 대상에 따른 적용 분야를 나타낸 것으로 표에 설명한 분야 외에도 수많은 산업분야에 확산 적용되고 있다.

분　야	제 어 대 상
식품산업	분말차 제조라인, 식품포장, 생산라인 자동제어
발전산업	발전설비, 송배전 설비 제어
반도체 액정	프린트 기판제조, 마스크장치, 코팅장치, 웨이퍼 연마
계장	화학(중합, 증유, 건조), 빌딩(공조, 배수, 보일러), 금속(전기로, 용해로)
제철, 제강산업	작업장 하역제어, 원료 수송제어, 압연라인제어, 하역운반제어
섬유, 화학공업	원조 수입출하 제어, 컨베이어 제어, 직조 염색 라인 제어
자동차 공업	전송라인제어, 자동조립 라인제어
기계 산업	산업용 로봇제어, 공작기계제어, 송배수 펌프제어
프레스 성형기	사출성형기
빌딩, 공장 유틸리티 관리	빌딩공조시스템, 전력감시 시스템, 빌딩보안시스템
상하수 수처리산업	정수장 제어, 하수처리제어, 송배수 펌프 제어
물류산업	자동창고 제어, 하역 설비제어, 반송라인제어
물류 반송	택배품 분류기, NC로더, 입체 주차장, 공항수하물 반송시스템
공장설비	압축기 제어
공해방지산업	쓰레기 소각로 자동제어, 공해 방지기 제어

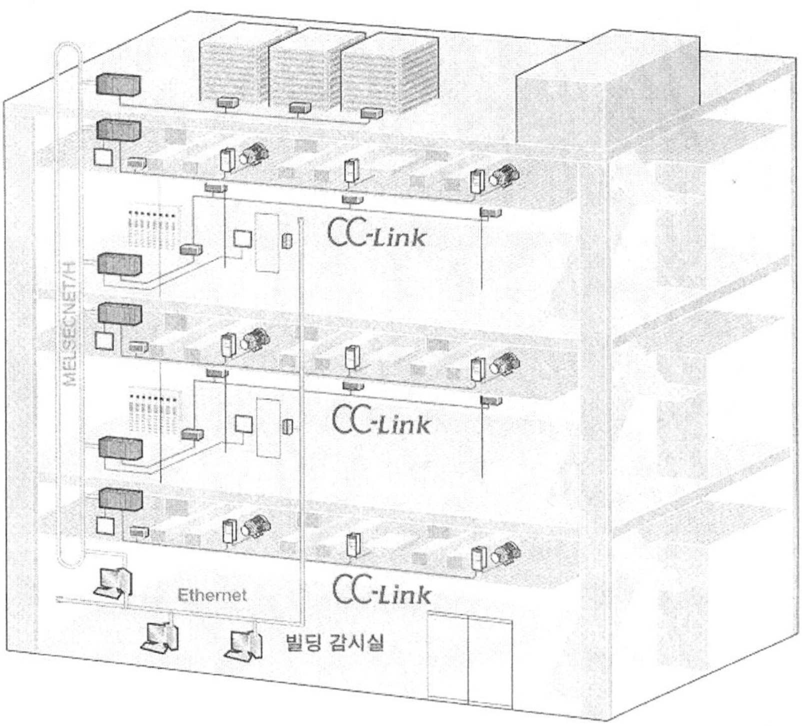

2. PLC의 구조

PLC는 마이크로프로세서(Microprocessor)와 메모리, 입출력 신호처리 장치로 구성되어 있다. 모든 정보를 처리하는 중앙처리장치(CPU), 외부 기기와의 신호를 연결시켜 주는 입출력부, 각 장치에 전원을 공급하는 전원부, PLC내의 메모리에 프로그램을 기록하는 주변 장치로 구성되어 있다.

다음은 PLC의 구조를 간단하게 표시한 개념도이다.

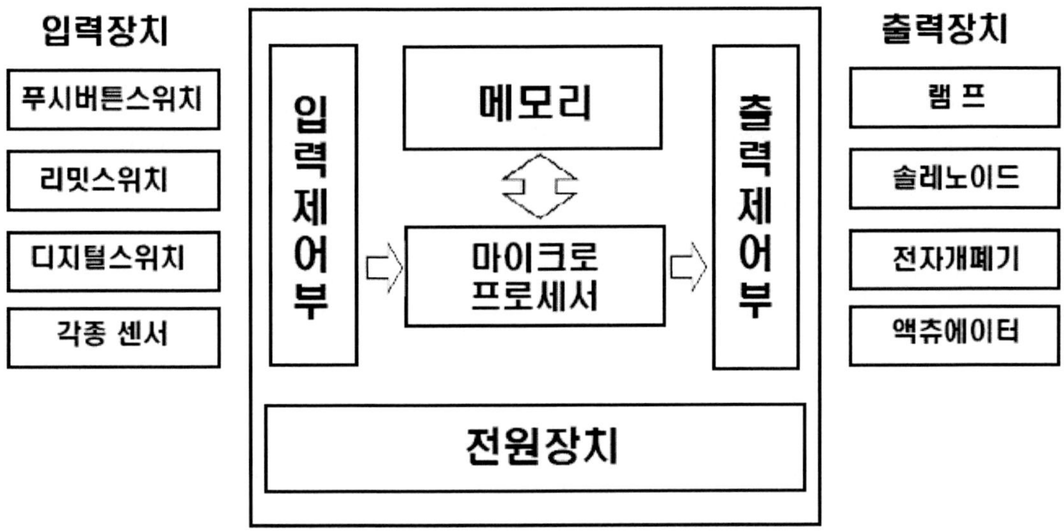

2.1 PLC의 CPU

PLC의 핵심두뇌에 해당하는 부분으로 모든 데이터의 처리에 중심 역할을 담당한다. 데이터의 연산은 메모리에 저장되어 있는 프로그램 즉, 2진수 데이터인 기계어들을 하나씩 꺼내서 처리 내용을 실행하며 이 절차는 매우 빠른 속도로 처리된다. PLC의 처리 성능은 결국 CPU의 연산처리 속도와 직접적인 관련이 있게 된다.

2.2 PLC CPU의 메모리

(1) 메모리 내용

PLC의 메모리는 사용자 프로그램 메모리, 데이터 메모리, 시스템 메모리의 3가지로 구분된다. 사용자 프로그램 메모리는 제어하게 될 입출력 장치에 따라 사용자가 작성한 프로그램이 저장되는 영역으로, 제어하게 될 내용에 따라 변경이 필요하므로 RAM을 사용한다. 프로그램이 목적에 따라 완성되면 ROM에 입력해서 ROM 운전을 할 수 있다. 데이터 메모리는 입출력 릴레이, 보조 릴레이, 타이머와 카운터의 접점상태 및 설정 값, 현재 값 등의 정보가 저장되는 영역으로 프로그램 실행 중에 접점상태와 설정 값 등이 변경되기 때문에 RAM 영역이 사용된다.

시스템 메모리는 PLC 제작 회사에서 작성한 시스템 프로그램이 저장되는 영역이다. 시스템 프로그램은 PLC의 기능이나 성능을 결정하는 중요한 프로그램으로, PLC 메이커에서 직접 ROM에 써넣는다.

(2) 멜섹Q CPU 메모리 구성

멜섹Q CPU 내부 메모리에는 프로그램 메모리, 표준 ROM, 표준 RAM이 있다.

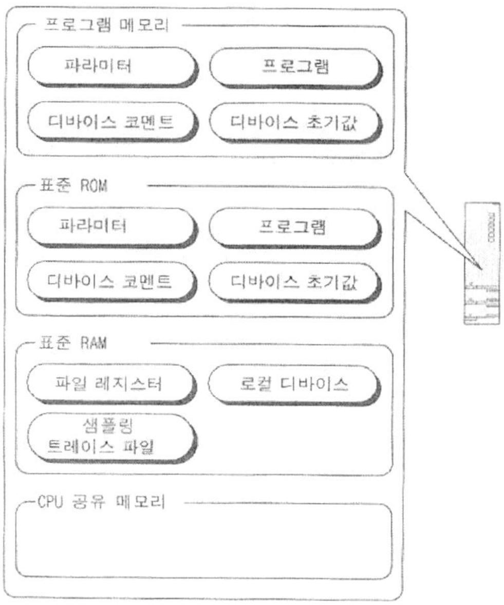

(3) 프로그램 메모리

GX Developer에 작성한 프로그램이 실제로 실행하기 위해서는 프로그램 메모리에 저장되어야 한다. ROM, 메모리카드에 저장된 프로그램은 프로그램 메모리로 부트하여 연산을 실행한다. 그리고 CPU에 포함된 배터리에 의해 내용이 안전하게 보호되어 PLC전원이 정전이나 OFF되어도 보존된다. GX Developer로 작성한 프로그램은 CPU

모듈의 프로그램 메모리, 표준 ROM, 메모리카드에 저장된다.

■ 표준 RAM

파일 레지스터, 로컬 디바이스의 데이터를 저장한다. 작성한 래더 프로그램은 프로그램 메모리에 저장되고 표준 RAM에는 작성한 래더 프로그램 실행 중에 필요한 데이터가 저장되는 공간이다. 표준 RAM은 배터리에 의해 내용이 보호되어 PLC전원이 OFF되어도 보존된다.

■ 표준 ROM

Q CPU에서 ROM을 운전할 경우의 파라미터, 프로그램 등의 데이터를 저장한다.

■ 메모리 카드(RAM)

파라미터, 프로그램 등과 로컬 디바이스, 디버그 데이터, SFC 트레이스 데이터, 고장 정보 데이터를 저장한다.

■ 메모리 카드(ROM)

Flash 카드의 경우 파라미터, 프로그램 등과 파일 레지스터를 저장한다.

3. PLC의 입출력 구조

PLC의 입출력부는 산업현장에서 사용하는 각종 외부 입출력 기기에 직접 접속하여 사용하게 된다. PLC내부는 DC +5(V)의 전원을 사용하지만 입출력부에 연결하는 각종 스위치, 센서, 엑츄에이터 등 외부 접속 기기들은 다른 전압 레벨을 사용하므로 PLC 내부와 입출력의 접속은 시스템 안정에 중요한 부분이 된다. 따라서 일반적으로 PLC의 입출력부는 다음의 사항이 요구된다.

① 외부 기기와 전기적 규격이 일치해야 한다.

② 외부 기기로부터의 노이즈가 PLC CPU쪽에 전달되지 않도록 한다.(포토커플러를 사용하여 전기적으로 분리되어야 한다.)

③ 외부 기기와의 접속이 용이해야 한다.

④ 입출력의 각 접점 상태를 감시할 수 있어야 한다. (LED부착)

3.1 입력부

외부 기기로부터의 신호를 CPU의 연산부로 전달해 주는 역할을 한다. 입력의 종류는 스위치, 리밋스위치, 센서 등이 있으며 사용전원으로는 DC 24[V], AC 110/220[V]등이 있다. 그 밖의 특수 입력모듈로는 아날로그 입력(A/D)모듈, 고속카운터(High speed counter)모듈 등이 있다. 입력부 회로의 예는 다음과 같다.

멜섹Q, FX PLC에서는 입력 공통단자를 +COM, -COM을 사용한다.

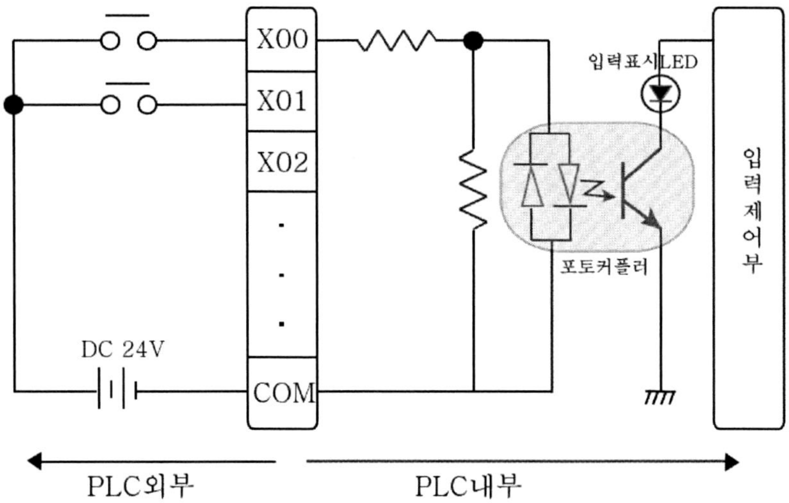

그리고 각종 외부기기를 입력단자에 연결하는 경우 전동기 과부하 계전기, 스위치 종류의 경우와는 달리 센서류(포토센서, 근접센서 등)는 전원선과 신호선이 있어서 연결에 있어 연결 센서의 출력 지원방법에 따라 결선 방법이 달라진다.

다음은 NPN, PNP 출력을 지원하는 각종센서(포토센서, 근접센서 등)의 경우 센서에 부하를 연결하는 일반적인 결선방법을 나타내었다.

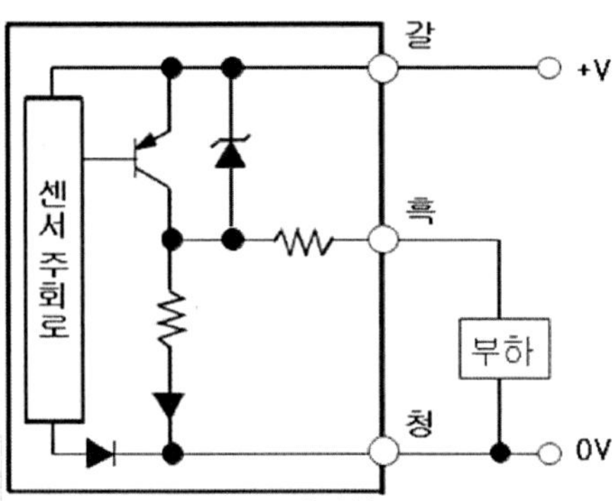

PNP 출력회로

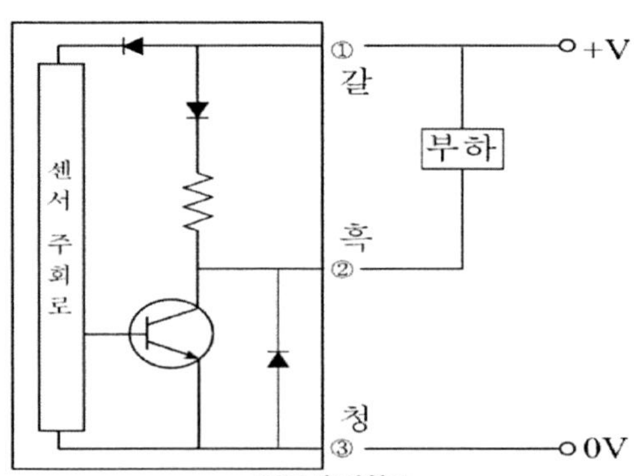

NPN 출력회로

이러한 NPN, PNP 출력을 지원하는 센서를 PLC 입력단자에 연결하는 결선 방법을 나타내었다.

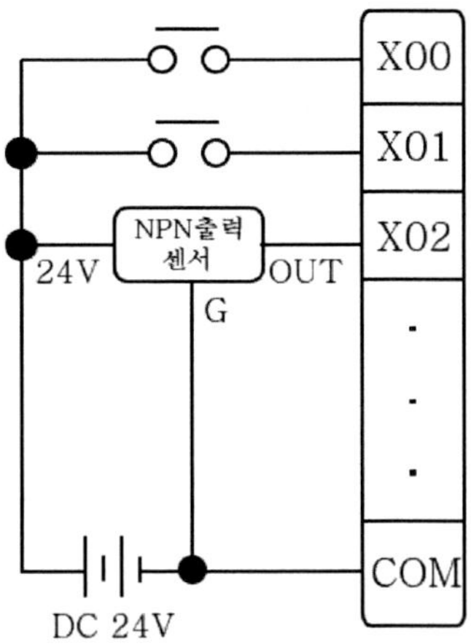

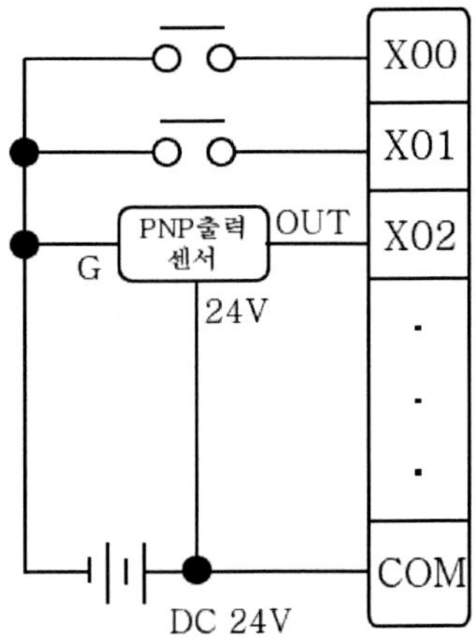

다음은 FX103U PLC의 경우 내부 전원 24V를 이용하는 입력 결선의 예를 나타내었다.

싱크 입력 배선

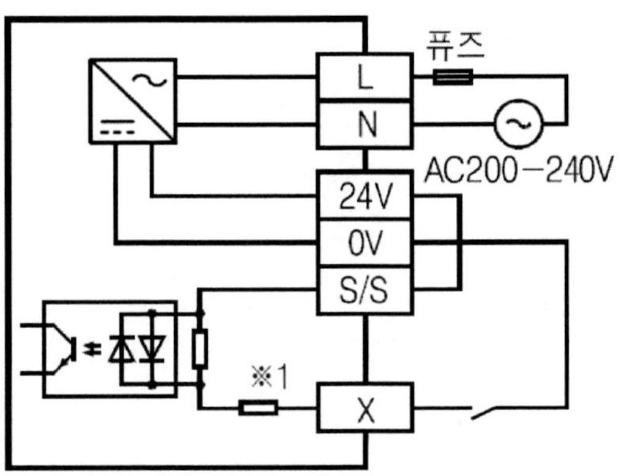

소스 입력 배선

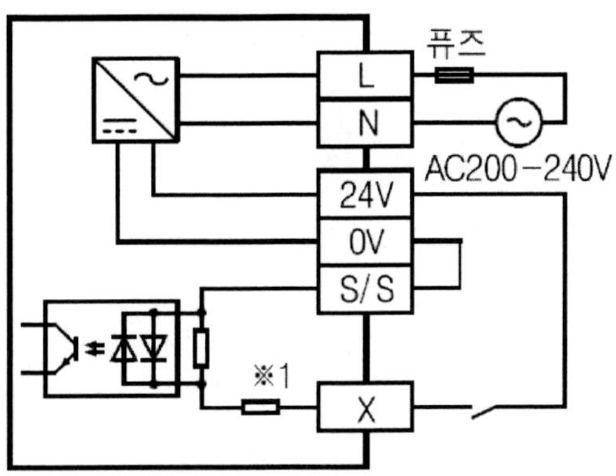

3.2 출력부

출력부는 CPU에서 처리된 내부 연산의 결과를 외부에 접속된 램프, 전자 접촉기나 솔레노이드와 같은 엑츄에이터에 전달하여 구동시키는 부분이다.

출력의 종류에는 릴레이 출력, 트랜지스터 출력, SSR(Solid State Relay)출력 등이 있고 그 밖의 출력 모듈로는 아날로그 출력(D/A)모듈, 위치결정(POP) 모듈 등이 있다. 멜섹Q, FX PLC에서는 입력 공통단자를 +COM, -COM을 사용한다.

다음은 PLC에서 출력 사용전원에 따른 출력 방식을 표로 나타내었다.

출력 신호 종류	유접점	무접점(반도체)
직류	릴레이 접점 출력	트랜지스터 출력
교류	릴레이 접점 출력	SSR(Solid State Relay) 출력

다음은 릴레이 출력을 지원하는 PLC 출력의 결선방법을 나타내었다.

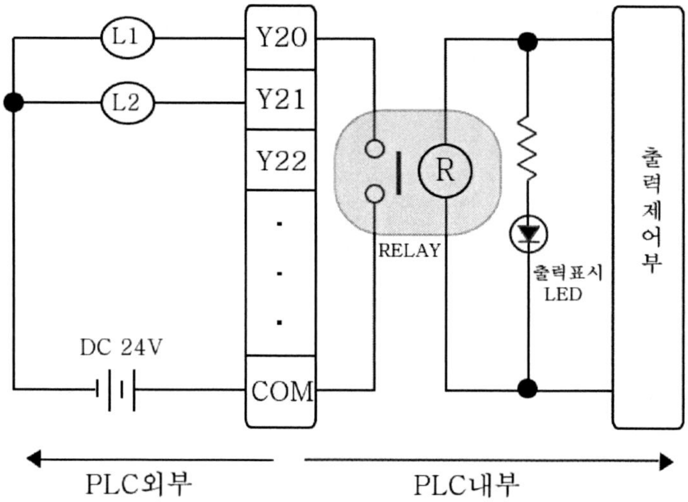

다음은 트랜지스터 출력을 지원하는 PLC 출력의 결선방법을 나타내었다.

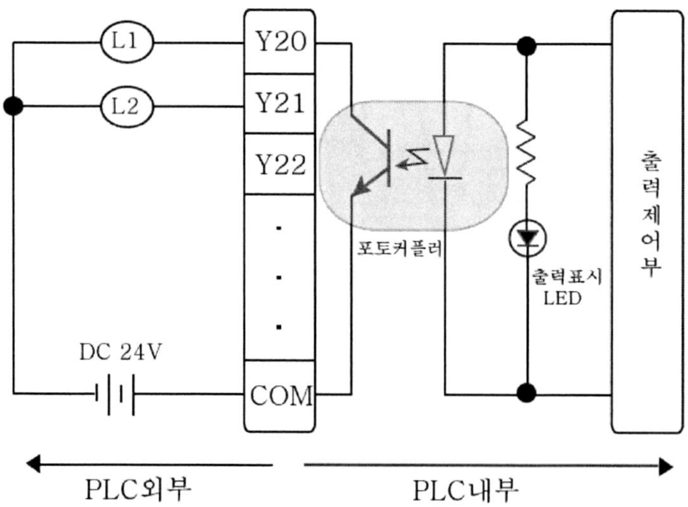

다음은 FX103U 출력 결선의 예를 나타내었다.

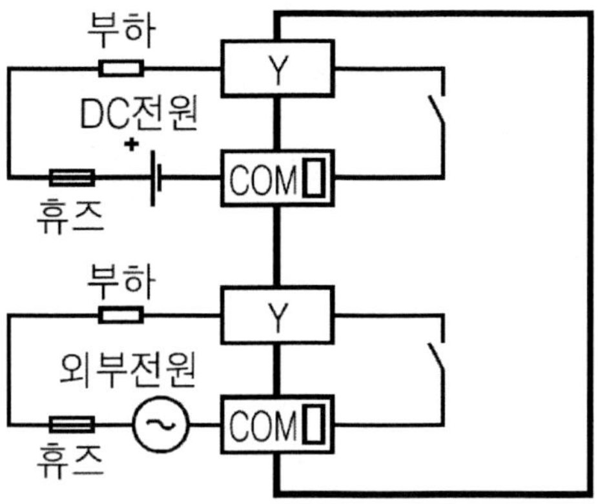

4. PLC 프로그램

4.1 프로그램 방식

PLC에서 사용하는 프로그래밍 언어는 다양한 형태로 제공된다. 래더 방식, 논리기호방식, 명령어 방식이 있다.

① 래더방식 : 시퀀서 회로의 표현을 래더 표현방식으로 프로그래밍하는 방법으로 직관적으로 이해하기 쉽고 단순하여 가장 많이 사용된다. 입력과 출력을 조합하여 프로그램을 작성하는 것으로 릴레이 로직 표현 방식의 언어이다.

② 명령어 방식 : 시퀀서 접속 및 처리 상태를 어셈블리 형태의 명령어 방식으로 프로그래밍하는 방법이다.

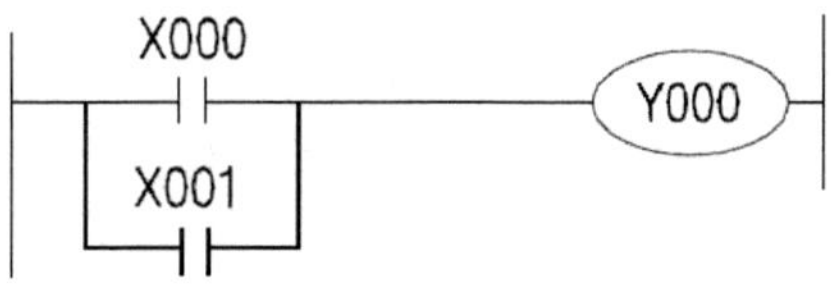


```
0000 LD  X000
0001 OR  X001
0002 OUT Y000
```

③ 논리기호방식 : AND, OR, NOT 등의 논리기호들을 사용하여 회로도를 논리대수식으로 변환하여 입력하는 방식이다.

④ SFC(Sequential Function Chart) : 기계의 동작의 흐름이나 조건 등을 순차적으로 표현한 형태의 언어이며 시간과 이벤트 등의 제어 시퀀스를 설계할 수 있는 방식이다.

4.2 PLC 구성 디바이스

멜섹Q에서 사용하는 내부 사용자 디바이스에는 워드 크기의 메모리를 디바이스, 비트 크기의 메모리를 릴레이라고 한다. 프로그램 메모리는 사용자가 작성한 래더 프로그램, 파라미터 등을 저장하는 메모리 영역이고, 내부 디바이스 메모리는 래더 프로그램이 실행할 때 필요한 데이터를 읽거나 쓰기에 필요한 영역이다. 이 내부 디바이스 메모리의 크기는 멜섹Q 02H에서는 29K 워드 크기로 정해져 있다.

제어방식	종류	디바이스명	디폴트값		파라미터 설정에 의한 설정범위
			점수	사용범위	
내부 USER 디바이스	비트 디바이스	입력	8192점	X0~X1FFF	
		출력	8192점	Y0~Y1FFF	
		스탭 릴레이	8192점	S0~S8191	
		특수 릴레이	2048점	SB0~SB2047	
		내부 릴레이	8192점	M0~M8191	합계28.8K 워드이내에서만 변경 가능
		래치 릴레이	8192점	L0~L8191	
		애넌시에이터	2048점	F0~F2047	
		에지 릴레이	8192점	V0~V2047	
		링크 릴레이	8192점	B0~B8191	
	워드 디바이스	타이머	2048점	T0~T2047	
		적산 타이머	0점	(ST0~ST2047)	
		카운터	1024점	C0~C1023	
		데이터 레지스터	12288점	D0~D12287	
		링크 레지스터	8192점	W0~W8191	
		특수링크 레지스터	2048점	SW0~SW2147	
내부 시스템 디바이스	비트 디바이스	펑션 입력	16점	FX0~FXF	고정
		펑션 출력	16점	FY0~FYF	
		특수 릴레이	2048점	SM0~SM2047	
	워드 디바이스	펑션 레지스터	5점	FD0~FD4	
		특수 레지스터	2048점	SD0~SD2047	
인덱스 레지스터	워드 디바이스	인덱스 레지스터	16점	Z0~Z15	

제어방식	종류	디바이스명	디폴트값		파라미터 설정에 의한 설정범위
			점수	사용범위	
파일 레지스터	워드 디바이스	파일 레지스터	0점	-	O~1018K점 (1K점 범위)
네스팅	-	네스팅	15점	N0~N14	고정
포인터	-	포인터	4096점	P0~P4095	
		인터럽트 포인터	256점	I0~I255	
기타	비트 디바이스	SFC 블록	320점	BL0~BL319	
		SFC 이행 디바이스	512점	TR0~TR511	
	-	네트워크 No.	256점	J1~K255	
		I/O No.	-	U0~UFF	
정수	-	10진 정수	K-2147483648~K2147483647		
		16진 정수	H0~HFFFFFFFF		
	-	실수 정수	E±1.17549-38~E±3.40282+38		
		문자열 정수	'ABC', '123' 등		

타이머, 적산 타이머, 카운터의 접점 및 코일은 비트 디바이스가 되며, 프로그램 실행 중 현재 값들은 워드 디바이스가 된다.

4.3 내부 USER 디바이스

(1) 입력 릴레이(X) : 외부 입력장치에 연결되는 누름 버튼스위치, 센서 스위치 종류, 디지털 스위치 등 입력 장치의 ON/OFF 상태를 기억하는 비트 메모리이다.

(2) 출력 릴레이(Y) : 외부 출력장치에 연결되는 램프, 표시장치, 전자접촉기, 솔레노이드 밸브 등을 ON/OFF 상태로 적용하는 비트 메모리이다.

(3) 내부 릴레이(M) : 프로그램 실행 시에 비트, 워드 정보를 읽기, 쓰기에 사용하는 비트 메모리이다.

(4) 래치 릴레이(L) : 프로그램 실행 시에 비트 정보를 읽기, 쓰기에 사용하는 메모

리이다. 내부 릴레이(M)와의 차이점은 정전이나 PLC전원 OFF시에도 래치 릴레이에 설정된 비트 값은 CPU 배터리에 의해 유지된다.

(5) 애넌시에이터(F) : 장비의 에러 검출, 이상 유무 검출에 사용하는 내부 릴레이이다. 특수릴레이 SM62가 ON되었을 때 특수 레지스터(SD62 ~ SD79)에 ON되어 있는 전체 애넌시에이터의 개수가 SD63에 저장되고 애넌시에이터의 번호가 차례로 저장된다.

다음은 애넌시에이터를 F5로 설정하고 X0를 고장 나면 인식한다고 가정했을 때 동작을 보여준다.

(6) 에지 릴레이(V) : 에지 릴레이는 래더 블록의 선두 디바이스에서 에지 릴레이 직전 릴레이까지의 조건이 만족되면 그 결과 데이터를 펄스 상승 신호로 1 스캔 동안만 기억하는 디바이스이다.

서브루틴이나 인터럽트 프로그램 등 반복하여 실행하는 프로그램 중에서 펄스화 할 경우에 사용하는 디바이스이다. 이러한 기능의 에지릴레이를 사용하면 서브루틴이나 인터럽트 프로그램 등 펄스화 명령의 사용이 쉬워진다.

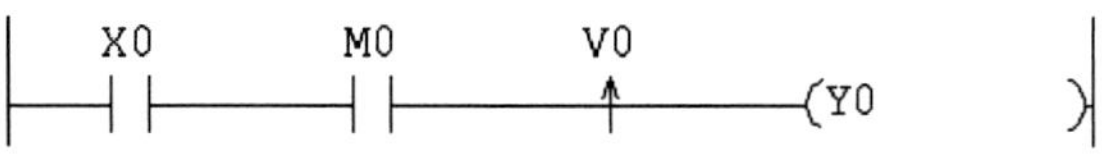

(7) 데이터 레지스터(D) : 데이터 레지스터는 16비트의 수치 데이터를 읽고, 쓰기하는 메모리이다. 2개의 데이터 레지스터를 이용하여 32비트 단위의 수치 데이터를 사용할 수 있다. 파라미터 설정에 의해 Latch 범위로 설정된 데이터 레지스터는 Reset 스위치를 L.CLR로 설정하면 0으로 초기화된다.

(8) 타이머(T) : 타이머는 시간을 측정하여 ON/OFF를 제어하는 워드 디바이스이다. 타이머가 포함하는 접점들은 비트 메모리가 되며, 타이머는 고속(HT), 저속(T) 타이머가 있고 적산 타이머(ST)도 있다. 타이머의 시간 계측 단위를 변경할 수 있도록 하였다. 변경은 파라미터에서 실시한다. (파라미터 -> PLC 파라미터 -> PLC시스템 -> 타

이며 시간 설정)

(9) 카운터(C) : 카운터는 펄스 상승의 회수를 카운팅하여 포함하는 접점들을 ON/OFF하는 워드 디바이스이다. 카운터가 포함하는 접점들은 비트 메모리가 되며, 카운터의 리셋은 RST명령을 사용하여 처리한다.

(10) 특수 릴레이/특수 레지스터(SM/SD)

CPU와 사용자가 프로그램 사이에서 데이터를 교환하기 위해 사용되는 다양하고 많은 기능의 특수 릴레이/특수 레지스터이다. 특수 릴레이/특수 레지스터(SM/SD)에는 SM1 자기 진단 에러, SM52 베터리 저하 관련 등 프로그램 작성 및 제어에 필요한 많은 기능을 제공한다.

(11) 링크 릴레이(B)

데이터 링크용 릴레이를 Master국과 Local국에서 Coil로 사용하고 타국(Master, Local)에서 접점으로 사용하는 방법으로 정보를 읽기, 쓰기 할 수 있다. 지정 네트워크의 리플레시를 처리한다.

(12) 링크 레지스터(W)

데이터 링크용 데이터 레지스터이다. Master국과 Local국간, Local국간의 데이터 정보 교환이 가능하다.

4.4 PLC 프로그램의 실행

4.4.1 래더 프로그램 실행 순서

다음은 래더 프로그램의 실행 순서를 나타내었다. 래더 프로그램의 실행은 왼쪽에서 오른쪽으로 실행이 되고 그리고 위에서 아래로 차례로 순차적으로 프로그램을 실행한다. 각 래더 프로그램은 래더 블록 단위로 구분해서 작성하고 실행하게 된다. 각 래더 블록의 앞에 붙어 있는 번호는 프로그램이 실행되는 스탭 번호가 된다.

스탭은 CPU가 한 개의 명령을 실행하기 위해 명령어를 읽어내고 연산 대상이 되는 데이터를 읽어서 명령어 내용에 따라 연산한 결과를 만드는데 필요한 기본적으로 소요되는 CPU 시간의 기본 단위를 의미한다고 이해하면 되겠다. 특정 명령을 실행하는데 2 ~ 4개의 스탭이 필요하다는 것은 2 ~ 4배의 단위 시간이 필요하다는 것으로 해석하면 된다. LD 명령을 실행하는데 필요한 1스탭에 소요되는 시간이 PLC QCPU 모델마다 다르지만 0.034us ~ 0.09us가 소요된다.

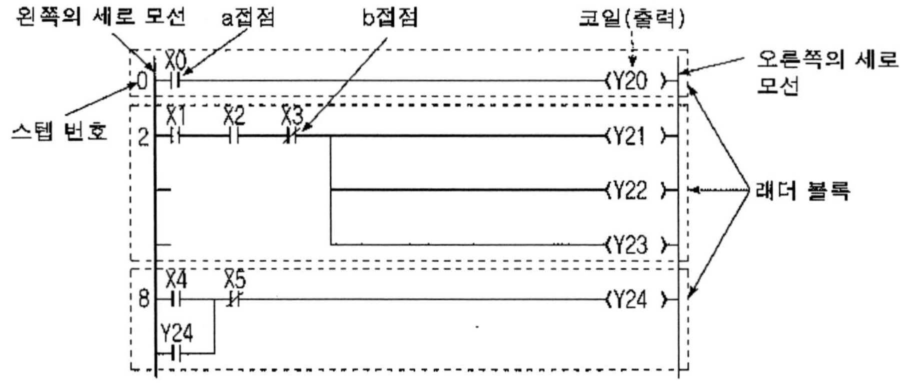

래더 프로그램내의 각 래더 블록에서의 실행 순서는 다음과 같다. 각각의 번호는 실행 순서를 나타내었다.

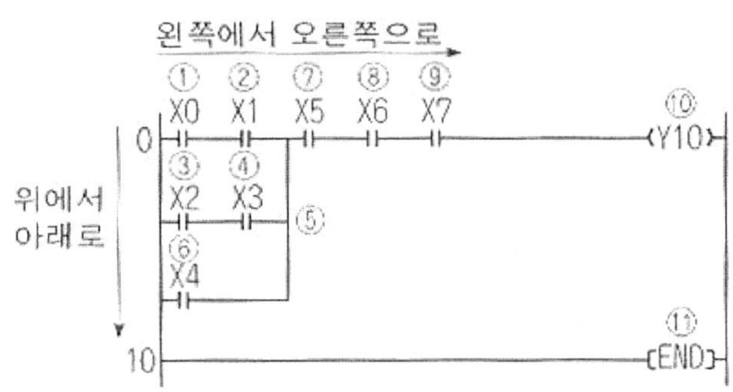

4.4.2 프로그램의 실행

(1) 프로그램의 실행 단계

PLC 래더 프로그램의 실행을 처음 프로그램을 작성하기 위한 단계부터 최종 프로그램이 실행되어 입력장치의 상태가 프로그램에 반영되어 연산에 의해 그 결과를 출력으로 나타나는 단계까지 하드웨어 측면에서 프로그램의 실행을 다음과 같이 나타내었다.

① PC를 사용해서 래더 프로그램 작성용 GX Developer를 실행하고 프로그램을 작성한다.

② PC와 PLC가 통신규약에 따라 연결되어 있는 상태에서 작성한 프로그램을 PLC

에 쓰기를 한다.

③ PLC에 로드된 프로그램이 실행되면 입력 인터페이스를 통해서 입력 단자에 부착된 입력 장치들의 ON/OFF상태를 읽어서 메모리 영역에 Data를 저장한다.

④ 프로그램은 메모리에 있는 입력장치의 Data를 연산에 사용하여 실행한다.

⑤ 연산된 결과에 따라 출력 장치에 쓰기를 해야 할 Data를 메모리 영역에 Data를 저장한다.

⑥ PLC는 출력 인터페이스를 통해서 메모리 영역에 있는 출력장치들의 접점 Data를 출력 단자로 출력한다.

⑦ PLC는 다시 ③번부터 반복 실행한다.

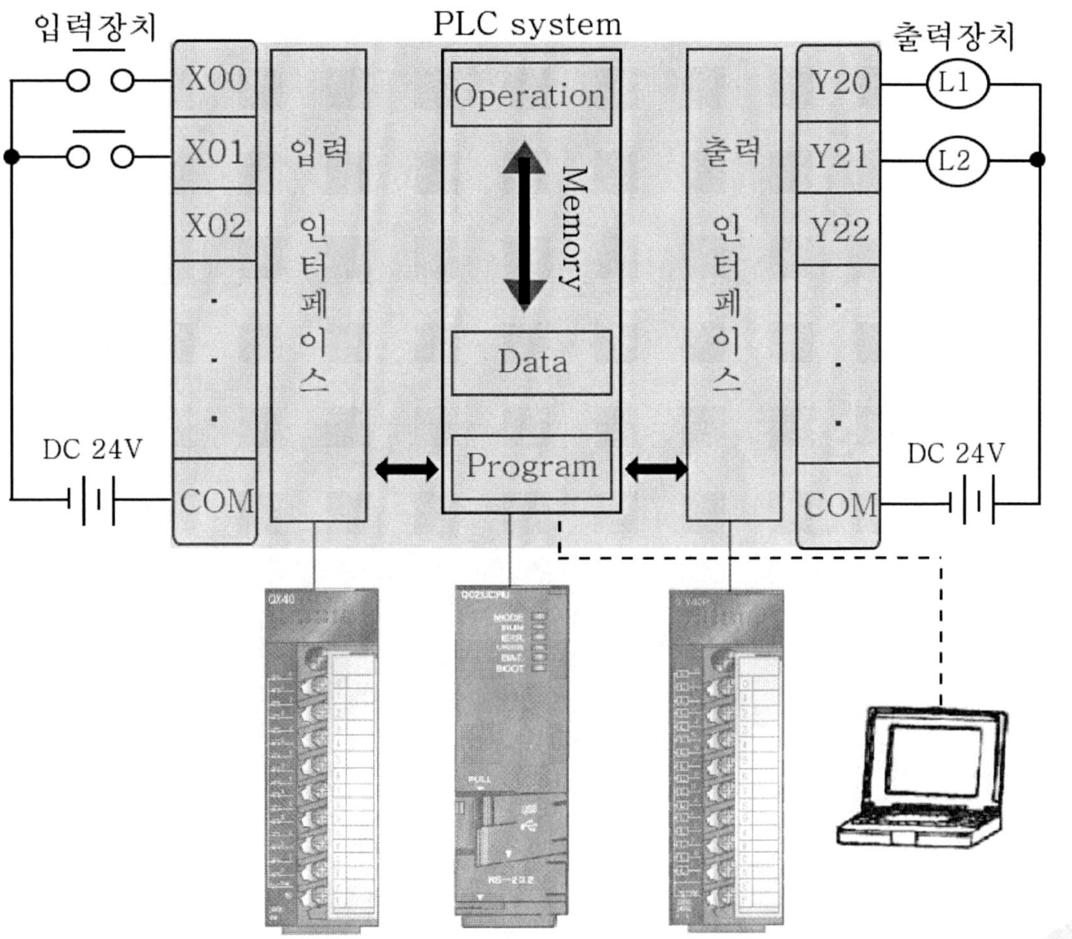

다음은 PLC 내의 래더 프로그램이 메모리 영역에 위치해서 CPU와 입출력 상태 값

이 저장 되어 있는 메모리 영역을 나타내었다. CPU모듈은 프로그램 메모리에 저장되어 있는 프로그램을 실행한다.

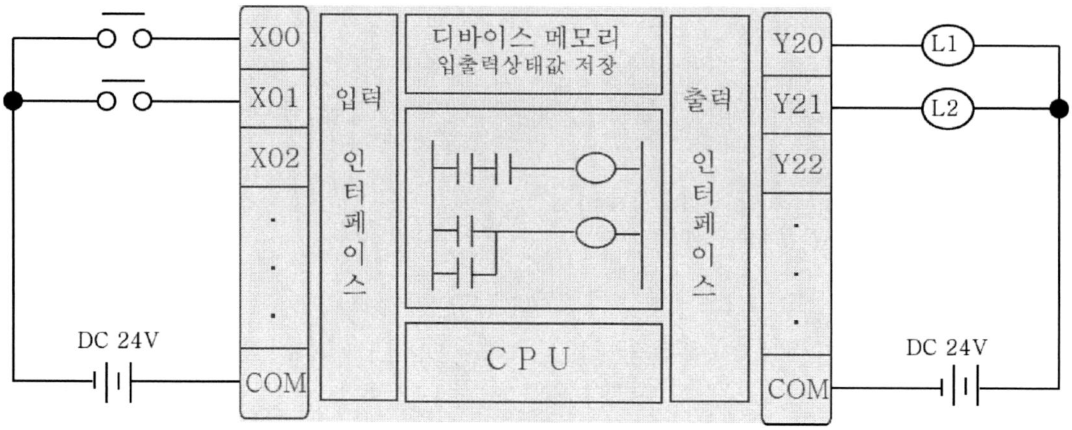

(2) 입출력 장치와 래더 프로그램 실행

다음은 입력장치와 PLC 그리고 출력 장치와 래더 프로그램이 실행되는 내용을 나타내었다.

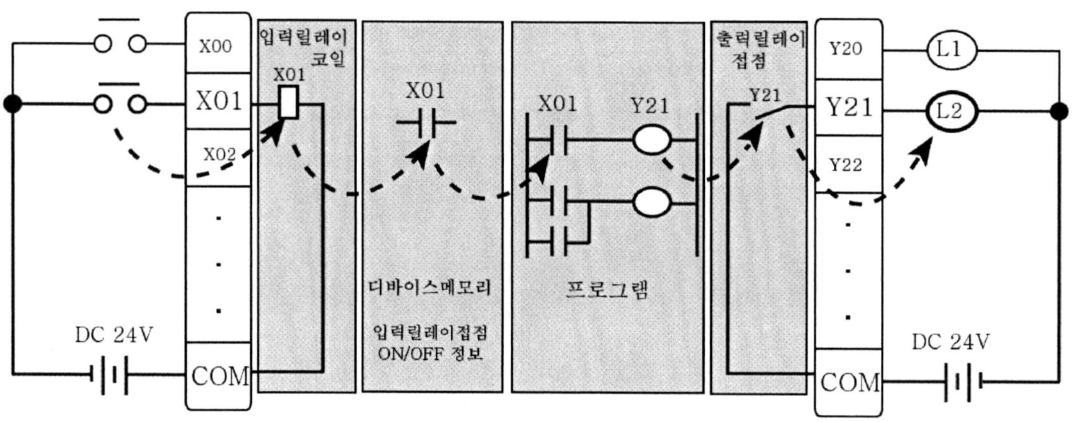

① 입력장치의 X01 주소에 부착된 푸시버튼 스위치를 누른다.

② PLC 내부의 입력장치 인터페이스를 통해 눌러진 푸시버튼 스위치에 의해 폐회로가 만들어져 PLC 내부에서는 입력 릴레이 코일에 전류가 흘러서 릴레이 접점을 당

겨 접점을 On 상태로 만들게 된다.

다음의 릴레이 동작 상태 그림을 보면 전류가 흐르게 되면 전자석에 의한 힘으로 가동접점을 끌어 당겨 고정 접점이 ON되는 것을 나타내었다.

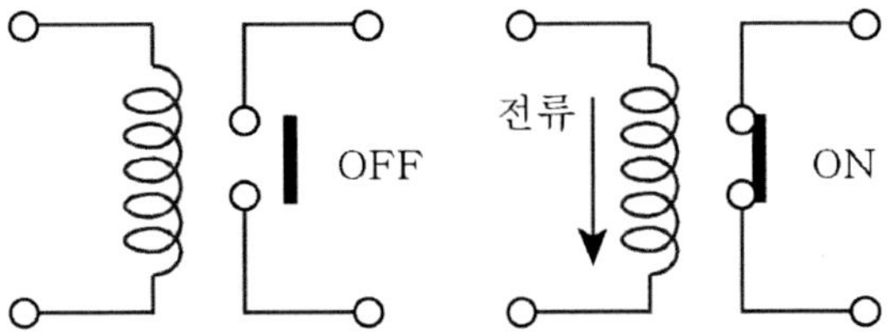

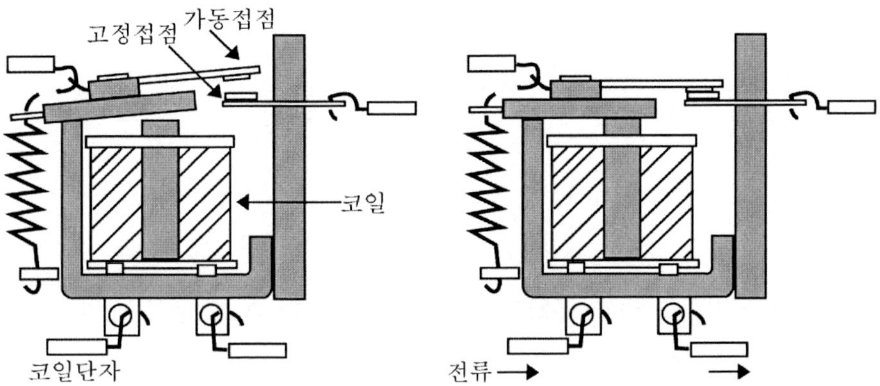

③ 접점이 On 된 상태의 데이터 값을 디바이스 메모리에 저장하게 된다.

④ 래더 프로그램의 실행에 의해 출력 접점을 On하라는 명령을 실행하게 된다.

⑤ 출력 릴레이 접점 Y21이 On되면 출력장치에 연결된 외부 전원과 출력장치 L2가 폐회로로 만들어져 L2에 전류가 흐르게 된다. 따라서 L2에 설치된 램프가 켜지거나 표시장치를 동작시키게 된다.

외부 전원을 AC로 연결해서 사용할 경우 MC(전자접촉기)의 전자 코일을 On해서 주접점과 보조접점을 동작시키거나, 교류용 장치들을 동작하게 된다. 다음은 전자접촉기의 심볼을 나타내었다.

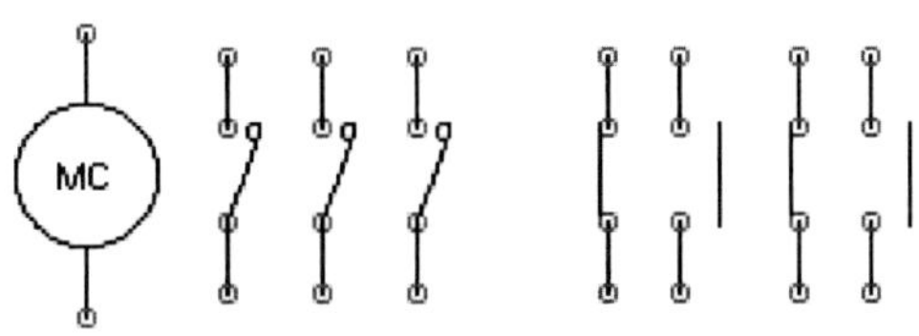

4.4.3 프로그램의 구성

멜섹Q 02H PLC 시퀀서 프로그램은 메인루틴 프로그램과 서브루틴 프로그램, 인터럽트 프로그램 3종류로 구성할 수 있다.

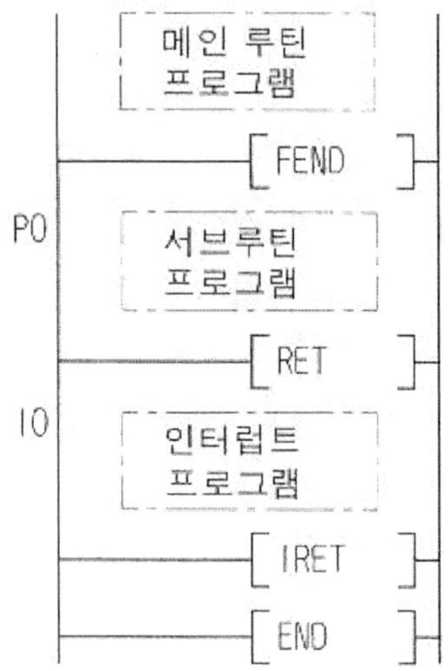

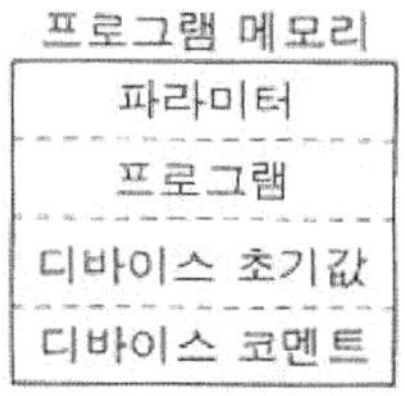

■ 메인루틴 프로그램 : PLC 래더 프로그램에서 반드시 한 개 이상의 메인루틴 프로그램이 있어야한다. 메인루틴 프로그램의 실행은 END 혹은 FEND까지 이다.

■ 서브루틴 프로그램 : 메인루틴 프로그램 내에서 CALL(P), PCALL(P)의 서브루틴 콜 명령에 의해 프로그램의 실행 순서가 서브루틴 프로그램의 시작 위치인 P로 이동하게 되어 실행하게 된다. 서브루틴 프로그램의 실행은 RET 명령을 만나게 되면 메인루틴 프로그램내로 돌아가게 된다.

■ 인터럽트 프로그램 : 다양한 종류의 인터럽터가 발생하게 되면 메인루틴 프로그램 혹은 서브루틴 프로그램의 실행 도중 우선적으로 인터럽트 프로그램이 위치한 포인터 I위치로 이동하여 IRET까지의 프로그램을 실행하게 된다. 실행이 완료되면 호출된 위치로 되돌아가서 프로그램을 실행하게 된다.

4.4.4 프로그램의 스캔

■ SCAN

입력장치로 부터 접점의 ON/OFF 상태를 읽어 들여 입력 이미지 영역에 저장한다.

이것은 프로그램의 연산에 필요한 데이터가 된다. 그리고 입력 이미지 영역에 있던 입력장치의 ON/OFF 데이터를 사용해서 0번 Step 부터 End 까지 차례로 연산을 실행한다.

그리고 연산의 결과로 만들어진 각종 출력 ON/OFF 상태를 출력 이미지 영역에 저장한다. 연산과 출력 이미지 영역 저장이 마무리되면 PLC의 시스템 상에 오류가 있는지 자가 진단 검사를 한다. 검사에서 오류가 발견되면 에러 메시지를 내보내게 된다.

오류가 없다면 실질적인 출력을 하게 된다. 즉, 출력에 ON/OFF신호를 보내어 동작시키게 된다. 이러한 동작이 스캔이며 이러한 스캔을 처음부터 다시 반복적으로 실행한다. 1회 스캔에 소요되는 시간은 PLC의 CPU모델에 따라 다르지만 대략 0.5ms ~ 10ms 정도의 스캔타임을 가진다고 보면 되겠다.

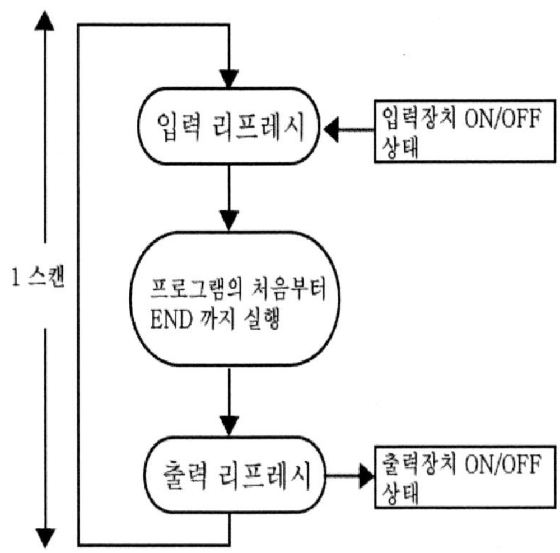

■ 입력 Refresh

프로그램을 실행하기 전에 입력 장치에 연결된 각종 스위치, 센서 등의 접점 상태인 ON/OFF 데이터를 읽어서 메모리내의 입력 이미지 영역에 저장하게 된다. 이것은 CPU가 연산에 사용할 자료가 된다.

■ 출력 Refresh

프로그램의 연산을 End명령까지 실행한 후에 연산의 결과로 만들어진 출력 자료들 즉, 출력으로 사용할 ON/OFF 자료를 메모리내의 출력 이미지 영역에 저장하는 것이 된다.

4.4.5 PLC 프로그램 작성 순서

PLC를 이용해서 자동화를 계획한다면 일반적으로 다음과 같은 절차를 통해서 추진하게 된다.

순서	프로그래밍 내용	방법
1	개발 프로그램 검토	PLC 프로그램 개발을 위한 자료수집 및 검토한다.
2	입출력 기기의 주소 할당	각종 입출력 기기의 고유번호, 주소 할당, 동작 상태를 정의한다.
3	릴레이, 카운터, 타이머 등 설정	내부접점에 대한 고유번호, 설정값 정의한다.
4	PLC 회로 구성	PLC 회로를 구성한다.
5	코딩	부여한 목적에 맞도록 프로그램을 작성한다.
6	시뮬레이션 및 디버그	프로그램의 문제를 찾아내고 수정한다.
7	운전	동작을 실행한다.

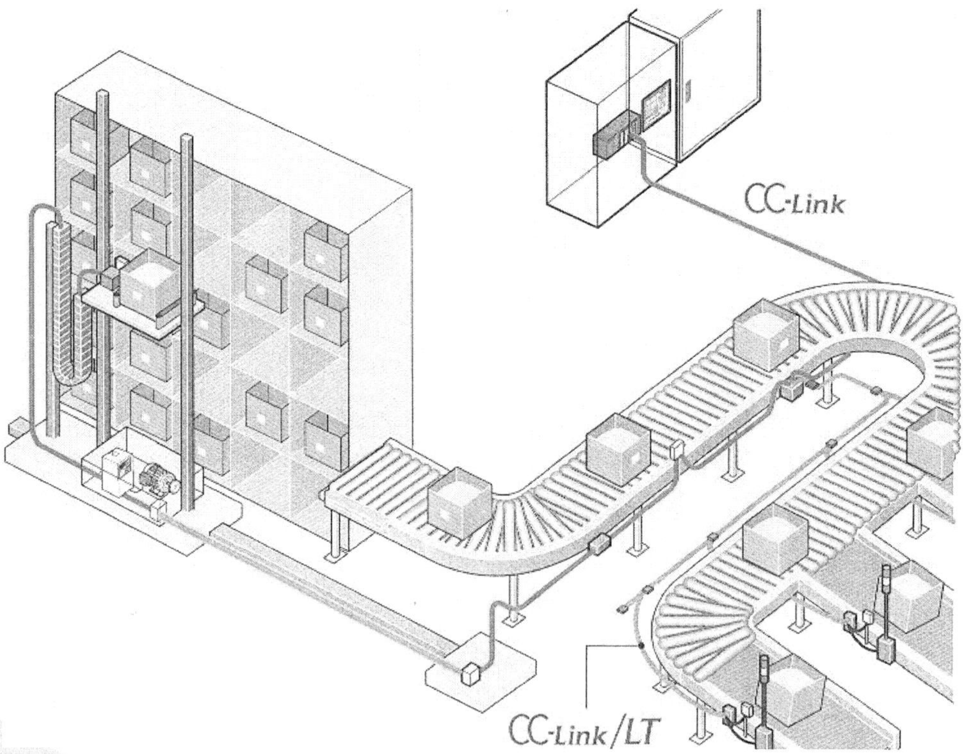

5. 멜섹Q PLC 구성

멜섹Q PLC의 하드웨어 구성은 베이스모듈, 전원모듈, CPU모듈, 입력모듈, 출력모듈 등으로 구성되어 있다. 다음은 멜섹Q PLC를 나타낸 것이다.

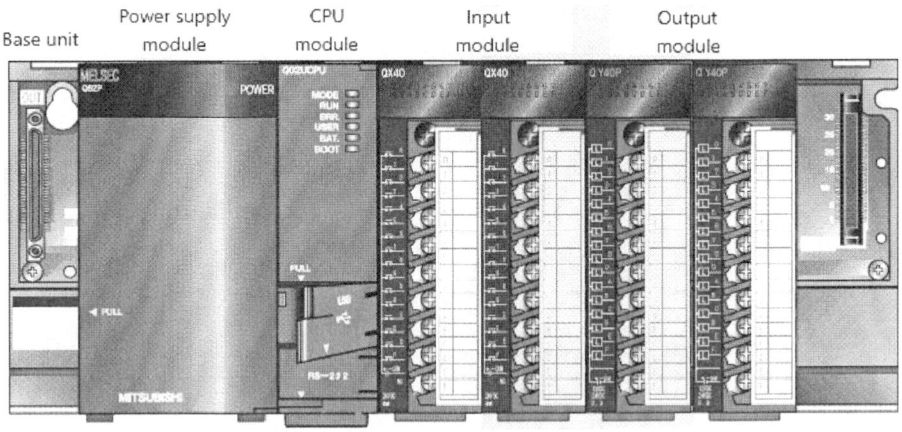

(1) 베이스모듈

베이스 모듈은 CPU 모듈, 전원 모듈, 입출력 모듈, 인텔리전트 기능 모듈을 장착하기 위한 모듈이다. 각종 모듈 설치를 위한 장치, 커넥터, 신호선 등이 연결되어 있다.

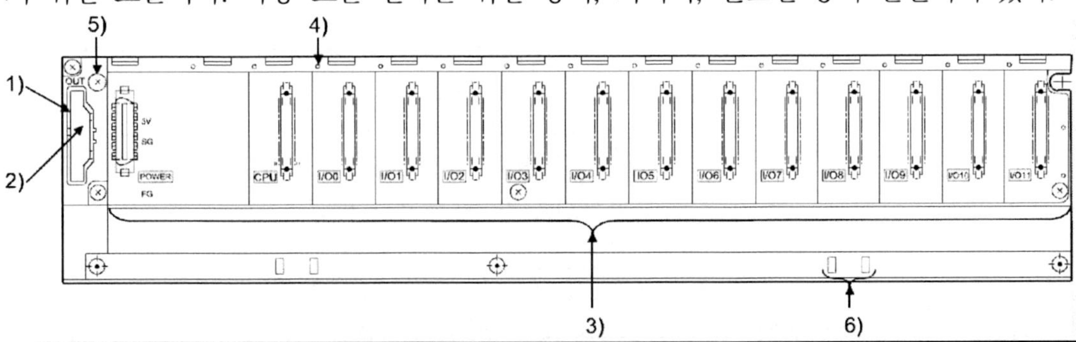

No	명 칭	용 도
1)	증설 케이블용 커넥터	증설 케이블(증설 베이스 모듈과의 신호 송수신용)을 접속하기 위한 커넥터.
2)	베이스 커버	증설 케이블 커넥터 보호용 커버
3)	모듈 커넥터	Q 시리즈 전원 모듈, CPU 모듈, 입출력 모듈, 인텔리전트 기능 모듈 장착용 커넥터
4)	모듈 고정용 나사 구멍	모듈을 베이스 모듈에 고정하기 위한 나사 구멍
5)	베이스 장착 구멍	베이스 모듈을 제어반 등의 패널 장착용
6)	DIN레일용어댑터설치 구멍	DIN 레일용 어댑터 설치

(2) 전원 모듈

전원 모듈은 PLC 시스템에 사용해야 하는 DC전원과 입력 전원 등을 공급하거나 연결하는 장치이다. 사용하는 전원 모듈은 Q62P, 입력 100-240VAC, 출력 DC5V 3A, 24DC 0.6A이다.

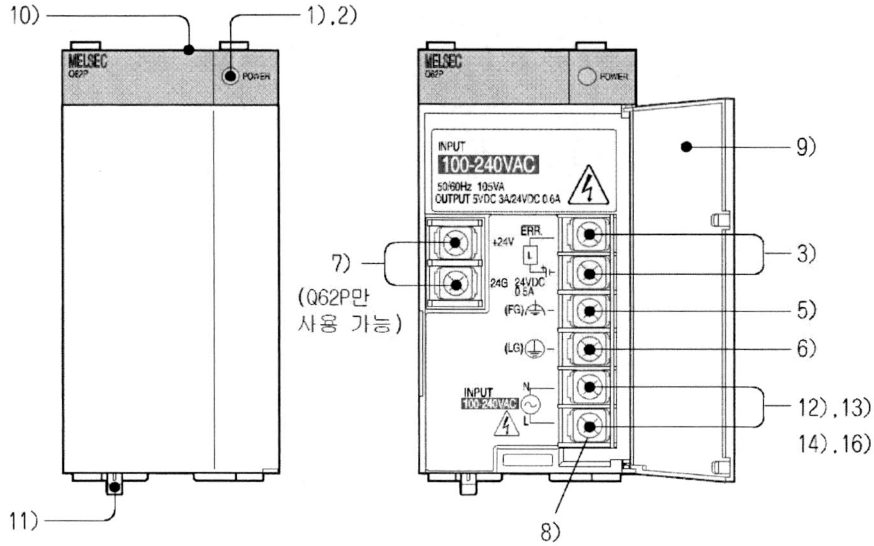

No	명 칭	용 도
1,2	POWER LED	점등 : (녹색) : 정상(DC5V 출력) 소등 : AC전원차단, 전원모듈 고장
3	ERR 단자	점등 : 시스템 정상가동 소등 : AC전원차단, CPU모듈정지에러(리셋시 포함),퓨즈단선
4	FG 단자	프린트 기판상의 실드 패턴과 접속된 접지 단자
5	LG 단자	전원 필터의 접지, AC 입력 전압의 1/2의 전위를 가지고 있다
7	+24V,24G 단자	출력 모듈 내부에 DC24V가 필요한 모듈 공급용. (외부배선에서 모듈에 공급)
12	전원입력 단자	Q62P용 전원의 입력 단자로 AC100V ~ AC200V의 교류 전원을 접속한다.

(3) CPU모듈

Q02H CPU모듈에는 컴퓨터와 통신을 위한 USB포트와 RS232 직렬 통신포트를 가지고 있고 배터리가 내부에 장착되어 있다. 배터리의 알람 램프가 점등하면 CPU모듈의 정상 동작 시간은 5일 정도가 된다.

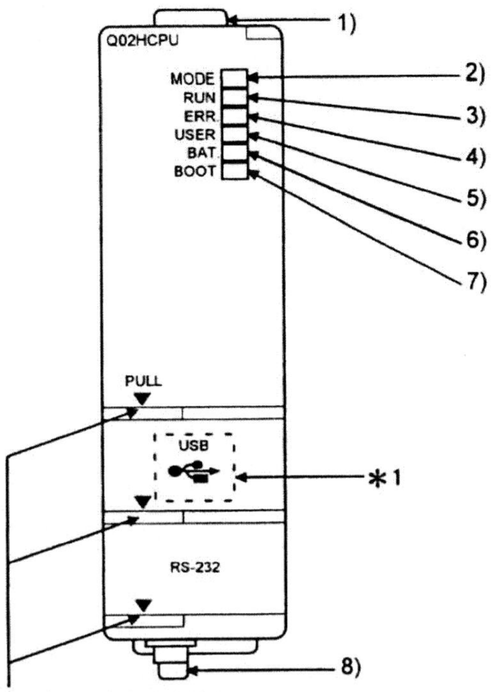

커버를 열 경우는 여기에
손가락을 넣어 여십시오.

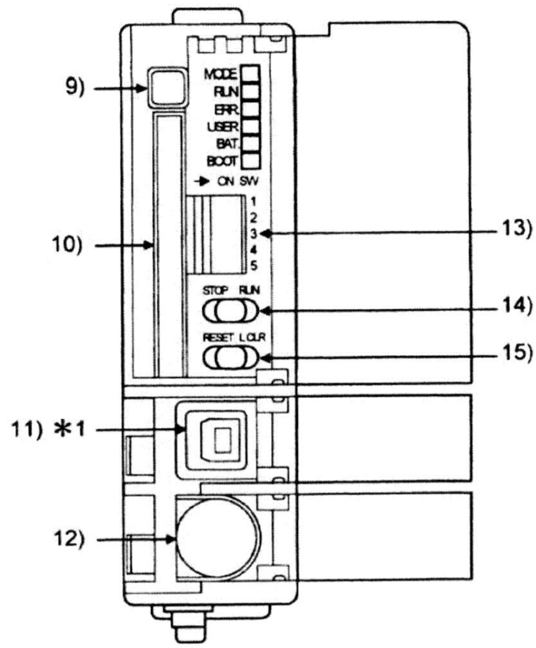

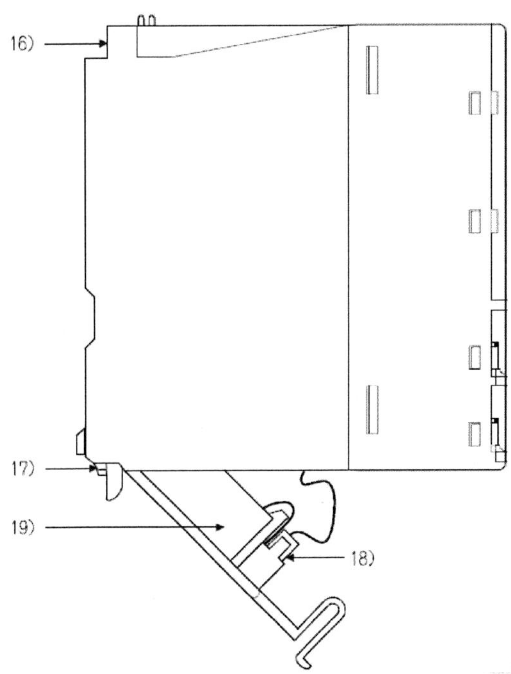

No	명칭	용 도
1	모듈고정용 훅	모듈을 베이스 모듈에 고정하는 훅(원터치 설치)
2	MODE LED (CPU동작 모드램프)	점등(녹색) : Q 모드 점멸(녹색) : 외부 입출력의 강제 ON/OFF 등록
3	RUN LED (CPU동작 상태램프)	점등 : RUN/STOP 스위치가 「RUN」으로 운전 중 소등 : RUN/STOP 스위치가 「STOP」으로 정지 중 운전을 정지하는 에러 검출 시. 점멸 : RUN/STOP 스위치가「STOP」상태에서 파라미터/프로그램을 쓴 다음 RUN/STOP 스위치를「STOP」→「RUN」하였을 때 프로그램을 쓴 후에「RUN」LED 점등방법 · RUN/STOP 스위치를「RUN」→「STOP」→「RUN」한다. · RESET/L.CLR 스위치로 리셋한다. · PLC의 전원을 재기동한다.
4	ERR LED	점등 : 배터리 에러 제외한 자기 진단 에러 검출 시 소등 : 정상 점멸 : 운전을 정지하는에러 검출 시.
5	USER LED	점등 : CHK 명령으로 에러 검출, 어넌시에이터 F를 ON했을 때. 소등 : 정상 점멸 : 래치 클리어를 실행하였을 때.
6	BAT LED	점등 : CPU 모듈, 메모리 카드 배터리의 전압저하 발생 소등 : 정상
7	BOOT LED	점등 : 부트 운전을 시작하였을 때. 소등 : 부트 운전을 실행하고 있지 않을 때. 점멸 : 표준 ROM에 대한 자동쓰기가 정상 완료하였을 때
8	모듈장착용 레버	베이스 모듈에 모듈을 장착하는 경우에 사용
9	메모리 카드 EJECT 버튼	메모리 카드를 CPU 모듈을 분리하는 경우에 사용
10	메모리 카드 장착용 커넥터	CPU 모듈에 메모리 카드 장착용 커넥터
11	USB 커넥터	USB 전용 케이블로 접속가능
12	RS-232 커넥터	RS-232용 접속케이블(QC30R2)로 접속가능
13	딥 스위치	기본은 모두 OFF(사용설명서 참조)
14	RUN/STOP 스위치	RUN : 시퀀스 프로그램의 연산 실행. STOP : 시퀀스 프로그램의 연산 정지.
15	RESET/L.CLR 스위치	RESET : 하드웨어 리셋, 연산이상 발생 시의 리셋과 연산초기화 실행 L.CLR : 파라미터에서 설정한 래치 데이터를 "OFF" 또는 0
16	모듈 고정 나사구멍	베이스 모듈 고정 나사용 구멍
17	모듈 고정용고리	베이스 모듈에 고정하기 위한 고리
18	배터리커넥터 핀	배터리의 리드선 접
19	배터리	프로그램메모리, 표준RAM, 정전유지기능 사용하는 경우 백업용 배터리

2장 GX Developer

1. GX Developer
1.1 GX Developer 화면구성
1.2 프로젝터 생성 및 이름 설정
1.3 프로그램 작성 방법
1.4 PLC 연결하기
1.5 PLC 쓰기
1.6 모니터 모드
1.7 GX 시뮬레이터
1.8 PLC 시계 설정
1.9. CPU 내장 메모리 포맷
1.10 CPU의 디바이스 메모리 클리어
1.11 GX Developer 설치
1.12 PC와 PLC 인터페이스
1.13 GX Simulator 설치

2. 메뉴
2.1 프로젝터
2.2 편집
2.3 찾기/바꾸기
2.4 변환
2.5 표시
2.6 온라인
2.7 진단
2.8 툴
2.9 도움말

1. GX Developer

1.1 GX Developer 화면구성

다음은 GX Developer의 화면 구성에 대하여 설명한 것이다.

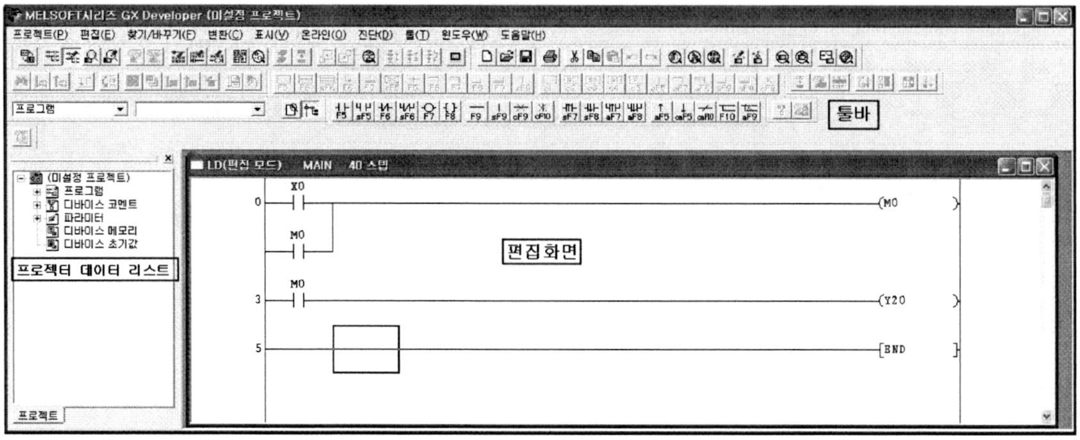

(1) 툴 바

메뉴 바에 있는 기능 중에서 자주 사용되는 기능들을 버튼으로 표시한 것으로 메뉴 바를 몇 단계로 클릭하지 않고 바로 편리하게 사용할 수 있다.

(2) 프로젝트 데이터 리스트

프로젝트의 데이터를 분류하여 리스트 한 것으로 래더 프로그램 작성 화면, 대화상자, 디바이스 코멘트, 디바이스 메모리 등을 직접 호출할 수 있다.

(3) 편집 화면

래더 프로그램의 작성과 수정 등 작성에 필요한 모든 작업이 이 화면에서 처리된다. 편집 화면에는 래더 프로그램, 코멘트, 스테이트먼트 등을 설정한다.

1.2 프로젝터 생성 및 이름 설정

① [시작]-[모든 프로그램]-[MELSEC 응용 프로그램]-[GX Developer] 메뉴를 클릭한다. 바탕화면에서 GX Developer 아이콘을 더블 클릭하여 바로 실행하여 사용할 수 있다.

② 툴 바에서  버튼을 클릭한다.

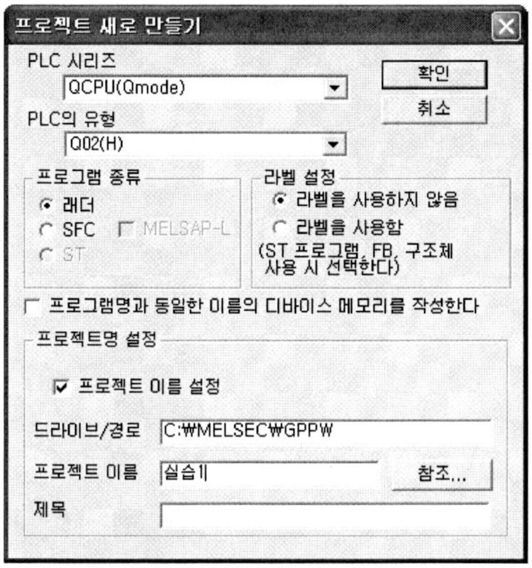

③ 프로젝트 파일 이름은 사용자가 작성한 프로젝트 파일명이다. PLC의 종류는 사용하고자 하는 PLC의 종류를 선택하면 된다. 여기에서는 QCPU(Qmode)와 PLC유형에서는 Q0(2H)를 선택한다. 만약 FX PLC를 사용한다면 FXCPU, FX3U(C)를 선택한다.

프로그램 종류에서 사용 언어는 래더, SFC, ST 중 사용하기 편리한 기능을 선택하는데 여기에서는 래더 프로그램(Ladder Diagram)을 설명하고자 한다.

④ 프로젝트 명을 설정하기 위해서는 [프로젝트 이름 설정]을 체크하여야 한다. [프로젝트 이름 설정]을 체크한 후에 드라이브/경로를 설정과 프로젝트명을 설정할 수 있다.

드라이브 경로의 경우 바탕 화면으로 설정하여 작성한 프로그램을 바탕화면에 두고자 하는 경우에는 [C:\Documents and Settings\User\바탕 화면\ ]를 입력해서 프로젝터 이름을 입력하면 된다. 드라이브/경로를 설정하지 않고 프로그램을 작성하고 저장하게 되면 [C:\MELSEC\GPPW\ ] 폴더에 저장하게 된다.

⑤ 프로젝터 새로 만들기 대화상자에서 입력을 완료하면 확인 버튼을 누른다. 다음과 같이 래더 프로그램을 작성할 수 있는 창이 생성된다. 편집화면의 제목 표시줄에 LD(편집모드) MAIN이 나타난다.

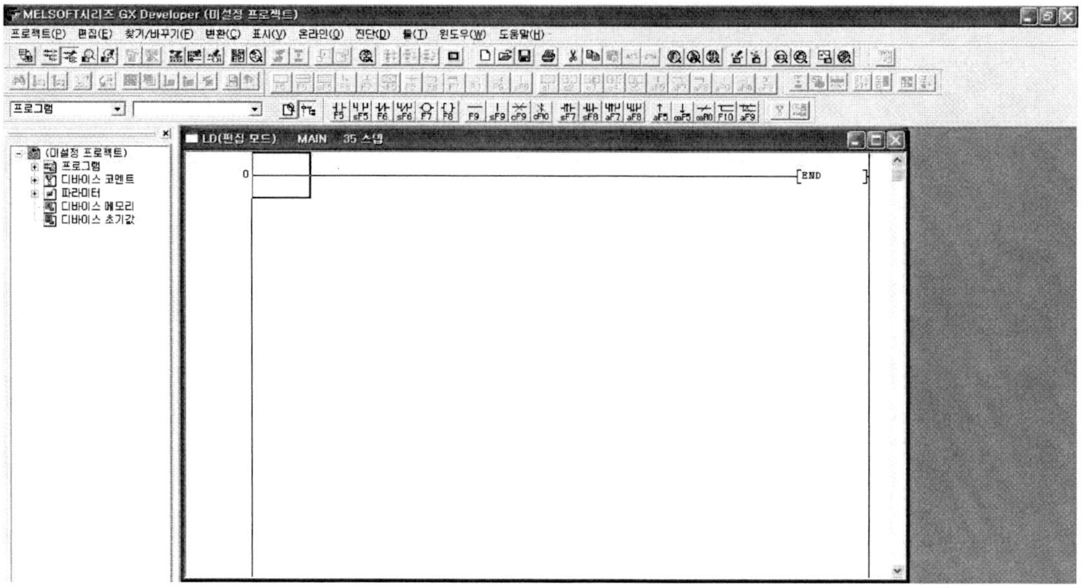

1.3 프로그램 작성 방법

래더 프로그램의 편집화면에 사용되는 입출력 디바이스, 선 등을 툴바의 아이콘, 단축키, 오른쪽 마우스 버튼을 클릭하면 나타나는 편집 메뉴 혹은 기능 등을 사용하여 작성 한다.

① 툴 바의 F5 버튼을 클릭하면 래더 입력 창이 표시된다. 빈번하게 사용하게 되는 기능이어서 F5키를 외워서 사용하면 프로그램 입력이 편리 할 것이다. 래더 입력 창에 "X0"을 입력한다. 잘못 입력한 경우는 취소 버튼을 클릭하면 된다.

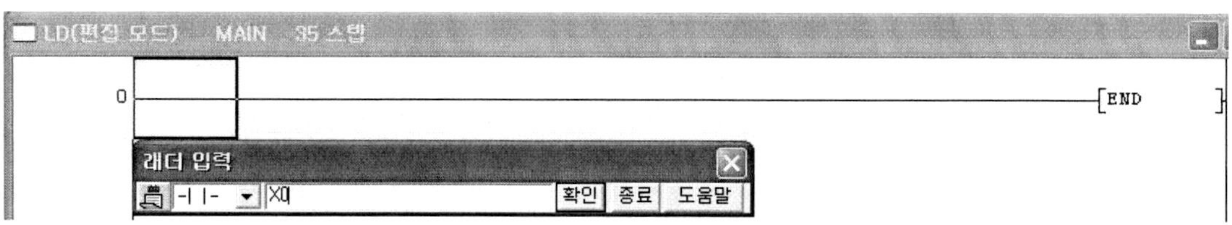

② 정확히 입력하였으면 확인 버튼을 클릭하면 자동으로 입력된다.

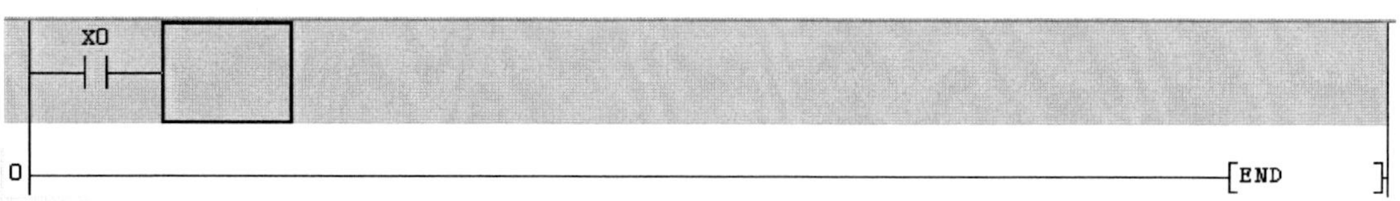

③ 위와 같이 입력한 래더(X0)가 표시된다.

④ 툴 바의 버튼을 클릭한 다음 "X1"을 입력한다.

⑤ 확인 버튼을 클릭한다.

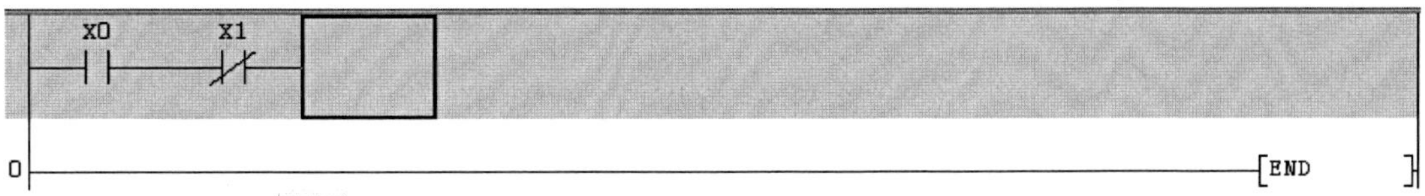

⑥ 툴 바에서 버튼을 클릭한 다음 "M0"을 입력한다.

⑦ 확인 버튼을 클릭한다.

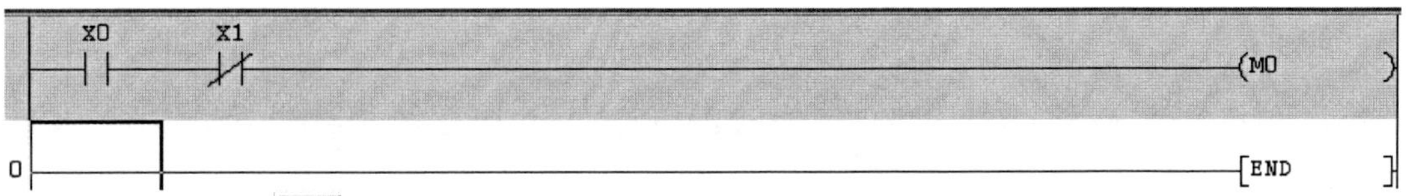

⑧ 툴 바에서 버튼을 클릭한 다음 "M0"을 입력한다.

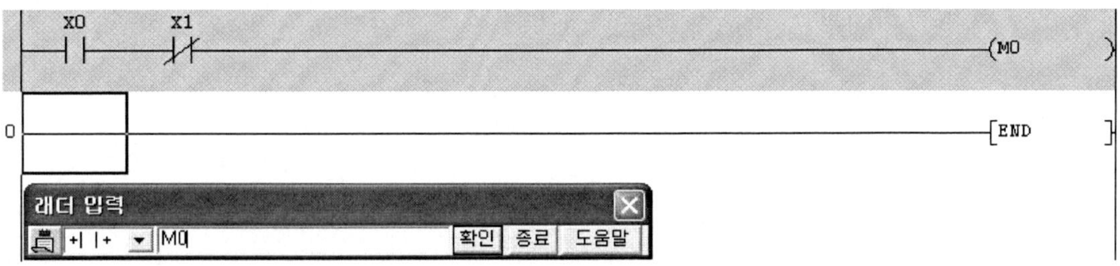

⑨ 확인 버튼을 클릭한다.

⑩ 위와 같이 입력한 래더(M0)이 X0과 OR회로로 표시된다.

⑪ 마우스로 입력 커서를 다음 행으로 이동 시킨 후 툴바에서 버튼을 클릭한 다음 "M0"을 입력하고 확인을 클릭한다.

⑫ 툴 바에서 버튼을 클릭한 다음 "Y20"을 입력한다. 다음과 같이 완성되었다.

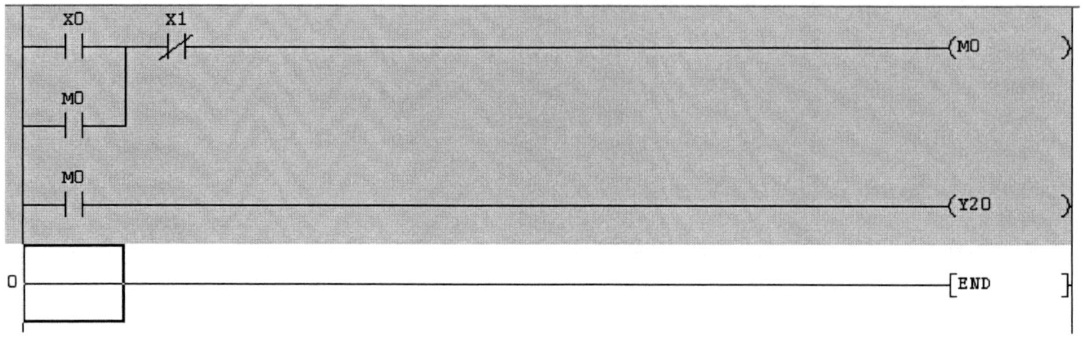

⑬ 래더 작성이 완료되었으면 반드시 툴바에서 버튼을 클릭하여 변환을 해야 한다. 이것은 작성된 프로그램이 작성 규칙과 문법 등에 문제가 없는지를 검사하여 변환하는 과정이다. 만약 래더 작성 후 변환(F4)또는 버튼을 누르지 않고 다른 작업을 계속할 시에 변환되지 않는 래더를 삭제할지 여부를 묻는 창이 활성화 하게 된다.

F4 변환키를 누르면 프로그램의 작성 규칙에 문제가 없다면 회색으로 되어 있던 편집화면이 흰색으로 변경되면서 래더 프로그램이 PLC에 쓰기 가능한 상태가 되었다는 것을 의미하게 된다.

⑭ 좌측의 [프로젝트 데이트 목록]창-[디바이스 코멘트]-[COMMENT]를 클릭하면 디바이스 코멘트 창이 화면에 나타나게 된다. 디바이스 명에 "X0"을 입력 후 표시 버튼을 누르게 되면 "X0"이후의 디바이스 명이 위와 같이 나열된다.

해당하는 디바이스 명의 기기 명 입력란에 위에 제시된 변수 명을 디바이스 명에 맞게 입력한다.

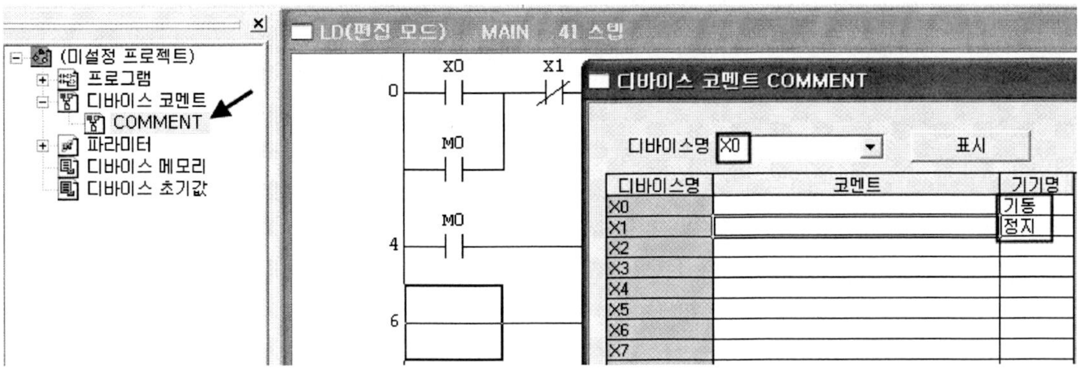

⑮ 입력설정이 끝나면 다시 디바이스 명 입력창에 "Y20"을 입력하고 [표시] 버튼을 누른다. "Y20" 이후의 디바이스 명이 나열된다.

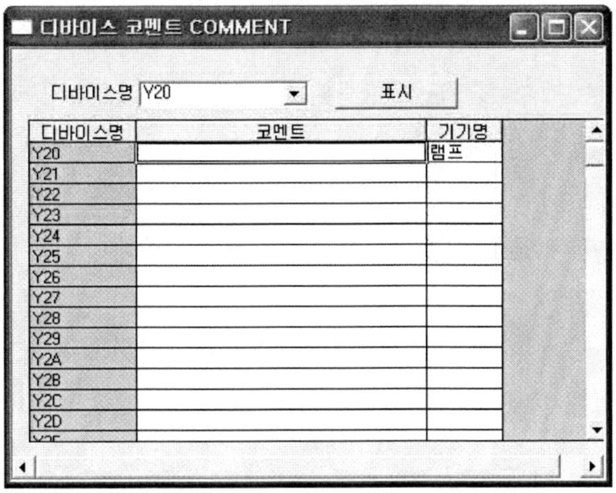

⑯ 입력 측에서 입력한 방법과 동일하게 [기기 명] 입력란에 해당하는 디바이스명의 변수 명을 입력한다.

⑰ 코멘트 창을 끄거나 또는 좌측의 [프로젝트 데이트 목록]-[프로그램]-[MAIN]을 클릭하게 되면 작성된 래더 창이 나타나게 된다. 작성된 기기 명을 표시하기 위해서는 위와 같이 [메뉴바]-[표시]-[기기명 표시]를 체크하여야한다.

⑱ 또한 [메뉴바]-[표시]-[기기명 표시 형식]을 보게 되면 기기명 표시를 [디바이스와 병행하여 표시]와 [디바이스 명 표시 위치에 표시]를 선택할 수 있다.

작성된 기기 명을 표시하기 위해서는 위와 같이 [메뉴바]-[표시]-[기기명 표시]를 체크하여야한다. 아래의 프로그램에서 기기명으로 표시된 것을 볼 수 있다.

⑲ [메뉴바]-[표시]-[기기명 표시 형식]을 보게 되면 기기 명 표시를 [디바이스와 병행하여 표시]와 [디바이스 명 표시 위치에 표시]를 선택할 수 있다. 프로그램을 읽거나 참고하기 위해 설명을 작성하는 방법에는 기기 명 표시와 디바이스 명을 표기 외에 코멘트, 스테이트먼트 표시 등 다른 방법도 있다.

코멘트 표시방법을 활용하면 보다 상세한 내용을 입력할 수 있으나 표시영역이 길어져 화면에서 한 번에 볼 수 있는 프로그램의 양이 적어져서 불편할 수 있다. 이러한 경우에는 메뉴의 [표시]-[확대/축소]에서 적당한 값으로 축소를 하면 한 번에 볼 수 있는 래더 프로그램의 길이를 설정할 수 있다.

1.4 PLC 연결하기

지금까지 작성한 래더 프로그램을 PLC에 쓰기를 하기 위해서 먼저 PC와 PLC를 연결해야 한다. PLC쓰기를 하기 전 작성한 프로그램이 목적에 따라 정확하게 동작이 되는지 다시한번 프로그램을 확인을 해본다.

① 메뉴 바에서 [온라인]-[연결 대상 지정]을 클릭한다. 다음과 같이 연결 대상 지정 대화상자에서 좌측 상단에 표시된 PC측 I/F 항목에서 시리얼, USB라고 적혀 있는 아이콘을 클릭한다.

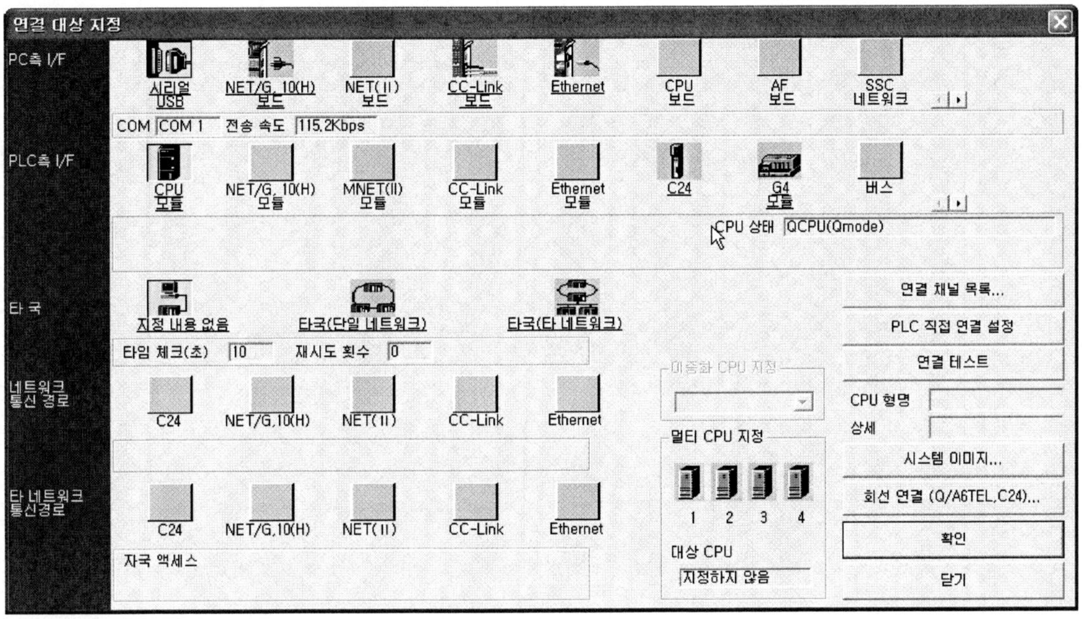

② PC측 I/F 항목에서 시리얼/USB 항목을 클릭해서 나타나는 PC측 I/F 직렬 설정 창에서는 각자의 PC가 PLC에 연결된 방식이 시리얼인지 USB 연결인지를 설정하게 된다. 시리얼(직렬, Serial)인 경우는 PC에 연결된 COM 포트가 몇 번에 할당되어 있는지 확인 과정을 거쳐야 한다.

③ 다음의 PC측I/F 직렬 설정 대화상자에서 사용자 PLC 연결 상태에 맞게 시리얼(RS-232C)의 COM번호 또는 USB로 체크한 후 [확인] 버튼을 누른다.

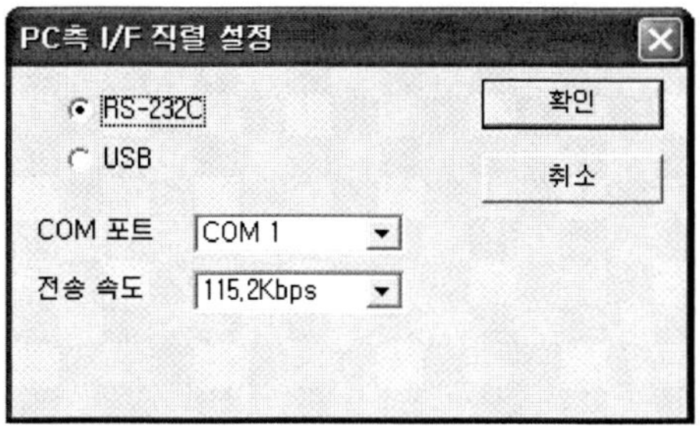

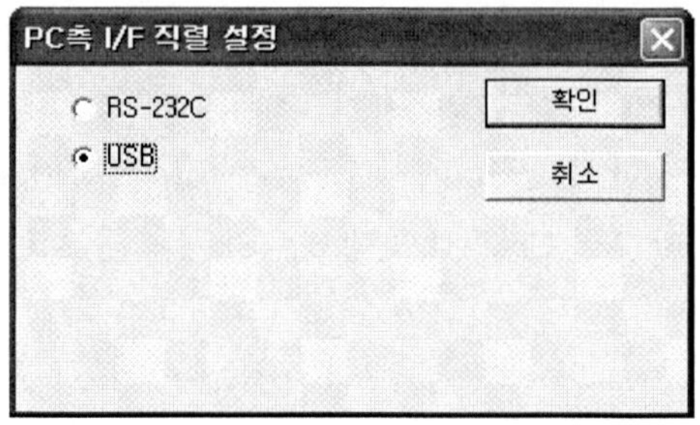

④ 만약 직렬연결인 경우 COM 포트를 확인하려면 [내 컴퓨터]-[속성]-[하드웨어] 탭에서 [장치 관리자] 버튼을 눌러 나타나는 장치 관리자 대화상자의 포트 부분을 확인해서 연결된 통신포트를 확인한다.

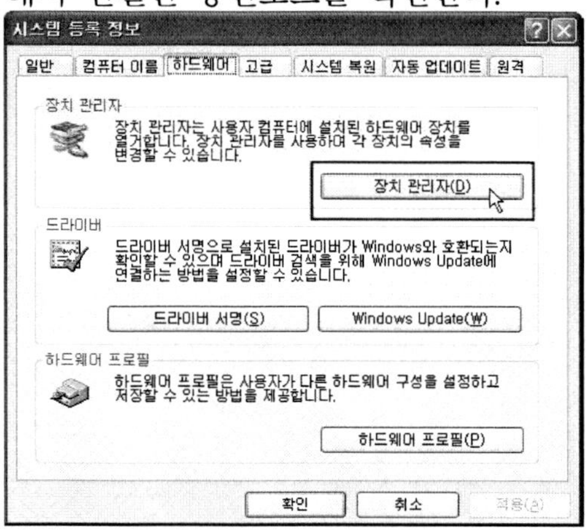

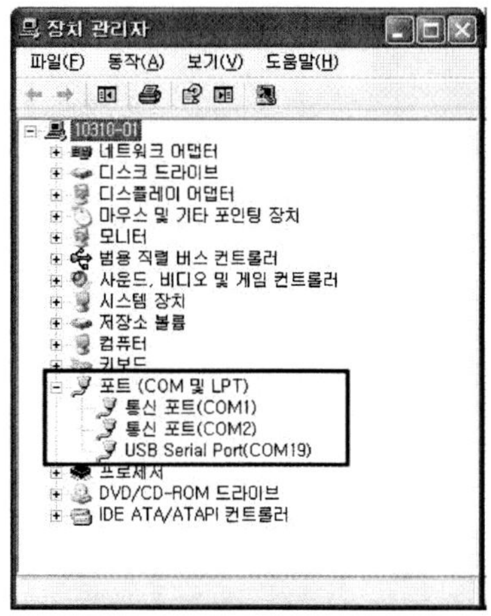

⑤ 우측 하단 부의 [연결 테스트] 버튼을 누르게 되면 연결 상태가 올바르게 되어있는지를 확인 할 수 있다. 다음과 같은 대화상자가 아닌 에러 메시지가 나타나면 연결케이블, 설정 포트 등을 확인해야 한다.

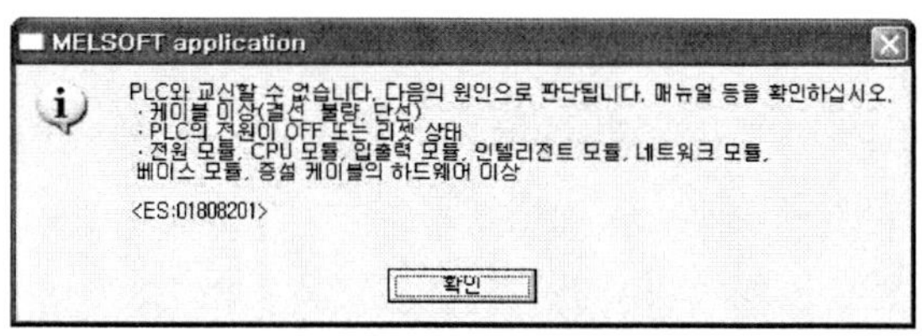

⑥ 연결 설정을 마친 후 반드시 우측 하단에 있는 확인 버튼을 누르시오. 만일 확인 버튼을 누르지 않고 닫기 버튼을 누르게 되면 현재 설정한 연결 상태가 저장되지 않고 창을 닫게 된다.

1.5 PLC 쓰기

지금까지 작성한 래더 프로그램을 PLC에 쓰기를 해서 PC와는 관계없이 PLC에서 작성한 래더 프로그램의 목적에 따라 동작이 되는지 확인을 해본다.

① 메뉴 바에서 [온라인]-[PLC 쓰기]를 클릭한다.

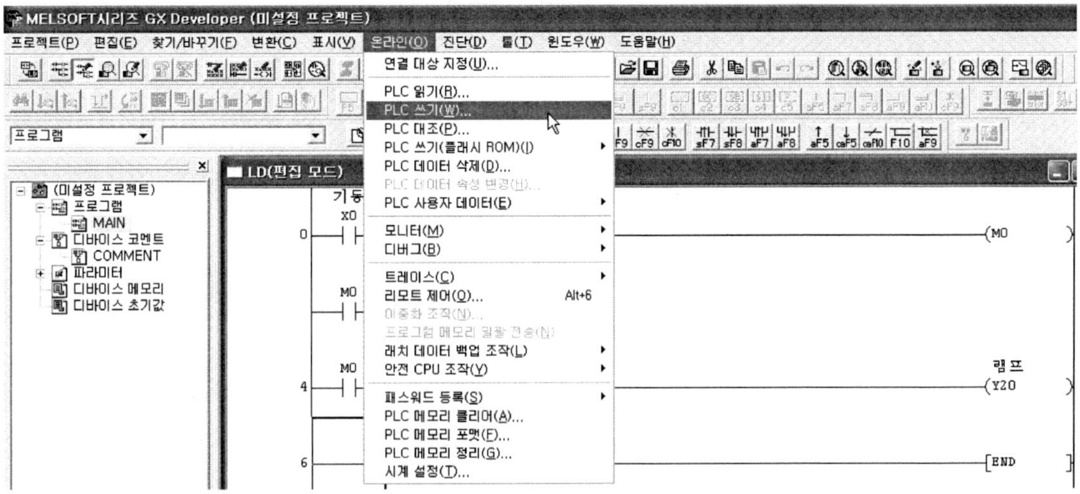

② 모두선택 버튼을 클릭한다.(코멘트 미입력시에는 파라미터+프로그램" 버튼 클릭)

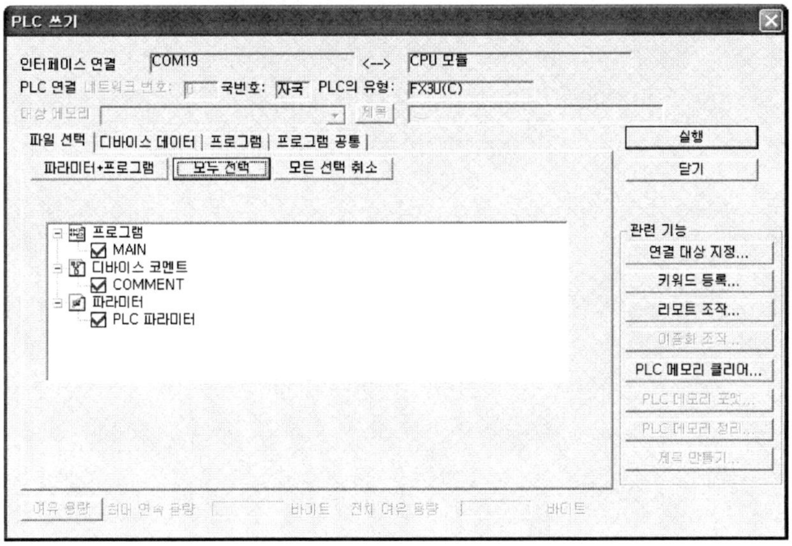

③ 모두선택 버튼을 클릭한 후 실행 버튼을 눌러 PLC 쓰기를 시작한다. (실행 도중에 메시지 창이 나타나면 "예" 또는 "모두 예"를 클릭한다.)

④ PLC 쓰기가 완료가 되면 위와 같이 완료 창이 나타난다.

⑤ PLC쓰기 완료 후 닫기 버튼을 클릭한다.

1.6 모니터 모드

PLC 쓰기를 하고 PLC가 동작되는 것을 화면에서도 모니터링 할 수 있는 기능이 모니터 모드이다.

① 메뉴 바에서 [온라인]-[모니터]-[모니터 모드] 또는 F3을 누른다. 다음과 같이 모니터 모드가 실행된다. PLC에 연결된 입출력 장치를 동작하게 되면 그 동작 상태가 모니터 모드인 화면의 프로그램에 반영되어 나타난다.

② 모니터 모드에서 다시 쓰기/편집 모드로 전환 할 경우 메뉴 바에서 [편집]-[쓰기 모드] 또는 F2를 누르면 된다.

③ 모니터 모드 상태에서 프로그램을 수정 또는 편집하기 위해서 [온라인]-[모니터]- [모니터(쓰기모드)]또는 Shift + F3을 누른다. 다른 방법으로는 F2를 눌러 편집모드에 수정하고 PLC 쓰기를 한 후 모니터 모드로 전환하면 된다.

다음 화면의 제목 표시줄에 보면 [모니터 및 편집 모드 실행 중]이라고 나타나 있다.

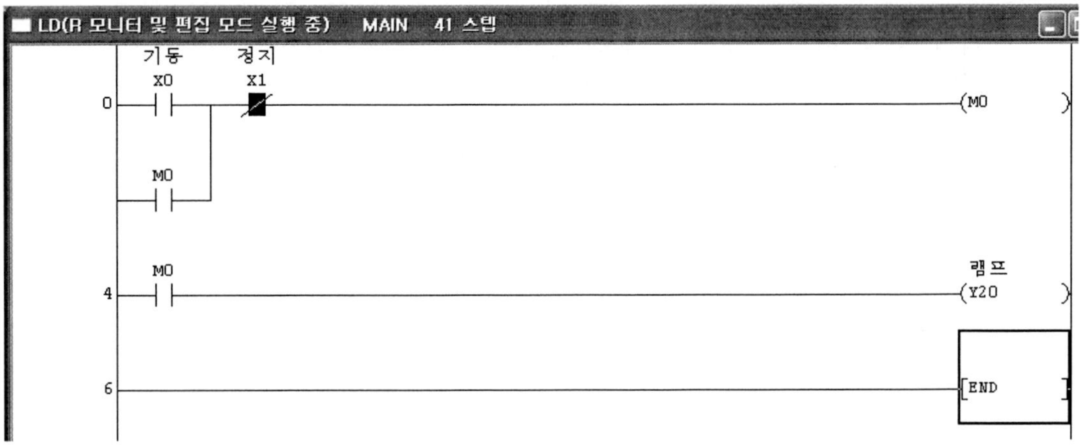

④ 4번줄 M0에서 출력을 한 개 더 연결하려고 한다. M0가 On 되면 램프와 부저가 동시에 ON되도록 수정하려고 한다. 툴바에서 F10 선 그리기 도구를 선택해서 M0 옆의 수평선에서 아래로 오른쪽으로 드래그 한다.

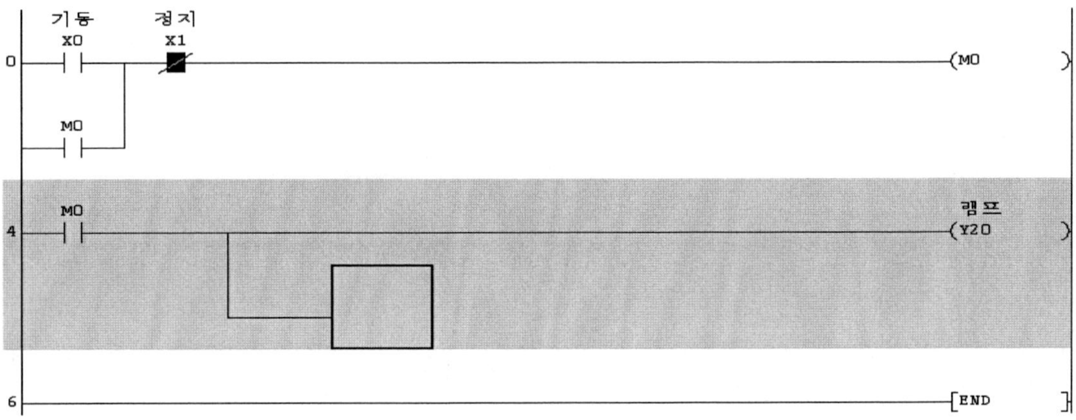

⑤ 그리고 F7 코일을 선택해서 Y21을 입력한다.

Y20과 Y21이 병렬로 연결되어 M0가 On되면 Y20과 Y21에 동시에 출력이 On되는 프로그램이 된다. 출력장치를 코일이라고 부르는 이유는 릴레이의 여자코일을 동작시켜서 릴레이에 포함된 여러 개의 a, b 출력 접점을 On, Off한다는 개념에서 나온 것으로 이해하면 되겠다.

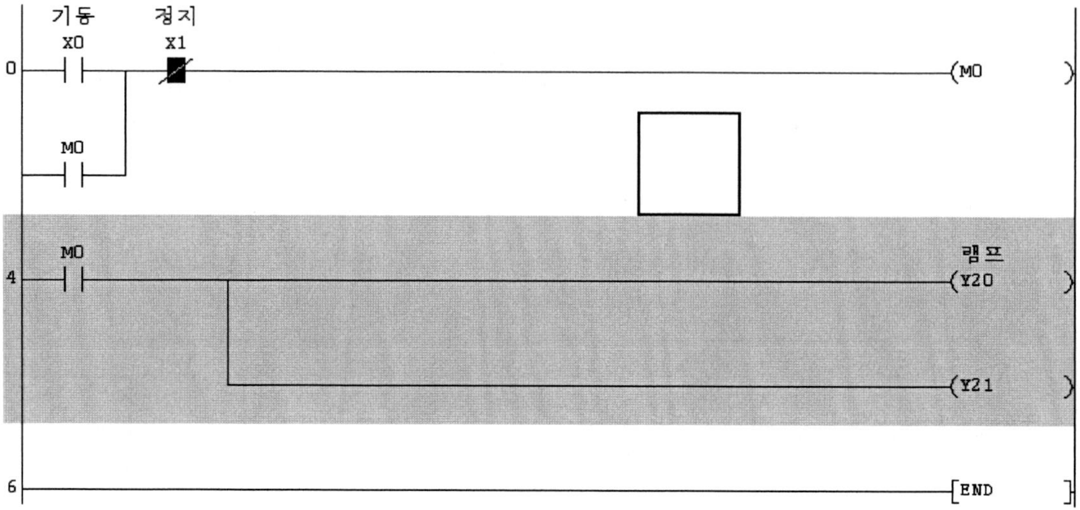

⑥ 모니터 모드에서의 수정에 의한 변환은 [변환]-[변환(RUN 중 쓰기)] 또는 Shift + F4를 누르면 된다.

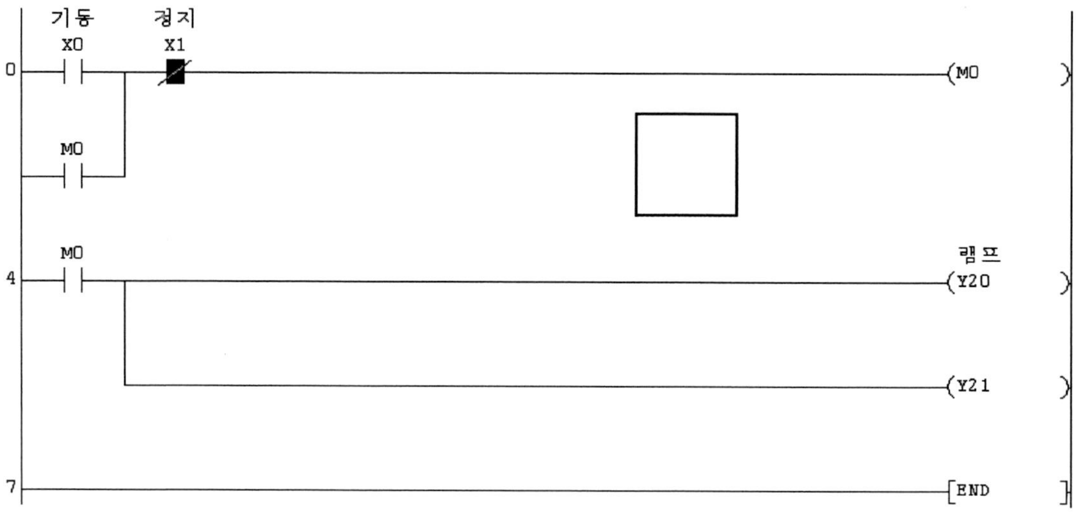

⑦ 이제 수정한 프로그램이 PLC 쓰기가 적용되어 완성되었다.

1.7 GX 시뮬레이터

GX-Developer에서 GX Simulator를 실행해서 PLC 장치가 없이 래더 프로그램을 동작시키고 디버그를 수행하는 기능이다. PLC가 없는 상태에서 대부분의 기능과 프로그램의 실행상태를 확인 할 수 있다.

① 메뉴바의 [툴]-[래더 로직 테스트 시작]을 실행한다.

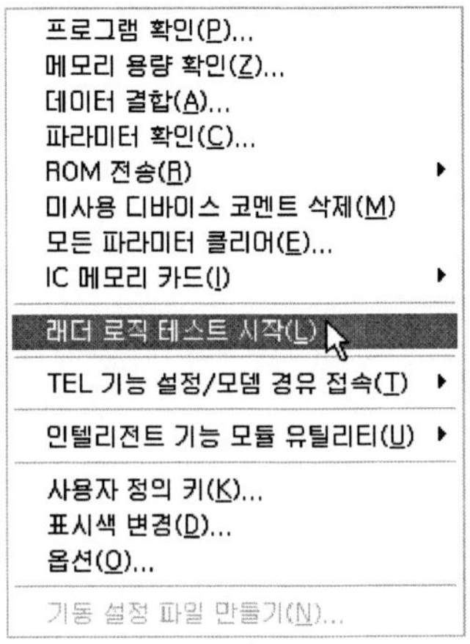

② PLC가 있을 때 PLC쓰기를 실행하는 것과 같은 대화상자가 나타나면서 PLC 쓰기가 실행된다.

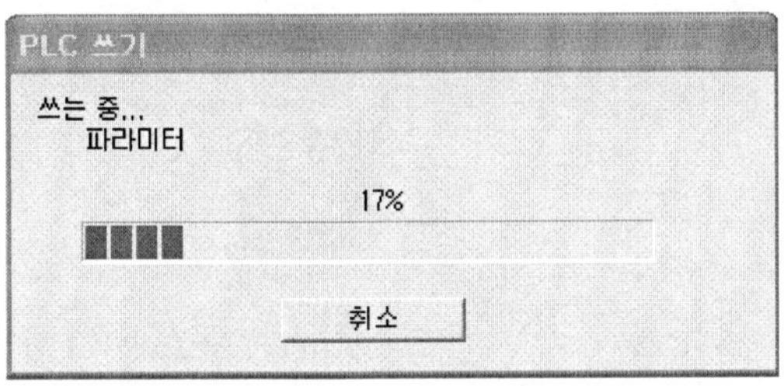

③ PLC 쓰기가 완료되면 [래더 로직 테스트] 대화상자가 나타난다. 이 대화상자에서 스위치 항목의 RUN을 선택한다. 항목의 [STOP]은 PLC의 STOP 기능과 같다. [RESET] 버튼은 PLC의 리셋과 같은 동작을 한다.

그리고 START 메뉴에는 Device Memory Monitor와 Timing Chart Display 서브 메뉴가 있다.

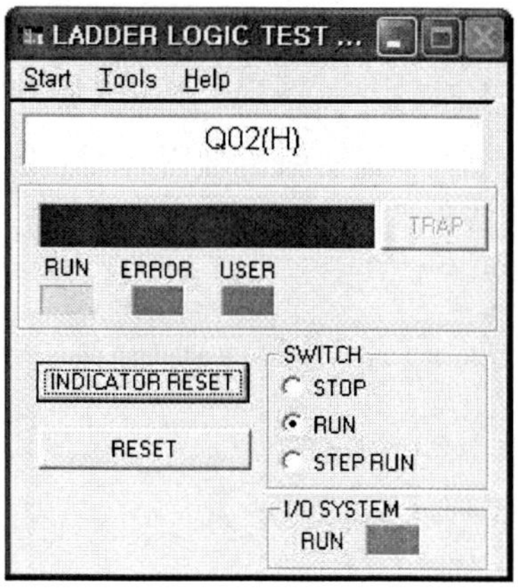

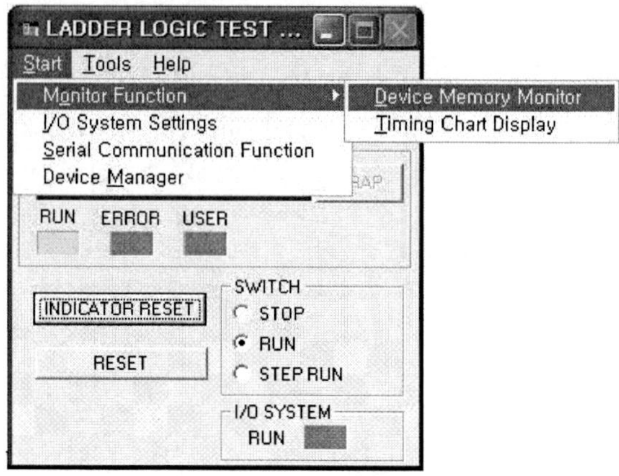

④ 모니터 화면에서 실행하고자 하는 디바이스를 선택하고 Shifter+Enter키를 누르면 해당 디바이스가 ON된다. 다시한번 Shifter+Enter키를 누르면 해당 스위치를 눌렀다가 놓은 것이 되어 디바이스가 OFF된다. Shifter키를 누른 상태에서 마우스를 더블클릭해도 한번 누른 것과 같은 상태가 되면서 해당 디바이스가 ON된다.

다음의 그림은 X0를 선택하고 Shifter+Enter키를 누르면 해당 디바이스가 ON되는 상태를 보여준다.

⑤ 다시 한번 X0를 선택하고 Shifter+Enter키를 누르면 해당 디바이스가 OFF된다. 자기유지 회로에 의해 출력은 ON상태를 유지한다. X1 스위치를 선택하고 Shifter+Enter키를 누르면 해당 디바이스가 ON이 되면 출력은 OFF가 된다.

⑥ [래더 로직 테스트] 대화상자의 [Start]-[Monitor Function]-[Timing Chart Display]를 실행한다. [Monitoring] 버튼을 클릭하여 활성화 한다.

⑦ [Timing Chart] 대화상자의 좌측에 표시된 디바이스 중에서 X0를 더블클릭하면 X0 스위치를 누른 상태가 된다. 여기에 맞는 PLC동작이 진행된다. [Timing Chart] 대화상자의 좌측에 있는 디바이스 중에서 X0, Y20, Y21, M0가 노란색으로 표시된다. 현재 ON상태를 나타낸다.

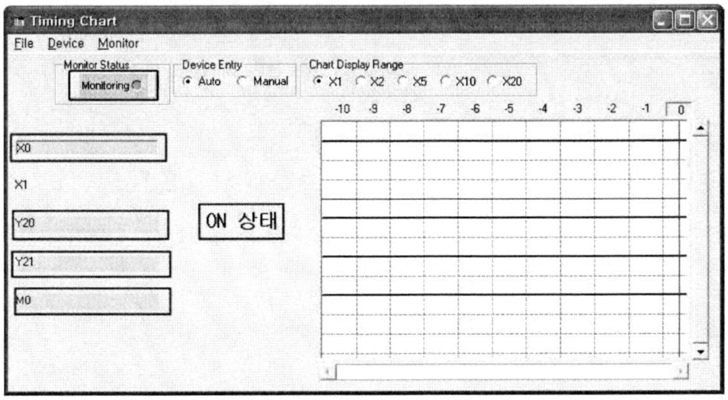

⑧ 다시 X0를 더블클릭하면 X0 스위치를 눌렀다가 놓은 상태가 된다.

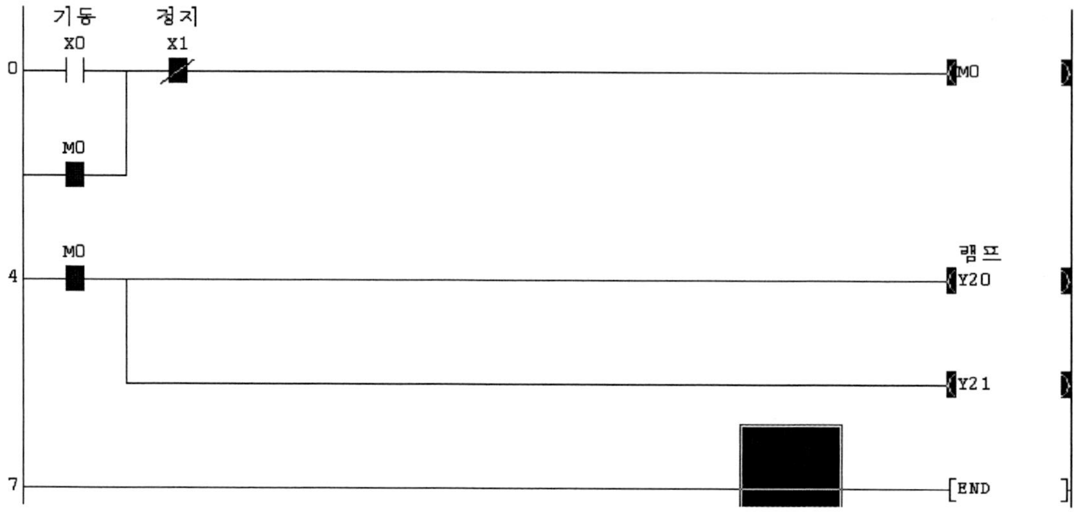

⑨ 이러한 방법으로 PLC없이 시뮬레이션으로 동작을 확인하고 디버깅할 수 있다. 다음은 [Start]-[Monitor Function]-[Device Memory Monitor]를 실행하면 나타나는 대화상자이다. OK 버튼을 선택한다.

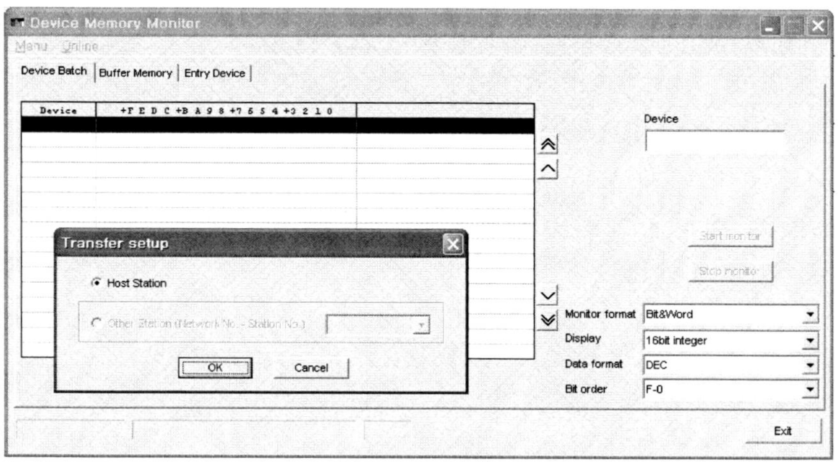

⑩ Entry Device탭을 선택하고 [Register device]버튼을 클릭해서 나타나는 창에서 X00을 입력하고 아래 Register버튼을 누른다. 프로그램에서 필요한 Device를 입력해서 추가한다. X01, X02 등등 이러한 방법으로 프로그램에 있는 필요한 버튼들을 설정한다.

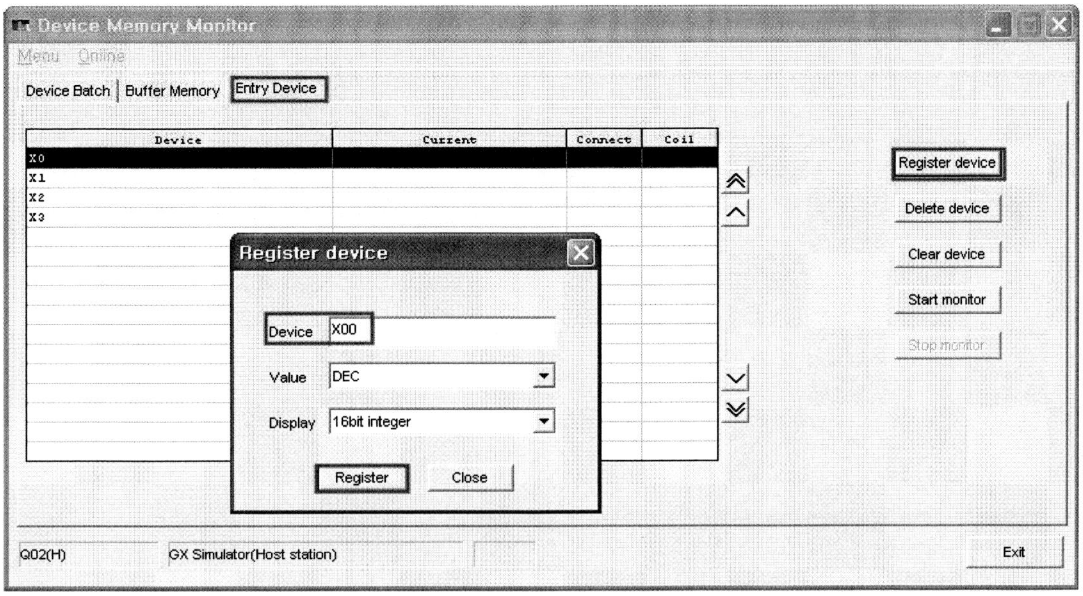

⑪ 검은색 부분의 X00 부분을 더블 클릭하면 Device Write 창이 나타나고 [Forced ON]을 클릭하면 X00을 누른 것처럼 On되어서 PLC에서 X00버튼을 누른 것처럼 프로그램이 동작하면서 보여준다. [Forced OFF]를 클릭하면 X00 버튼을 실제로 눌렀다가 놓은 것처럼 프로그램이 동작한다.

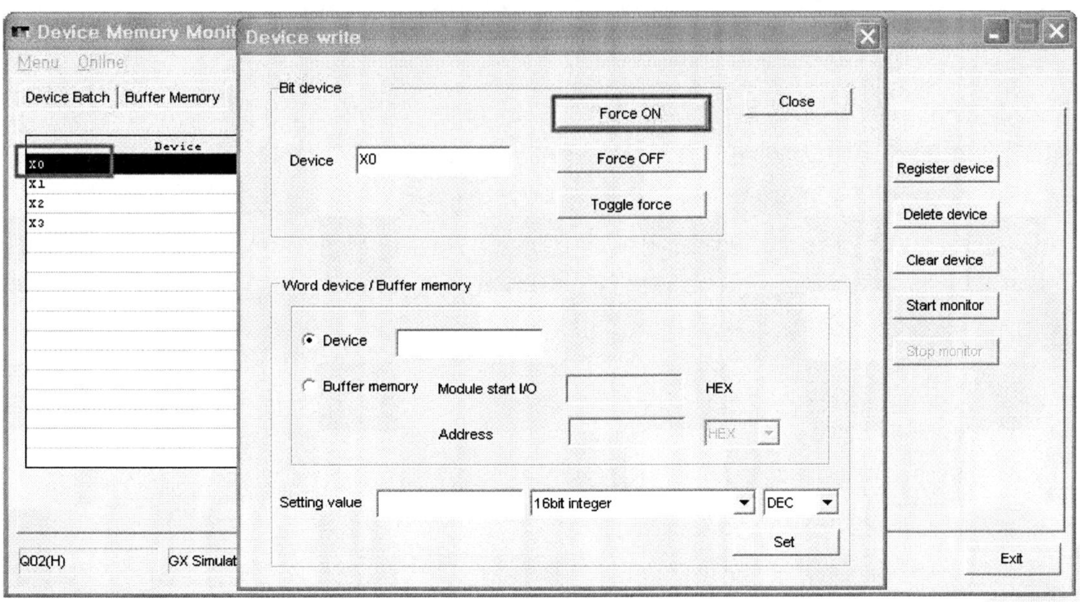

⑫ Toggle Force 버튼을 클릭하면 Force ON, 다시 클릭하면 Force OFF 버튼을 누른 것처럼 동작하게 된다. 편리하게 스위치를 동작시킬 수 있게 된다.

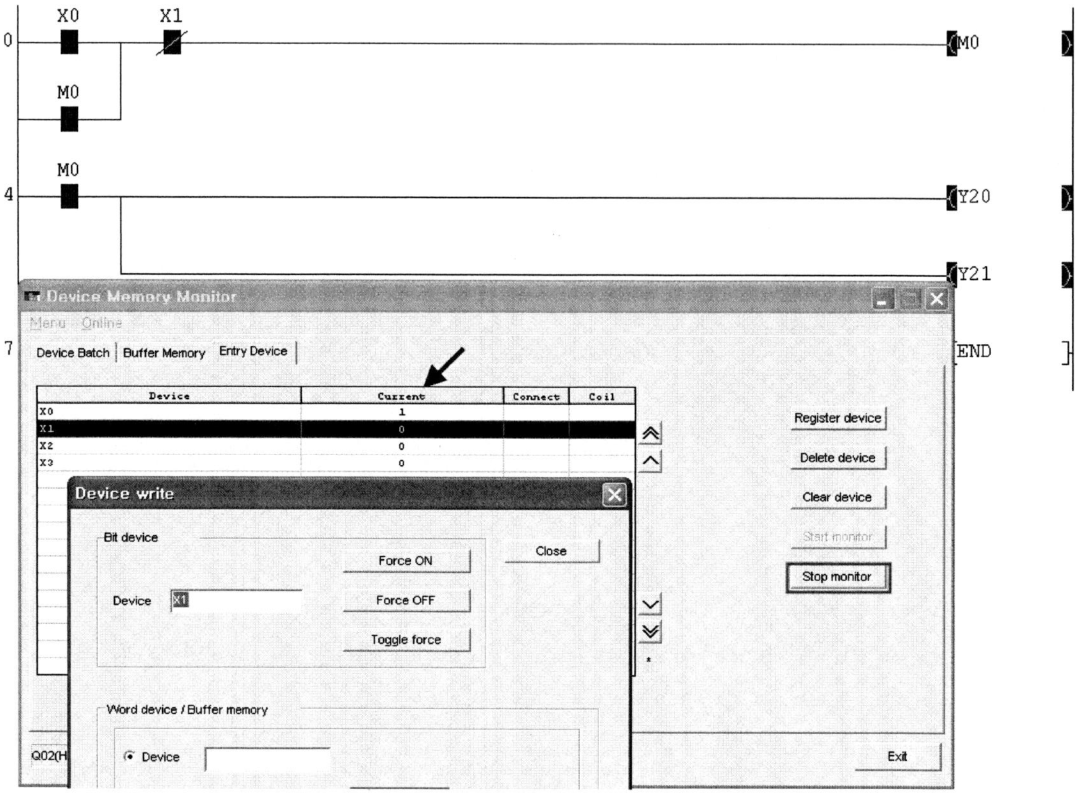

⑬ Start monitor 버튼을 누르면 Device Memory Monitor창의 Current항목에 ON, OFF상태의 값을 0, 1로 실시간으로 표시하며 모니터링 할 수 있다.

⑭ 종료할 때는 Device Write 창에서 [Close], Device Memory Monitor창에서 [Exit] 버튼을 누르고 GX Developer 메뉴에서 [툴]-[래더 로직 테스트 끝]을 실행하면 시뮬레이터가 종료된다.

1.8 PLC 시계 설정

PLC CPU의 시계에 새로운 시간을 설정하는 기능이다.

① [온라인]-[시계설정]을 실행해서 나타나는 대화상자에서 날짜, 시간, 요일을 설정한다. [설정]버튼을 클릭하면 CPU에 새로운 시간이 설정된다.

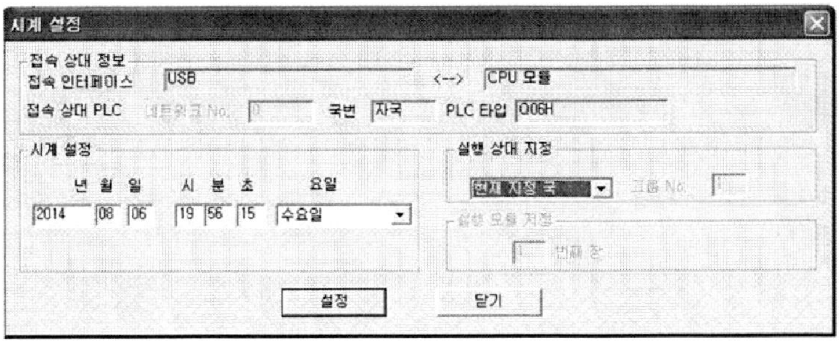

② [완료] 대화상자에서 [확인]버튼을 클릭한다.

③ [닫기] 버튼을 클릭한다.

1.9. CPU 내장 메모리 포맷

PLC CPU의 프로그램 메모리, 메모리 카드(RAM), 메모리 카드(ROM), 표준 RAM 등에 대해서 포맷하는 기능이다. 포맷 등을 실행할 때는 대상 메모리를 확인한 다음에 실행해야 한다.

① [온라인]-[PLC 메모리 포맷] 메뉴를 클릭한다.

② 왼쪽과 같은 대화상자가 표시되므로 대상 메모리를 "프로그램 메모리/디바이스 메모리"로 설정한다.

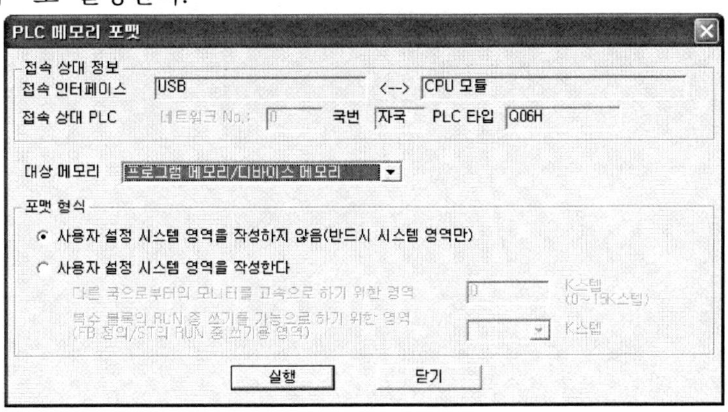

③ [실행] 버튼을 클릭하고 [예] 버튼을 클릭하여 포맷을 실행한다.

④ 포맷이 끝나면 대화상자가 나타나고 확인 버튼을 클릭한다.

⑤ 닫기 버튼을 눌러 대화상자를 닫는다.

1.10 CPU의 디바이스 메모리 클리어

PLC CPU내의 디바이스 메모리를 삭제하는 기능이다.

① [온라인]-[PLC 메모리 클리어]메뉴를 클릭합니다.

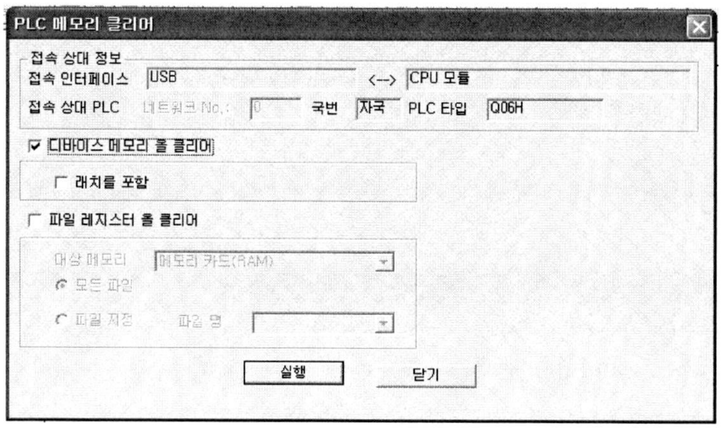

② 왼쪽과 같은 대화상자가 나타나면 "디바이스 메모리 올 클리어"가 체크되어 있는지를 확인한다.

③ "래치 포함"을 체크한다.

④ 실행 버튼을 클릭한다

⑤ 예 버튼을 클릭해서 래치 디바이스를 삭제한다.

⑥ 래치 디바이스의 삭제가 끝나면 완료 대화상자에서 확인 버튼을 클릭한다.

⑦ 닫기 버튼을 클릭하여 대화상자를 닫는다.

1.11 GX Developer 설치

GX Developer를 설치하기 위해서는 설치CD와 제품 ID를 를 준비한다.

① GX Developer 설치 CD를 PC에 넣는다.

② CD안 EnvMEL 폴더 내의 SETUP 파일을 클릭 한다. (메인 SETUP을 설치하기 전에 먼저 EnvMEL안의 SETUP을 먼저 실행해야한다.)

③ 다음을 클릭하여 프로그램을 설치한다.

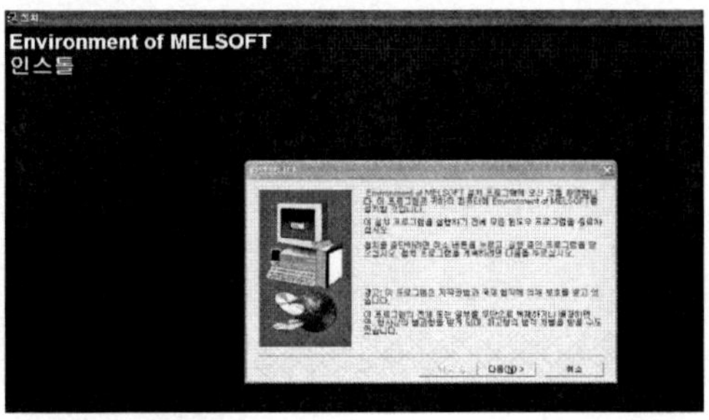

④ 설치가 완료하면 완료 버튼을 클릭한다.

⑤ GX Developer 안의 SETUP 파일을 클릭한다.

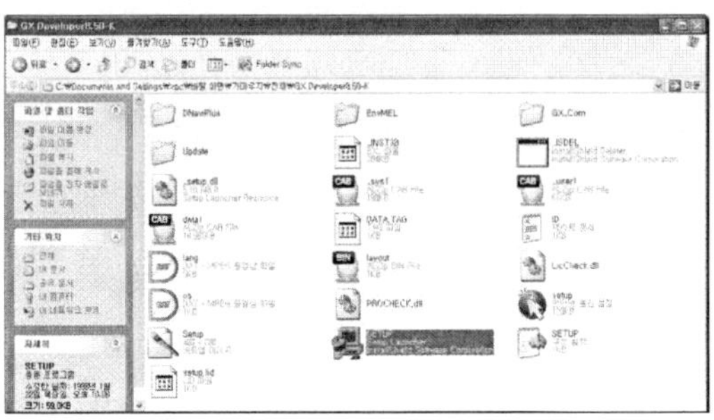

⑥ GX Developer Version 8 설치가 실행되며 다음을 클릭한다.

⑦ 이름과 회사명을 입력한다.

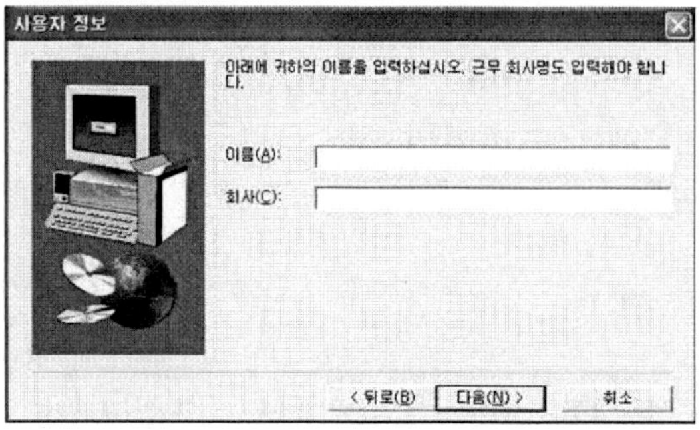

⑧ 작성한 이름과 회사명이 맞는지 확인한다.

⑨ 제품 ID 입력하고 다음을 클릭한다.

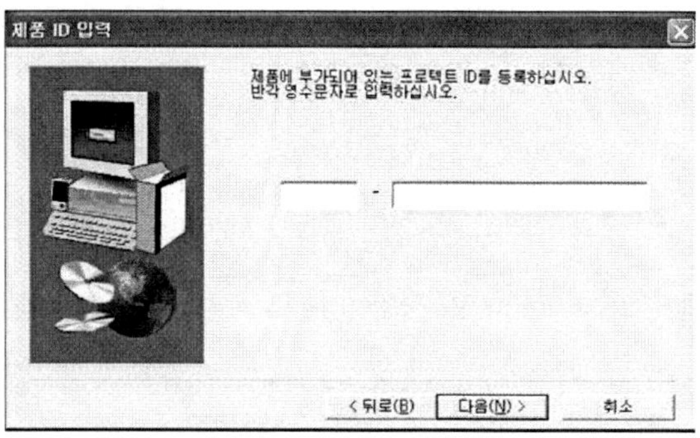

⑩ 구성 요소들을 선택하십시오 대화상자에서 옵션을 선택하는 부분이 나온다, ST(Structured Text)언어 프로그램 기능의 사용 여부 항목에 체크한다.

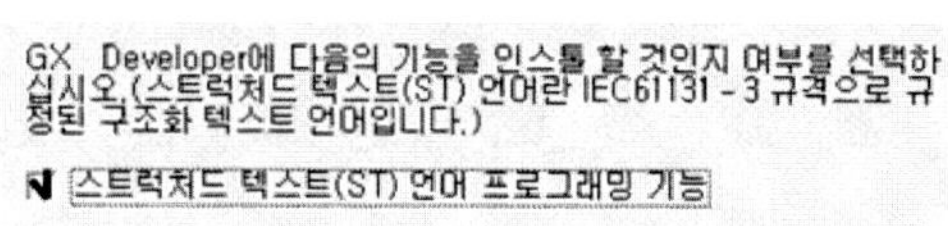

다음 대화상자에서 GX Developer를 모니터용으로 사용 여부를 묻는 항목에 체크하지 않는다.
다음 대화상자에서 두 가지 체크 항목은 체크하지 않는다.

⑪ 폴더위치를 묻는 화면에서 다음 버튼을 클릭하면 프로그램이 설치된다.

⑫ 설치가 완료되면 확인을 클릭한다. GX Developer가 설치가 완료 되었다.

1.12 PC와 PLC 인터페이스

① PLC의 통신포트에 통신케이블을 연결하고 그리고 PC의 USB포트에 통신케이블의 USB 커넥터를 연결하고 PLC 전원을 ON하면 새 하드웨어 검색 마법사가 나타난다.

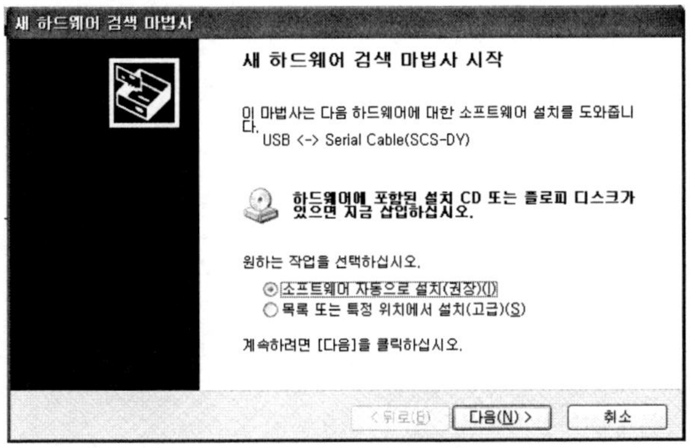

② 목록 또는 특정 위치에서 설치를 클릭하고 다음을 클릭한다.

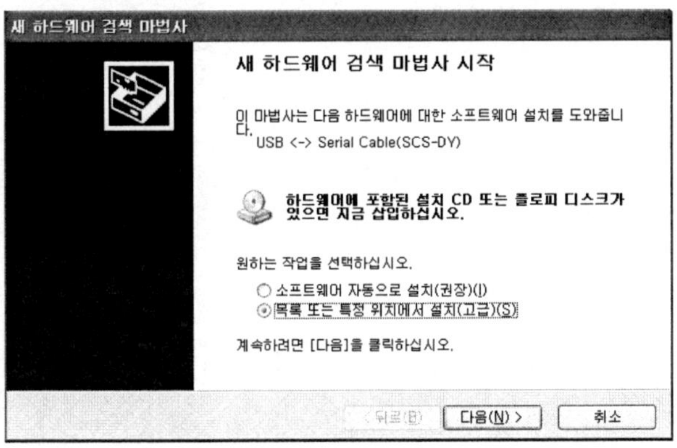

③ Q02H PLC의 경우에는 검색할 때 다음 위치 포함" 을 클릭하고 "찾아보기" 를 클릭하여 "C:\MELSEC\Easysocket\USBDrivers" 폴더를 선택한 다음 버튼을 클릭한다.

FX3U PLC의 경우에는 USB 통신용 드라이브(CDM 2.04)를 PC에 넣는다. 검색할 때 다음 위치 포함" 을 클릭하고 "찾아보기" 를 클릭하여 드라이브(E)안에 CDM 2.04를 찾아서 [확인]을 누른다.

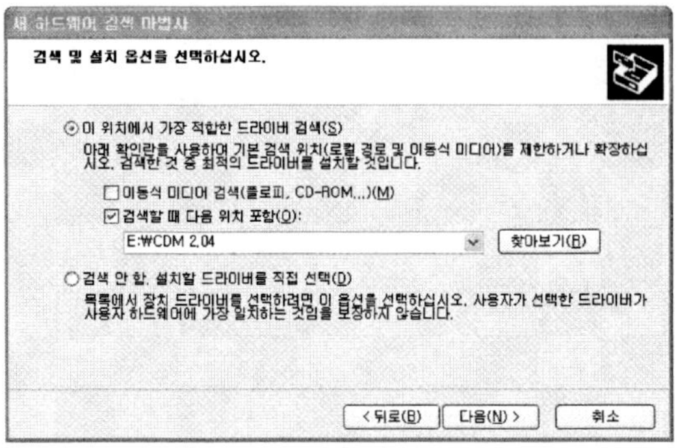

④ 새 하드웨어 검색마법사에서 USB 드라이브를 검색한다.

⑤ USB 드라이브를 설치한다.

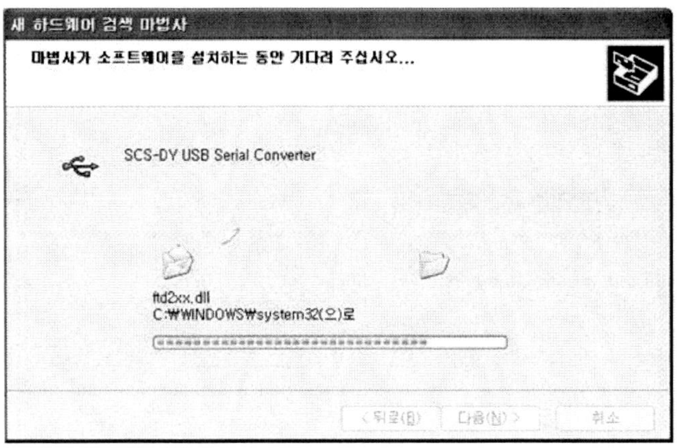

⑥ USB 드라이브가 설치되면 [내컴퓨터]-[하드웨어]-[장치관리자]를 선택한다.

⑦ 장치관리자 안에 포트(COM 및 LPT) 폴더에 USB Serial Port(Com5)를 확인한다. 설치되는 PC에 따라 COM 포트는 달라질 수가 있다.

⑧ GX-Developer에서 래더 프로그램을 작성하고 [온라인]-[연결대상 지정]을 실행하고 대화상자에서 사용자 PLC 연결 상태에 맞게 RS-232C로 체크한 후 확인 버튼을 누른다. COM 포트는 "장치관리자" 포트(COM 및 LPT) 폴더에 USB Serial Port(Com5) 안에 설정된 값을 여기에서 COM5를 선택하고 전송속도를 선택하면 된다.

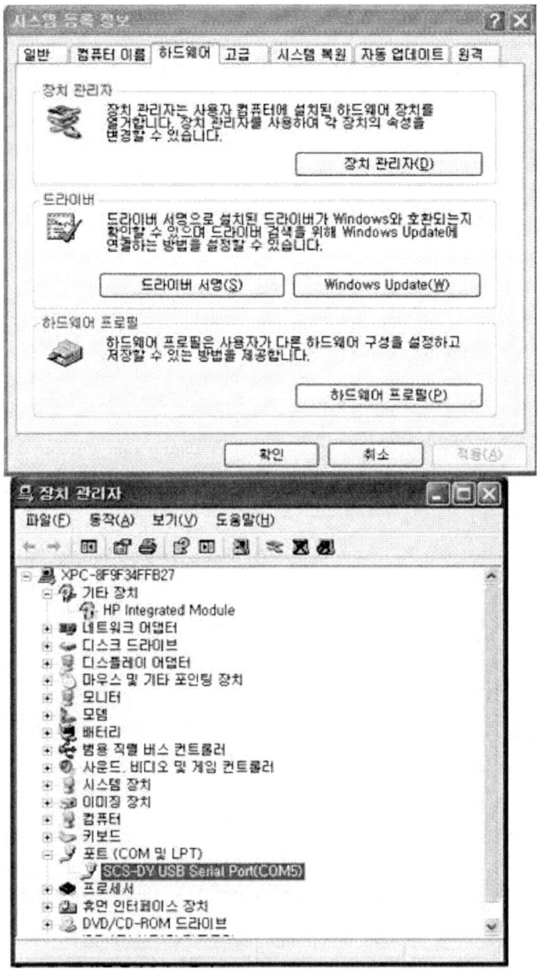

⑨ 다음은 Q 02H PLC를 2대의 PC에 USB와 시리얼로 연결한 그림을 나타내었다.

Q 02H PLC에 기본으로 제공되는 USB 포트 외에 옵션으로 시리얼 연결을 제공한다. CPU 모듈에 각각 케이블을 연결하고 연결된 방법에 따라 [온라인]-[연결대상 지정]을 실행하고 대화상자에서 사용자 PLC 연결 상태에 맞게 USB 혹은 RS-232C로 체크한다. RS-232C로 연결하는 경우는 ⑦번의 내용에 따라 장치관리자 안에 포트(COM 및 LPT) 폴더에서 설정된 Serial Port를 확인하고 설정한다.

⑩ 다음의 그림은 1대의 FX3U PLC에 분배기를 사용하여 2대의 PC로 사용할 경우에 대해서

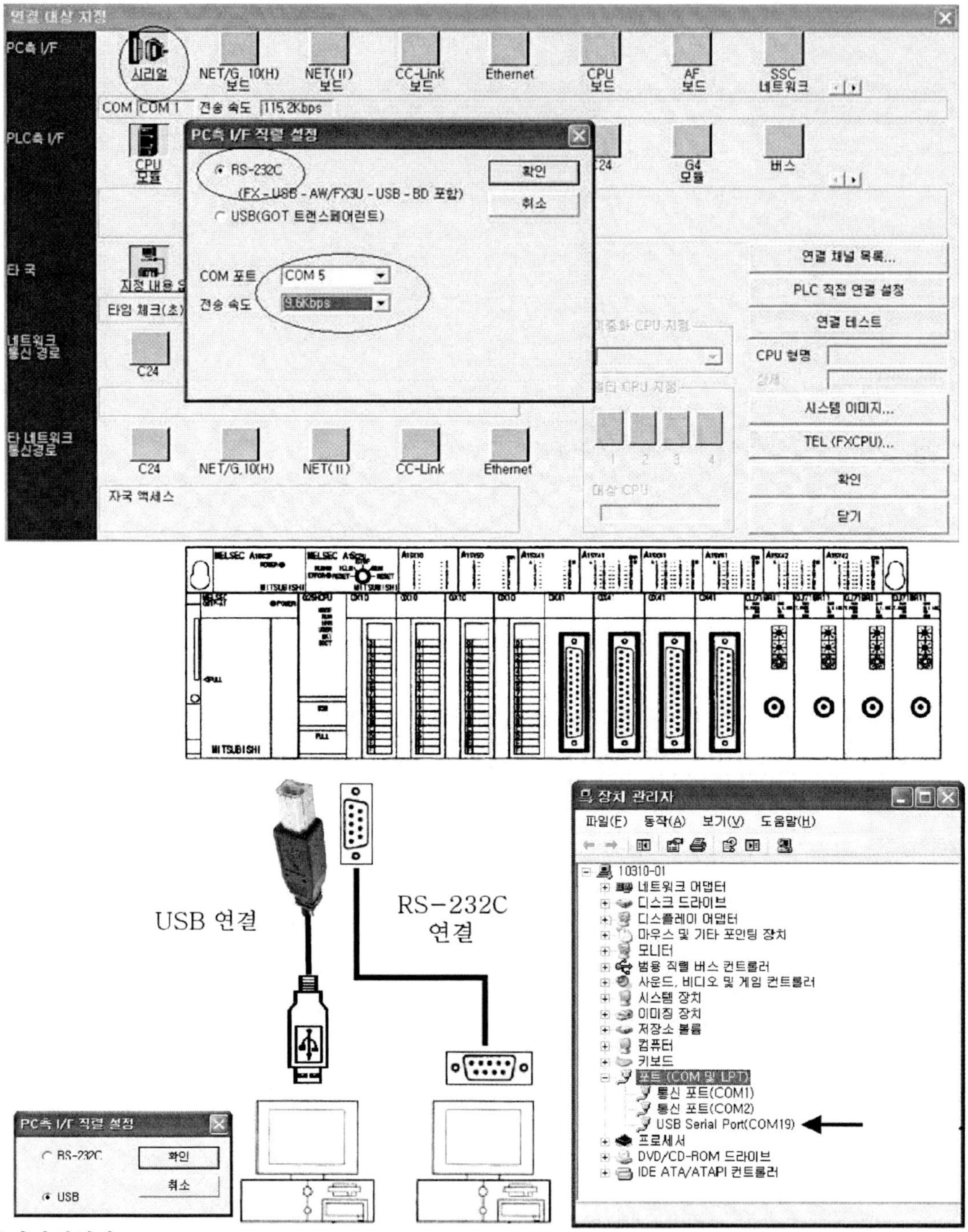

나타내었다.

2대의 PC 모두 직렬로 연결해서 사용하여야 하며 ⑦번의 내용에 따라 각자의 PC에서 장치관리자 안에 포트(COM 및 LPT) 폴더에서 설정된 Serial Port를 확인하고 설정한다. 래더 프로그램을 작성해서 PLC쓰기 할 때는 분배기의 해당 스위치(A, B)를 눌러서 PLC와 연결을 설정한 후 PLC쓰기를 해야 한다.

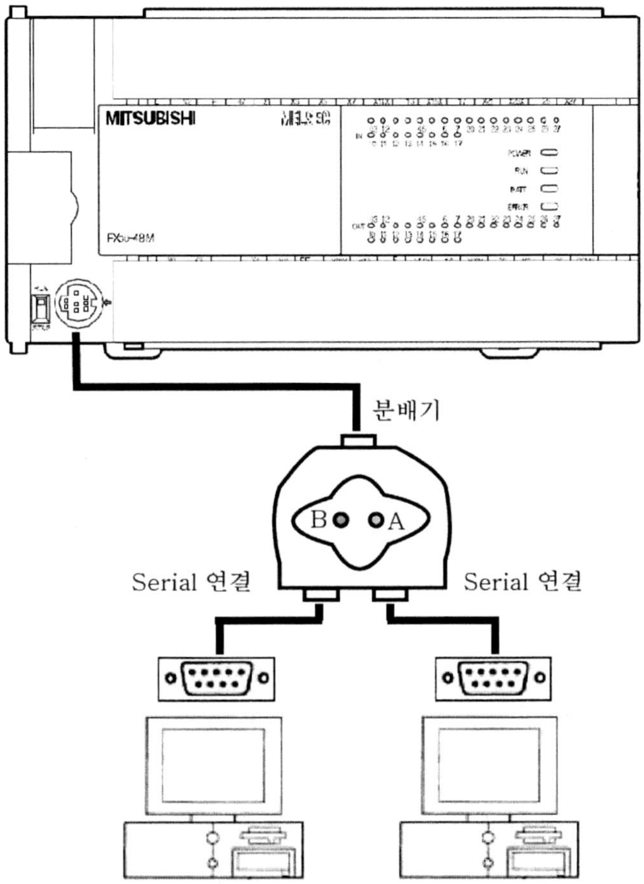

1.13 GX Simulator 설치

① 먼저 GX Developer를 설치를 완료해야 한다.

② CD에 있는 GX-Simulator 폴더내의 GX-Simulator Version Up 7 폴더에 있는 Setup 파일을 실행해서 설치한다. GX Developer 설치 시 사용했던 시리얼번호를 입력해야 한다.

③ 그리고 GX-Simulator Ver 7.25B 폴더에 있는 Setup을 실행해서 설치한다. 이것은 GX-Simulator의 버전을 높이기 위해 추가로 설치하는 것이다. 설치가 완료되면 Version UP된 시뮬레이터를 사용하게 된다.

2. 메뉴

2.1 프로젝터

[프로젝터]-복사 : 다른 프로젝터의 내용을 복사해서 가져오는 기능이다.

① [프로젝터]-복사를 실행한다.

② 복사원본 항목에서 복사할 프로젝터의 경로와 프로젝터 이름을 선택하고 복사하기를 희망하는 항목을 선택하고 실행한다.

③ 현재의 프로젝터에 CALC 항목이 복사된 것을 확인할 수 있다.

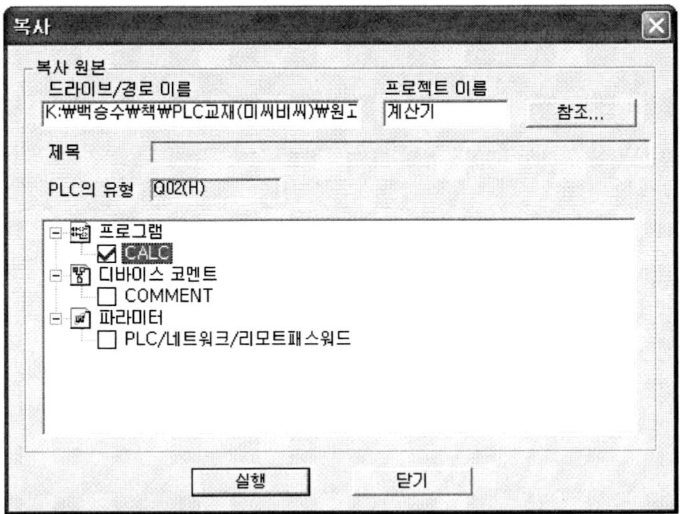

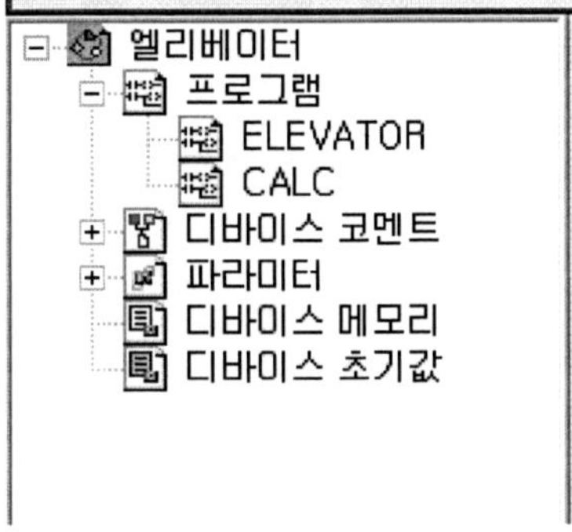

[프로젝터]-데이터편집 : 현재 작업 중인 프로젝터에 새로운 프로그램을 추가하거나, 삭제, 복사하는 기능이다.

[프로젝터]-데이터편집-새로 만들기 : 현재의 프로젝터 창에 새로운 프로그램을 추가한다.

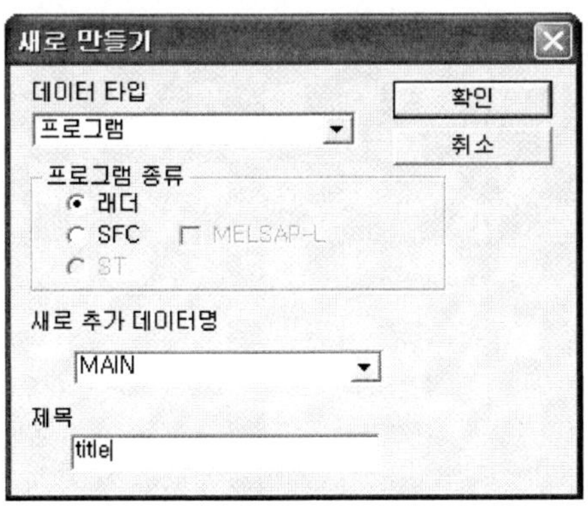

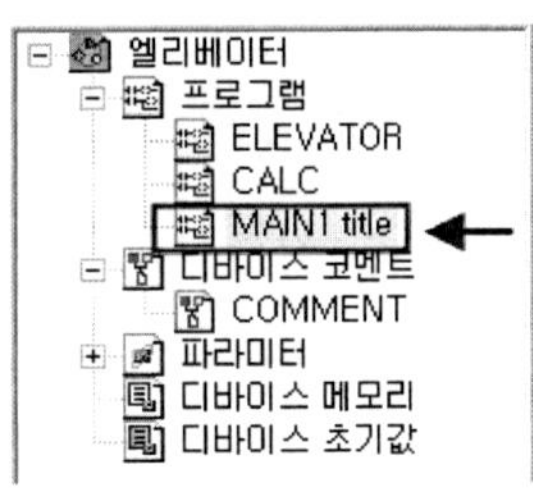

[프로젝터]-데이터편집-복사 : 현재의 프로젝터 창에 있는 프로그램을 복사하여 새로운 파일명으로 추가한다.

[프로젝터]-데이터편집-삭제 : 현재의 프로젝터 창에 있는 프로그램을 삭제한다.

[프로젝터]-데이터편집-데이터명 변경 : 현재의 프로젝터 창에 있는 프로그램의 이름을 변경한다.

[프로젝터]-PLC유형변경 : 다른 타입의 PLC 프로그램으로 변경하는 기능.

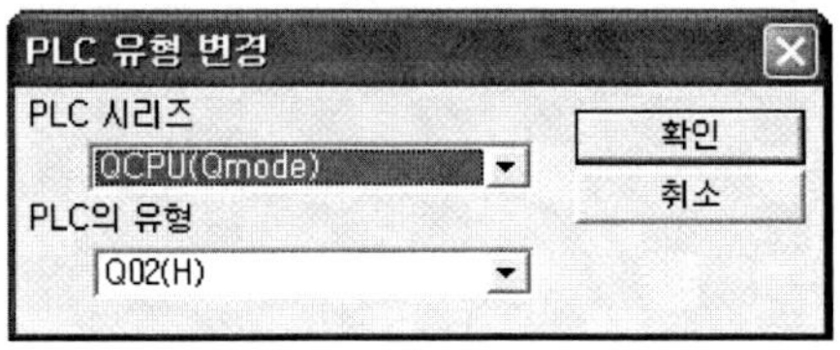

[프로젝터]-인쇄 설정 : 인쇄할 경우 프린터, 용지 크기 등을 설정한다.

[프로젝터]-인쇄 : 작성한 프로그램 관련하여 시퀀서 프로그램, 디바이스 코멘트, 파라미터, 디바이스메모리 등을 인쇄조건, 인쇄범위 등을 설정해서 데이터를 인쇄하는 기능이다.

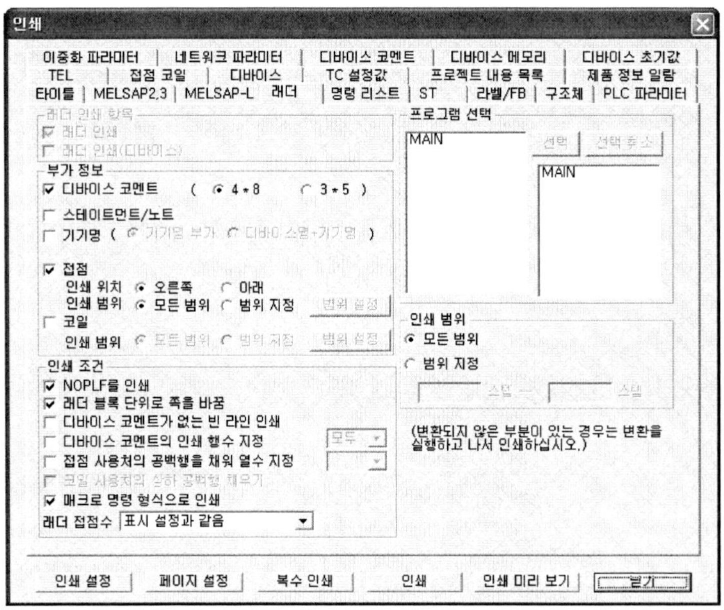

[프로젝터]-새로 GX Developer를 기동 : 현재 사용 중인 GX Developer와는 별도로 새로운 GX Developer를 실행한다.

2.2 편집

[편집]-실행취소 : 쓰기 모드에서 수정한 것을 취소하여 이전 상태로 되돌아가는 기능으로 1회만 가능하다.

[편집]-래더변환 직전의 상태로 복귀 : 래더 프로그램의 여러 곳을 계속 수정하다가 마지막 변환 직전으로 되돌아 갈 때 사용하는 기능이다.

[편집]-잘라내기 : 블록으로 지정한 부분을 잘라내기 하는 기능이다.

[편집]-복사 : 블록으로 지정한 부분을 복사 하는 기능이다.

[편집]-붙여넣기 : 블록으로 지정한 부분에 붙여넣기 하는 기능이다.

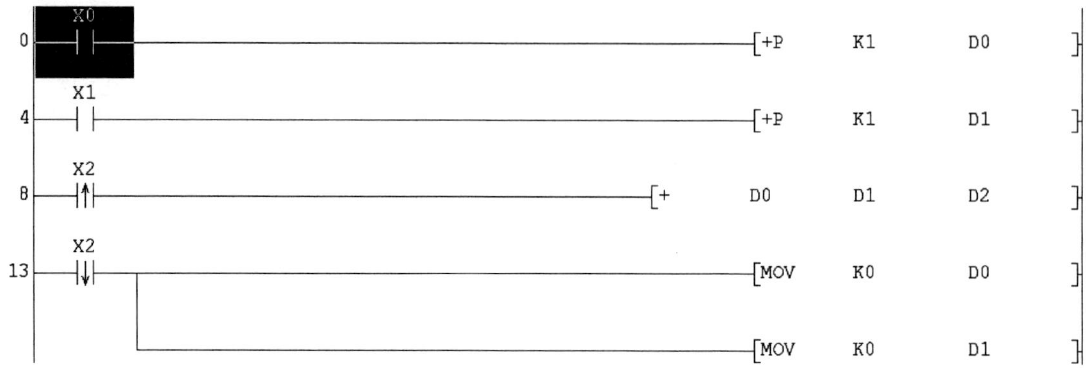

[편집]-행삽입 : 프로그램에 빈 라인을 추가하는 기능이다.
[편집]-행삭제 : 프로그램의 행을 삭제하는 기능이다.
[편집]-열삽입 : 프로그램에 빈 라인을 추가하는 기능이다.
[편집]-열삭제 : 프로그램의 행을 삭제하는 기능이다.

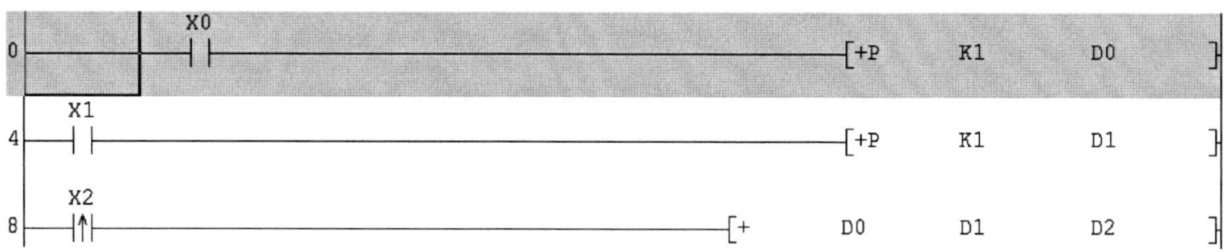

[편집]-선그리기 : 프로그램에 분기선을 그리는 기능이다.
[편집]-선지우기 : 프로그램에 분기선을 지우는 기능이다.

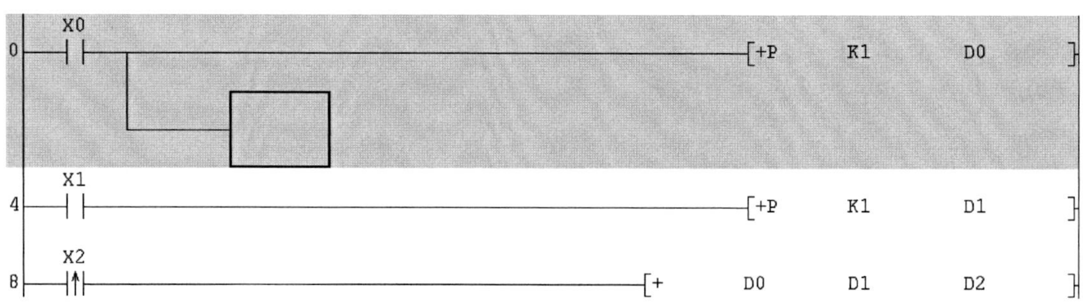

[편집]-TC값 설정 : 프로그램 내에 사용된 타이머, 카운터의 값을 일괄 표를 사용하여 변경하는 기능이다.

[편집]-읽기모드 : PLC의 현재 상태를 읽기 모드로 설정하는 기능이다.

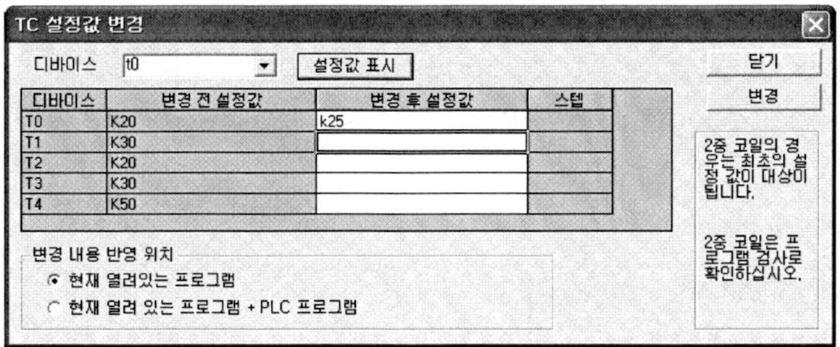

[편집]-쓰기모드 : PLC의 현재 상태를 쓰기 모드로 설정하는 기능으로 래더 프로그램을 작성하고 수정하기 위해서는 쓰기 모드로 설정해야한다.

[편집]-읽기모드 : PLC의 현재 상태를 읽기 모드로 설정하는 기능이다.

[편집]-래더기호 : 프로그램내에 입력해야 할 디바이스들을 선택 입력하는 기능이다.

[편집]-문서작성 : 프로그램 내에 스테이트먼트, 코멘트, 노트 등을 편집, 수정 등을 쉽게 지원하는 기능이다.

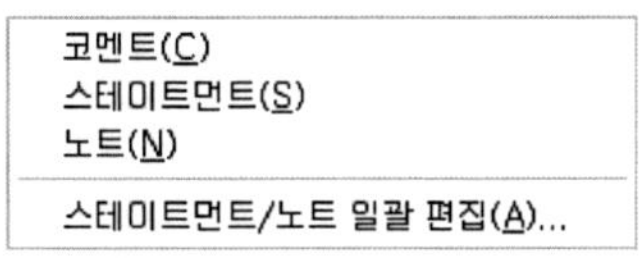

[편집]-문서작성-코멘트 : 프로그램내의 각 디바이스에 설명을 부여해서 프로그램 전체를 이해하는데 도움을 주는 기능이다.

① [편집]-문서작성-코멘트를 클릭하고 그리고 디바이스 코멘트 행수에서 1행, 2행, 3행, 4행중에서 2행을 선택한다. 이렇게 할 경우 각 프로그램의 줄이 지정한 수만큼 늘어나서 아래로 길어지게 된다.

② X0 접점을 더블 클릭하여 디바이스 코멘트를 입력하고 OK버튼을 누른다. 프로그램 내에 있는 모든 X0에는 같은 코멘트가 부여된다.

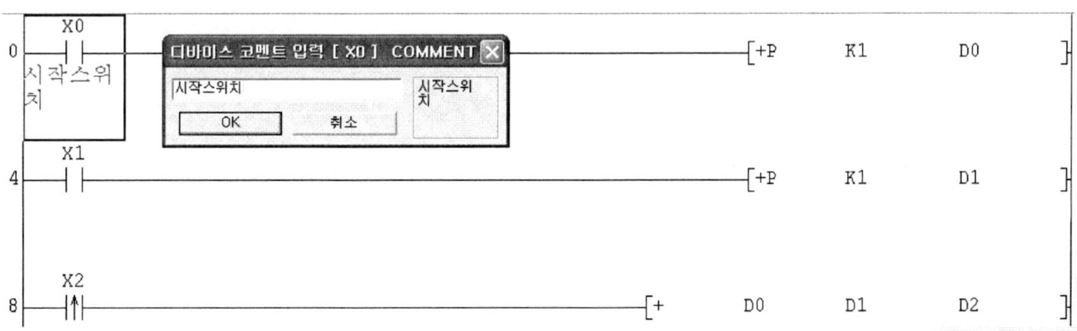

③ 이번에는 다시 [편집]-문서작성-코멘트를 클릭해서 코멘트 입력을 해지한다. 그리고 다른 방법으로 코멘트를 입력한다. 코멘트를 입력할 디바이스를 더블 클릭하면 래더 입력 대화상자가 나타나고 디바이스를 선택 버튼에서 디바이스를 선택하지 않고 다음과 같이 입력한다, ;;X1=정지스위치

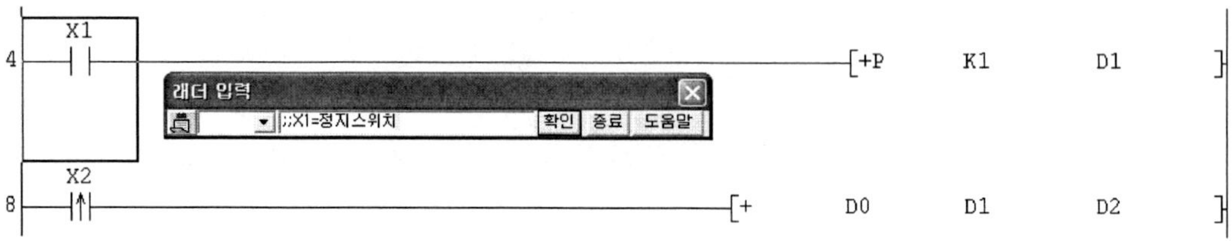

④ 코멘트의 내용을 보거나 감추기는 [표시]-코멘트를 클릭하면 된다.

⑤ 코멘트 내용 전체를 표로 보려면 프로젝터 창의 디바이스 코멘트 항목의 코멘트를 더블클릭하면 디바이스 코멘트 편집화면이 나타난다. 여기서 일괄 편집, 수정, 삭제 등을 할 수 있다.

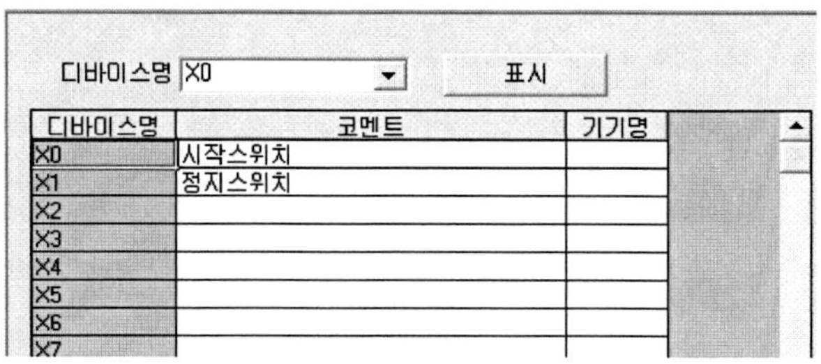

[편집]-문서작성-스테이트먼트 : 프로그램내의 일정 부분을 기능별로 구분해서 프로그램의 기능에 대한 설명과 의미를 부여하여 프로그램을 이해하는데 도움을 주는 기능이다.

① [편집]-문서작성-스테이트먼트를 클릭한다. 프로그램 내 스테이트먼트를 입력할 위치를 클릭한다.

② 그리고 [레더 스테이트먼트 입력] 대화상자에서 주변을 선택하고 내용을 입력한다. 그리고 OK버튼을 누른다.

③ 다음과 같이 스테이트먼트가 입력된다.

④ 이번에는 다시 [편집]-문서작성-스테이트먼트를 클릭해서 코멘트 입력을 해지한

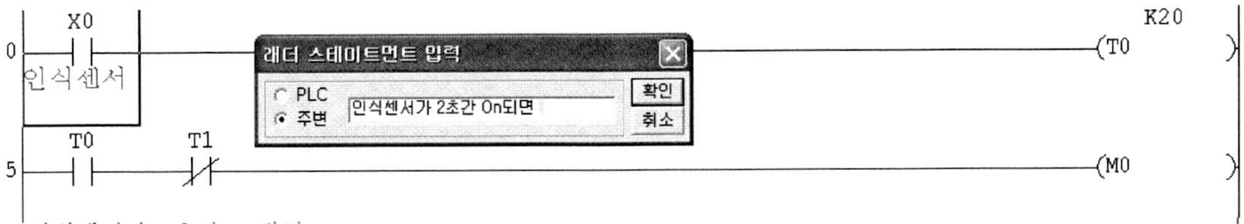

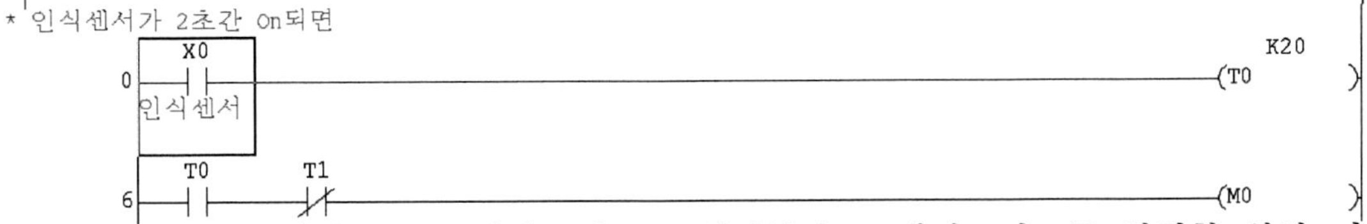

다. 그리고 다른 방법으로 스테이트먼트를 입력한다. 스테이트먼트를 입력할 위치 더블 클릭하면 래더 입력 대화상자가 나타나고 디바이스를 선택버튼에서 디바이스를 선택하지 않고 다음과 같이 입력한다, ;2초 후 3초간 물이 나온다

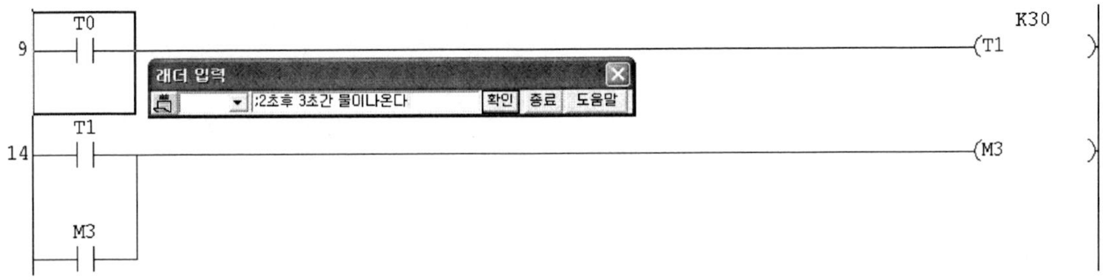

⑤ 다음과 같이 입력이 된다. F4키로 변환한다.

⑥ 스테이트먼트를 삭제하려면 스테이트먼트를 클릭하고 Del 키를 누르면 삭제된다.

[편집]-문서작성-노트 : 프로그램에 사용된 명령이나 출력코일에 의미를 부여하여 프로그램을 이해하는데 도움을 주는 기능이다.

① [편집]-문서작성-노트를 클릭한다. 프로그램 내 입력할 위치의 코일을 클릭한다.

② 그리고 [노트 입력] 대화상자에서 주변을 선택하고 내용을 입력한다. 그리고 확

인 버튼을 누른다.

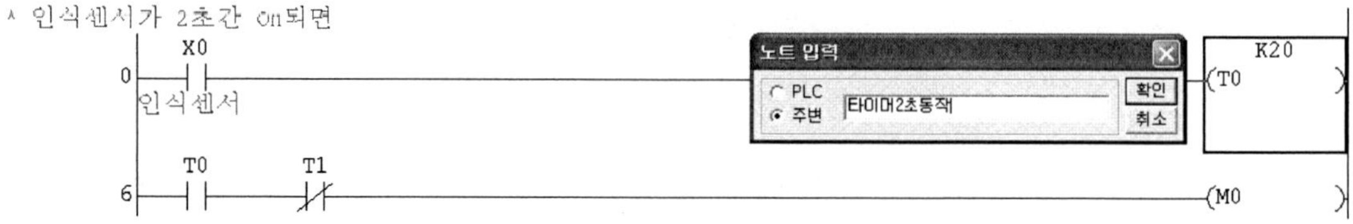

③ 다음과 같이 노트가 입력된다.

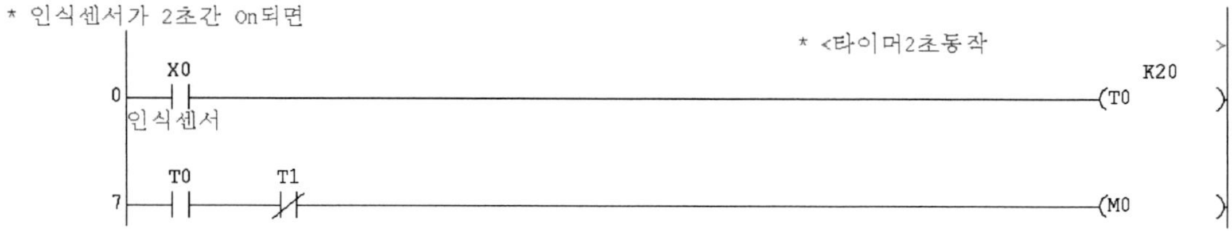

④ 이번에는 다시 [편집]-문서작성-노트를 클릭해서 노트 입력을 해지한다. 그리고 다른 방법으로 노트를 입력한다. 노트를 입력할 코일을 더블 클릭하면 래더 입력 대화상자가 나타나고 다음과 같이 입력한다, T1 K30;타이머 3초동작

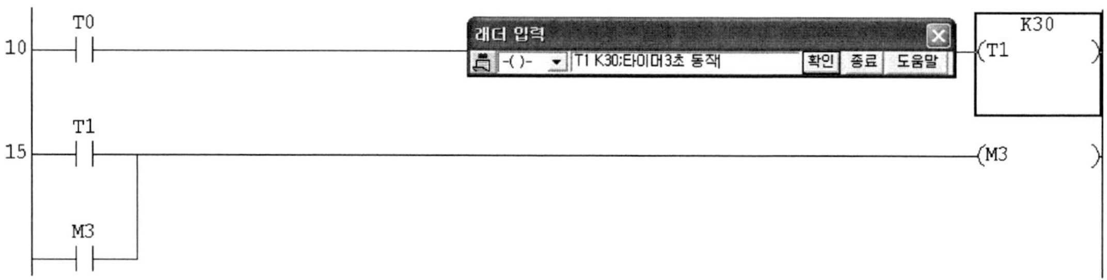

⑤ 다음과 같이 입력이 된다. F4키로 변환한다.

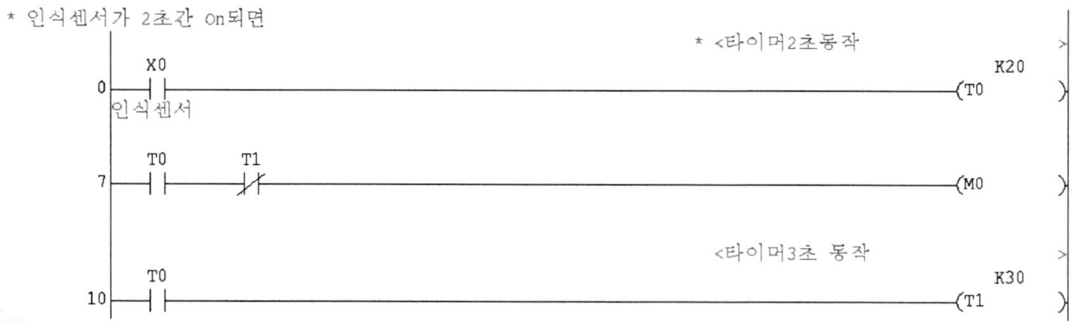

⑥ 노트를 삭제하려면 노트를 클릭하고 Del 키를 누르면 삭제된다.

2.3 찾기/바꾸기

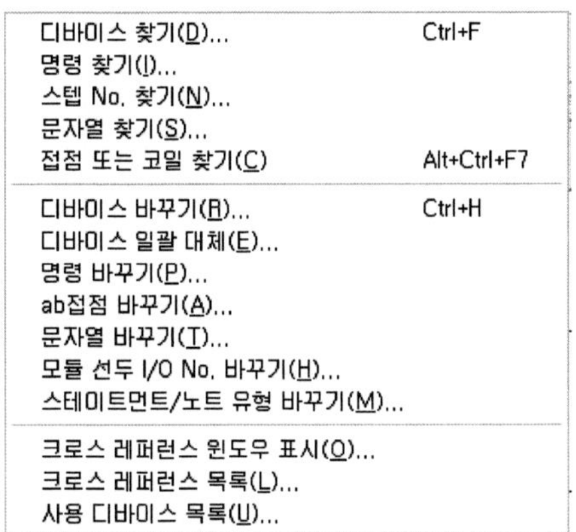

[찾기/바꾸기]-디바이스 찾기 : 프로그램내에서 디바이스를 찾아주기 하는 기능이다.

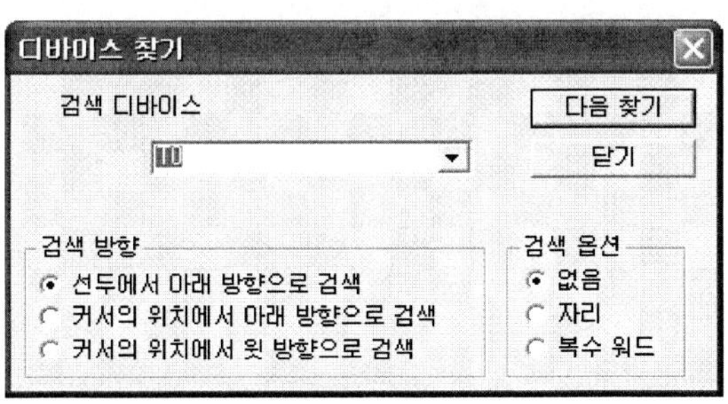

[찾기/바꾸기]-명령 찾기 : 프로그램 내에서 명령을 찾아주기 하는 기능이다.

[찾기/바꾸기]-스텝 No. 찾기 : 프로그램 내에서 스텝 번호를 찾아주기 하는 기능이다.

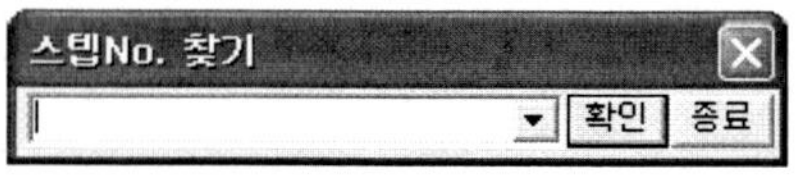

[찾기/바꾸기]-문자열 찾기 : 프로그램 내에서 문자열을 찾아주기 하는 기능이다.

[찾기/바꾸기]-접점 또는 코일 찾기 : 프로그램 내에서 접점 또는 코일을 찾아주기 하는 기능이다.

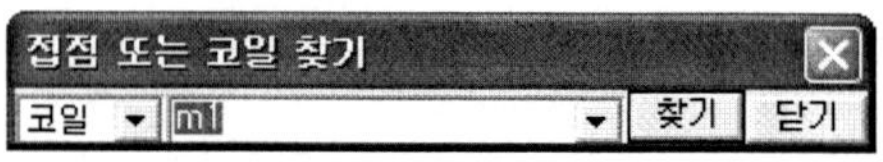

[찾기/바꾸기]-디바이스 바꾸기 : 프로그램 내에서 설정되어 있는 디바이스를 다른 디바이스로 바꿔주는 기능이다.

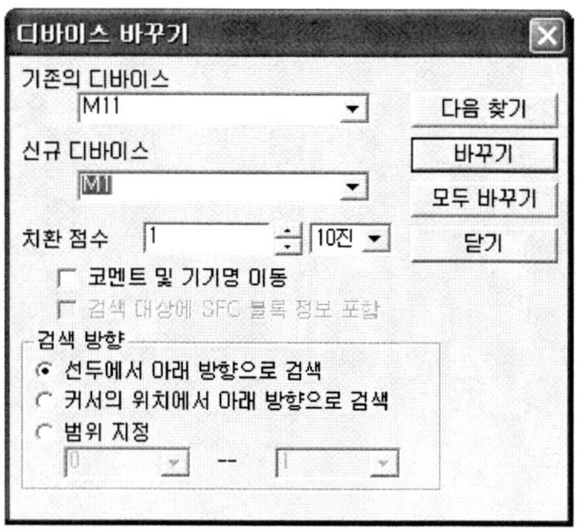

[찾기/바꾸기]-디바이스 일괄 대체 : 프로그램 내에서 설정되어 있는 디바이스들을 [디바이스 일괄 대체] 대화상자에서 한꺼번에 디바이스들을 교체할 수 가 있다.(프로그램내의 T0를 T1으로 모두 라벨 변경)

[찾기/바꾸기]-명령 바꾸기 : 프로그램 내에서 설정되어 있는 명령을 다른 명령으로 교체할 수 가 있다.

[찾기/바꾸기]-ab접점 바꾸기 : 프로그램 내에서 설정되어 있는 디바이스의 a접점을 b접점으로, b접점을 a접점으로 바꿀 수가 있다.

[찾기/바꾸기]-문자열 바꾸기 : 프로그램 내에서 문자열을 찾아 바꾸어 주기 하는 기능이다.

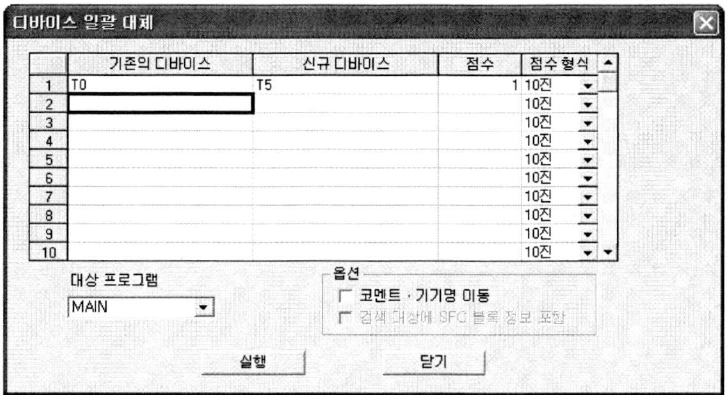

[찾기/바꾸기]-모듈선두 I/O No. 바꾸기 : 프로그램 내에서 명령의 선두 I/O 주소를 변경하는 기능이다.

[찾기/바꾸기]-스테이트먼트/노트 유형 바꾸기 : 프로그램 내에서 스테이트먼트와 노트의 유형을 찾아 PLC 쓰기를 할 때 프로그램에서 포함 혹은 제외를 변경해주는 기능이다.

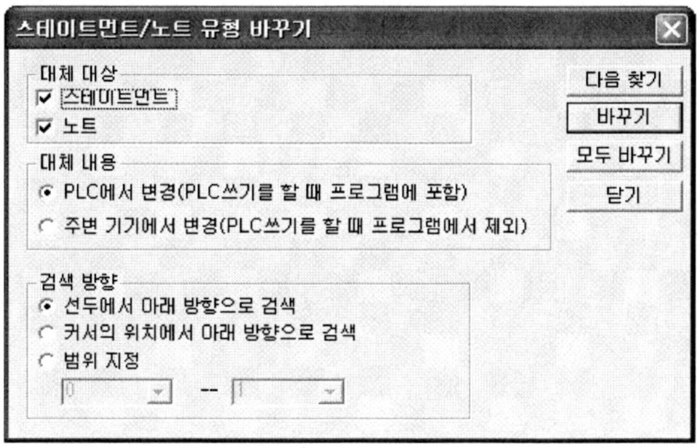

[찾기/바꾸기]-크로스 레퍼런스 윈도우 표시 : 현재 프로젝터에 등록된 프로그램 내에서 사용 중인 디바이스의 사용 현황(프로그램별, 스텝, 명령, 위치) 등을 일괄 표시해주는 기능이다.

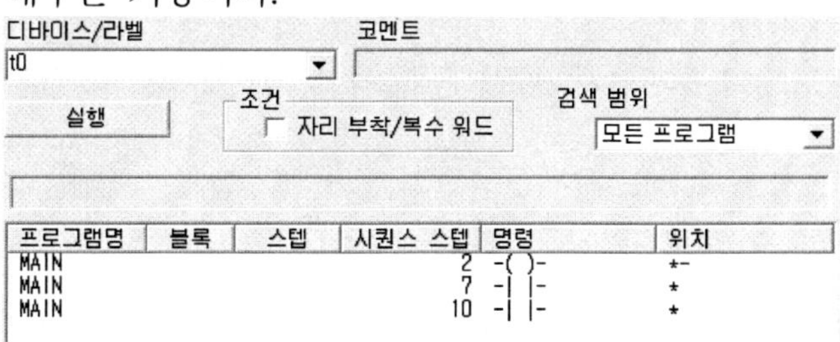

[찾기/바꾸기]-크로스 레퍼런스 목록 : 현재 편집중인 프로그램 내에서 디바이스 사

용되고 있는 시퀀스 스텝, 명령, 위치 등을 일괄 표시해주는 기능이다.

[찾기/바꾸기]-사용 디바이스 목록 : 현재 편집중인 프로그램 내에서 디바이스의 사용현황을 표시해주는 기능이다.

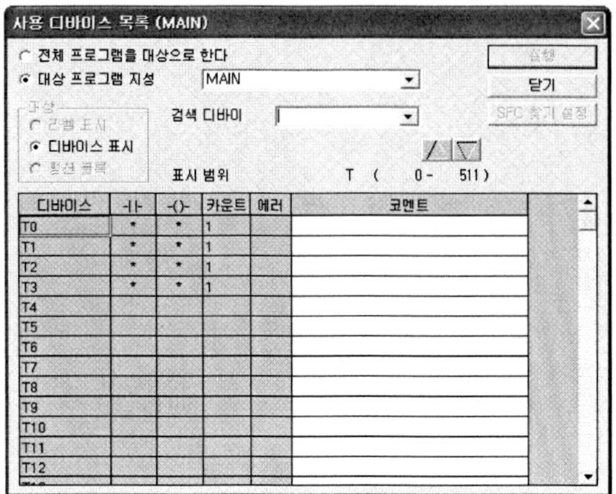

2.4 변환

변환(C)	F4
변환(편집 중인 모든 프로그램)(A)	Alt+Ctrl+F4
변환(모든 프로그램)(P)	
변환(RUN 중 쓰기)(R)	Shift+F4

[변환]-변환 : 작성하고 있는 래더 프로그램을 PLC가 실행 가능하도록 2진수인 기계어로 변환해주는 기능이다.

[변환]-변환(편집중인 모든 프로그램) : 프로젝터 창에 있는 래더 프로그램들 중에서 수정된 프로그램들 모두 변환해주는 기능이다.

[변환]-변환(모든 프로그램) : 프로젝터 창에 있는 래더 프로그램 모두를 PLC가 실행 가능하도록 변환하는 기능이다.

2.5 표시

[표시]-코멘트 표시 : 작성 중인 프로그램의 디바이스에 입력된 코멘트의 표시를 On, Off하는 기능이다.

[표시]-스테이트먼트 표시 : 작성 중인 프로그램의 스테이트먼트의 표시를 On, Off하는 기능이다.

[표시]-코멘트 표시 : 작성 중인 프로그램의 노트 표시를 On, Off하는 기능이다.

[표시]-기기명 표시 : 작성 중인 프로그램의 기기명 표시를 On, Off하는 기능이다.

[표시]-현재 모니터값 표시 : 프로그램을 변환하여 모니터 할 때 각 디바이스에 현재 값을 표시해주는 기능이다. 이 기능을 사용하지 않으면 화면에 표시되는 프로그램의 길이가 짧아 한눈에 파악하기에는 도움이 되지만 현재 설정되고 있는 값은 표시되지 않는다.

■ 현재 모니터값 표시

[표시]-코멘트 표시형식 : 디바이스 코멘트의 문자 표시 형식을 3×5문자, 4×8문자를 선택해서 사용하는 기능이다.

[표시]-기기명 표시형식 : 디바이스 코멘트의 기기명을 디바이스명과 함께 표시 할 것인지 기기명만 표시 할 것인지 선택하는 기능이다.

[표시]-디바이스 표시형식 :

[표시]-코멘트-코멘트 행수 : 디바이스 코멘트의 행수를 1행, 2행, 3행, 4행중에서 선택할 수 있다. 행수가 커면 프로그램의 표시 길이가 길어져 모니터에 나타낼 수 있

는 프로그램의 길이가 짧아져서 가독성이 떨어진다.

[표시]-도구모음 : 도구모음은 메뉴 바에서 제공되는 기능 중에서 빈번하게 사용되는 기능들을 도구모음에 표시하여 사용하는 기능으로 선택하여 표시하거나 감추기 하여 사용할 수 있다.

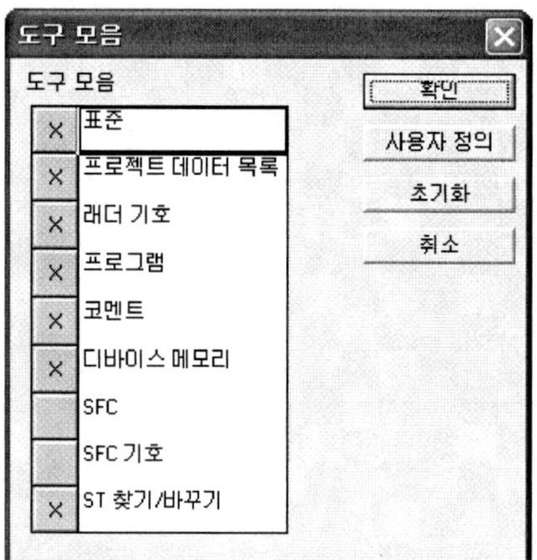

[표시]-상태표시줄 : 상태표시줄은 화면의 하단에 PLC의 CPU타입, 접속 대상, 편집 모드, Caps Lock, Num Lock, Scroll Lock 등과 같은 상태를 표시해준다.

[표시]-확대/축소 : 편집 화면을 확대/축소하는 기능이다. 자동 배율로 설정하면 프로그램의 가로 폭을 편집화면에 맞추어 표시해준다.

[표시]-프로젝터 데이터 목록 : 작업 중인 프로젝터의 데이터 목록들을 나타내기, 감추기 하는 기능이다. 프로젝터 데이터 목록에는 프로그램, 디바이스 코멘트, 파라미터, 디바이스 메모리, 디바이스 초기 값 등의 항목이 있다.

[표시]-리스트 모드 : 현재 수정 중인 프로그램이 래더 프로그램일 경우 명령어 리스트로 변환 표시하고, 편집중인 화면이 명령어 리스트인 경우는 래더 프로그램으로 변환해서 보여준다.

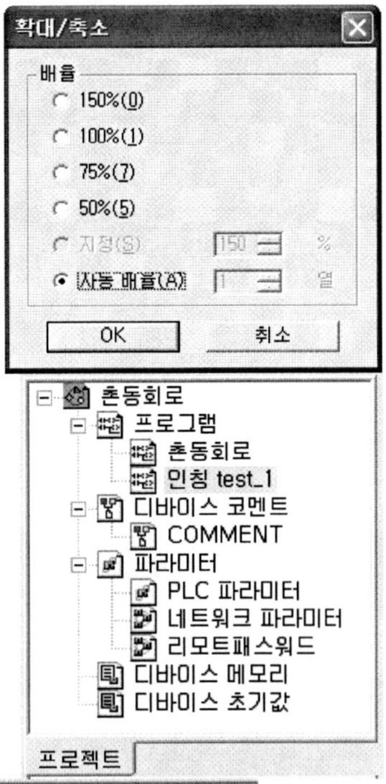


```
 0  LDI   X3
 1  ANI   X2
 2  MPS
 3  AND   X1
 4  OUT   M0
 5  MPP
 6  LD    M0
 7  OR    M1
 8  ANB
 9  OUT   M1
10  LD    M1
11  OR    X4
12  OUT   Y0
13  LDI   M1
14  ANI   X4
15  OUT   Y1
16  LD    M1
17  OR    X4
18  OUT   Y2
19  END
20
```

[표시]-접점수 설정 : 래더 프로그램 1 라인에 설정 가능한 접점의 수를 설정할 수 있다. 접점 수는 9개, 11개가 있다.

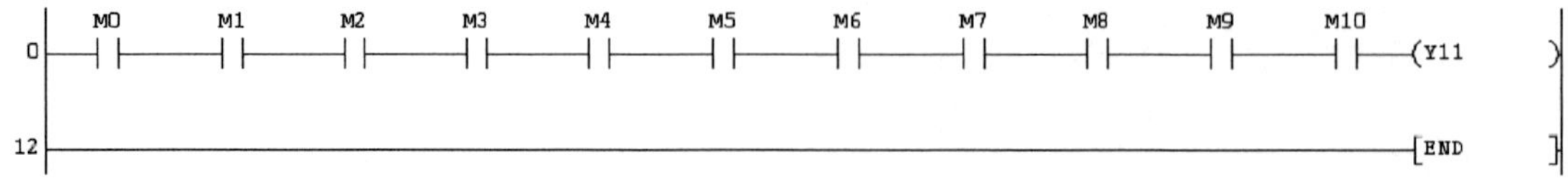

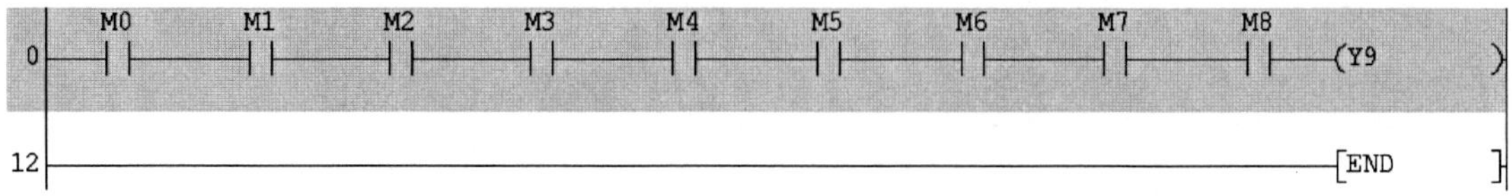

[표시]-연결시간 표시 : 회선 접속 시간을 표시하는 기능이다.

2.6 온라인

[온라인]-연결대상지정 : PC와 PLC를 연결하여 통신에 필요한 내용을 설정한다. 연결대상지정 대화상자에서 노란색으로 표시된 것들이 현재 설정되어 있는 것을 표시한 것이다.

[온라인]-연결대상지정-PC측 I/F : [시리얼/USB] 아이콘을 클릭하면 다음의 대화상자가 나타난다. 시리얼로 연결되어 있는 경우 다음의 대화상자에서 COM포트와 전송속

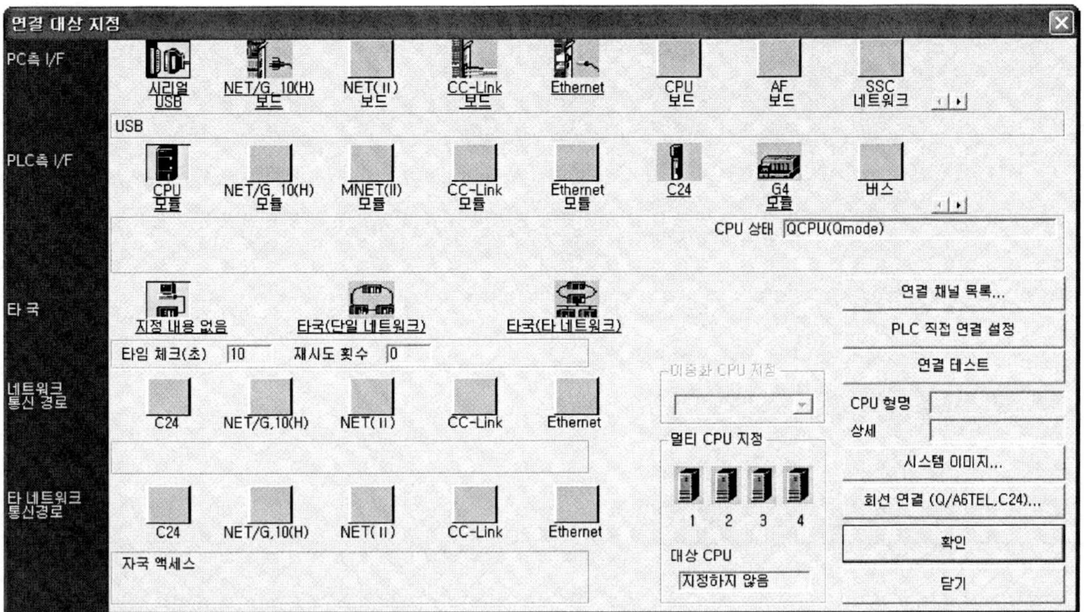

도를 설정하면 된다.

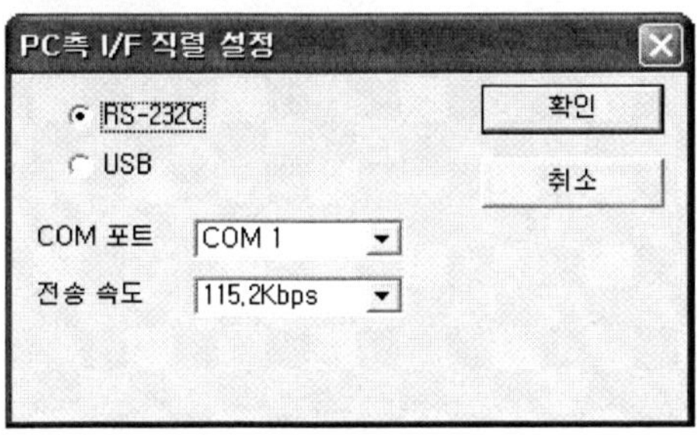

USB로 연결되어 있는 경우는 USB를 선택하고 확인 버튼을 누르면 된다.

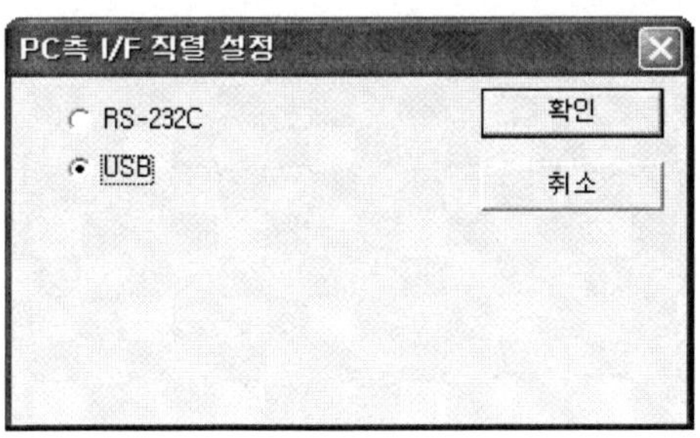

[온라인]-연결대상지정-PLC측 I/F : [CPU모드] GX Developer와 통신하는 PLC측의 CPU 모드를 설정한다.

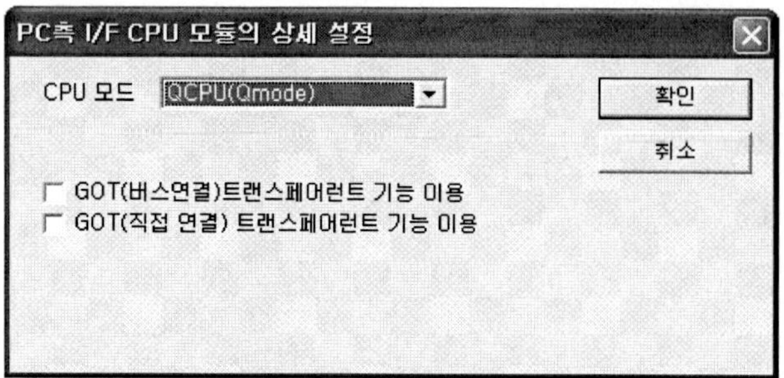

설정이 마무리되면 [연결 테스트]버튼을 클릭한다. PC와 PLC가 성공적으로 통신이 이루어지면 다음의 대화상자가 나타난다.

만약 통신에 문제가 있으면 다음의 대화상자가 나타나고 COM 포트의 확인, 연결 케이블 확인 등을 해서 문제를 해결한다.

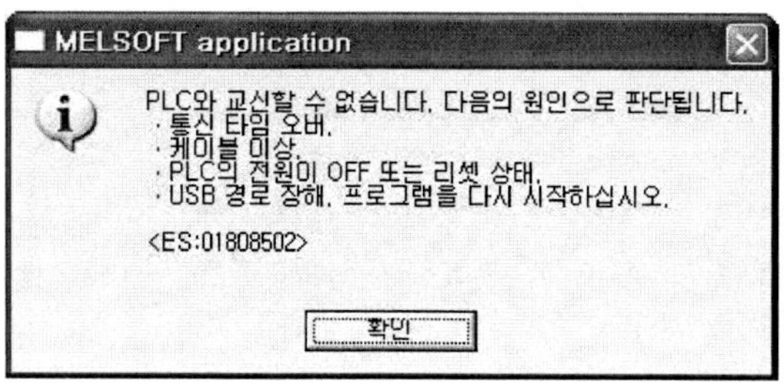

[온라인]-PLC읽기 : PLC 내부의 메모리에 저장되어 있던 프로그램, 디바이스 코멘트, 파라미터 등의 데이터를 GX Developer에 읽어 들이는 기능이다.

[PLC읽기] 대화상자에서 [파라미터+프로그램]버튼을 선택하고 [실행] 버튼을 누르면 다음과 같이 나타난다.

[예] 버튼을 누르면 PLC 내부의 메모리에 저장되어 있던 프로그램, 디바이스 코멘트

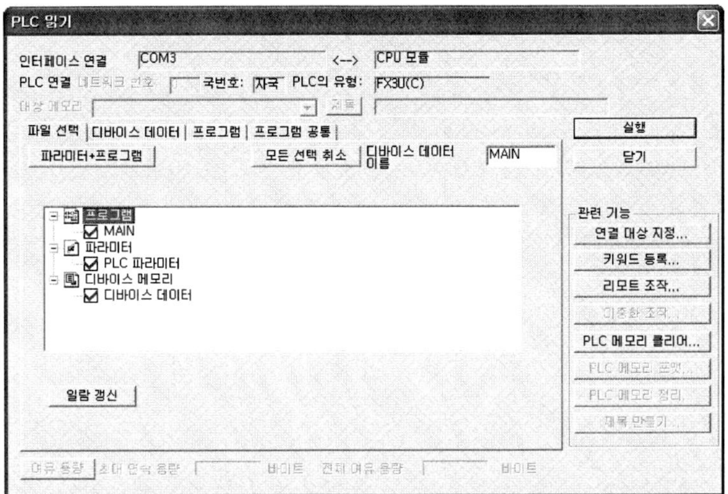

트, 파라미터 등의 데이터를 GX Developer 프로그램으로 읽어오게 된다. 읽어 들인 프로그램을 편집하면 된다.

[온라인]-PLC쓰기 : 프로그램, 디바이스 코멘트, 파라미터 등의 데이터를 PLC에 쓰기하는 기능이다.

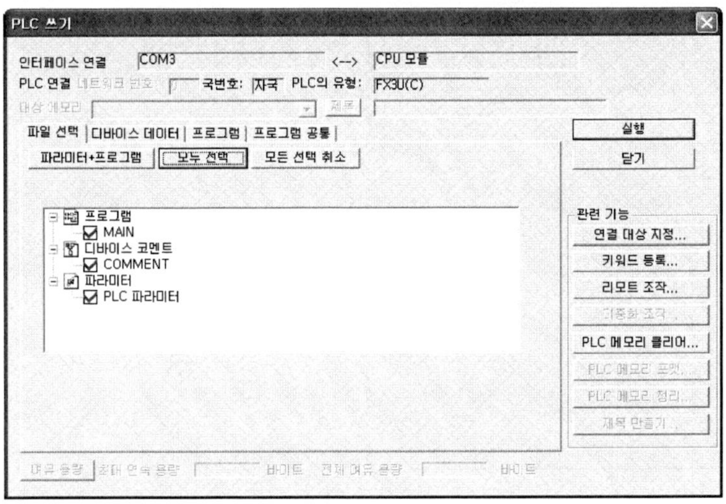

[PLC쓰기] 대화상자에서 [파라미터+프로그램]버튼을 선택하고 [실행] 버튼을 누르면 다음과 같이 나타난다. [예] 버튼을 누르면 다시 리모트 STOP을 한 후에 PLC 쓰기를 실행하시겠습니까? 대화상자에서 [예]를 누른다.

다음과 같이 PLC 쓰기 대화상자가 나타난다. [완료] 버튼을 누른다.

[온라인]-PLC대조 : GX Developer에 있는 프로그램, 디바이스 코멘트, 파라미터 등의 데이터와 PLC에 들어있는 데이터를 비교하는 기능이다.

[PLC대조]대화상자에서 편집 데이터(대조 원본)과 PLC 데이터(대조 대상)의 비교 확인할 프로그램, 파라미터, 코멘트를 선택하고 [실행] 버튼을 누른다.

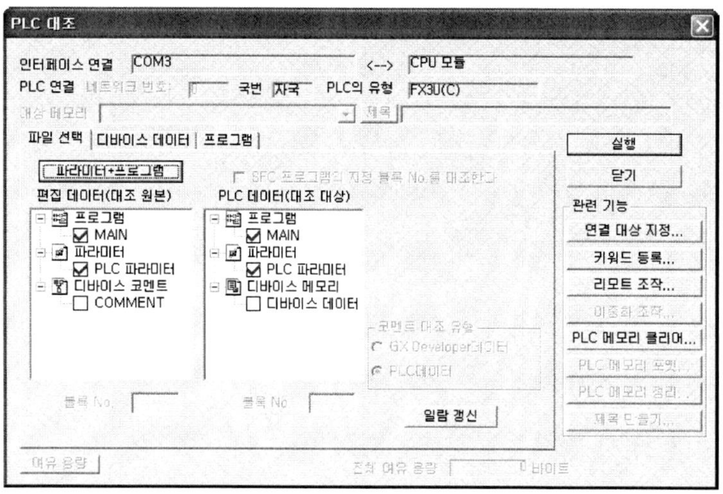

다음과 같이 각 항목별로 대조한 결과를 보여준다.

```
[PLC 대조: 프로그램]
 대조 원본
   프로젝트 이름 -K:\배숭수\책\PLC교재(미씨비씨)\원고\Program\빔프로젝터_1
   데이터 이름-MAIN
 대조 대상
   프로젝트 이름 - 없음
   데이터 이름-MAIN

    <메모리>                                              <PLC>
 스텝 명령                                                  스텝 명령

불일치 장소가 없습니다.
```

[온라인]-모니터-모니터 모드 : 컴퓨터와 PLC가 연결된 상태에서 PLC의 동작 상태를 GX Developer 화면에 표시해주는 기능이다. PLC의 입출력에 연결된 외부장치의 동작상태가 모니터 모드에서는 프로그램 상에 나타난다.

모니터 모드(F3)를 실행하면 [모니터 상태] 대화상자가 나타난다.

ⓐ 1ms : PLC 최대 스캔타임
ⓑ RUN : PLC의 CPU동작상태(STOP)
ⓒ RAM : RAM 사용

그리고 모니터 모드에서 GX Developer 화면의 해당 디바이스를 선택하고 Shift +Enter(Shift +더블클릭)을 하면 강제로 값을 변경할 수 있다. 비트 디바이스에 해당되는 X0, Y20, T1, C0 등의 접점들은 1 → 0, 0 → 1로(ON → OFF, OFF → ON) 변경된다.

워드 디바이스에 해당되는 타이머, 카운터를 선택하고 Shift +더블클릭을 하면 [설정하고자 하는 값] 항목에 값을 입력하면 그 값에서부터 숫자가 카운팅이 된다.

[온라인]-모니터-모니터(쓰기 모드) : 모니터 모드 중에 PLC에 쓰기 모드 기능을 실행할 수 있다.

① Shift +F3를 누르면 모니터(쓰기 모드)가 되고 다음의 대화상자가 나타난다.
② 2개의 옵션을 체크하고 [확인] 버튼을 누른다.

③ T0의 값을 [T0 k100]을 K150으로 변경한다. 그리고 F4를 눌러 변환을 실행하다.

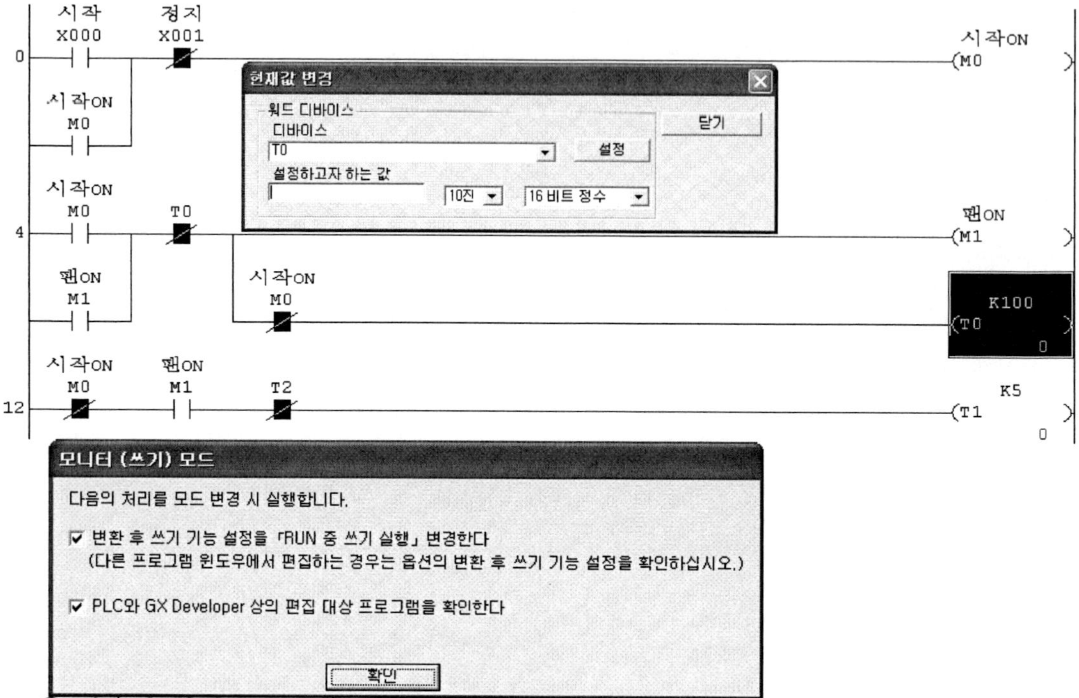

④ 다음과 같이 주의 대화상자가 나타난다.

⑤ [예] 버튼을 누른다.

⑥ [확인] 버튼을 누른다.

[온라인]-모니터-모니터 조건 설정 : 프로그램의 연산 상태와 디바이스의 상태 값을 지정한 조건으로 모니터 할 수 있는 기능이다.

① [모니터 조건] 대화상자에서 디바이스 항목에서 워드 디바이스, 디바이스 항목에서 D2, 조건을 20으로 설정한다.

② 스탭번호 항목을 선택하고 스탭 번호 9, ON으로 조건을 설정한다.

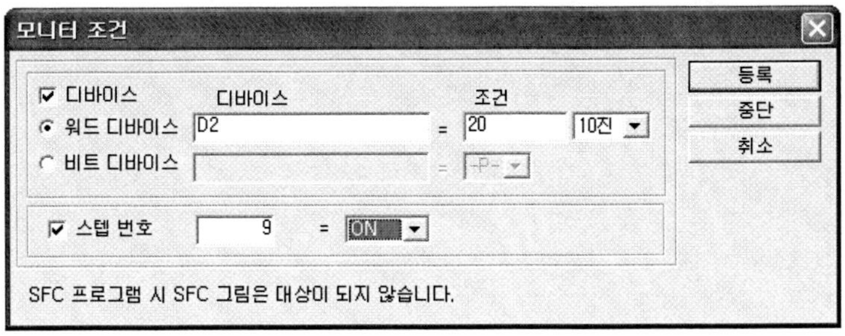

③ [등록] 버튼을 누르고

④ [확인] 버튼을 누르면 모니터 조건이 등록 된다.

X1, X2 푸시버튼 스위치를 눌러 D0의 값이 설정된 조건 20이 되면 그 시점의 데이터를 화면에 보여준다.

[온라인]-모니터-모니터 정지 조건 설정 : 정지 조건이 만족되면 프로그램의 모니터링이 중지된다. 조건이 만족되는 시점에서의 연산 상태와 디바이스의 상태 값을 모니터 할 수 있는 기능이다.

① [모니터 정지 조건] 대화상자에서 디바이스 항목에서 워드 디바이스, 디바이스명을 T0, 조건 20을 설정한다.

② 스탭 항목에서 스탭번호 24의 정지 조건을 설정한다.

③ [등록] 버튼을 누르고 [닫기] 버튼을 누르면 모니터 정지 조건이 등록 된다.

[온라인]-모니터-프로그램 목록 모니터 : 프로그램의 실행 상태, 스캔타임 등 처리 시간을 표시하는 기능이다.

[온라인]-모니터-인터럽트 프로그램 목록 모니터 : 프로그램의 인터럽트 처리 횟수를 표시해준다.

[온라인]-모니터-스캔시간 측정 : 프로그램의 특정 스탭 구간을 스캔하는 시간을 측

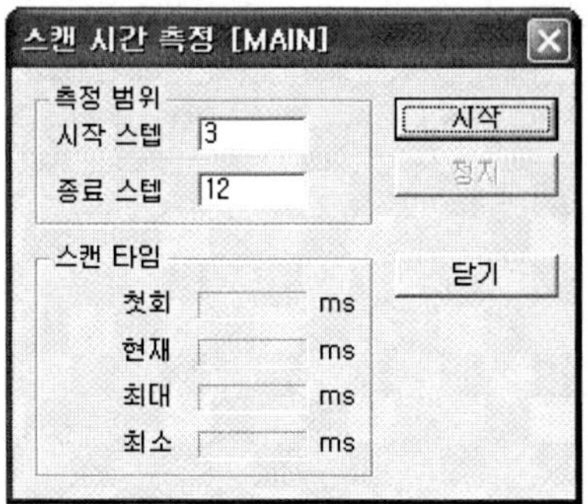

정해서 표시해준다.

[온라인]-디버그-디바이스 테스트 : 프로그램의 연산과는 관계없이 비트 디바이스, 워드 디바이스의 값을 강제로 설정하고 변경 할 수 있는 기능이다.

다음은 [디바이스 테스트] 대화상자에서

① 디바이스를 X01를 입력하고

② [강제 ON], [강제 OFF], [강제 ON/OFF] 버튼을 선택해서 누른다.

③ 그러면 실제 PLC에 연결된 푸시 버튼을 누르는 것과 같이 프로그램에서 동작한다.

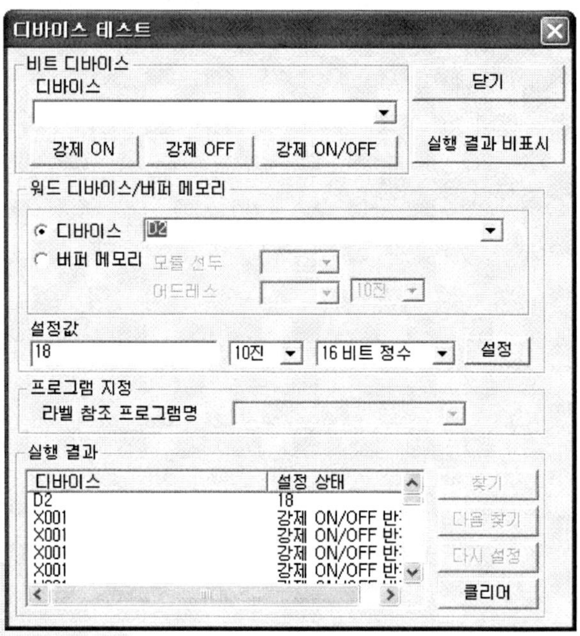

④ 워드 디바이스의 값을 변경하는 방법도 다음과 같다. 워드 디바이스/버퍼 메모리 항목에 디바이스를 선택하고 D2를 입력한다.

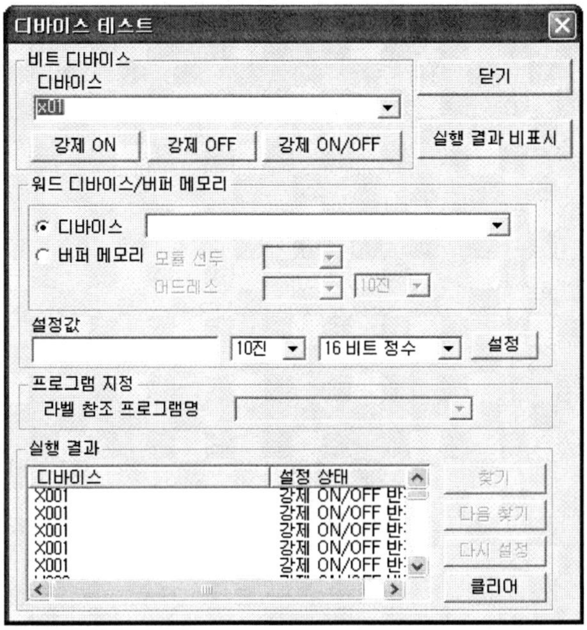

⑤ [실행]버튼을 누르면 D2의 값이 GX Developer 화면에서 값이 변경된다.

[온라인]-PLC 메모리 클리어 : PLC CPU내의 메모리를 삭제하는 기능이다.

① PLC 메모리 클리어를 실행하기 전에 PLC의 스위치를 STOP으로 설정한다.

② [PLC 메모리 클리어] 대화상자의 [대상 데이터] 항목에서 PLC메모리, 데이터 디바이스, 비트 디바이스를 선택하고

③ [실행] 버튼을 클릭한다.

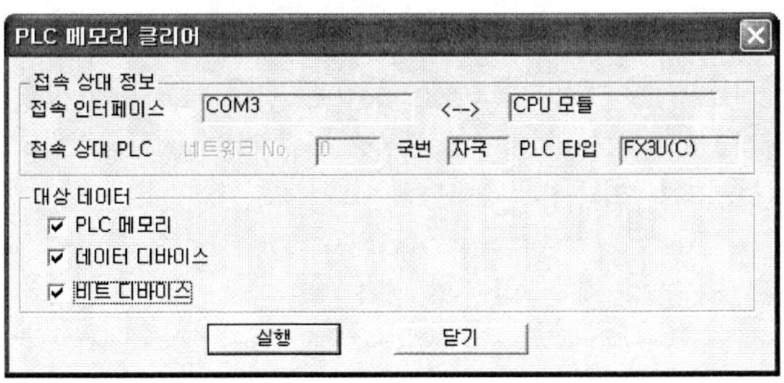

[온라인]-PLC 메모리 포맷 : PLC 메모리를 포맷하는 기능이다. 실행하기 전에 PLC의 스위치를 STOP으로 설정하고

① [PLC 메모리 포맷] 대화상자에서 [대상 메모리] 항목에서 [프로그램 메모리/디바이스 메모리]를 선택하고

② [실행] 버튼을 클릭한다.

③그리고 [대상 메모리] 항목에서 [스탠다드 RAM]을 선택하고 [실행] 버튼을 클릭한다.

[온라인]-시계 설정 : PLC CPU내의 시계를 설정하는 기능이다.

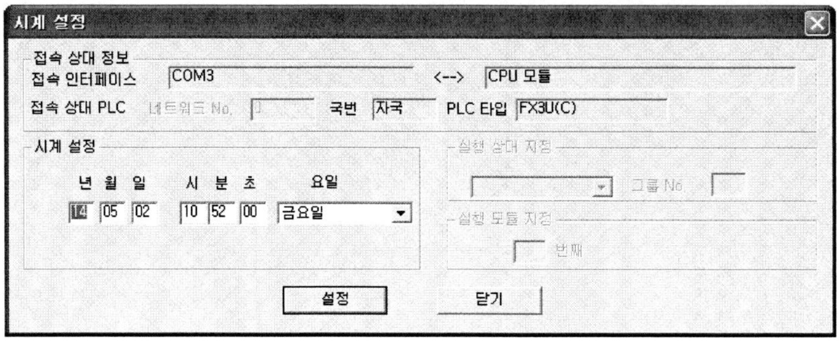

2.7 진단

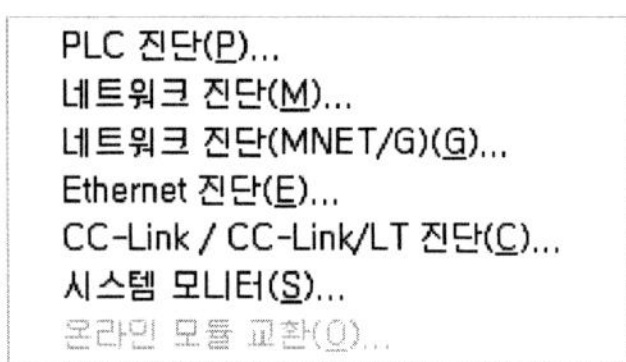

[진단]-PLC진단 : PLC CPU의 에러 발생 내용과 그동안 누적된 에러 이력을 표시하는 기능이다. 다음의 예는 프로그램에서 [CALL P0] 명령어를 수행하면 포인터 P0로 이동해야 하는데 P0 포인터가 없어서 에러가 난 것을 표시하고 있다.

[현재의 에러] 항목에는 현재 PLC CPU의 에러 내역을 보여준다.

[에러 이력] 항목에는 누적된 에러 내역을 표시하며 현재의 에러 메시지는 CAN’T EXECUTE(P)로 표시된다.

에러 내용을 확인하기 위해서는 에러가 있는 곳으로 프로그램으로 이동해야한다.

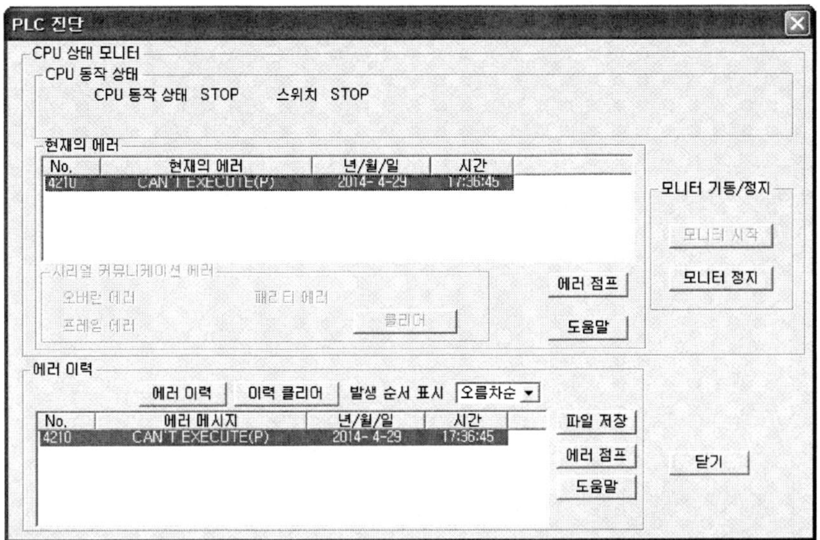

[현재의 에러] 항목에 있는 [에러 점프] 버튼을 클릭하면 프로그램에서 에러가 있는 부분으로 이동하게 된다.

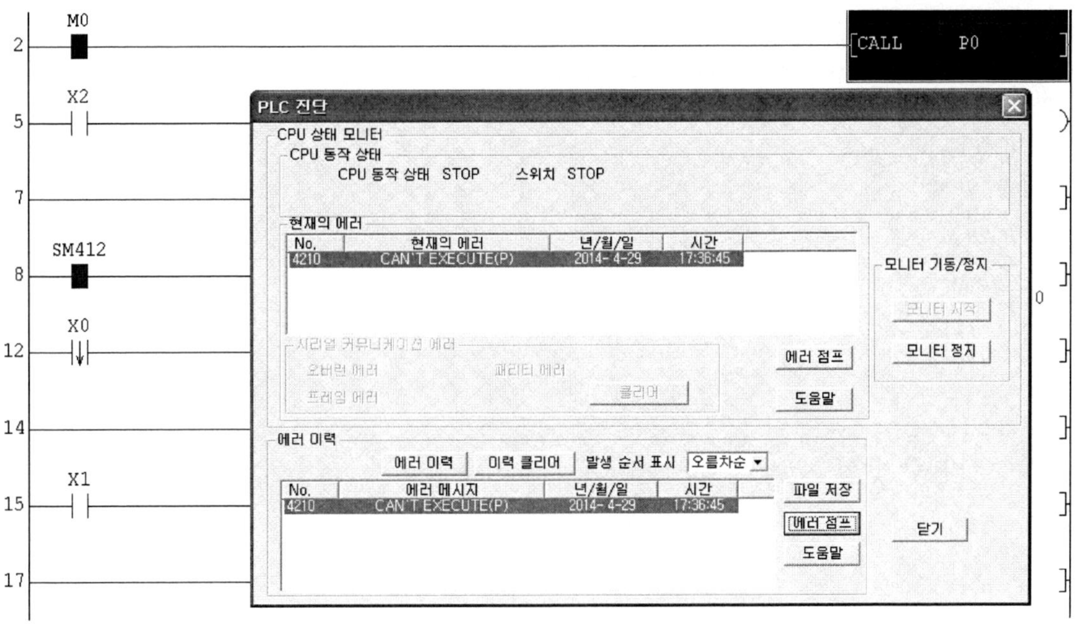

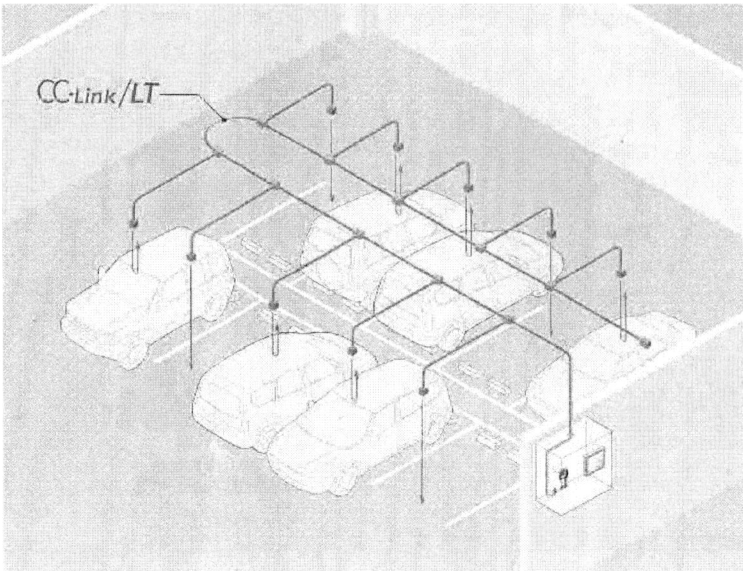

2.8 툴

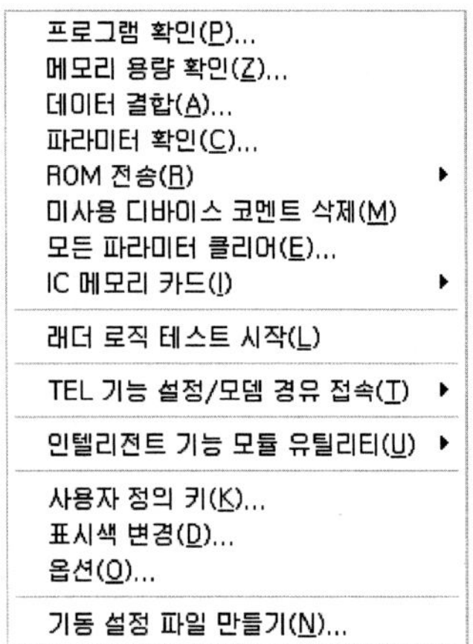

[툴]-프로그램 확인 : 프로그램에 사용된 래더 프로그램의 유효 여부, 논리적인 문제, 입력출력 에러, 적용된 명령어 사용 가능, 사용된 디바이스의 번호 오류 등을 확인한다. 예를 들어, 만약 프로그램 상에서 [CALL P0] 명령을 사용하고 포인터 P0가 프로그램에서 빠져있다면 다음과 같이 체크되어 나타난다.

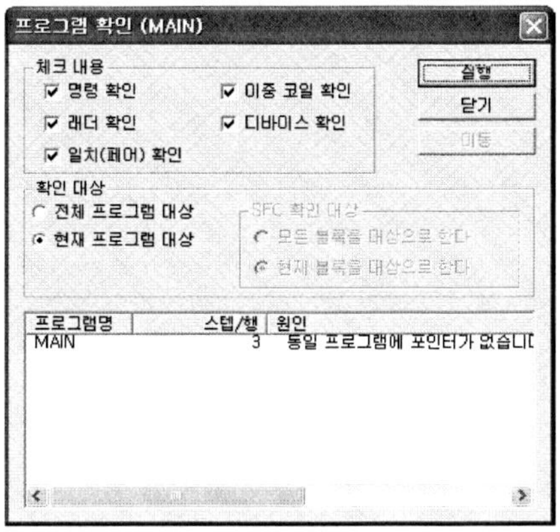

[툴]-메모리용량 확인 : 작성한 프로그램의 용량과 PLC의 메모리의 용량을 계산해서 확인하는 기능이다.

[툴]-데이터 결합 : 여러 개의 프로그램 혹은 프로그램의 일부를 결합하여 하나의 프로그램으로 만들고자하는 기능이다.

① 데이터 결합 대화상자에서 결합 원본 데이터명 항목에서 결합할 프로젝터의 프로그램을 선택하고 [선택]버튼을 누르면 우측의 결합 데이터 설정 영역으로 이동한다.

② 그리고 이동한 프로그램을 선택하고 해당 프로그램의 일부, 전체를 결합하려면 [결합범위 설정] 버튼을 누른다.

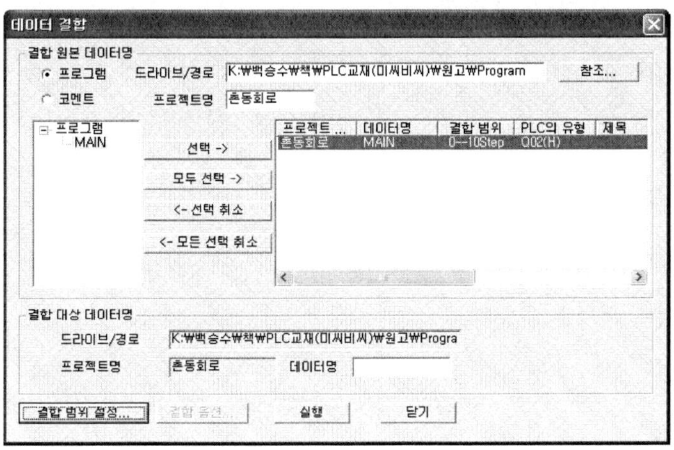

③ 그러면 다음의 결합범위설정 대화상자가 나타난다. 여기서 전체 혹은 필요한 범위를 설정하고 [확인] 버튼을 누른다. 또 다른 프로그램 혹은 프로그램의 일부를 결합하려면 같은 방법으로 반복해서 설정하면 된다.

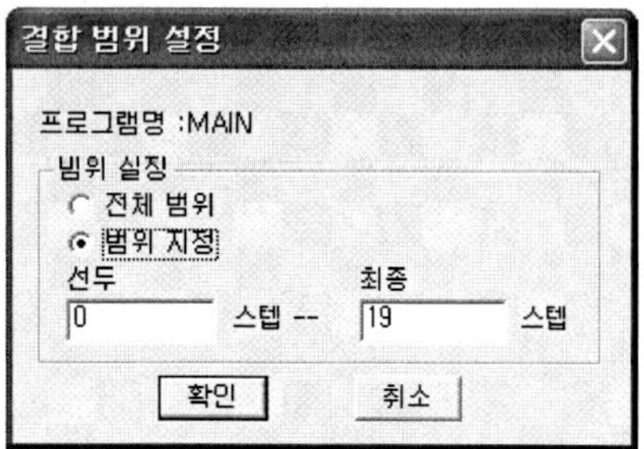

④ 그리고 [실행]버튼을 누른다.

[툴]-파라미터 확인 : PLC에 설정된 파라미터가 에러를 가지고 있는지를 확인하는 기능이다.

[툴]-미사용 디바이스 코멘트 삭제 : 프로그램 내에 미사용 디바이스 코멘트를 삭제하는 기능이다.

[툴]-모든 파리미터 클리어 : PLC파라미터, MELSECNET/Ethernet파라미터,CC-Link 파라미터 등을 삭제하는 기능이다.

[툴]-래더로직 테스터 시작 : PLC없이 GX Simulator를 실행하여 프로그램을 동작시키고 디버그 기능을 수행 할 수 있도록 하는 기능이다.

[툴]-표시색 변경 : GX Developer의 화면에서 표시 색상을 변경할 수 있는 기능이다.

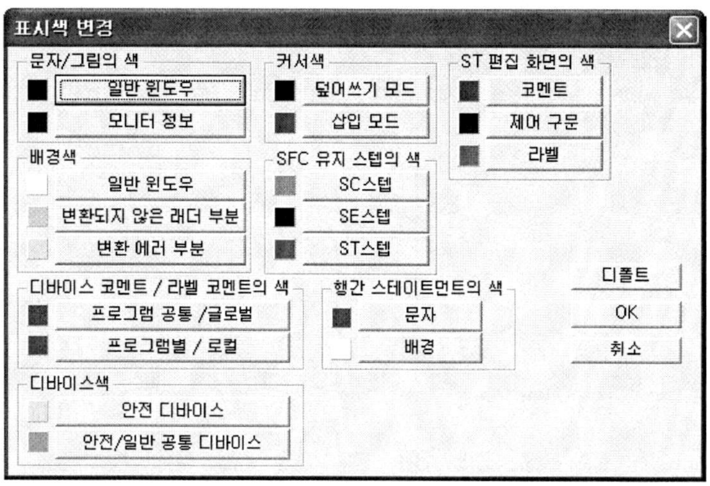

[툴]-옵션 : GX Developer를 사용할 때 필요한 내용을 설정한다. [프로그램 공통]항목에서는 프로그램의 작성과 수정, 변환, 코멘트 입력, 스테이트먼트 입력 등의 방법을 설정한다. [전체 데이터] 항목에서는 자동 저장 유무 등의 옵션을 설정하는 기능을 가지고 있다.

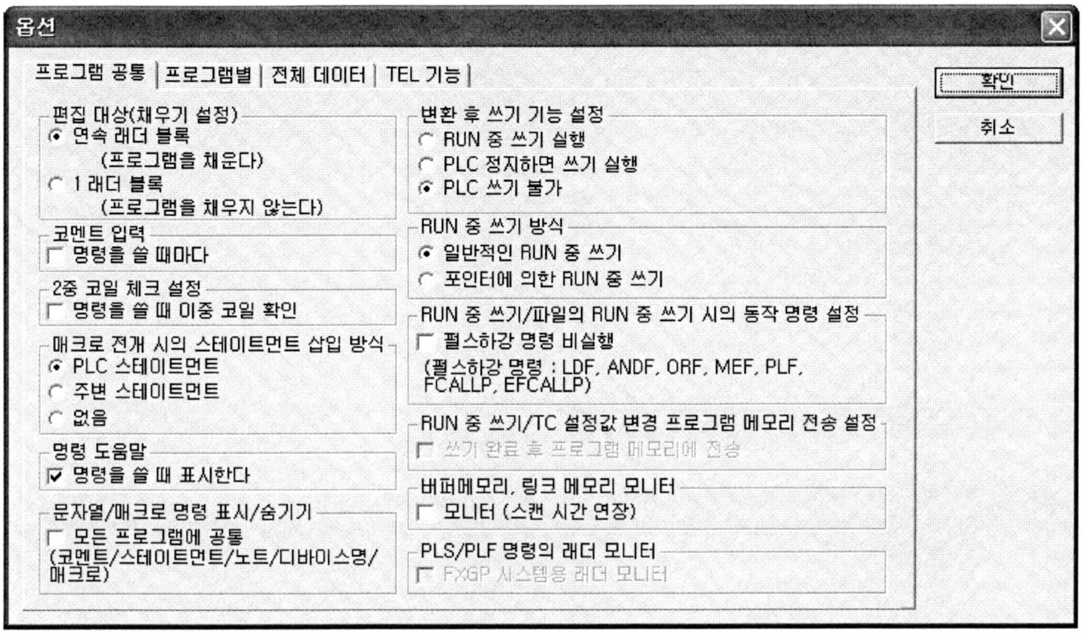

[툴]-기동설정 파일 만들기 : GX Developer 기동 시에 바로 작업이 필요한 프로젝터를 지정하여 기동과 동시에 바로 실행할 수 있도록 하는 기능이다.

2.9 도움말

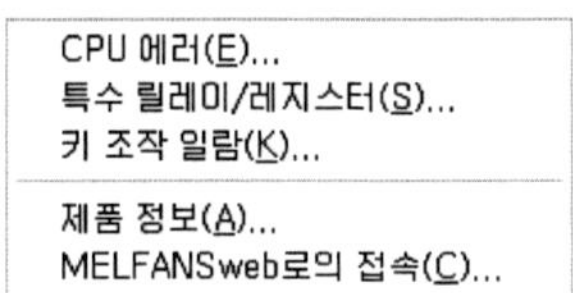

[도움말]-CPU에러 : CPU의 에러에 관련된 각각의 에러 코드의 설명을 표시하여둔 기능이다. 에러 코드를 확인해서 문제를 해결하는 방법을 찾아야한다.

[도움말]-특수릴레이/레지스터 : 멜섹 시리즈 A, QnA, FX의 특수 릴레이/특수 레지스터에 대한 설명을 표시해주는 기능이다. 빈번하게 사용하는 특수 릴레이들이 있어 참조해야할 내용이다.

Q시리즈 PLC(Q모드)의 SM400 ~ 409 특수릴레이

[도움말]-키조작 일람 : 단축키에 대한 내용을 표시한다.

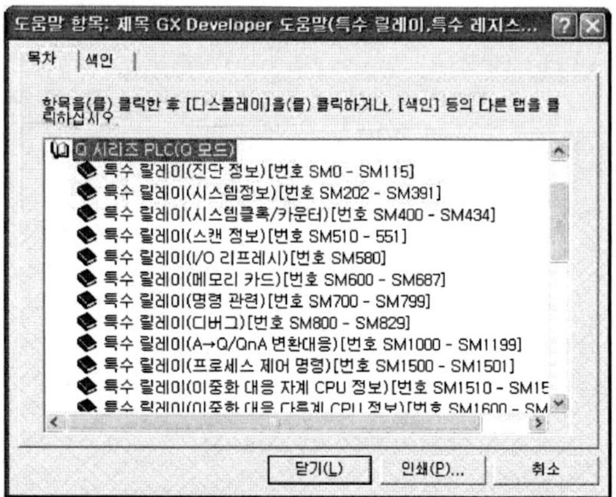
도움말 항목: 제목 GX Developer 도움말(특수 릴레이,특수 레지스...
목차
색인
항목을(를) 클릭한 후 [디스플레이]을(를) 클릭하거나, [색인] 등의 다른 탭을 클릭하십시오.
Q 시리즈 PLC(Q 모드)
특수 릴레이(진단 정보)[번호 SM0 - SM115]
특수 릴레이(시스템정보)[번호 SM202 - SM391]
특수 릴레이(시스템클록/카운터)[번호 SM400 - SM434]
특수 릴레이(스캔 정보)[번호 SM510 - 551]
특수 릴레이(I/O 리프레시)[번호 SM580]
특수 릴레이(메모리 카드)[번호 SM600 - SM687]
특수 릴레이(명령 관련)[번호 SM700 - SM799]
특수 릴레이(디버그)[번호 SM800 - SM829]
특수 릴레이(A→Q/QnA 변환대응)[번호 SM1000 - SM1199]
특수 릴레이(프로세스 제어 명령)[번호 SM1500 - SM1501]
특수 릴레이(이중화 대응 자계 CPU 정보)[번호 SM1510 - SM15
닫기(L)
인쇄(P)...
취소

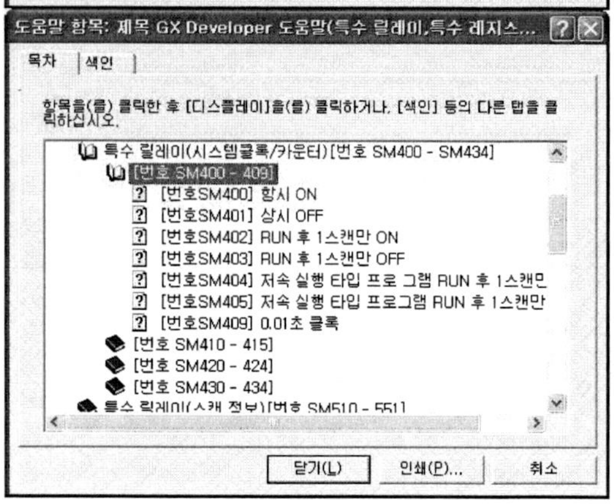
도움말 항목: 제목 GX Developer 도움말(특수 릴레이,특수 레지스...
목차
색인
항목을(를) 클릭한 후 [디스플레이]을(를) 클릭하거나, [색인] 등의 다른 탭을 클릭하십시오.
특수 릴레이(시스템클록/카운터)[번호 SM400 - SM434]
[번호 SM400 - 409]
[번호SM400] 항시 ON
[번호SM401] 상시 OFF
[번호SM402] RUN 후 1스캔만 ON
[번호SM403] RUN 후 1스캔만 OFF
[번호SM404] 저속 실행 타입 프로 그램 RUN 후 1스캔만
[번호SM405] 저속 실행 타입 프로그램 RUN 후 1스캔만
[번호SM409] 0.01초 클록
[번호 SM410 - 415]
[번호 SM420 - 424]
[번호 SM430 - 434]
닫기(L)
인쇄(P)...
취소

3. 디바이스 메모리

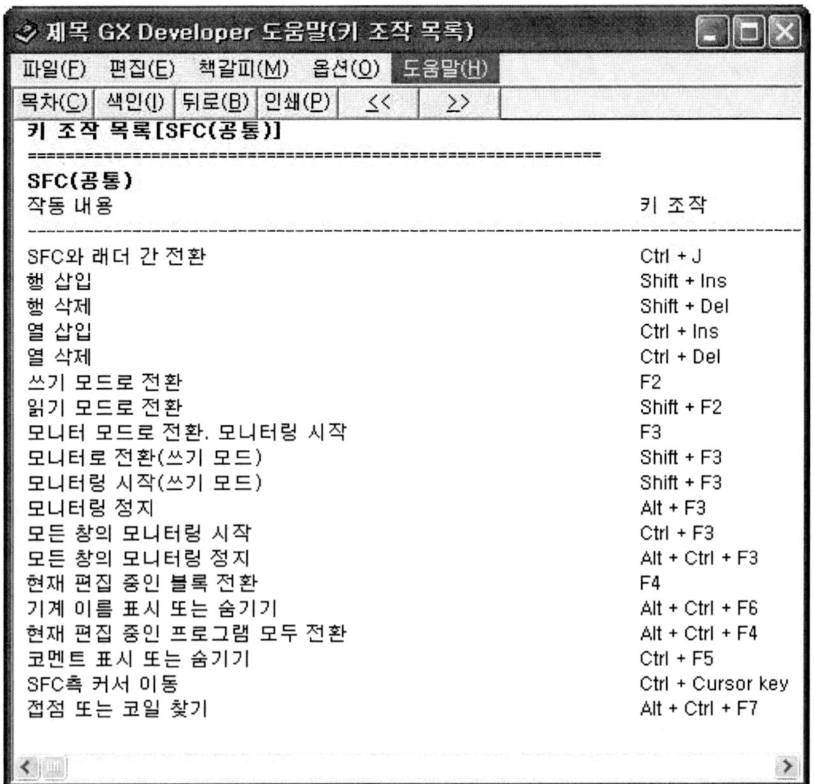
제목 GX Developer 도움말(키 조작 목록)

파일(F) 편집(E) 책갈피(M) 옵션(O) 도움말(H)

목차(C) 색인(I) 뒤로(B) 인쇄(P) << >>

키 조작 목록[SFC(공통)]

SFC(공통)

작동 내용	키 조작
SFC와 래더 간 전환	Ctrl + J
행 삽입	Shift + Ins
행 삭제	Shift + Del
열 삽입	Ctrl + Ins
열 삭제	Ctrl + Del
쓰기 모드로 전환	F2
읽기 모드로 전환	Shift + F2
모니터 모드로 전환, 모니터링 시작	F3
모니터로 전환(쓰기 모드)	Shift + F3
모니터링 시작(쓰기 모드)	Shift + F3
모니터링 정지	Alt + F3
모든 창의 모니터링 시작	Ctrl + F3
모든 창의 모니터링 정지	Alt + Ctrl + F3
현재 편집 중인 블록 전환	F4
기계 이름 표시 또는 숨기기	Alt + Ctrl + F6
현재 편집 중인 프로그램 모두 전환	Alt + Ctrl + F4
코멘트 표시 또는 숨기기	Ctrl + F5
SFC측 커서 이동	Ctrl + Cursor key
접점 또는 코일 찾기	Alt + Ctrl + F7

디바이스 메모리는 프로그램의 실행과 관계없이 디바이스에 값을 임의로 설정해서 PLC에 쓰기 할 수 있다. 디바이스에 어떤 값을 바로 입력해서 확인할 수 있는 방법이 된다. 디바이스 메모리에 설정된 값은 PLC의 Reset/L.clr 스위치로 지울 수 있다.

3.1 디바이스 메모리 생성

다음의 프로그램은 X1스위치로 D1 레지스터에 10을 입력하고 X2 스위치로 1씩 증가 하도록 했다. X0스위치를 누르면 증가된 D1의 값을 타이머 T1의 시간으로 설정되도록 한 프로그램이다.

① 프로젝터 창의 [디바이스 메모리]를 오른쪽 마우스 버튼을 클릭해서 [새로 만들기]를 선택한다. 데이터 타입에서 디바이스 메모리를 선택하고 [확인] 버튼을 누른다. 그리고 [예] 버튼을 누른다.

② [디바이스 메모리 MAIN] 창에서 D2자리에 17을 입력한다.

③ [온라인]-PLC쓰기를 실행해서 [PLC 쓰기] 대화상자에서 디바이스 메모리를 체크

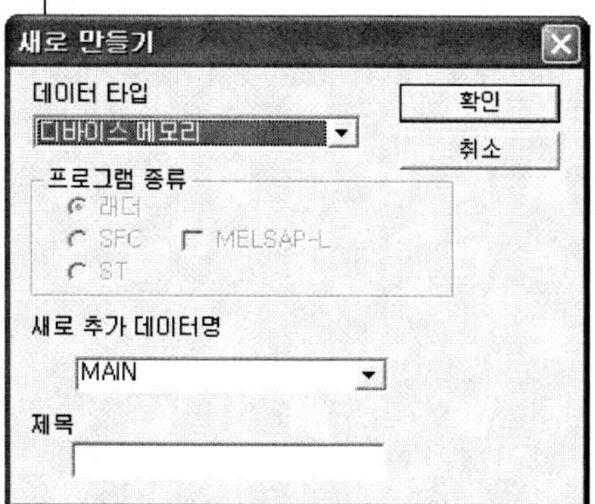

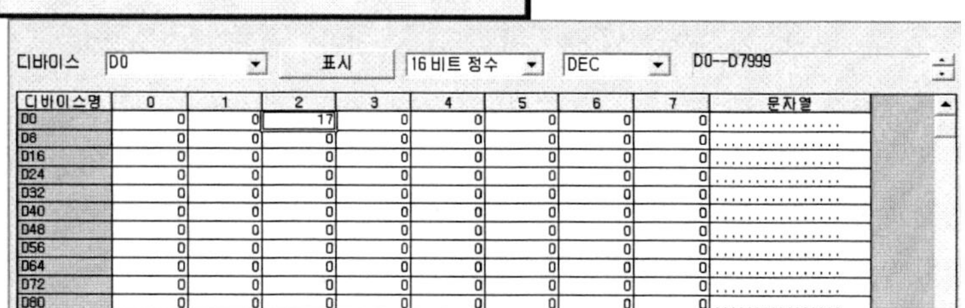

디바이스명	0	1	2	3	4	5	6	7	문자열
D0	0	0	17	0	0	0	0	0	....
D8	0	0	0	0	0	0	0	0	....
D16	0	0	0	0	0	0	0	0	....
D24	0	0	0	0	0	0	0	0	....
D32	0	0	0	0	0	0	0	0	....
D40	0	0	0	0	0	0	0	0	....
D48	0	0	0	0	0	0	0	0	....
D56	0	0	0	0	0	0	0	0	....
D64	0	0	0	0	0	0	0	0	....
D72	0	0	0	0	0	0	0	0	....
D80	0	0	0	0	0	0	0	0	....

해서 선택하고 [실행] 버튼을 누른다.

④ 프로그램을 확인해보면 D1 레지스터에 17 값이 설정되어 있는 것을 확인할 수 있다. 값을 X001에 할당된 스위치를 이용하여 증가하지 않고 디바이스 메모리를 이용하여 바로 입력 값을 설정할 수 있다.

⑤ 프로그램 내의 레지스터의 설정을 입출력 장치를 사용하지 않고 곧바로 입력을 해서 확인할 수 있는 방법이다. 프로젝터 창의 [디바이스 메모리]를 포함시켜 프로젝터를 저장하면 다음 프로그램을 실행해서 다시 사용 할 수 있다.

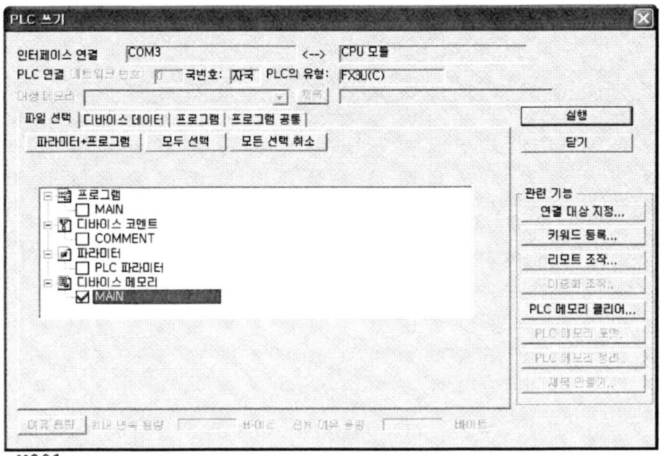

4. 모니터 정지 조건 설정/해제

프로그램에 특정한 조건을 설정하여 프로그램 실행 도중에 프로그램이 일시 정지하도록 하는 기능이다. 이것은 정지 조건이 일치하는 시점에서의 각종 데이터, 릴레이, CPU모듈의 연산, 디바이스 상태 등을 볼 수가 있어 프로그램을 수정하거나 동작 상태를 점검하는 데 유용하게 사용할 수 있다.

모니터 정지 조건 설정/해제 기능은 FX PLC에서는 기능이 지원되지 않는다.

다음의 프로그램은 Q 02H PLC에서 작성한 프로그램이다. 타이머에 들어 갈 값을 설정하는 프로그램이다.

① [온라인]-[모니터]-[모니터 모드]를 실행한다.

② [온라인]-[모니터]-[모니터 조건 설정]을 실행한다.

워드 디바이스 : D1 = 36 혹은 T1 = 25 등을 설정한다. 스탭 번호 : 12 혹은 16 등을 설정한다.

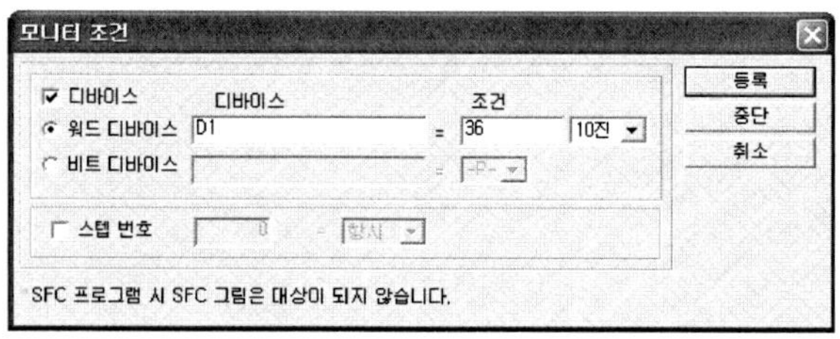

③ 모니터 조건설정 대화상자에서 [확인] 버튼을 누른다. 프로그램이 진행하면서 D1 = 36, T1 = 25 등 설정한 값 즉, 모니터 정지 조건이 만족되면 모니터링이 정지되고 모니터 정지 대화상자가 나타난다. 확인 버튼을 누른다.

④ X1스위치를 3번 누르고 X2 스위치를 계속 누르면 D1의 값이 36이 되는 시점의 데이터들을 보여주게 된다.

⑤ 설정한 모니터 정지 조건을 해제하기 위해서는 모니터 조건 대화상자에서 중단 버튼을 누르고 취소 버튼을 누르면 된다.

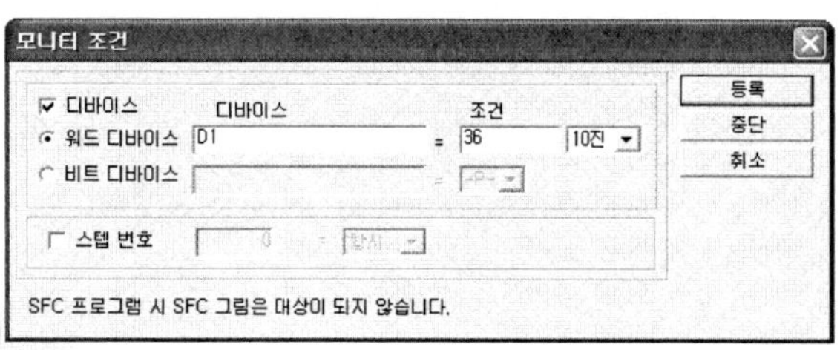

X1
0
+
K10
D1
36
X2
4
INCP
D1
36
X0
X3
7
M0
M0
M0
11
T1
D1
0
T1
16
Y0
18
END

3장 시퀀서 명령어

1. 멜섹 명령어

멜섹Q PLC에서는 프로그램으로 제어하기 위해 필요한 많은 명령이가 있다. 아래의 표는 멜섹Q PLC에 제공되는 명령어를 기능별로 구분해서 나타내었다.

명령의 분류		내용
시퀀스 명 령	접점 명령	연산 시작, 직렬 접속, 병렬 접속
	결합 명령	회로 블록의 접속, 연산결과의 펄스화, 연산 결과의 저장읽기
	출력 명령	비트 디바이스의 출력, 펄스 출력, 출력 반전
	시프트 명령	비트 디바이스의 시프트
	마스터 컨트롤 명령	마스터 컨트롤
	마스터 컨트롤	프로그램의 종료
기본 명령	비교 연산 명령	=, >, < 등의 비교
	산술 연산 명령	BIN, BCD의 가감 승제
	BCD↔BIN 변환 명령	BCD→BIN, BIN→BCD로의 변환
	데이터 전송 명령	지정된 데이터의 전송
	블록 분기 명령	프로그램의 점프
	프로그램 실행 제어 명령	인터럽트 프로그램의 허가/금지
	I/O 리플래시 명령	부분 리플래시의 실행
	기타 편리 명령	업다운 카운트, 티칭 타이머, 특수기능 타이머, 로터리 테이블의 주변 제어 등의명령
응용 명령	논리 연산 명령	논리합, 논리적 등의 논리 연산
	로테이션 명령	지정된 데이터 회전
	시프트 명령	지정된 데이터의 시프트
	비트 처리 명령	비트 세트/리세트, 비트 테스트, 비트 디바이스의 일괄 리세트
	데이터 처리 명령	16비트 데이터의 서치, 디코드, 엔코드 등의 데이터 처리
	구조화 명령	반복 연산, 서브 루틴 프로그램의 호출, 회로 단위의 인덱스 수식
	데이터 테이블 조작 명령	FIFO 테이블의 읽기/쓰기
	버퍼 메모리 액세스 명령	특수 기능 모듈과의 데이터 읽기/쓰기

	표시 명령	아스키 코드의 프린트, 문자의 LED 표시 등
	디버그, 고장 진단 명령	검사, 스테이트스 래치, 샘플링 트레이스, 프로그램 트레이스
	문자열 처리 명령	BIN/BCD↔ASCII 변환, BIN↔문자열 변환, 부동 소수점 데이터↔문자열 변환, 문자열 처리 등
	특수 함수 명령	삼각함수, 도↔라디안 변환, 지정 연산, 자동 대수, 평방근
	데이터 제어 명령	상하한 리미트 제어, 불감대 제어, Zone 제어
	파일 레지스터 전환 명령	파일 레지스터의 블록 No. 전환, 파일 레지스터/코멘트 파일 지정
	시계용 명령	년, 월, 일, 시, 분, 요일의 읽기/쓰기, 시, 분, 초의 변환
	주변 기기용 명령	주변 기기로의 입출력
	프로그램 제어용 명령	프로그램의 실행조건의 전환 명령
	기타 명령	WDT 리세트, 타이밍 클록 등 상기 분류에 들어가지 않는 명령
데이터 링크용 명 령	네트워크 리플래시 명령	지정 네트워크의 리플래시
	QnA 링크 전용 명령	타국 데이터의 읽기/쓰기, 타국과의 데이터 송수신, 타국으로의 처리 요구
	A 호환 링크 명령	지정국의 워드 디바이스 읽기/쓰기, 리모트 I/O국 특수기능 모듈에서의 데이터읽기/쓰기
	라우팅 정보의 읽기/쓰기명령	지정국의 워드 디바이스 읽기/쓰기, 리모트 I/O국 특수기능 모듈에서의 데이터읽기/쓰기
QCPU 용 명 령	QCPU용 명령	모듈 정보 읽기, 트레이스 세트/리세트, 바이너리 데이터 읽기/쓰기, 메모리 카드에서의 프로그램 로드/언로드/로드+언로드, 고속 파일 레지스터 블록 전송
이중화 시스템 명 령	Q4ARCPU 명령	기동시 작동 모드 설정, 전환시 작동 모드 설정, 데이터 트랙킹, 버퍼 메모리 일괄 리플래시

2. 시퀀서 명령어

멜섹Q 시퀀스명령에는 접점명령, 결합명령, 출력명령, 시프트명령, 마스트 콘트롤명령, 종료명령, 기타명령이 있다. 전기시퀀서 회로를 구성할 때 주로 입출력에 사용되는 명령어들이며 전기시퀀서 회로를 구성했었던 것을 PLC 프로그램으로 구현하려면 멜섹Q 시퀀서 명령어를 사용하면 대부분 구현할 수 있다.

2.1 접점명령

분류	명령기호	심볼	처리내용
접점 명령	LD	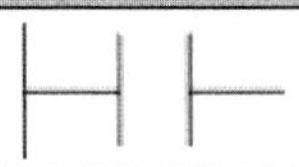	논리 연산 시작(a **접점** 논리 연산 시작)
	LDI	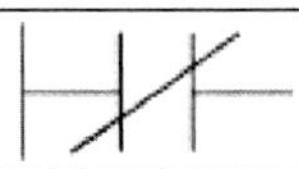	논리 부정 연산 시작(b **접점** 논리 연산 시작)
	AND	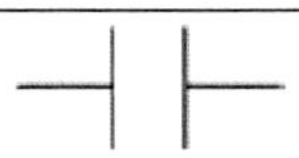	논리적(a 접점 직렬 접속)
	ANI	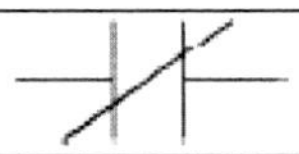	논리적 부정(b 접점 직렬 접속)
	OR	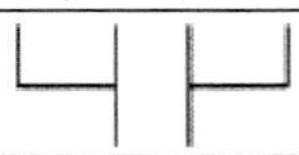	논리합(a 접점 병렬 접속)
	ORI	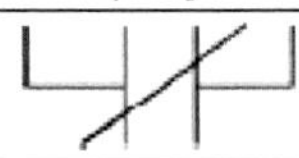	논리합 부정(b 접점 병렬 접속)
펄스 접점 명령	LDP	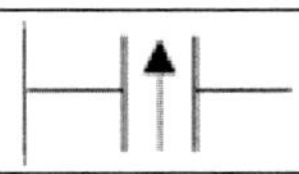	펄스 상승 연산 시작(**펄스상승 a접점**)
	LDF	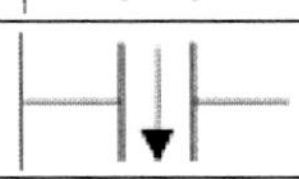	펄스 하강 연산 시작(**펄스하강 a접점**)
	ANDP	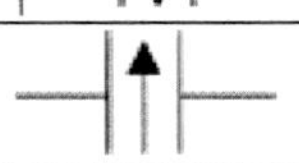	펄스 상승 직렬 접속
	ANDF	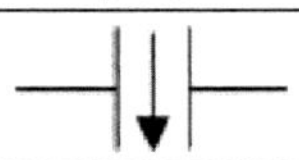	펄스 하강 직렬 접속
	ORP	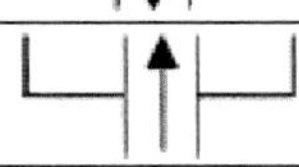	펄스 상승 병렬 접속
	ORF	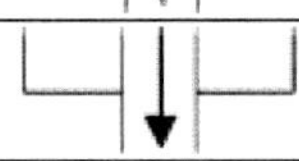	펄스 하강 병렬 접속

다음은 펄스상승 접점에 대한 내용을 나타내었다.

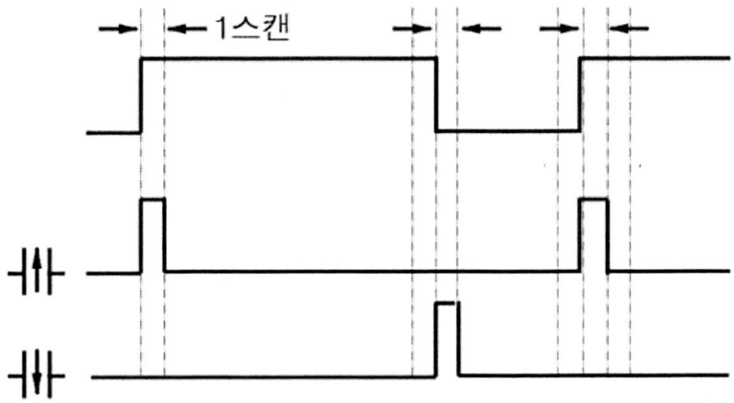

a접점은 입력 신호가 ON되어 있는 순간부터 OFF 되기까지 계속 ON으로 적용되어 프로그램의 흐름을 제어한다. 그리고 b접점은 입력 신호가 OFF되어 있는 순간부터 ON 되기까지 계속 OFF로 적용되어 프로그램의 흐름을 제어하게 된다.

펄스 접점 명령 중에 펄스 상승 a접점 ┤↑├은 최초 실행 시 OFF → ON으로 되는 순간 즉 펄스 상승 구간에서만 프로그램의 실행이 제일 아래까지 1회 스캔 기간 동안에만 ON으로 처리되고 1스캔 후 다음 스캔 기간부터 스위치가 해지될 때까지 OFF된 것으로 처리한다.

같은 방법으로 펄스 하강 a접점 ┤↓├은 최초 실행시 ON → OFF로 되는 순간 즉 펄스 하강 구간에서만 프로그램의 실행 제일 아래까지 1회 스캔 기간 동안에만 OFF로 처리되고 1스캔 후 다음 스캔 기간부터 스위치가 해지될 때까지 ON된 것으로 처리한다.

2.2 결합명령

결합명령은 입출력 접점들의 결합을 AND, OR 등의 방식으로 구성하는 것을 말한다.

분류	명령기호	심볼	처리내용
결합	ANB	ANB	논리 블록 간의 AND (논리 블록 간의 직렬 접속)
	ORB	ORB	논리 블록 간의 OR (논리 블록 간의 직렬 접속)
	MPS		논리 결과의 기억

	MRD	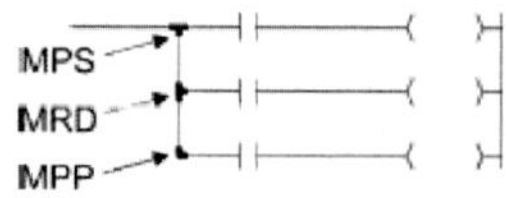	MPS에서 기억한 연산 결과의 읽기
	MPP		MPS에서 기억한 연산 결과의 읽기와 리세트
	INV		연산 결과의 반전(b접점)
	MEP	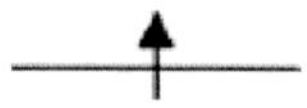	연산 결과 상승 펄스화
	MEF	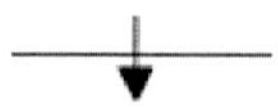	연산 결과 하강 펄스화
	EGP	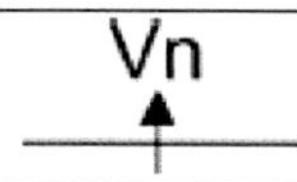	연산 결과 상승 펄스화(Vn에서 저장)
	EGF	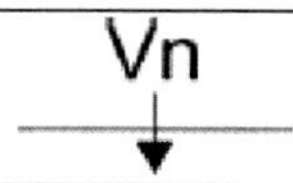	연산 결과 하강 펄스화(Vn에서 기억)

2.3 출력명령

분류	명령기호	심볼	처리내용
출력	OUT	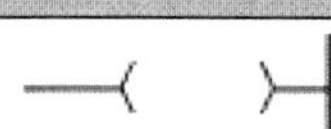	디바이스의 출력
	SET	SET D	디바이스의 세트
	RST	RST D	디바이스의 리세트
	PLS	PLS D	입력 신호의 펄스 상승시에 프로그램 1주기분의 펄스를 발생한다.
	PLF	PLF D	입력 신호의 펄스 하강시에 프로그램 1주기분의 펄스를 발생한다.
	FF	FF D	디바이스 출력의 반전
	DELTA	DELTA D	다이렉트 출력의 펄스화
	DELTAP	DELTAP D	

2.4 시프트명령

분류	명령기호	심볼	처리내용
시프트	SFT	SFT D	디바이스의 1비트 시프트
	SFTP	SFTP D	

2.5 마스트컨트롤명령

분류	명령기호	심볼	처리내용
마스트컨트롤	MC	MC n D	마스터 컨트롤 시작
	MCR	MCR n	마스터 컨트롤 해제

2.6 종료명령

분류	명령기호	심볼	처리내용
프로그램엔드	FEND	FEND	메인 프로그램의 종료
	END	END	시퀀스 프로그램의 종료

2.7 기타명령어

분류	명령기호	심볼	처리내용
정지	STOP	STOP	입력 조건 성립후, 시퀀스의 연산을 정지한다. RUN/STOP(키) 스위치를 다시 RUN으로하면 시퀀스 프로그램을 실행한다.
무처리	NOP	——	무처리(프로그램 없음 또는스페이스용)
	NOPLE	NOPLF	무처리(프린트아웃시의 페이지 바꿈용)
	PAGE	PAGE n	무처리(이후의 프로그램을 n번째 페이지의 0스텝~으로 관리한다.)

3. 시퀀서 명령어

3.1 AND 회로

푸시버튼 스위치 1과 푸시버튼 스위치 2를 동시에 눌러야만 즉 두 개의 조건을 만족시켜야 동작하는 AND회로이다.

구 분	입출력 주소	설 명
입력	X00	스위치 1
	X01	스위치 2
출력	Y20	출력 램프

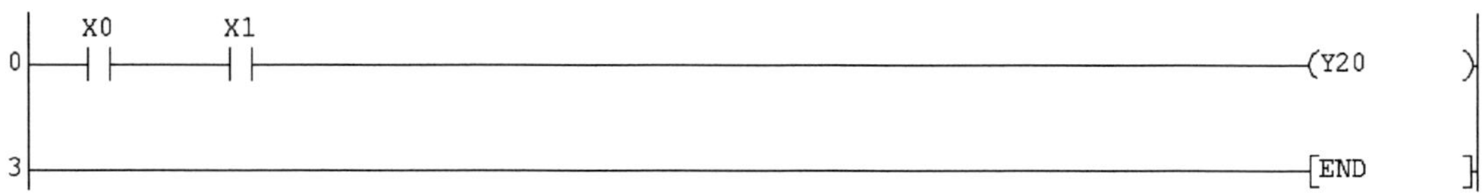

3.2 OR 회로

OR회로는 푸시버튼 스위치 1 또는 푸시 버튼스위치 2를 누르거나 둘 다 누르는 조건이 만족되면 출력하는 OR회로이다.

구 분	입출력 주소	설 명
입력	X00	스위치 1
	X01	스위치 2
출력	Y20	출력 램프

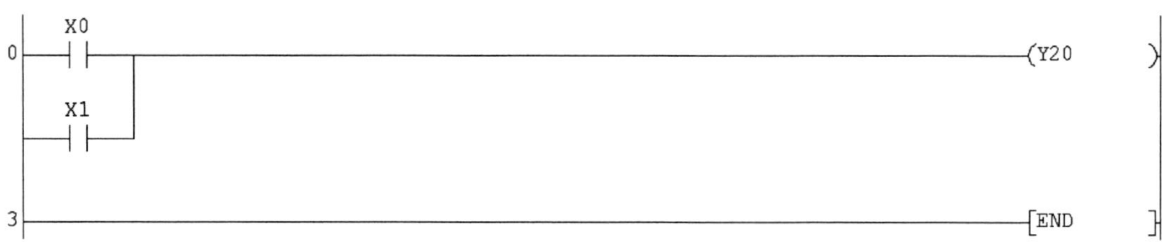

3.3 NOT회로

NOT회로는 푸시버튼 스위치 1을 누르지 않은 상태이면 출력되고 누르면 OFF 되는 회로이다. 전기 시퀀스에서 b접점의 스위치를 말한다.

구 분	입출력 주소	설 명
입력	X00	스위치 1
출력	Y20	출력 램프

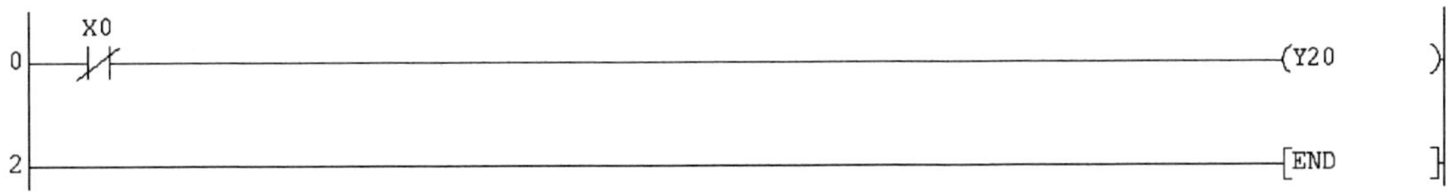

3.4 내부 릴레이(M)

내부 릴레이(비트 메모리)는 1 비트용 메모리 변수로 활용하여 사용할 수 있으며 이것은 전기시퀀서의 On, Off용 릴레이의 접점 1개라고 생각해서 처리하면 된다.

구 분	입출력 주소	설 명
입력	X00	스위치 1
출력	Y20	출력 램프

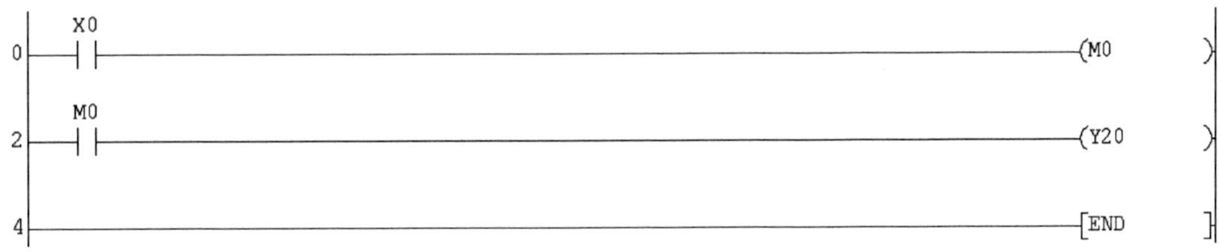

다음의 프로그램에서 내부 비트 메모리의 사용을 확인해보자. 어떤 문제가 있는지

3.5 자기유지 회로

자기유지 회로는 일반적으로 산업 현장에서 사용하는 푸시버튼의 구조가 a접점용으로 스위치를 누르면 접점이 붙었다기 놓으면 스프링의 복원력에 의해 접점이 떨어져 Off되는 구조를 가지고 있어서 버튼을 눌렀다가 떼어도 출력이 유지 될 수 있도록 해야 할 필요가 있다. 이러한 이유로 자기유지 회로가 필요하며 프로그램 작성에서 빈번하게 사용한다.

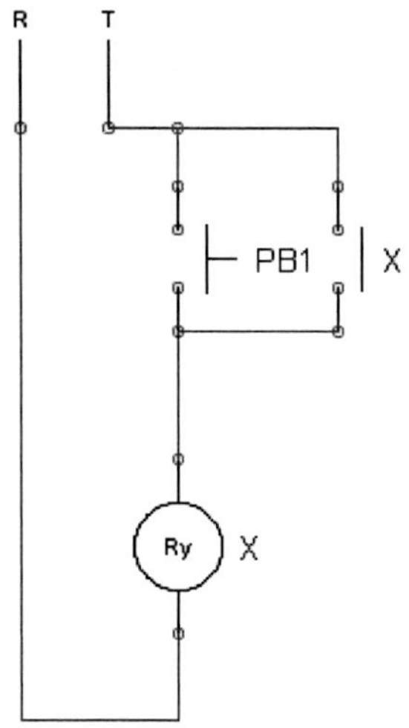

구 분	입출력 주소	설 명
입력	X00	스위치 1
출력	Y20	출력 램프

■ 출력 접점을 이용한 자기유지 회로

■ 내부 비트 메모리를 이용한 자기유지 회로

3.6 동작우선회로

동작 스위치와 정지 스위치가 동시에 눌러졌을 때 동작 스위치가 누른 것으로 처리되고 정지되지 않도록 하는 회로가 동작우선 회로이다. 다음은 누름버튼(PB1)을 누르면 램프가 켜지고 누름버튼(PB2)를 누르면 램프가 꺼지는 회로에서 PB1과 PB2를 동시에 누르면 램프가 켜지는 동작우선 회로이다.

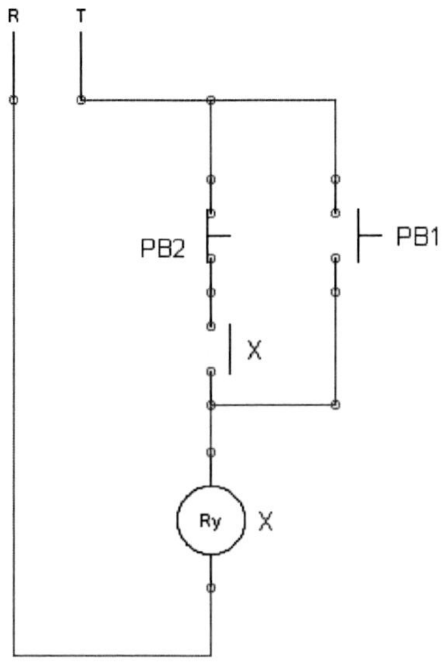

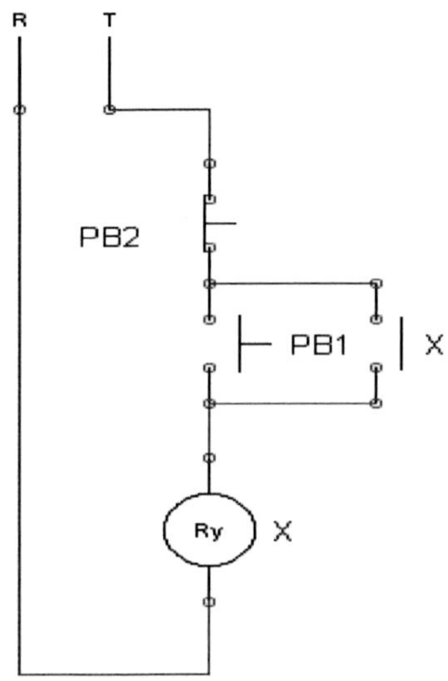

3.7 정지우선회로

동작 스위치와 정지 스위치가 동시에 눌러졌을 때 동작 스위치가 누른 것으로 처리되어 동작 할 경우 문제가 발생하는 경우가 많다. 이러한 경우 정지 스위치가 눌러진 것으로 처리 되도록 하는 정지우선 회로이다. 다음은 누름버튼(PB1)을 누르면 램프가 켜지고 누름버튼(PB2)를 누르면 램프가 꺼지는 회로에서 PB1과 PB2를 동시에 누르면 램프가 꺼지는 정지우선 회로이다.

3.8 인터록 회로

인터록((Inter-Lock) 회로는 전동기를 정방향, 역방향 제어할 필요가 있을 때 정회전 중에는 역방향 동작을 할 수 없도록 회로에서 차단하고 역방향 중에는 정방향 동작을 할 수 없도록 하여 안전하게 전동기를 사용하고자 할 때 주로 사용된다. 이러한 기능을 갖는 인터록회로는 전동기 정역제어, 공압 실린더의 전후진 제어 외에도 다양한 분야의 제어 및 자동화 분야에 사용하게 된다.

구 분	입출력 주소	설 명
입 력	X00	스위치1
	X01	스위치2
출력	Y20	램프(전동기 정방향)
	Y21	램프(전동기 역방향)

3.8.1 DC모터 제어

일반 회의실에 사용되는 전동 스크린의 동작을 프로그램으로 해결한다고 한다면 리밋스위치를 이용해서 DC모터를 정역 회전하도록 제어해야 할 것이다. 정역회전 푸시버튼 스위치를 사용해서 동작하게 되고 리밋 스위치는 모터의 정역회전에 따라 움직이는 전동 스크린의 하한, 상한 폭을 감지하기 위해 설치한다. DC모터를 직접 PLC 출력 단자에 연결하지 않고 DC릴레이를 통해서 모터를 연결하도록 한다.

DC모터의 정역회전 제어와 같은 형식의 장치는 물건을 판매하는 상점의 셔터의 경우, 온실에서 문의 개폐 등등에도 동일한 방법으로 적용될 수 있을 것이다.

구 분	입출력 주소	설 명
입력	X00	SENSOR(좌)
	X01	SENSOR(우)
출력	Y20	DC MOTOR CW(시계방향)
	Y21	DC MOTOR CCW(시계반대방향)

3.9 SET/RST 명령

SET 명령은 입력 조건이 ON이면 지정된 출력은 ON이 되고 입력 조건이 변해서 OFF되어도 ON상태가 유지된다. OFF하기 위해서는 RST명령을 실행해야한다.

그러나 OUT명령은 입력 조건이 ON이면 지정된 출력은 ON이 되고 입력 조건이 변해서 OFF되면 출력도 OFF된다.

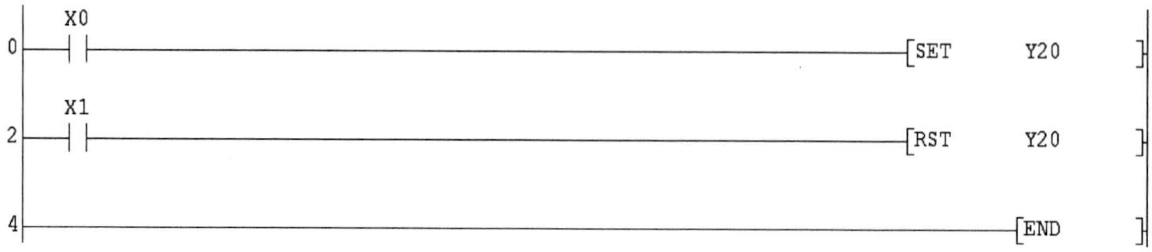

다음은 SET, RST 명령을 사용해서 자기유지 회로를 적용한 예이다.

3.9.1 워드 디바이스의 특정 비트 SET/RST

워드 디바이스의 16비트 중 특정 비트를 1 혹은 0으로 설정할 때에도 SET(1), RESET(0) 명령어를 사용할 수 있다. 다음은 16비트 데이터레지스터 D1의 5번 비트를 1, 0으로 적용하는 명령어 사용 예를 나타내고 있다. 특정 비트를 지정할 때는 16진수로 표현해야하기 때문에 10진수 10은 A로 표현하고 11 ~ 16까지는 16진수로 B, C, D, E, F로 나타낸다. 이러한 16진수 값을 사용하여 특정 비트 위치를 지정할 수 있다.

다음은 메뉴 온라인-모니터-디바이스 일괄에서 D1의 5번 비트 값을 확인하여본 결과이다.

디바이스	+F E D C +B A 9 8 +7 6 5 4 +3 2 1 0	
D0	0 0 0 0 0 0 0 0 0 0 0 0 0 0 0 0	0
D1	0 0 0 0 0 0 0 0 0 0 1 0 0 0 0 0	32
D2	0 0 0 0 0 0 0 0 0 0 0 0 0 0 0 0	0
D3	0 0 0 0 0 0 0 0 0 0 0 0 0 0 0 0	0
D4	0 0 0 0 0 0 0 0 0 0 0 0 0 0 0 0	0
D5	0 0 0 0 0 0 0 0 0 0 0 0 0 0 0 0	0
D6	0 0 0 0 0 0 0 0 0 0 0 0 0 0 0 0	0
D7	0 0 0 0 0 0 0 0 0 0 0 0 0 0 0 0	0
D8	0 0 0 0 0 0 0 0 0 0 0 0 0 0 0 0	0
D9	0 0 0 0 0 0 0 0 0 0 0 0 0 0 0 0	0

3.10 카운트회로

프로그램에서 카운트는 지정된 입력 조건이 만족될 때마다 그 횟수를 +1 하여 계수하는 기능이다. 카운트의 사용 방법과 설정 값 범위는 다음과 같다. 그리고 카운트의 설정 값은 10진수 혹은 16진수이어야 한다.

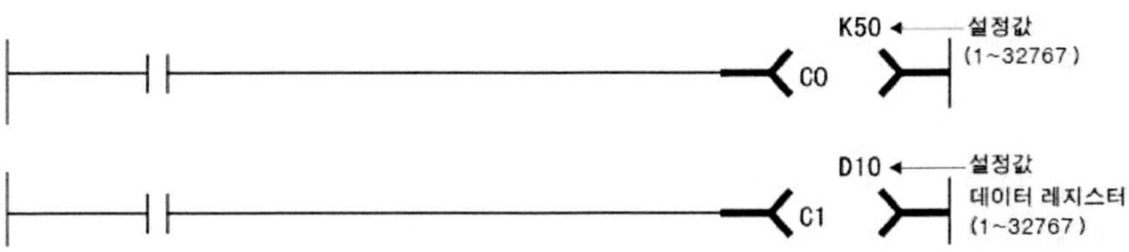

구 분	입출력 주소	설 명
입 력	X00	스위치 1
	X01	스위치 2
출력	Y20	출력 램프

다음의 카운트 사용 프로그램은 X00 푸시버튼(PB1)을 5회 ON-OFF하면 출력이 되는 회로를 다음에 나타내었다. X01을 누르면 카운트 값을 0으로 리셋하여 초기화 한다. [SET M0]를 실행하면 M0에 1이 설정되고 [RST M0]를 실행하면 M0의 값이 0이 된다. C1의 값이 5가 된 상태에서 [RST C1]을 실행하면 C1은 0이 된다.

다음의 프로그램은 C10의 설정 값을 X0이 ON했을 때 5, X1이 ON했을 때 10으로

설정하는 프로그램이다.

3.11 타이머 회로

자동화 장치에서 시간의 경과에 따른 제어동작을 하거나 시간에 따라 순차적으로 제어해야하는 등 시간을 사용한 제어가 필요할 것이다. PLC에서 제공하는 타이머는 다음과 같이 저속타이머, 고속타이머, 저속 적산타이머, 고속 적산타이머로 구분하여 사용하게 된다.

타이머의 사용방법과 설정 값 범위는 다음과 같다. 그리고 타이머의 설정값은 10진수 혹은 16진수이어야 한다.

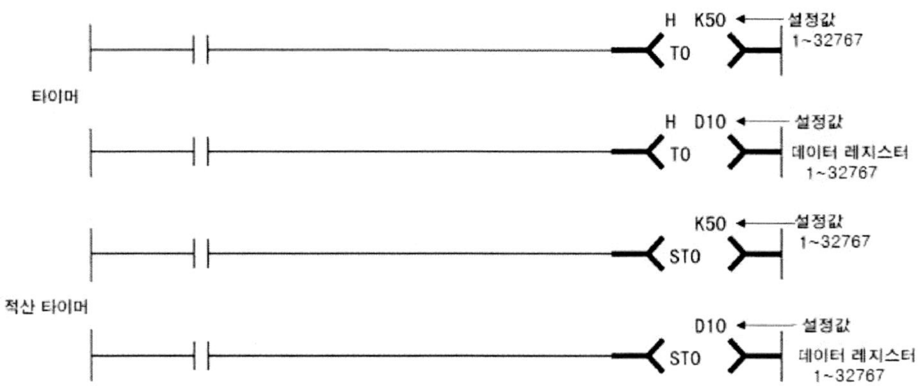

예를 들어 저속타이머를 사용하고 (t1 k50)을 설정했다면 100ms * 50 = 5초 타이머가 된다.

타이머종류	구분	단위	표기	설정값	사용 예
타이머	저속타이머	100ms	T0	k1 ~ k32767	T1 k50
	고속타이머	10ms	HT0	k1 ~ k32767	HT25 k10
적산타이머	적산 저속타이머	100ms	ST0	k1 ~ k32767	ST0 k100
	적산 고속타이머	10ms	HST0	k1 ~ k32767	HST3 k50

다음은 FX PLC를 사용할 때의 방법을 표시한 것이다.

	100ms형 0.1-3276.7초	10ms형 0.01-327.67초	1ms 적산형 *1 0.001-32.767초	100ms 적산형 *1 0.1-3276.7초	1ms 적산형 0.001-32.767초
FX3U · FX3UC PLC	T0-T199 200점 루틴 프로그램용 T192-T199	T200-T245 46점	T246-T249 4점 인터럽트 실행 Keep용 *1	T250-T255 6점 Keep용 *1	T256-T511 256점

3.11.1 ON-DELAY 타이머

ON-DELAY 타이머는 스위치를 누른 후 설정된 시간이 경과 한 후에 ON 되도록 구성한 회로 이다. 다음은 X0스위치를 누르고 난 뒤 5초가 경과한 후에 Y20출력이 ON 된다.

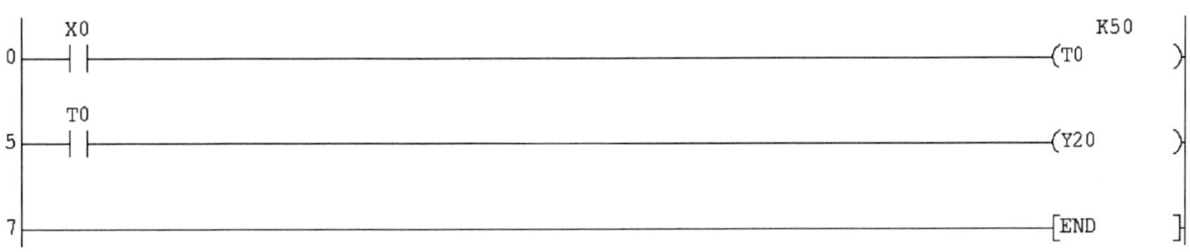

3.11.2 OFF-DELAY 타이머

OFF-DELAY 타이머는 정지 스위치를 누르면 즉시 출력이 정지되는 것이 아니고 설정한 일정 시간이 경과 한 후에 출력이 OFF되는 회로이다. 빔 프로젝터의 냉각 팬은 정지 스위치를 누른 뒤 일정 시간 동작하면서 열을 식힌 뒤 OFF하게 되는 OFF-DELAY 타이머 기능으로 동작한다.

다음의 회로는 X0(동작)를 누르면 M0, M1에 의해 Y20(빔 프로젝터), Y21(냉각팬)의 출력이 ON되어 동작하게 된다. X1(정지)을 누르면 T0 K100 타이머가 동작하고 10초 후 M1을 OFF시켜 Y21 출력을 정지하게 된다.

다음은 3종류의 타이머를 설정해두고 필요한 시간 설정 타이머를 선택해서 OFF-DELAY 타이머 기능을 하도록 프로그램이 작성되었다. 타이머 T0에 설정된 시간이 계산이 되면 타이머 T0가 가지고 있는 b접점은 a접점으로 변경하게 되어 출력이 OFF된다.

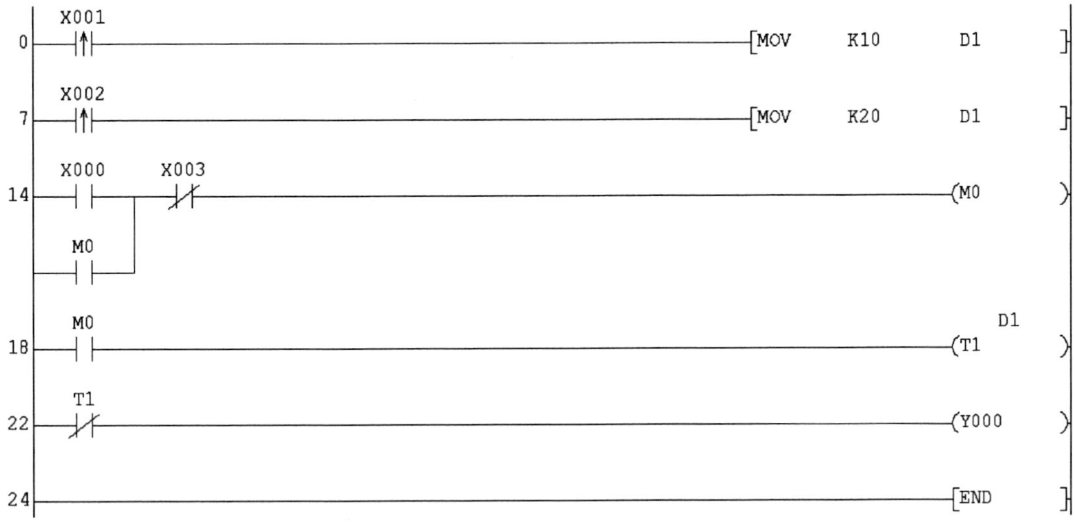

프로그램을 작성해보자. 앞에서 작성했던 3종류의 타이머를 설정해두고 필요한 시간 설정 타이머를 선택해서 OFF-DELAY 타이머 기능을 하도록 작성한 프로그램을 ON-DELAY 타이머 기능을 하도록 프로그램을 작성해본다.

3.11.3 적산 타이머

적산타이머는 일반 타이머가 ON되어 있는 동안에만 동작을 하고 OFF되면 타이머의 값은 0으로 초기화되는 것과는 다르게 동작한다. ON되면 적산타이머는 동작을 하면서 시간을 계산하고 OFF되면 현재 계산된 값을 유지하고 있다가 다시 ON되면 이어서 시간을 계속 누적시켜 계산하게 된다. 설정한 값에 도달하면 적산타이머가 가지고 있는 a접점은 b접점으로, b접점은 a접점으로 변경하게 된다.

적산타이머를 사용하기 위해서는 PLC파라미터의 디바이스 항목에서 적산타이머 사용을 위한 메모리 할당이 필요하다.

FX PLC를 사용하는 경우는 저속 적산타이머를 사용하려면 별도의 설정 없이 T250~T255, 고속 적산타이머는 T246 ~ T249를 사용하면 된다.

다음은 QH PLC의 적산타이머를 사용할 경우를 나타내었다.

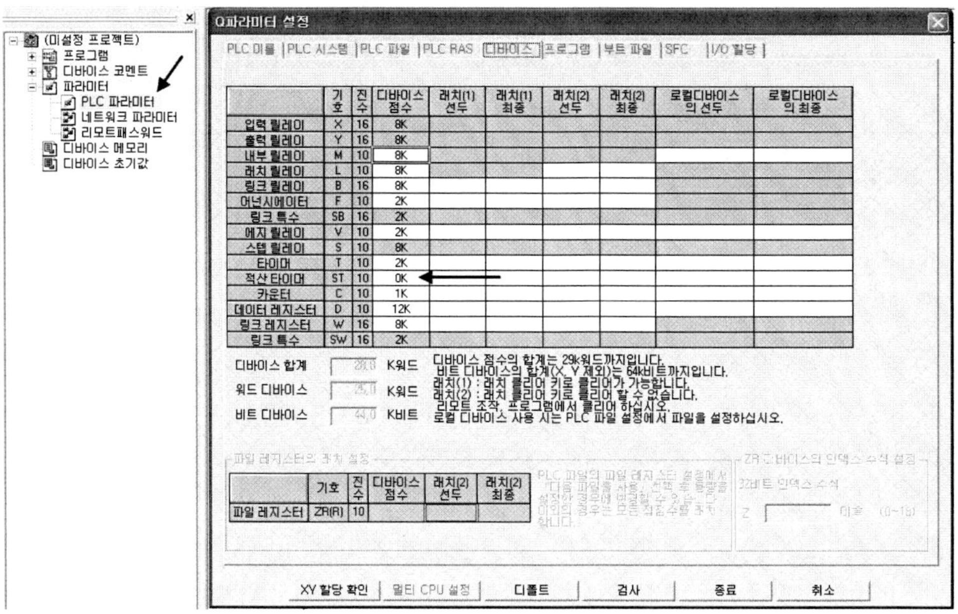

멜섹Q 02H의 내부 디바이스 메모리는 29K워드 크기로 정해져 있어서 타이머의 디바이스 점수를 2K → 1K로 줄이고 적산타이머의 값을 0K → 1K로 변경하여 합계 29K

가 초과하지 않도록 설정한다.

다음 프로그램은 X0를 누르면 적산타이머가 시작되고 X1을 누르면 적산타이머의 시간 계산이 일시 정지되었다가 다시 X0를 누르면 적산타이머의 시간 계산이 누적되어 가는 것을 확인할 수 있다. X02 스위치는 적산타이머의 값을 0으로 리셋 시켜준다.

3.12 플리커 회로

플리커 회로는 출력신호를 일정 시간 동안 ON, OFF를 반복하게 출력하는 기능이다. 램프 혹은 부저를 출력으로 사용하면 경고의 표시로 사용할 수 있고, 실제 자동화 현장에서 출력 신호를 반복적으로 ON, OFF하여 부저와 램프를 경고용으로 사용하는 경우가 많을 것이다. 이런 경우 플리커 회로를 이용한다면 편리하게 적용할 수 있을 것이다.

다음의 프로그램의 동작은 M1이 ON되면 3번 줄의 T1, T2타이머가 0.5초씩 교대로 ON, OFF를 반복하는 신호를 Y20에 출력하게 된다.

구 분	입출력 주소	설명
입 력	X00	스위치
출력	Y20	출력 램프

3.13 펄스출력 명령어(PLS, PLF)

■ PLS 명령어

PLS 명령어는 실행 지령 펄스가 상승 시점에 지정된 디바이스를 1스캔 동안만 ON 하고 다시 OFF로 돌아가게 된다.

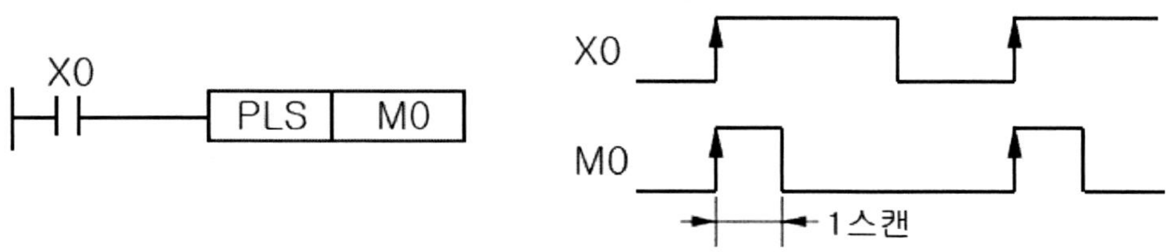

■ PLF 명령어

PLF 명령어는 실행 지령 펄스가 하강시점에 지정된 디바이스를 1스캔 동안만 ON 하고 다시 OFF로 돌아가게 된다.

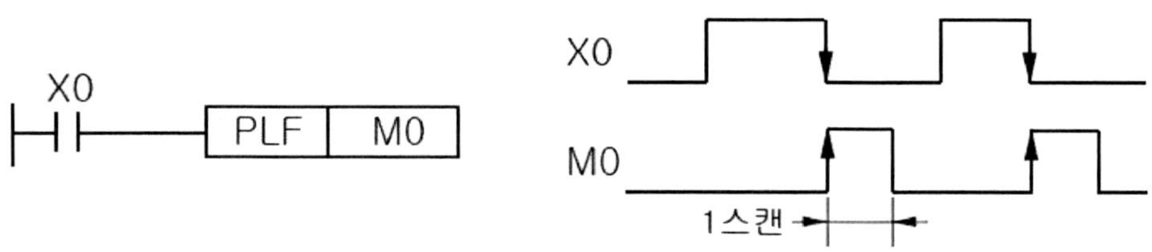

일반적으로 1개의 버튼을 사용하여 누르면 ON되고 다시 누르면 OFF되는 기능을 갖는 버튼을 많이 사용하게 된다. 예를 들어 라디오의 전원 스위치, 엘리베이터 층 번호 버턴 스위치 등이 있다. 자동화 현장에서도 1개의 버튼을 사용하여 누르면 ON되고 다시 누르면 OFF되는 기능을 사용하면 버튼의 수를 줄일 수 있는 이점이 있다.

다음은 1개의 버튼을 사용하여 누르면 Y20 출력이 ON, 다시 누르면 OFF, 다시 누르면 ON 된다. 버튼을 누를 때 마다 반복되는지 기능을 확인해본다.

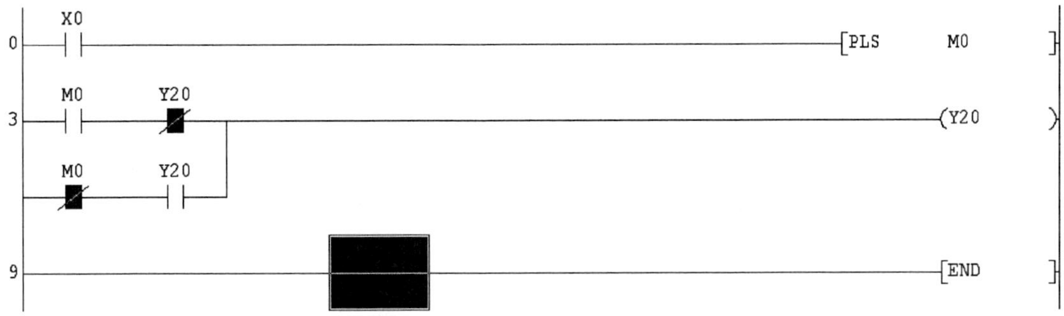

X0 스위치를 누르면 1 스캔동안만 3번 step의 M0, Y20이 On되고 Y20 출력이 ON된다. 1 스캔이 마치고 X0 스위치를 아직 놓지 않은 상태에서 다음과 같이 상태가 변경된다.

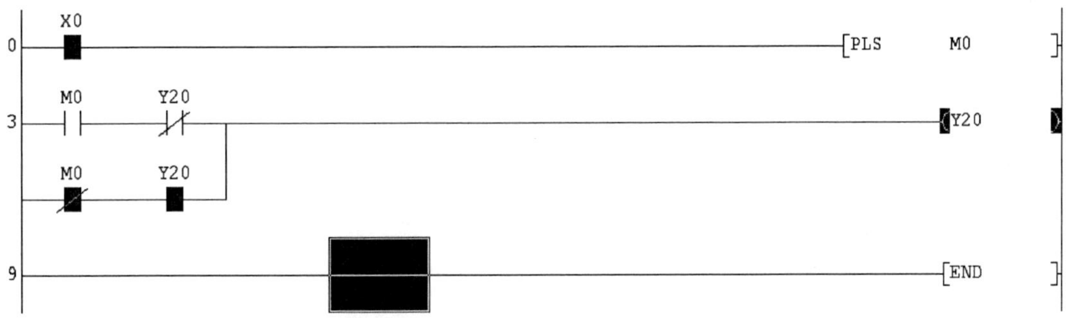

다시 X0 스위치를 누르면 다음과 같이 돼서 Y20 출력이 Off된다.

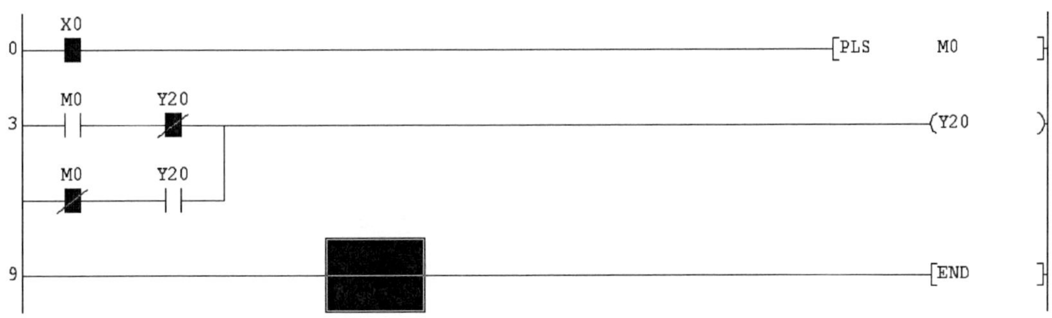

1 스캔을 마치고 X0 스위치를 놓으면 처음 상태가 된다.

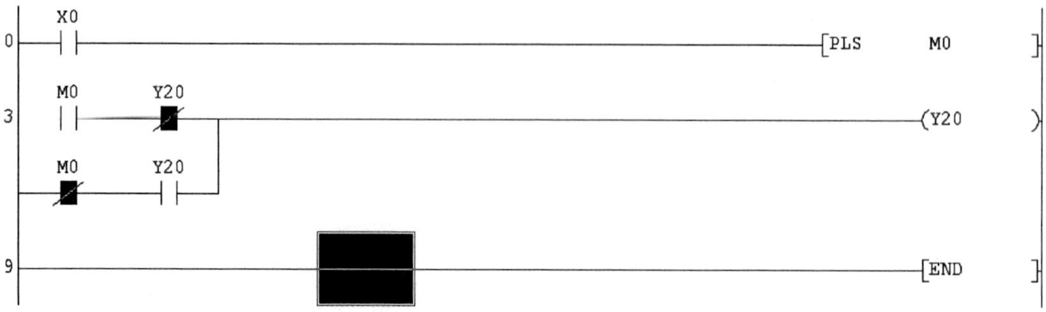

프로그램에서 Y20 대신 M1을 넣어서 사용한다면 프로그램 작성 시에 운전/일시정지와 같은 기능을 1개의 버튼으로 구현하는데 도움이 될 것이다.

3.14 비트 디바이스출력 반전 명령어(FF)

FF명령어는 실행 지령 펄스가 상승시점에 지정된 비트 디바이스, 워드 디바이스의 비트 상태를 반전시키는 명령이다. PLS명령어를 이용하여 1개의 버튼으로 ON, OFF기능을 구현하였지만 FF명령어는 이것을 간단하게 구현할 수가 있다. 그러나 FX Series PLC에서는 지원되지 않는 명령이다.

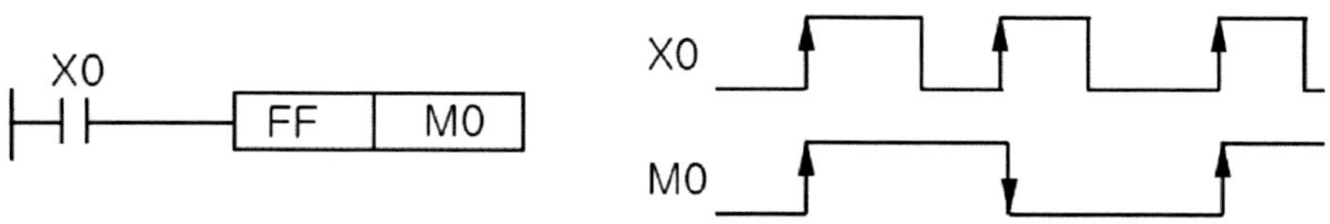

3.14 MC/MCR명령

마스터 컨트롤의 셋, 리셋 명령은 회로의 공통 모선을 개폐하게 해서 효율성 높은 회로 전환용 시퀀스 프로그램을 작성할 수 있는 명령이다.

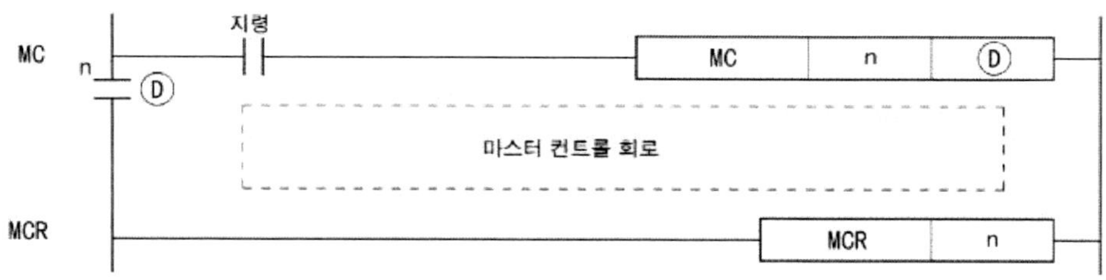

명령에서 네스팅(N)번호를 N0 ~ N14까지 15개를 사용할 수 있다. 프로그램 작성 시에는 다음과 같이 입력을 하고 모니터 모드를 전환해서 보면 자동으로 삽입되어 있는 것을 확인 할 수 있다.

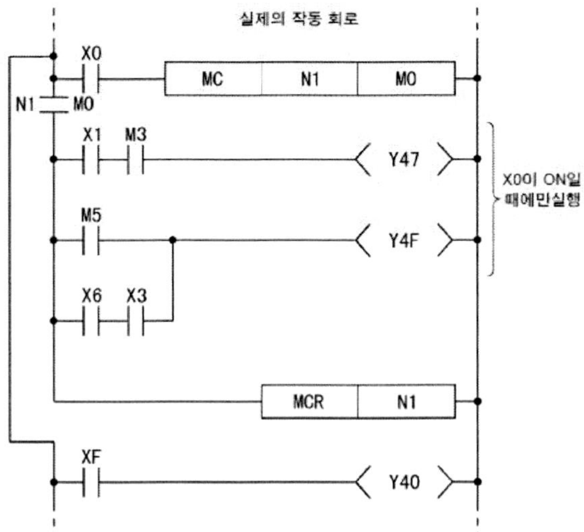

다음의 프로그램은 MC/MCR 명령을 사용하여 비상 정지 버튼이 OFF상태일 때, 운전 버튼을 누르면 운전표시 램프가 ON되고 운전 램프가 작동 중일 때 비상 정지 버튼을 누르면 운전 램프는 MC에 의해 작동이 차단되고 비상 정지 램프가 동작된다.

구 분	입출력 주소	설명
입력	X0	비상정지버튼
	X1	운전버튼
출력	Y20	운전램프
	Y21	비상정지램프

X1을 On했을 때

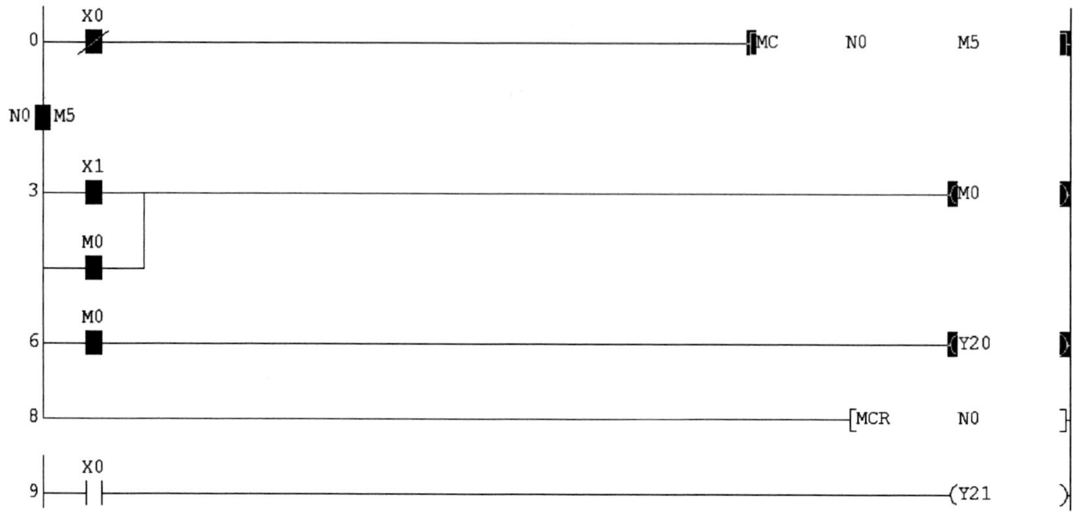

X0을 On했을 때

3.15 종료명령어(FEND, END)

■ 메인루틴 프로그램 종료(FEND)

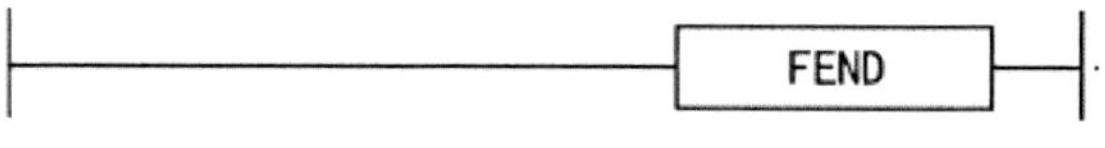

FEND 명령은 CJ 명령 등으로 시퀀스 프로그램의 연산을 분기시킬 경우, 메인 루틴 프로그램과 서브루틴 프로그램, 인터럽트 프로그램을 분할할 경우에 사용하며, FEND

명령을 실행하면 CPU는 실행한 프로그램을 종료합니다.

FEND 명령 이후의 시퀀스 프로그램은 END 명령까지 실행한다.

■ 시퀀서 프로그램 종료(END)

메인 루틴 프로그램, 서브루틴 프로그램, 인터럽트 프로그램을 포함한 프로그램의 마지막을 표시하고 END 명령을 실행하면 CPU는 실행 중인 프로그램을 종료한다.

3.16 특수 릴레이와 특수 레지스터

멜섹 PLC에서는 특수한 기능을 가지는 내부 비트 메모리를 특수 릴레이라는 이름으로 제공한다. 특수한 기능은 진단정보, 시스템 정보, 시스템 클록, 스캔 정보, 메모리 카드 등에 유용하게 사용할 수 있는 것을 말한다. 이것은 하드웨어에 근접한 처리 기능이면서 프로그래밍으로 구현하기에는 불편한 그러면서 빈번하게 사용할 수 있는 기능들을 제공하는데 이것을 특수릴레이라고 한다. 특수 릴레이는 SM400처럼 SM+번호로 되어있다.

메뉴에서 도움말-특수릴레이/특수레지스터 항목을 열어보면 사용하는 PLC 타입에 따라 선택하여 내용을 확인할 수 있다.

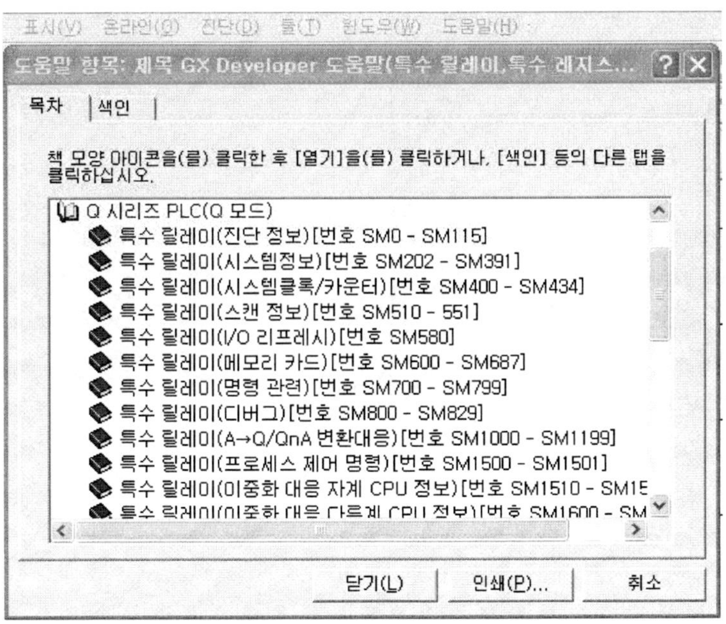

다음은 Q시리즈 PLC의 자주 사용되는 특수 릴레이를 나타낸 것이다

번호	명칭	설명
SM400	항시ON	항상ON되어있는 접점
SM401	상시OFF	항상OFF되어있는 접점
SM402	RUN 후 1스캔만 ON	RUN 후 1스캔만 ON한다.
SM403	RUN 후 1스캔만 OFF	RUN 후 1스캔만 OFF 한다.
SM409	0.01초 클록	5ms 마다 ON/OFF를 반복한다.
SM410	0.1초 클록	0.05초 ON, 0.05초 OFF를 반복하는 릴레이
SM411	0.2초 클록	0.1초 ON, 0.1초 OFF를 반복하는 릴레이
SM412	1초 클록	0.5초 ON, 0.5초 OFF를 반복하는 릴레이
SM413	2초 클록	1초 ON, 1초 OFF를 반복하는 릴레이
SM414	2n초 클럭	n초 ON, n초 OFF를 반복하는 릴레이
SM415	2n(ms) 클럭	n(ms) ON, n(ms) OFF를 반복하는 릴레이

다음은 FX시리즈 PLC에서 자주 사용되는 특수 릴레이를 나타낸 것이다

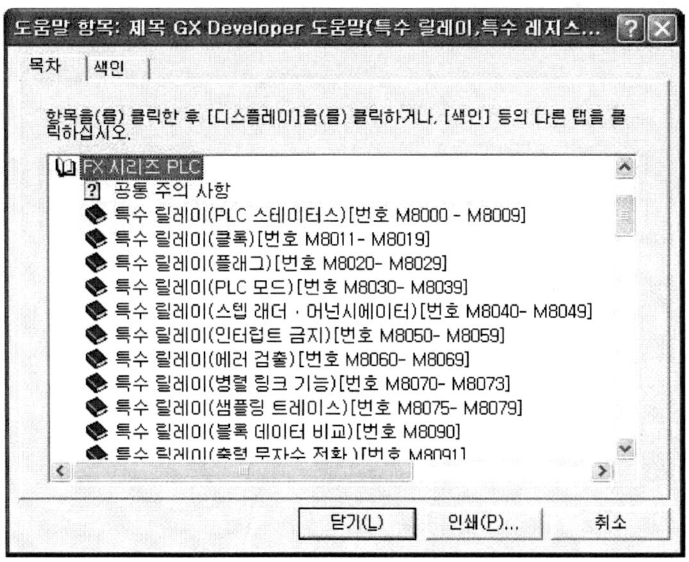

번호	명칭	설명
M8000	항시ON	항상ON되어있는 접점
M8001	상시OFF	항상OFF되어있는 접점
M8002	RUN 후 1스캔만 ON	RUN 후 1스캔만 ON후 OFF된다.
M8003	RUN 후 1스캔만 OFF	RUN 후 1스캔만 OFF후 ON된다.
M8011	0.01초 클록	5ms 마다 ON/OFF를 반복한다.
M8012	0.1초 클록	0.05초 ON, 0.05초 OFF를 반복하는 릴레이
M8013	1초 클록	0.5초 ON, 0.5초 OFF를 반복하는 릴레이
M8014	1분 클록	30초 ON, 30초 OFF를 반복하는 릴레이

3.17 DC모터 제어

PLC의 TR출력 모듈에 릴레이를 연결하여 사용하는 경우에는 역기전력 방지 다이오드를 연결하여 사용하여야 한다. 일반적으로 Q PLC의 TR출력은 16mA정도의 전류가 흐르지만 솔레노이드 밸브, 램프, 기타 대전류 출력장치 등과 같은 출력장치의 경우 16mA를 훨씬 초과하는 정격전류가 필요하게 된다. 이러한 경우 PLC 출력으로 직접 솔레노이드 밸브와 같은 많은 전류가 필요한 출력장치를 직접 연결하여 사용할 수 없고 릴레이를 사용하여 한다. 그러나 릴레이와 같은 유도성 부하 장치에 빈번한 ON, OFF 동작으로 인한 전류량의 변화에 따라 수십 ~ 수백V의 역기전력이 발생되어 출력모듈의 TR을 손상시키게 된다.

다음의 그림을 보면 PLC의 출력이 ON되면 PLC내부 TR출력 모듈의 TR이 ON되어 24V 전원에서 릴레이를 통과하는 전류가 흐르게 된다. 이때는 역기전력이 발생되지만 전원 전압보다 그다지 커지 않게 된다. 이어서 릴레이 내부에 있는 a, b 접점들이 동작을 하게 된다.

그러나 출력이 OFF되는 순간 전원 전류에 의한 자기장이 소멸되므로 코일내의 자기장을 계속 유지하려는 방향(전원 전류의 방향)으로 역기전력이 발생한다. 순간적으로 짧은 시간 전원전류의 방향으로 높은 전압이 발생해서 큰 전류가 흐르게 되어 트랜지스터가 파괴된다.

스위치를 개폐하였을 경우의 코일을 통하여 흐르는 전류와 시간과의 관계는 다음과 같이 나타난다.

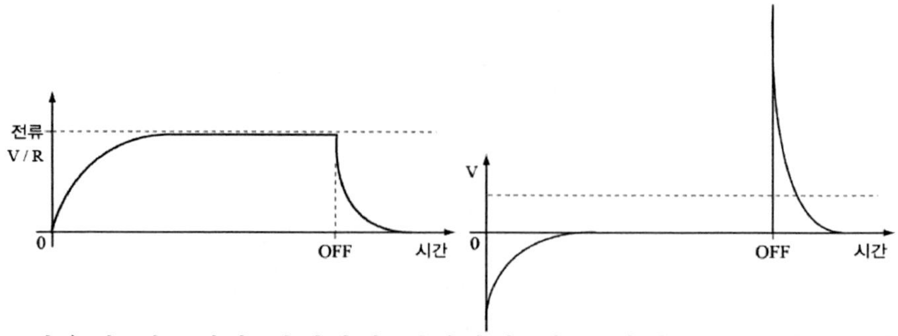

다음의 회로에서 릴레이에 연결되어 있는 다이오드는 릴레이에 전류가 흐르고 있는 동안에는 다이오드에는 전류가 흐르지 않지만 출력 TR이 OFF되면 발생하는 역기전력에 의한 전류를 다이오드를 통과해서 소멸시키기 위해 전원과 역방향으로 연결하여 소멸 시킨다.

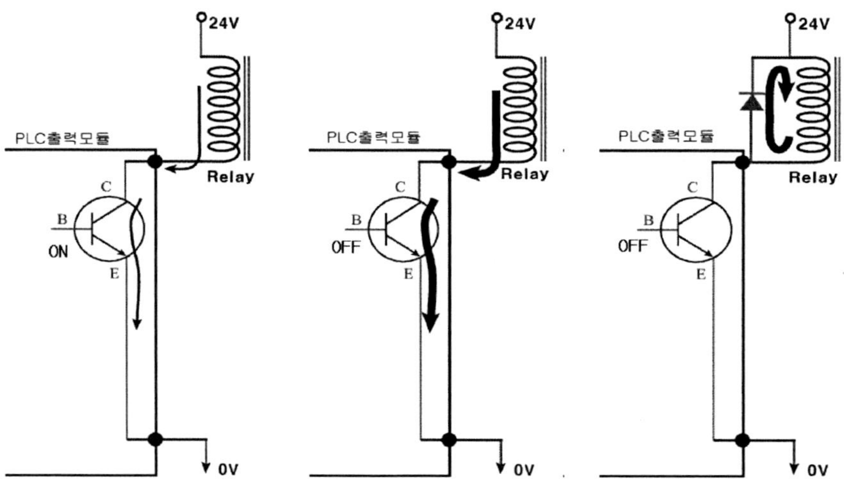

(1) 릴레이와 구조와 접점

다음의 그림은 릴레이의 구조를 나타낸 것이다.

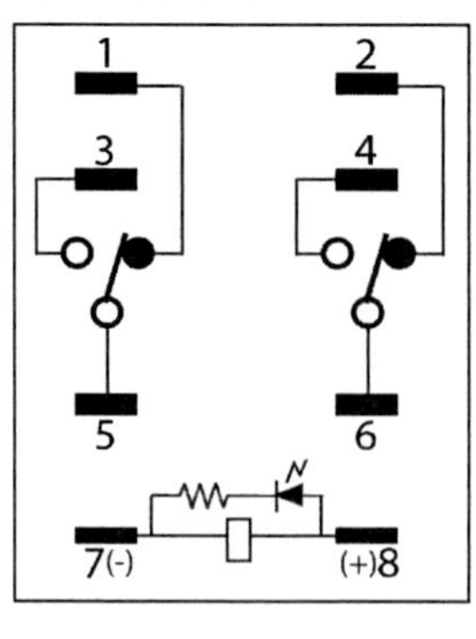

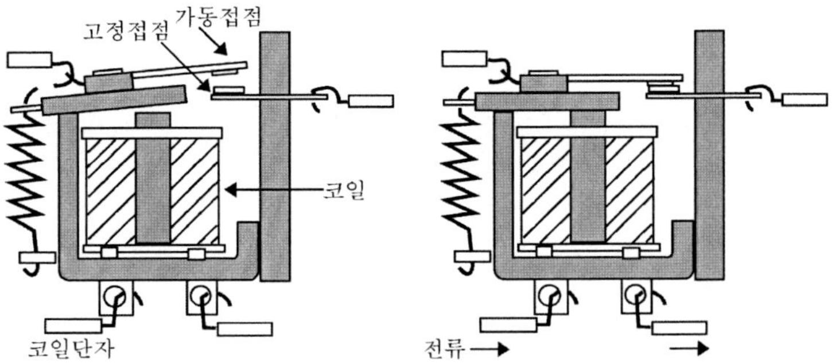

(2) 릴레이와 트랜지스터의 스위칭 작용

트랜지스터를 증폭이 아닌 단순히 On, Off 스위치와 같은 스위칭 동작으로 사용하기 위해서는 포화영역, 차단영역을 사용하게 된다. 또한 스위치 동작을 하는 전자부품으로 릴레이가 광범위하게 사용되고 있다.

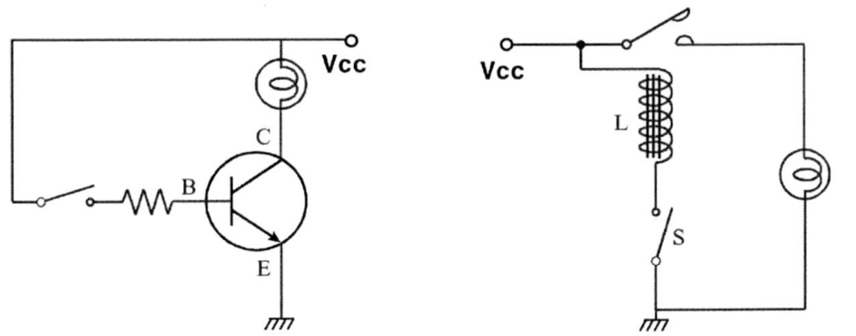

트랜지스터 스위칭 회로　　　　　　기계식 접점 릴레이 회로

1) 트랜지스터 스위칭 회로

스위치가 열려 있으면 베이스와 에미터에 순방향 바이어스 전압이 공급되지 않아 트랜지스터는 Off되어 컬렉터 전류가 흐르지 못하게 되어 전구도 Off된다. 이때 트랜지스터는 차단영역에 있게 된다.

스위치가 닫히게 되면 전원 전압은 V_{BE}에 0.7V정도 걸리고 나머지는 저항에 걸리게 된다. 베이스에 있는 저항은 베이스 전류를 제한하기 위해 설정된다. 순방향 바이어스 전압이 공급되어 베이스 전류가 흐르고 트랜지스터는 포화영역에 있게 된다. 따라서 콜렉터 전류가 흐르게 되어 전구가 On된다.

2) 기계식 접점 릴레이

스위치가 열려 있으면 코일 L이 자화되지 못하여 접점 P를 닫을 수 없게 되므로 전구는 점등되지 않는다. 그러나 S가 닫히게 되면 코일의 자화력으로 집짐이 닫혀 전구가 점등한다.

3) SSR(Solid State Relay)

반도체를 이용하여 릴레이와 같은 기능을 하도록 한 것이다. 릴레이의 기계적인 부분이 없기 때문에 접점고장, 노이즈가 거의 없는 무접점 릴레이이다.

적외선과 같은 빛을 이용해서 다이악, 트라이악과 같은 반도체를 On, Off 하는 전자식 스위치도 많이 사용되고 있다. 다음은 Photo Triac(TLP560G)의 예를 나타낸 것이다.

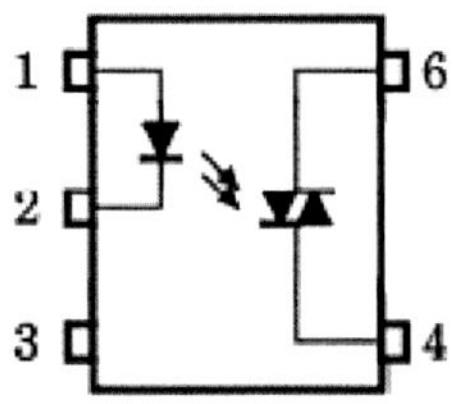

4) 기계식 접점 릴레이와 비교해서 트랜지스터의 장점

① 릴레이는 기계적인 접점으로 개폐하기 때문에 채터링(접점의 진동)이 발생하지만 트랜지스터는 전기적인 접점으로 동작이 안정된다.

② 릴레이는 접점을 기계적으로 개폐(동작지연: 5 ~ 10ms)하기 때문에 초당 100 ~ 200회 정도의 스위칭 동작을 하지만, 트랜지스터는 1초에 1000회 이상으로 스위칭 동작이 빠르다.

③ 릴레이의 코일을 자화시키기 위한 전류보다 매우 작은 베이스 전류(μA)로 On, Off가 가능하며 베이스 전류를 가감하여 컬렉터 전류를 제어 할 수 있다.

다음은 DC 전동기를 PLC를 이용하여 정역회전 제어를 위해 PLC의 출력단자에 릴레이와 외부 24V 전원장치를 연결하는 회로를 나타내었다. DC전동기 1개를 정역제어하기 위해서는 2개의 릴레이가 필요하다. PLC는 TR출력이 아닌 릴레이 출력 모델이라고 가정하고 역기전력 방지용 다이오드를 연결하지 않았다.

(3) PLC에 DC전동기와 릴레이 접속도

■ 정회전

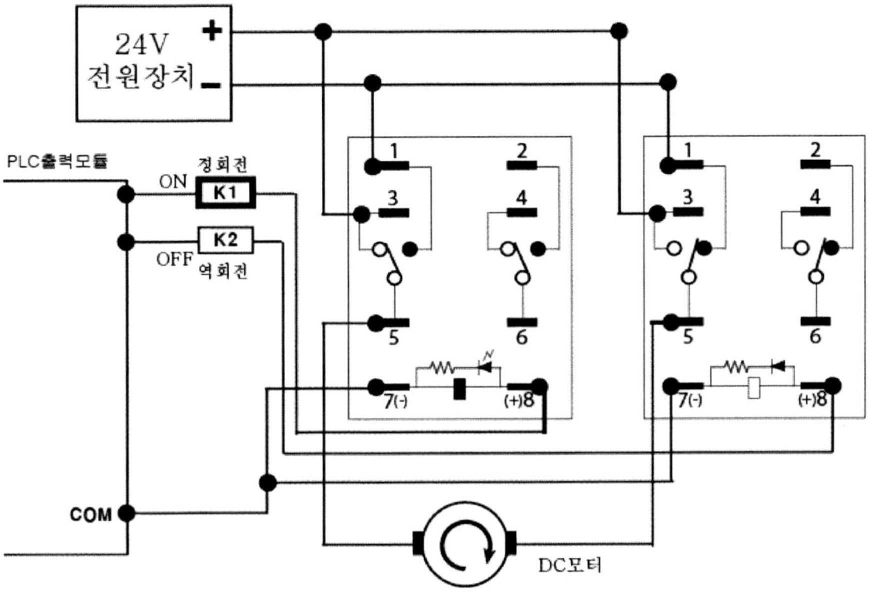

■ 역회전

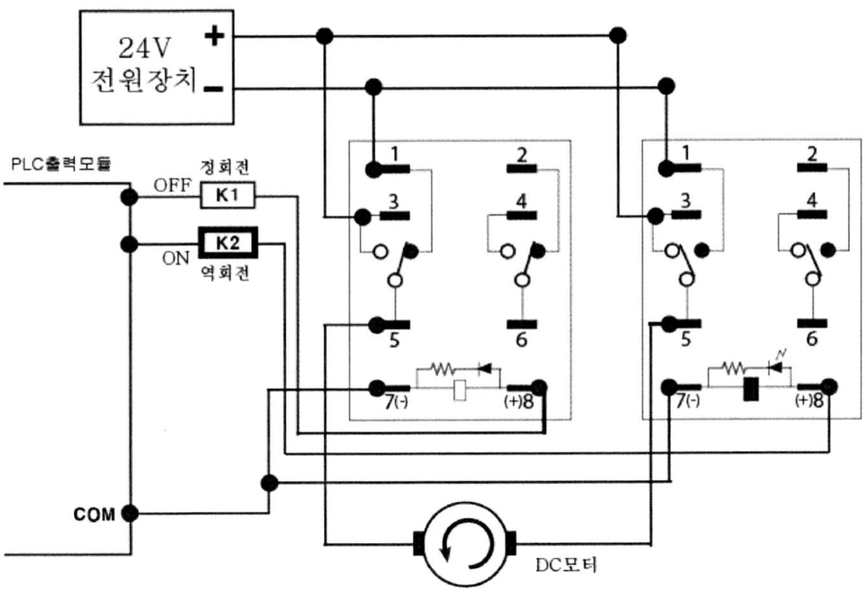

4. 전기시퀀서회로

4.1 직렬회로(AND 회로)

스위치 PB1과 PB2를 누르면 X 릴레이에 포함된 a접점 X가 On된다. 스위치 PB1 혹은 PB2중 1개만 누르게 되면 릴레이에 전기가 흐르지 않아 a접점 X를 b접점으로 만들 수가 없게 된다.

그래서 입력조건 PB1과 PB2 모두 On이 되어야 출력이 만들어지는 AND회로가 된다. 2개의 스위치가 On되어야 출력 Lamp가 On된다.

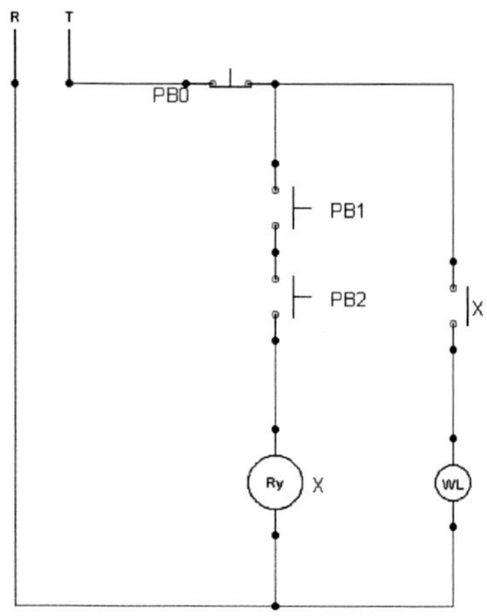

스위치 PB0을 누르면 자기 유지가 해지되어 출력 Lamp가 OFF되는 AND회로 래더 프로그램을 작성하시오

① PLC 입출력 할당표를 작성하시오.

② 래더 프로그램을 작성하시오.

③ FX PLC의 배선도를 그리시오.

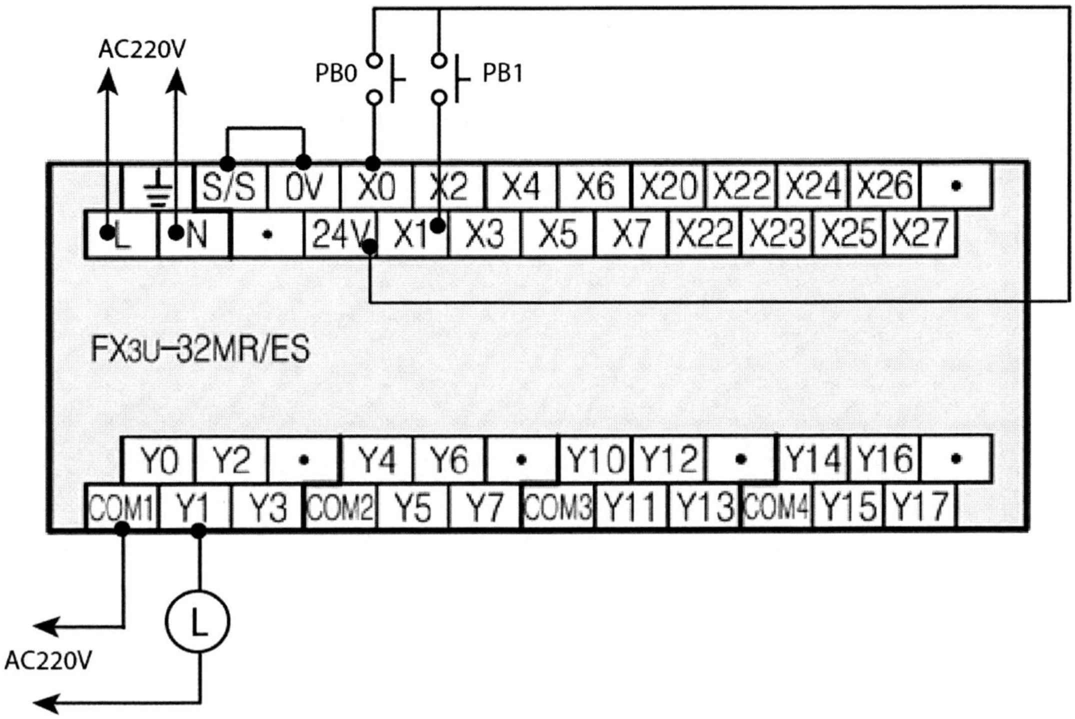

4.2 병렬회로(OR 회로)

스위치 PB1을 누르거나 혹은 스위치 PB2를 누르면 릴레이에 포함된 a접점이 자기 유지에 의해 On되면서 출력 Lamp가 On된다.

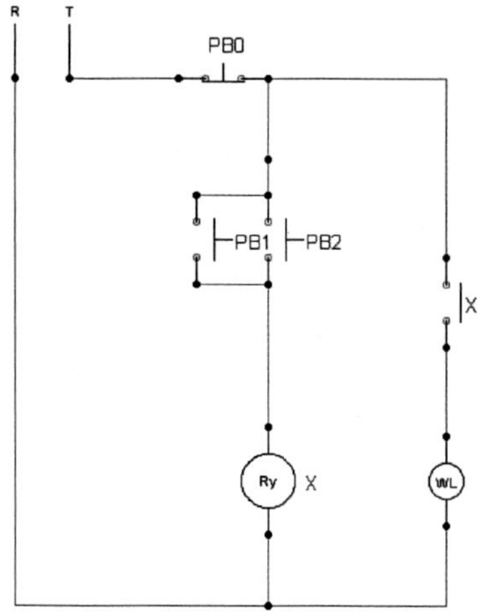

스위치 PB0을 누르면 자기 유지가 해지되어 출력 Lamp가 Off되는 OR회로 래더 프로그램을 작성하시오

① PLC 입출력 할당표를 작성하시오.

② 래더 프로그램을 작성하시오.

③ FX PLC의 배선도를 그리시오.

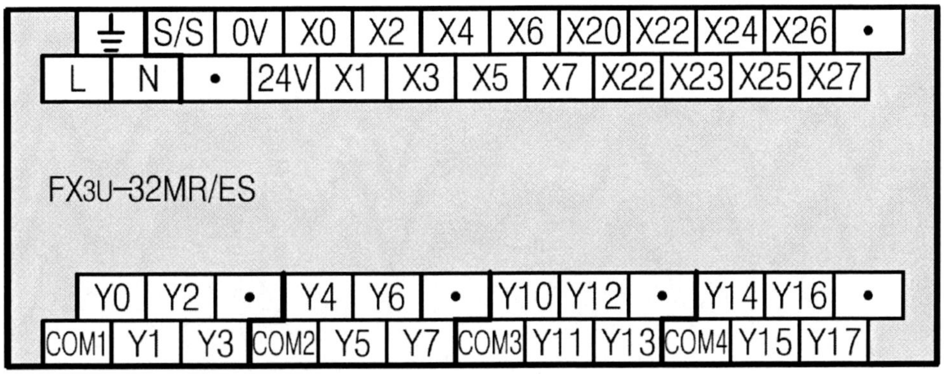

4.3 인칭(Inching, 촌동)회로

운전스위치 PB2를 누르면 X-a b접점들이 On되어 램프가 켜지고, 자기유지회로가 구성되어 계속 ON상태가 유지된다. PB0를 누르면 자기유지기 해지되이 Off된다. 그리고 촌동스위치 PB1을 누르는 동안만 램프 위쪽 릴레이 접점 X-a가 On되어 램프가 On된다. PB1 스위치를 놓으면 자기유지가 해지되어 Off된다.

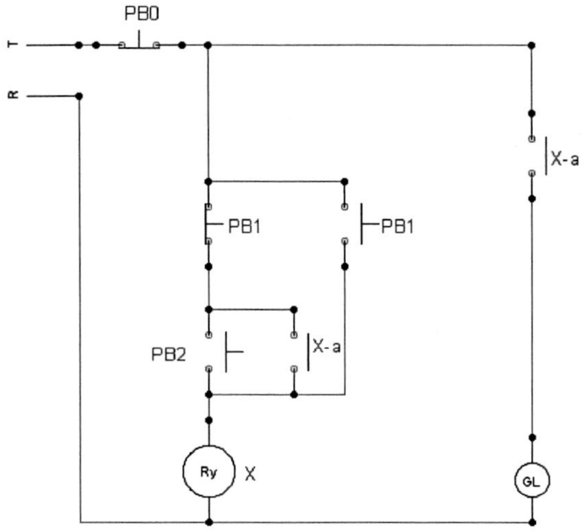

① PLC 입출력 할당표를 작성하시오.

② 래더 프로그램을 작성하시오.

③ FX PLC의 배선도를 그리시오.

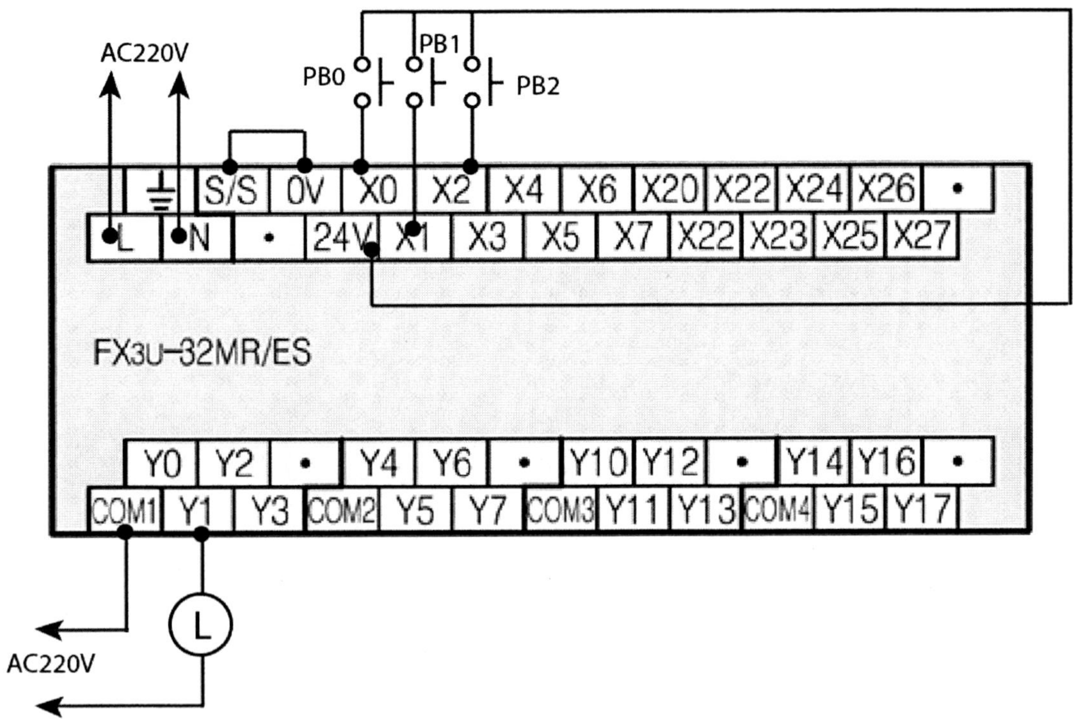

4.4 3상 유도전동기 촌동 회로

3상유도전동기를 촌동회로를 구성해서 동작시키고자한다.

기동스위치(X01), 촌동스위치(X04), 정지스위치(X02), 열동 과전류 계전기THR(X03)으로 설정해서 구성하였다.

정지 상태에서는 정지램프가 On된다.

기동스위치를 ON하면 기동램프가 On, 유도전동기는 기동하고 정지스위치를 누르면 정지 동작을 한다.

촌동스위치를 누르는 동안에만 유도전동기와 기동램프가 On된다.

출력 Y00(MC), Y01(운전램프), Y02(정지램프)로 설정한다.

① PLC 입출력 할당표를 작성하시오.

② 래더 프로그램을 작성하시오.

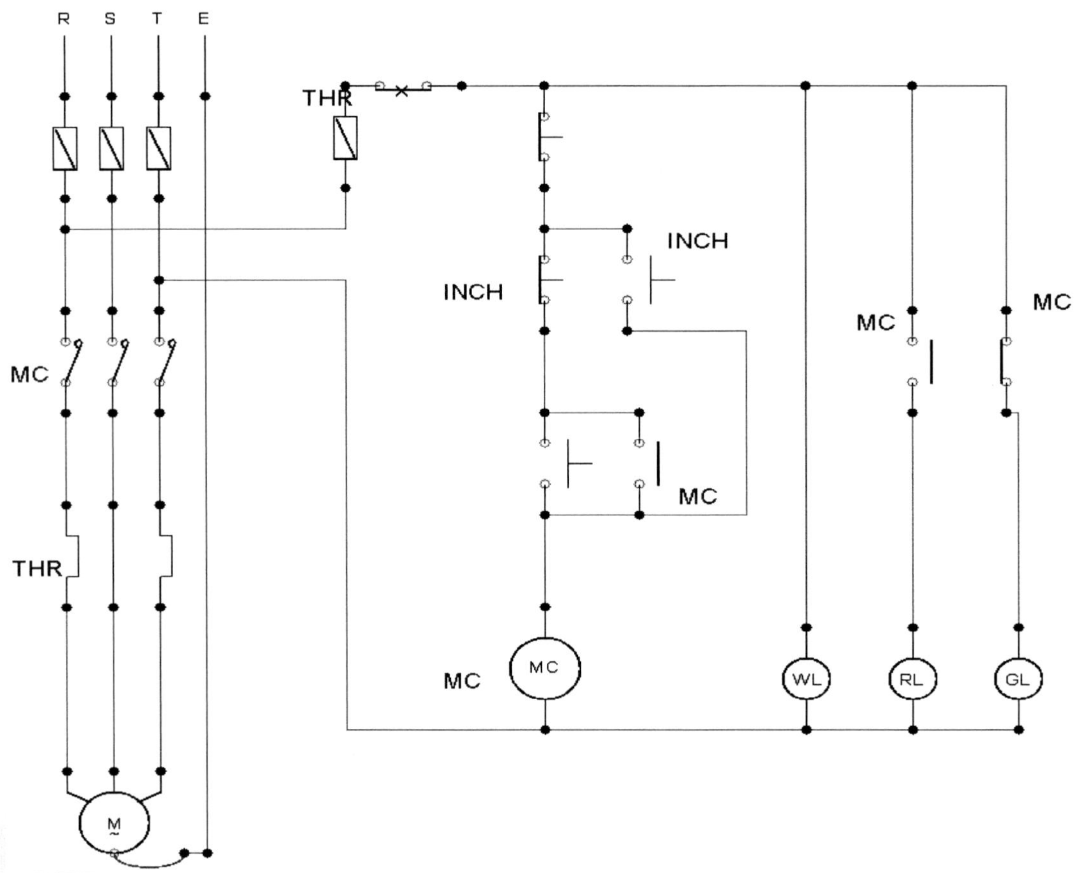

다음은 2종류의 촌동회로를 프로그램으로 작성한 것이다.

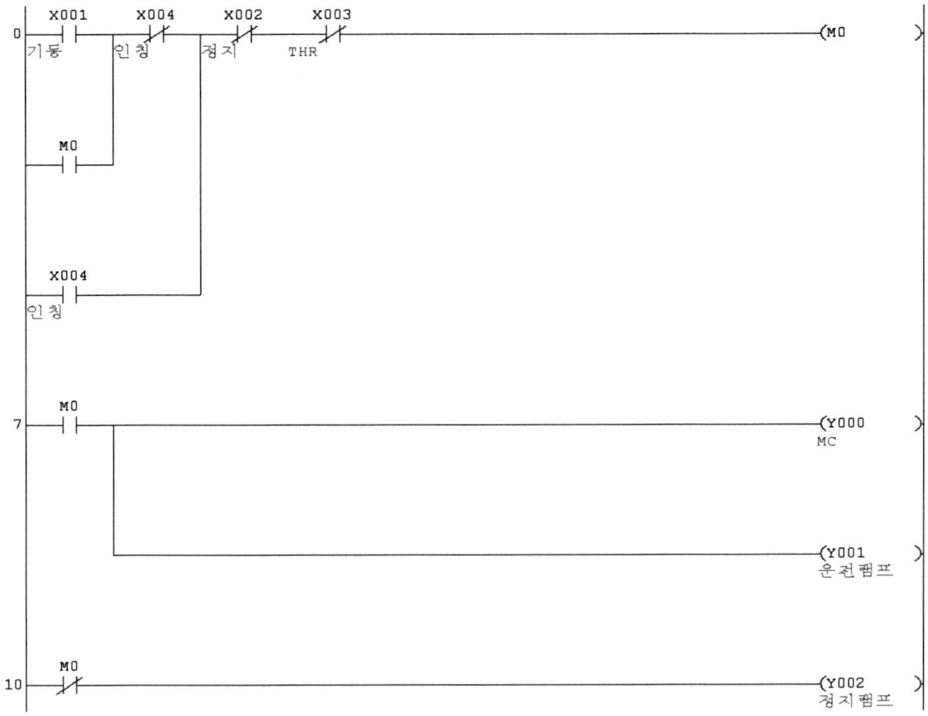

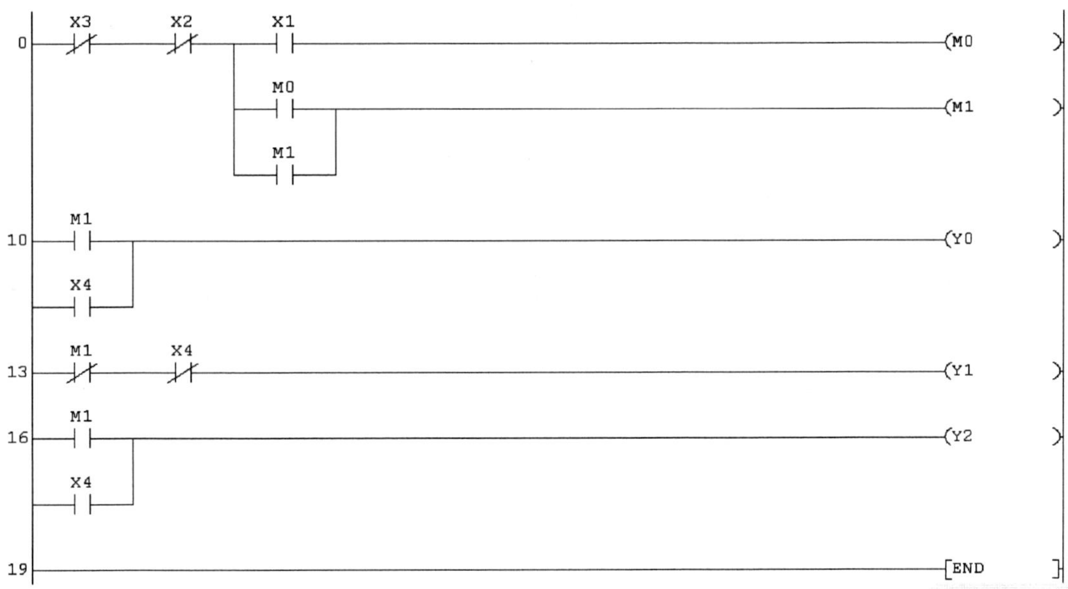

③ 플로차트를 그리시오.

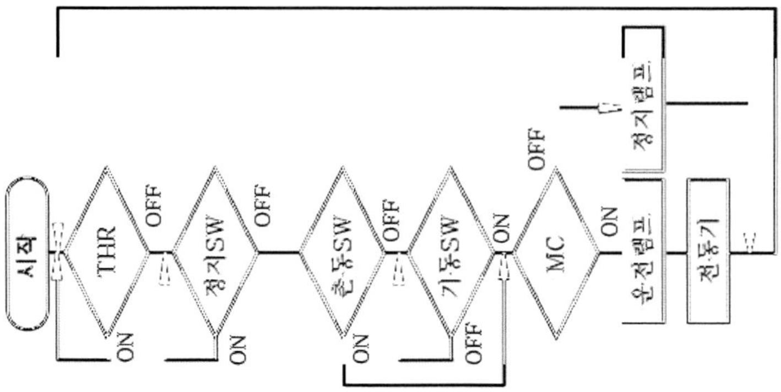

④ FX PLC의 배선도를 그리시오.

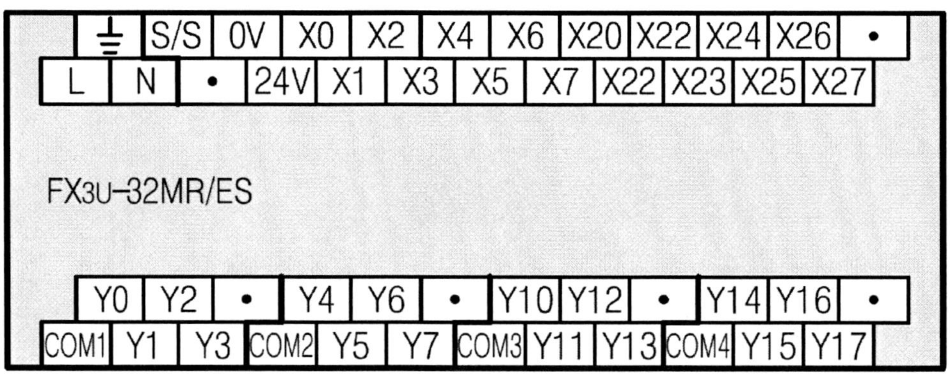

4.5. 인터록회로

스위치 PB1, PB2 둘 중에 먼저 누른 것만 동작하고 나머지 스위치는 눌러도 동작하지 않도록 동작한다.

PB0는 정지 스위치이다.

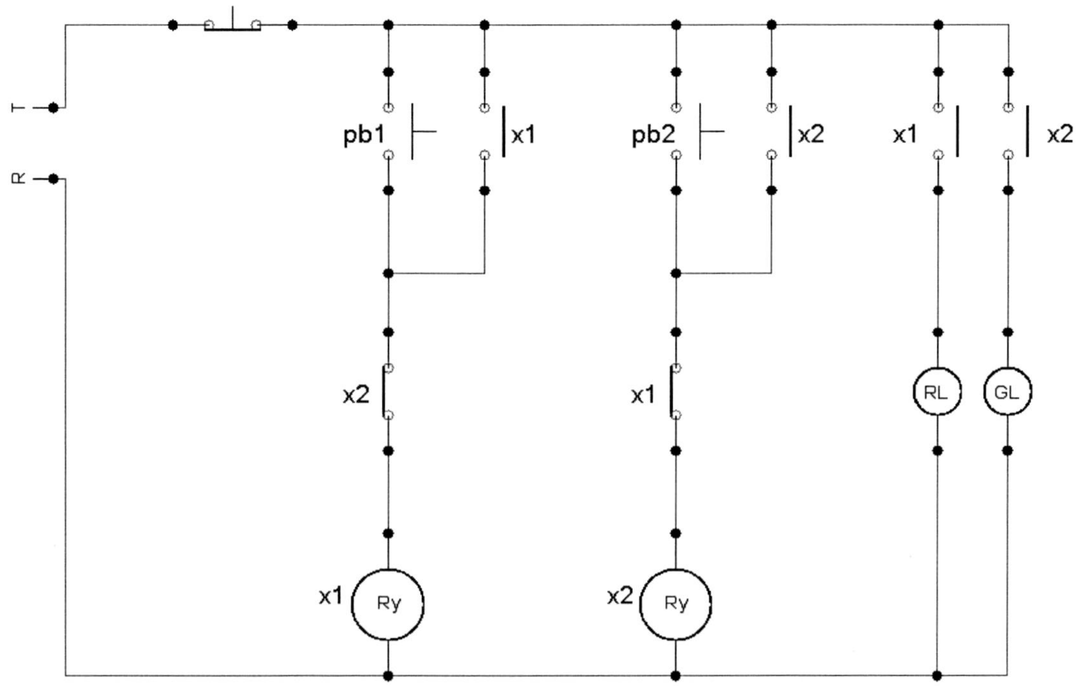

① PLC 입출력 할당표를 작성하시오.

구 분	입출력 주소	설 명

② 래더 프로그램을 작성하시오.

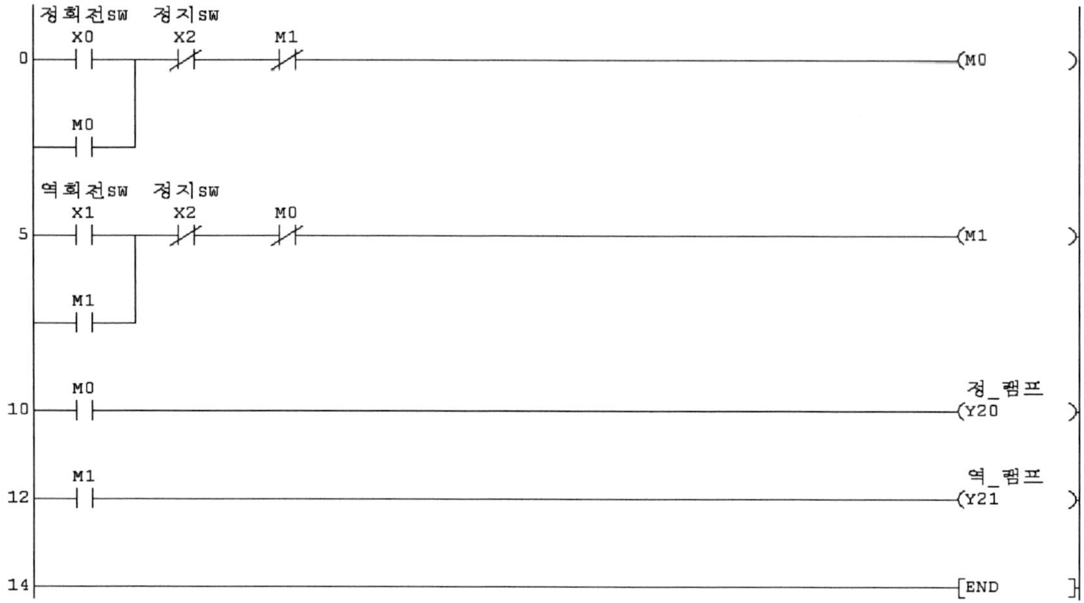

③ FX PLC의 배선도를 그리시오.

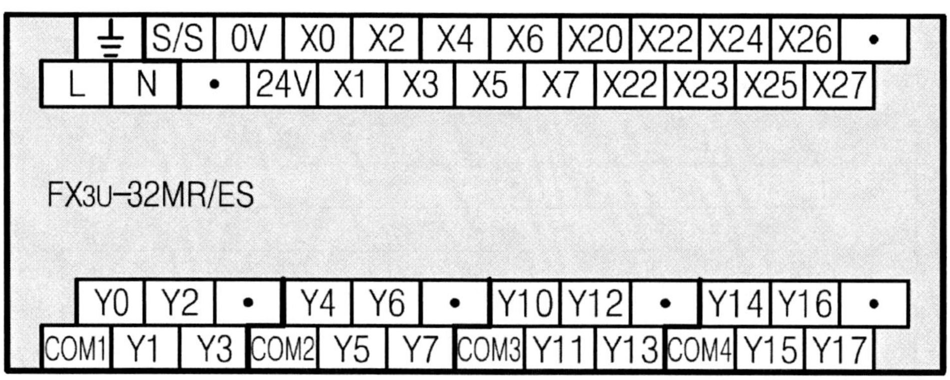

4.6 단상 유도전동기 정역운전회로

■ 요구조건

기동 스위치 → 전자 개폐기(MC) 동작 → 단상 유도 전동기 기동 운전

정지 스위치 → 전자 개폐기(MC) 정지 → 단상 유도 전동기 정지

운전 중 → 열동 계전기(Th) 동작 → 전자 개폐기(MC) 정지 → 단상 유도 전동기 정지

표시등 : 상시 표시등 (YL) - 정지와 운전 시 상시 점등

운전 표시등 (RL) - 운전 시 점등 (GL 소등)

정지 표시등 (GL) - 정지 시 저등 (RL 소등)

① PLC 입출력 할당표를 작성하시오.

② 래더 프로그램을 작성하시오.

구 분	입출력 주소	설 명

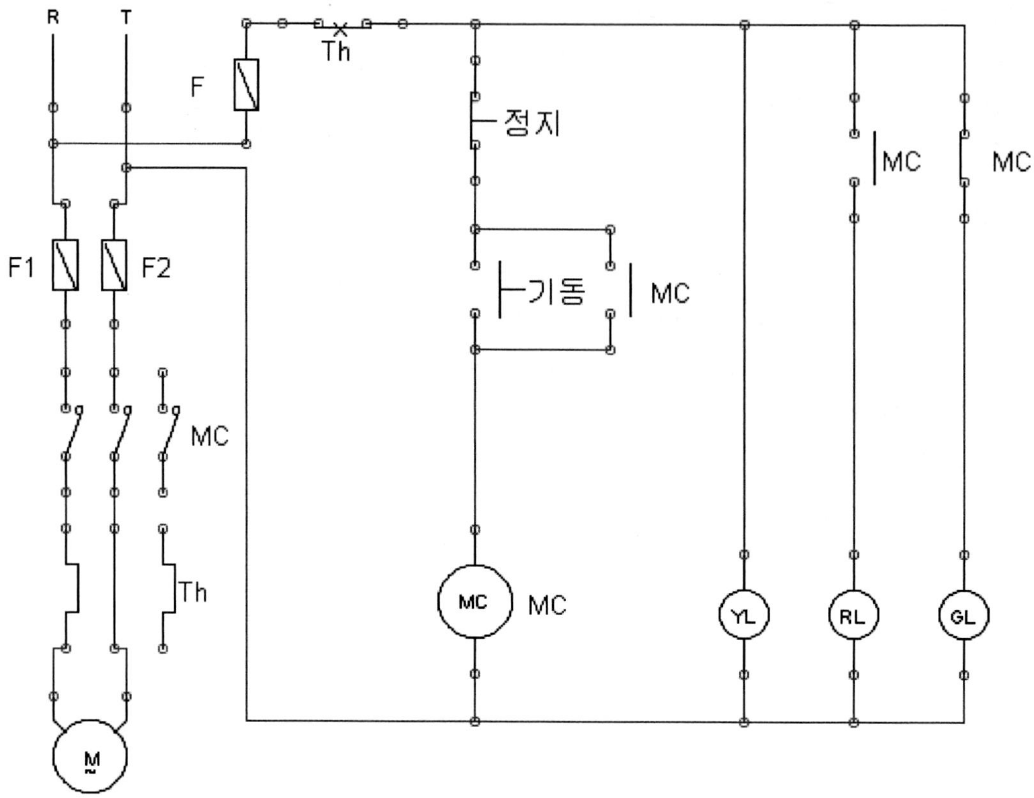
R
T
F
Th
정지
MC
MC
F1
F2
기동
MC
MC
Th
MC
MC
YL
RL
GL
M

③ FX PLC의 배선도를 그리시오.

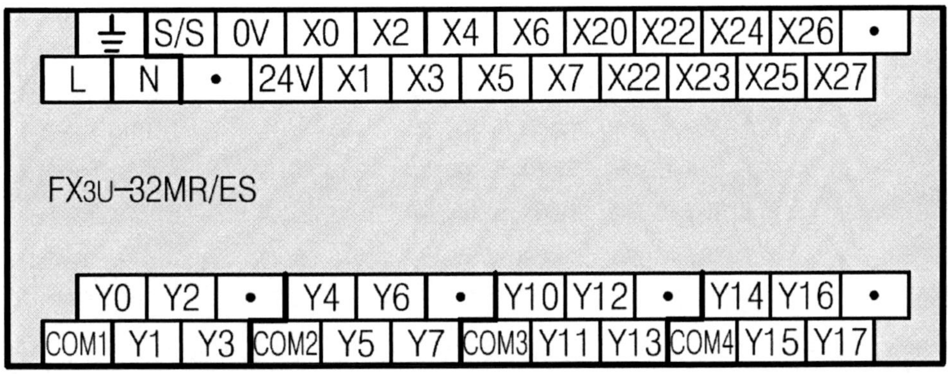

4.7 3상유도전동기 정역회로

3상유도전동기 역회전을 운전하려면 회전자기장의 방향을 반대로 하면 된다. 따라서 RST 3개의 단자 중에서 전자개폐기를 이용하여 2개의 상을 서로 바꾸면 된다. 즉 R상을 기준으로 S상과 T상을 교체 결선하거나 S상을 기준으로 R상과 T상을 교체 결선하면 된다.

또한 전자개폐기 2개가 동시에 동작하기 때문에 단락사고가 발생하지 않도록 FMC와 RMC의 b접점을 이용해서 인터록 회로를 사용한다. 따라서 정회전 중에 역회전 스위치를, 역회전중에 정회전 스위치를 눌러도 안전하게 동작한다.

① 정회전용(PF) 스위치 → 정회전용(MF) 동작 → 유도 전동기 정회전 운전

② 정지 스위치(P0) → 정회전용(MF) 정지 → 유도 전동기 정회전 정지

③ 역회전용(PR) 스위치 → 역회전용(MR) 동작 → 유도 전동기 역회전 운전

④ 정지 스위치(P0) → 역회전(MR) 정지 → 유도 전동기 역회전 정지

⑤ 운전중 → 열동 과전류 계전기(THR) 동작 → MF, MR 정지 → 유도 전동기 정지

⑥ 표시등 : 상시 표시등 (WL) - 정지와 운전 시 상시 점등
정회전용 표시등 (YL) - 정회전 운전 시 점등
역회전용 표시등 (RL) - 역회전 운전 시 점등
정지 표시등 (GL) - 정회전, 역회전 모두 정지 시 점등

* 정회전 중 역회전 또는 역회전 중 정회전을 위해서는 해당 스위치에 의해서 순간 전환이 가능함

① PLC 입출력 할당표를 작성하시오.

② 래더 프로그램을 작성하시오.

구 분	입출력 주소	설 명

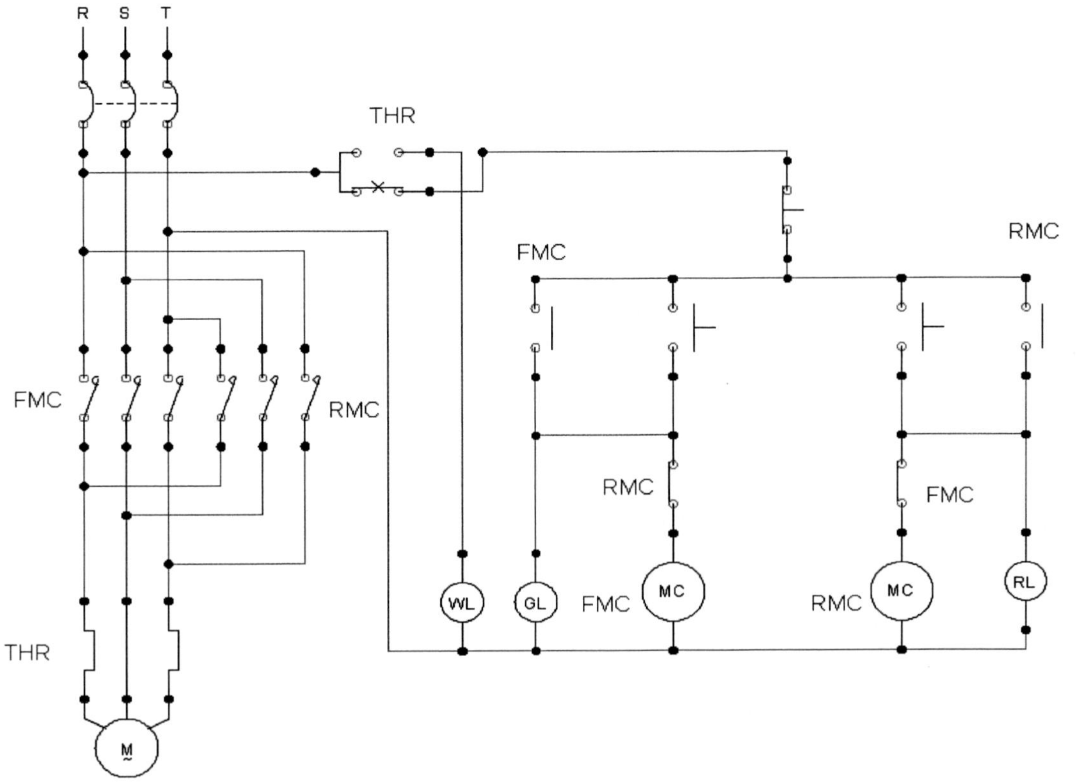
R
S
T
THR
FMC
RMC
FMC
RMC
RMC
FMC
WL
GL
FMC
MC
RMC
MC
RL
THR
M

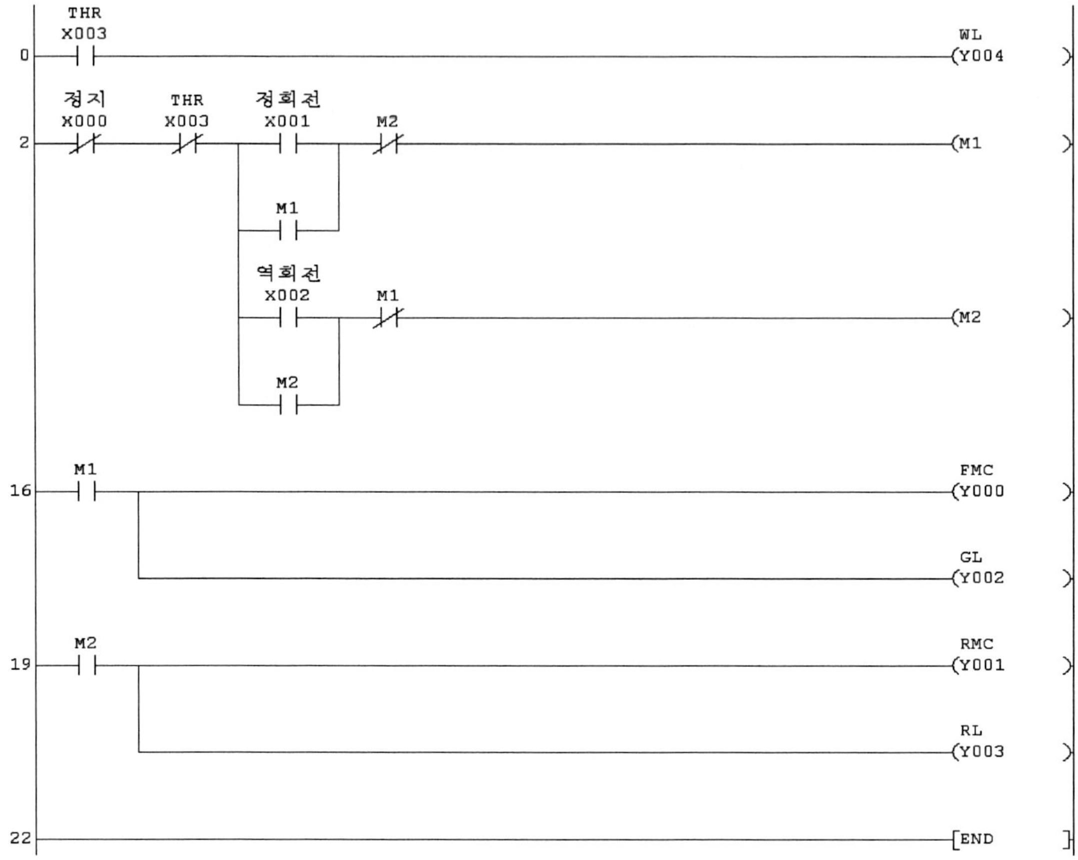
THR
X003
0
WL
Y004
정지
X000
THR
X003
정회전
X001
M2
2
M1
M1
역회전
X002
M1
M2
M2
M1
16
FMC
Y000
GL
Y002
M2
19
RMC
Y001
RL
Y003
22
END

③ FX PLC의 배선도를 그리시오.

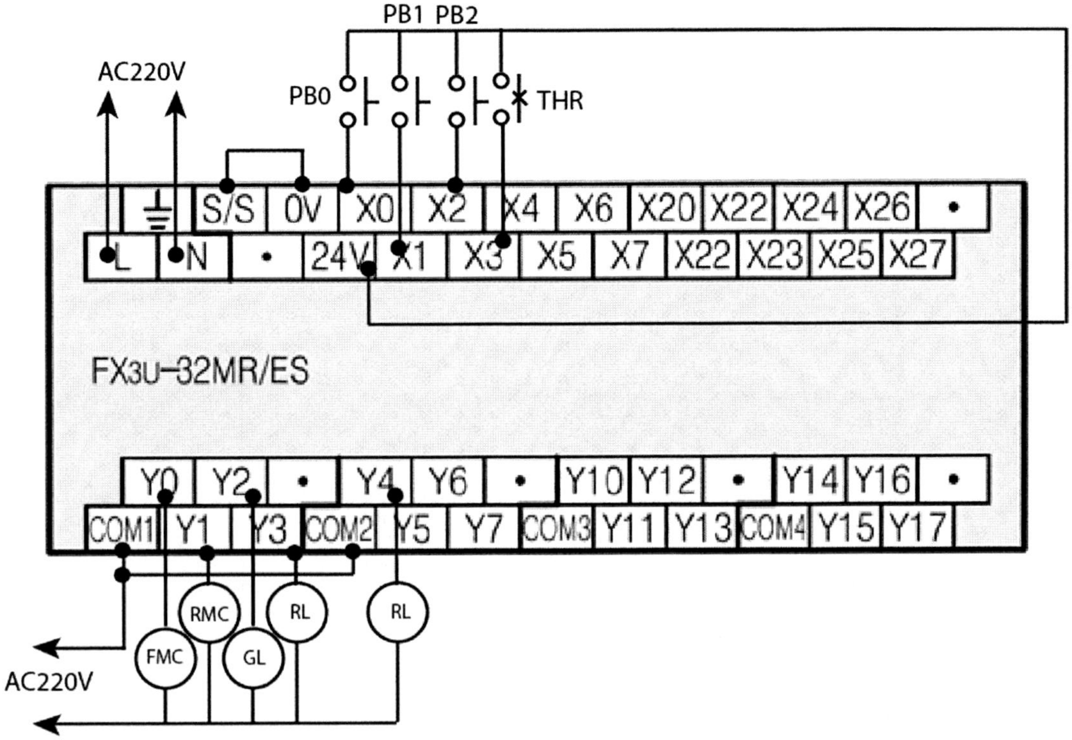

4.8 3상유도전동기 Y-Delta 기동

일반적으로 3상유도 전동기를 운전하기 위해서는 기동전류를 줄이기 위해 Y결선으로 하여 기동하고 기동 후 몇 초가 지난 후에 델다결선으로 바꾸어 운전하게 된다. Y결선 기동시에 선간전압은 1/√3 기동전류는 1/3로 감소되어 안전한 운전이 된다.

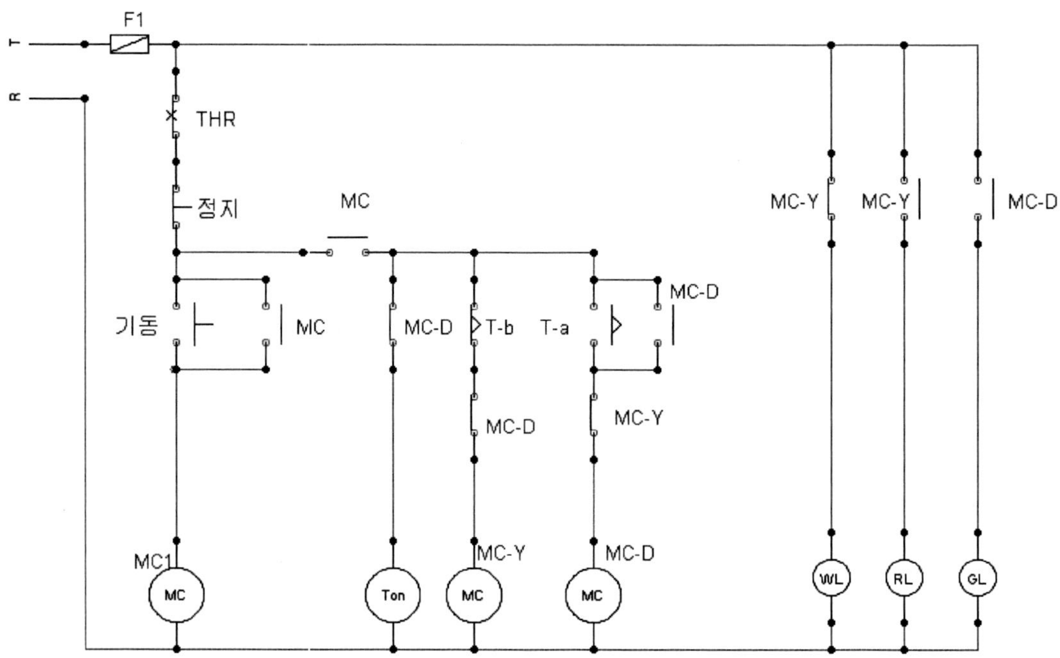

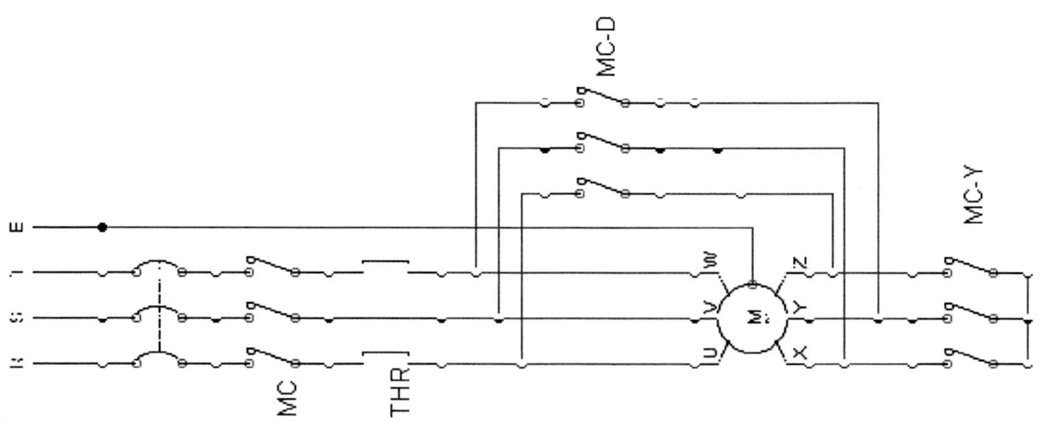

② 다음의 래더 프로그램을 참고해서 회로도에 맞도록 프로그램을 수정하여 완성하시오.

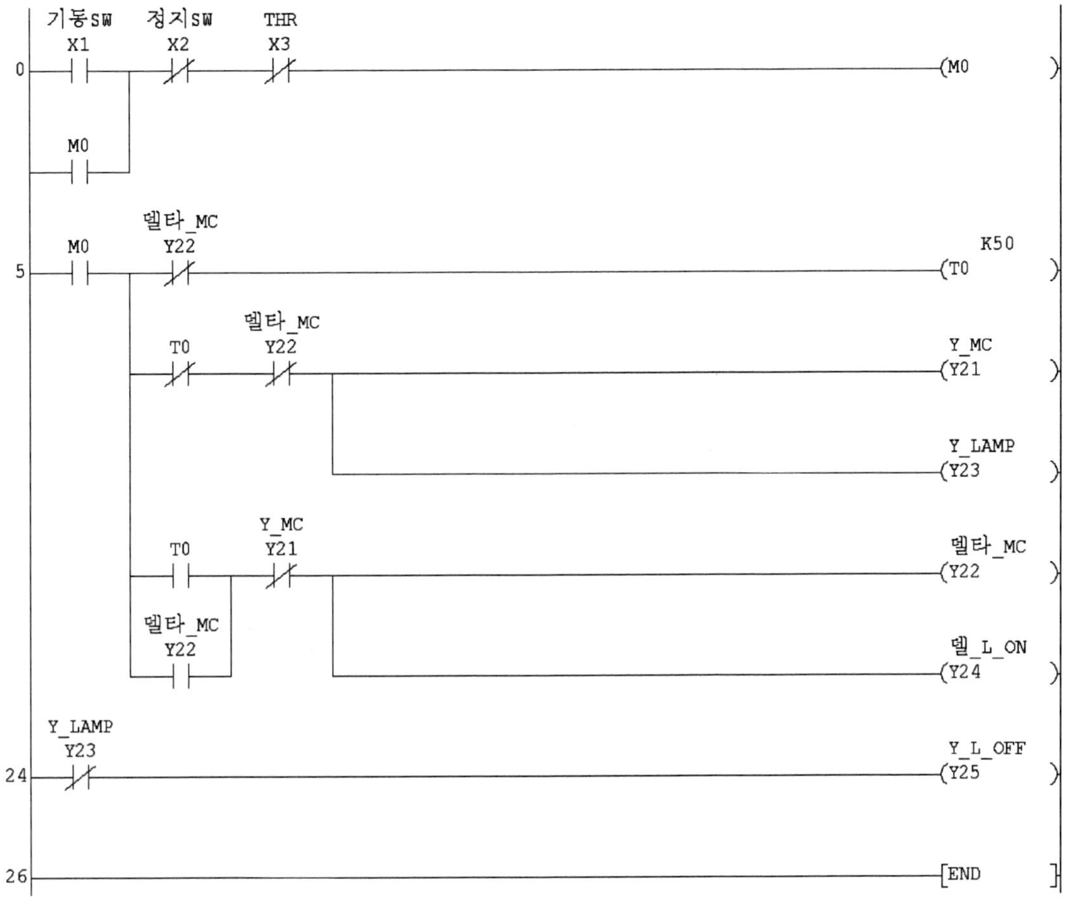

③ FX PLC의 배선도를 그리시오.

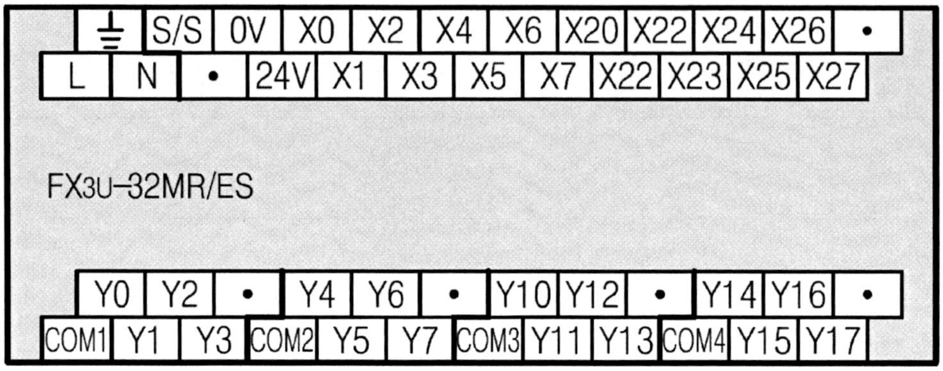

5.1 연습문제

3.8.1 DC모터 제어에서 전동스크린을 제어하기 위해 UP스위치(X02), DOWN스위치(X03)을 추가하여 프로그램을 작성하시오.

① PLC 입출력 할당표를 작성하시오.

구 분	입출력 주소	설 명

② 플로차트를 그리시오.

③ PLC와 릴레이, 리밋스위치, UP용 스위치, DOWN용를 사용한 회로도를 그리시오. (컨베이어 구동 전동기는 DC 24V로 구동되며 PLC의 접점을 보호하기 위해 릴레이를 사용하여 전동기에 전원이 인가된다)

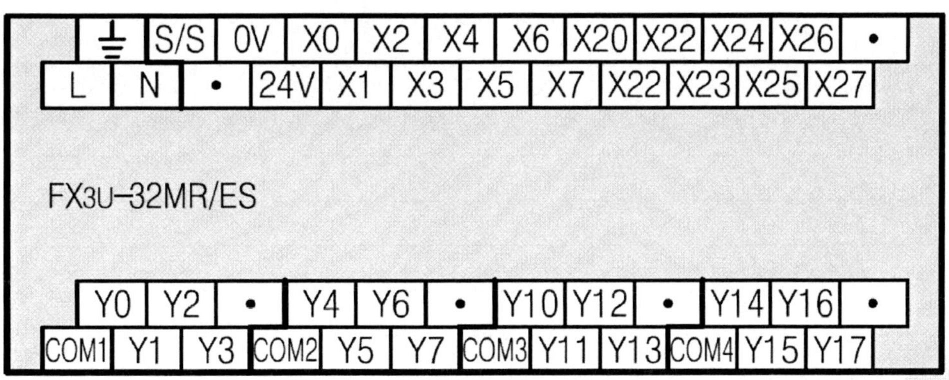

④ 래더 프로그램을 작성하시오.

5.2 연습문제

램프와 부저를 이용하여 싸이렌 경보등을 구성하고자 한다. 푸시버튼(PB1)을 ON하면 램프1(PL1)과 램프2(PL2)가 1초 주기로 번갈아 점소등 되고 부저(Buzzer)가 1초 간격으로 울리는 회로를 구성하시오. 동작 중에 푸시버튼(PB2)을 누를 경우 회로는 초기화 된다.

구 분	입출력 주소	설 명
입력	X00	푸시버튼
	X01	푸시버튼
출력	Y20	램프1
	Y21	램프2
	Y23	부저

① 플로차트를 그리시오.

② 래더 프로그램을 작성하시오.

5.3 연습문제

X0 스위치를 누르는 만큼 카운트에 의해 값이 설정된다. 그리고 X1 스위치를 누르면 카운트에 설정된 값만큼 램프가 1초 간격으로 점소등(플리커) 후 초기화 되도록 타이머와 카운트를 이용하여 프로그램을 작성하시오.

① PLC 입출력 할당표를 작성하시오.
② 플로차트를 그리시오.
③ 래더 프로그램을 작성하시오.

다음의 프로그램은 참고용으로 먼저 프로그램을 이해하면 연습문제 풀이에 도움이 될 것이다.

5.4 연습문제

빔 프로젝터의 동작을 PLC를 이용해서 구현해보려고 한다. 다음의 조건을 만족시키도록 프로그램을 작성하시오.

동작요구조건

① 시작 스위치(X00)를 On하면 동작표시등(Y20)과 냉각 팬(Y21)이 켜진다.

② 그리고 5초 뒤에 스크린에 빛을 투사하는 램프(Y21)가 켜진다.

③ 정지스위치(X01)를 누르면 램프(Y21)은 즉시 OFF된다.

④ 동작표시등은 0.5초 간격으로 On, Off를 반복하면서 15초간 계속되다가 Off된다.

⑤ 냉각팬도 동작표시등이 꺼질 때 같이 Off된다

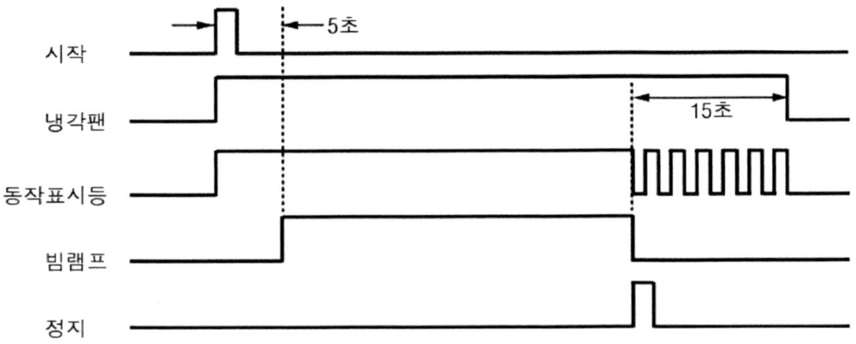

① PLC 입출력 할당표를 작성하시오.

② 플로차트를 그리시오.

③ 래더 프로그램을 작성하시오.

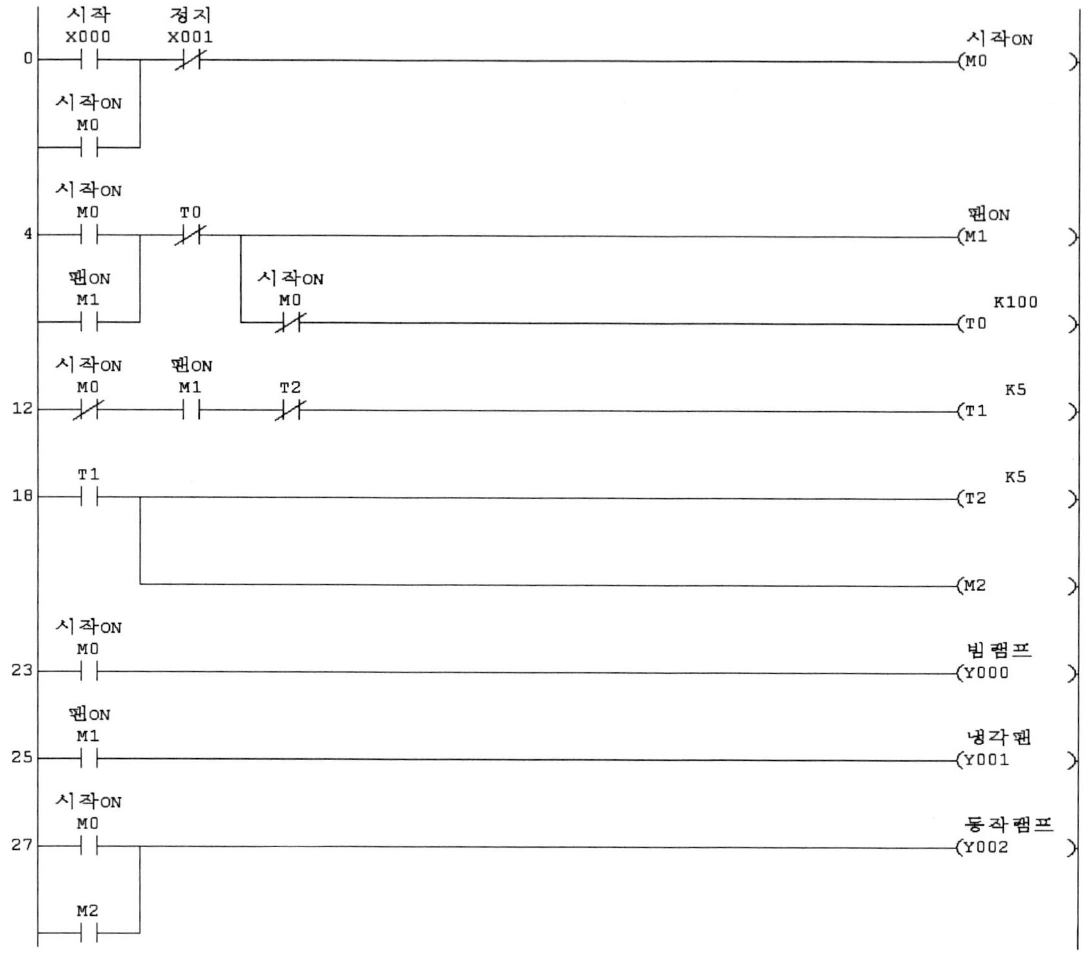
시작
X000
정지
X001
시작ON
M0
0
4
팬ON
M1
T0
K100
12
T2
T1
K5
18
M2
23
빔램프
Y000
25
냉각팬
Y001
27
동작램프
Y002

5.5 연습문제

컨베이어 운전 시작 스위치(X00)를 On하면 부저(Y20)가 3초간 울린 다음 컨베이어가 운전을 시작한다. 컨베이어(Y21)에 실려 있는 물품이 인식센서(X01, 포토센서) 앞을 통과하면 카운트가 1씩 증가하여 6개가 통과하면 컨베이어는 운전을 정지한다.

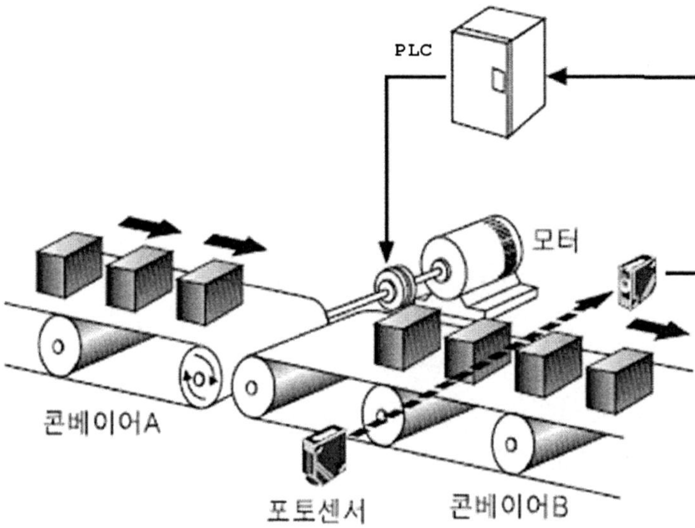

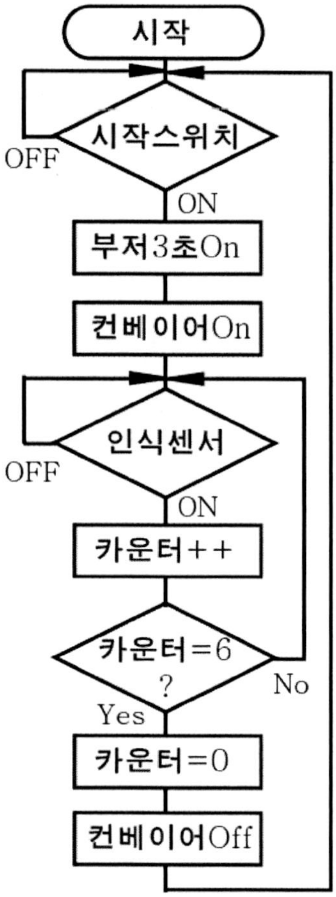

컨베이어 운전 시작 스위치(X00)를 On하면 부저가 3초간 울린 다음 컨베이어가 운전을 시작한다. 컨베이어(Y00)에 실려 있는 물품이 인식센서(X01, 포토센서) 앞을 통과할 때 마다 카운트가 1증가하고 램프가 1초간 On후 Off한다. 6개가 통과하면 부저가 0.5초 간격으로 2초간 울리고 컨베이어는 운전을 정지한다.

① 플로차트를 그리시오.

② PLC 입출력 할당표를 작성하시오.

③ 래더 프로그램을 작성하시오.

구 분	입출력 주소	설 명

④ 회로도를 작성하시오(컨베이어 구동 전동기는 DC 24V로 구동되며 PLC의 출력 접점을 보호하기 위해 릴레이를 사용하여 전동기에 전원이 인가된다)

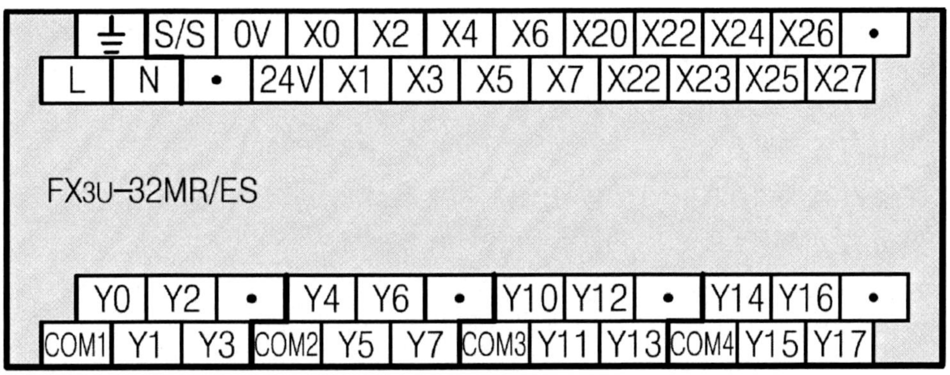

5.6 연습문제

① 컨베이어 운전 시자 스위치(X00)를 On하면 부지(Y01)가 3초간 울린 나음 컨베이어가 운전을 시작한다. 컨베이어(Y00)에 실려 있는 물품이 인식센서(X01, 포토센서) 앞을 통과할 때 마다 카운트가 1증가하고 램프(Y03)가 1초간 On후 Off한다. 6개가 통과하면 부저가 0.5초 간격으로 2초간 울리고 컨베이어는 운전을 정지한다.

② 물품 6개를 카운트하고 정지된 것을 다시 컨베이어 운전 시작 스위치(X00)를 On하면 ① 번을 반복한다.

③ 컨베이어가 가동 중에 중지/재시작(X02)를 누르면 즉시 컨베이어는 즉시 중지하고 카운트도 중지한다. 그리고 일시 정지된 컨베이어를 재가동하기 위해 중지/재시작 스위치(X02)를 다시 누르면 컨베이어도 가동하고 카운트는 정지된 다음부터 계속해서 증가하면서 카운트 된다.

④ 중지/재시작(X02) 버튼은 1개를 사용하여 ③번의 기능을 구현하고 이 기능을 구현하기 위해 PLS 혹은 FF 명령어를 사용하시오.

⑤ FlowChart를 그리고, PLC프로그램을 작성하시오.

⑥ 회로도를 작성하시오(컨베이어 구동 전동기는 DC 24V로 구동되며 PLC의 접점을 보호하기 위해 릴레이를 사용하여 전동기에 전원이 인가된다)

구 분	입출력 주소	설 명

작성 예1

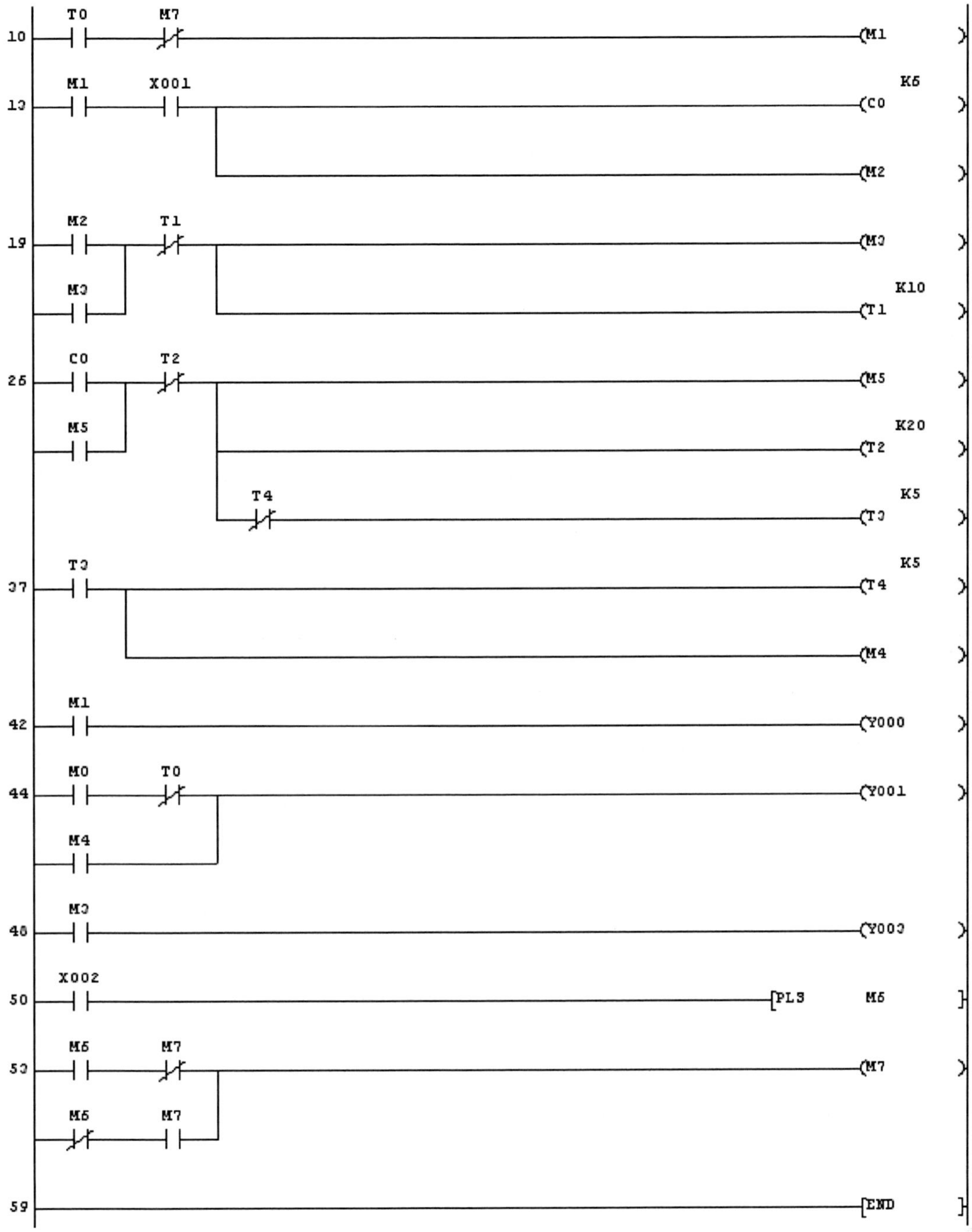
10
T0
M7
M1
13
M1
X001
K6
C0
M2
19
M2
T1
M3
M3
K10
T1
26
C0
T2
M5
M5
K20
T2
T4
K5
T3
37
T3
K5
T4
M4
42
M1
Y000
44
M0
T0
Y001
M4
48
M3
Y003
50
X002
PLS
M6
53
M6
M7
M7
M6
M7
59
END

작성 예2

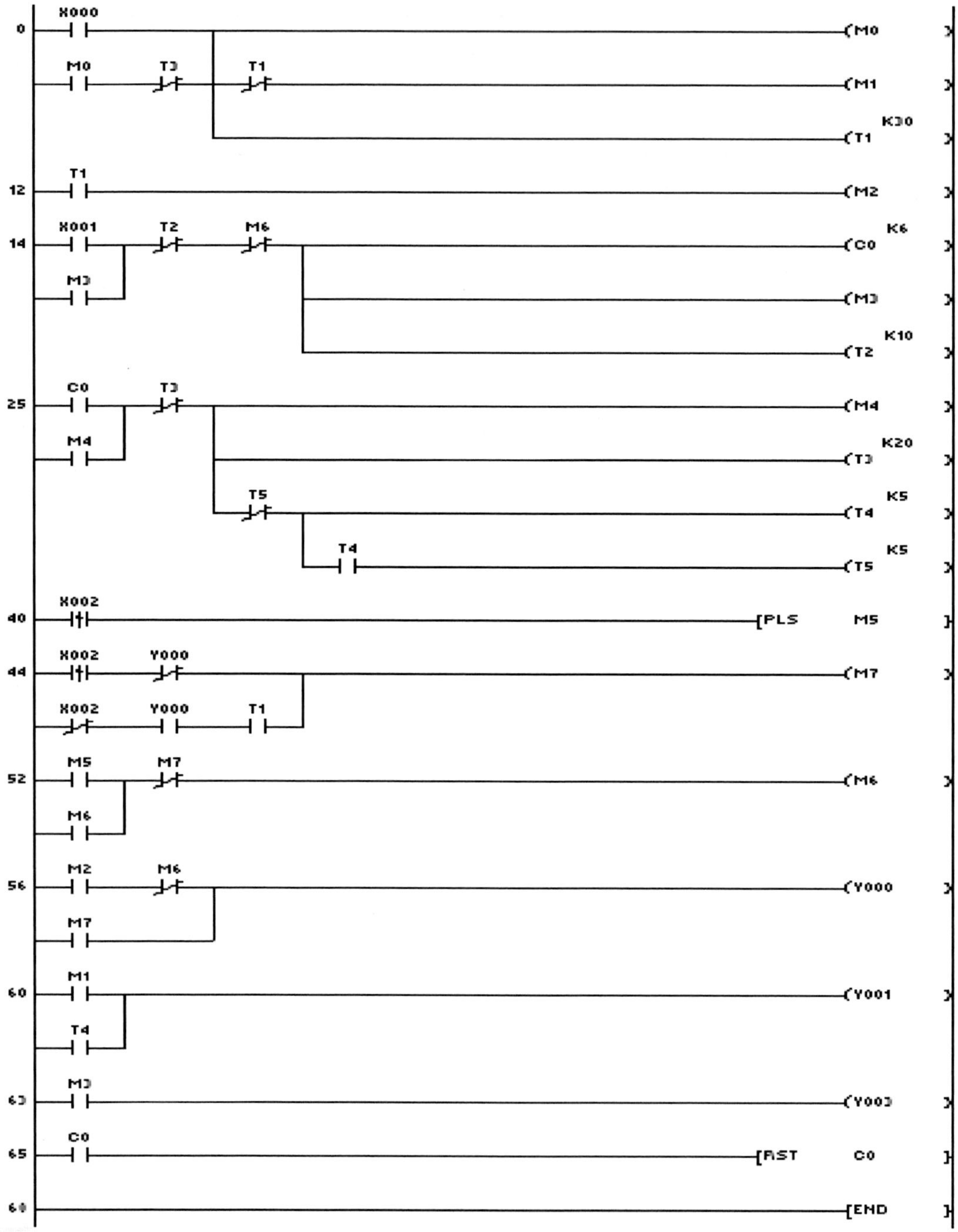
0
X000
M0
M0
T3
T1
M1
T1
K30
12
T1
M2
14
X001
T2
M6
C0
K6
M3
M3
T2
K10
25
C0
T3
M4
M4
T3
K20
T5
T4
K5
T4
T5
K5
40
X002
PLS
M5
44
X002
Y000
M7
X002
Y000
T1
52
M5
M7
M6
M6
56
M2
M6
Y000
M7
60
M1
Y001
T4
63
M3
Y003
65
C0
RST
C0
END

작성 예3

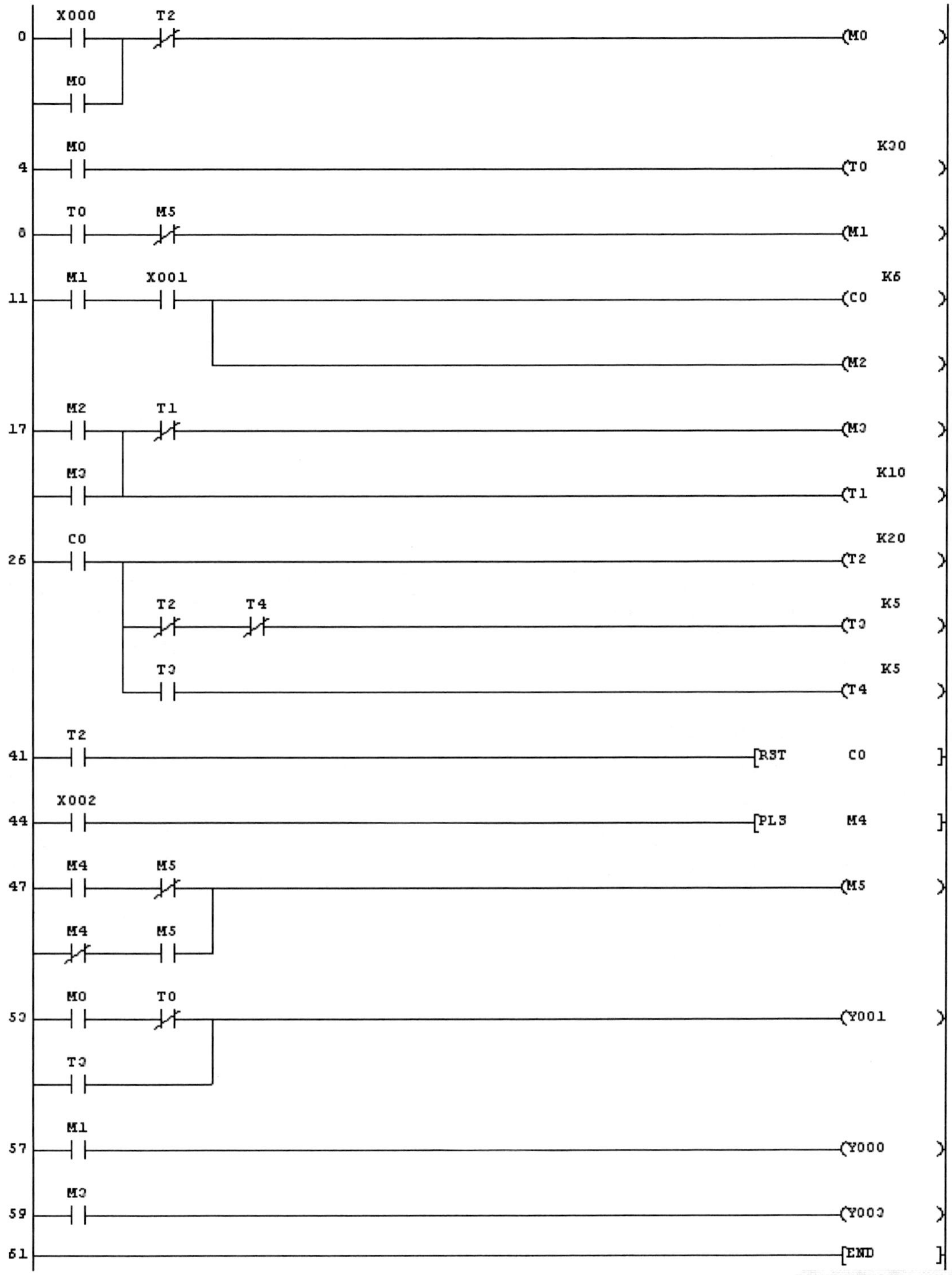

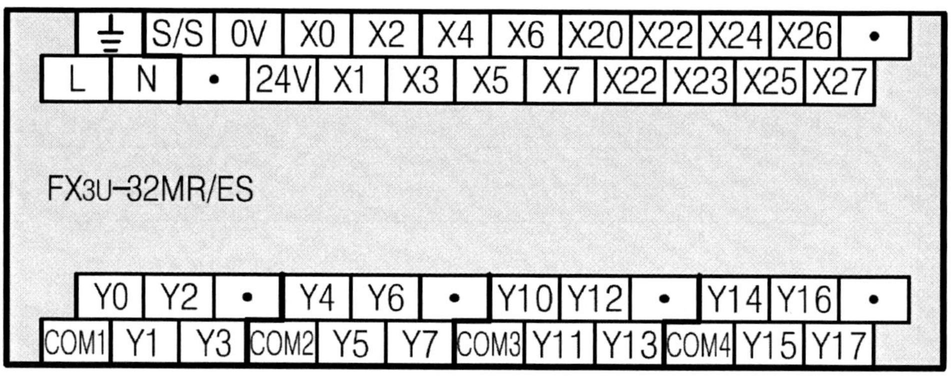
S/S 0V X0 X2 X4 X6 X20 X22 X24 X26 •
L N • 24V X1 X3 X5 X7 X22 X23 X25 X27
FX3U-32MR/ES
Y0 Y2 • Y4 Y6 • Y10 Y12 • Y14 Y16 •
COM1 Y1 Y3 COM2 Y5 Y7 COM3 Y11 Y13 COM4 Y15 Y17

5.7 연습문제

소변기의 동작을 PLC 프로그램으로 작성해보자.

① 인식센서 앞에 사람이 머물고 있을 경우 2초가 경과하면 3초간 솔레노이드 밸브를 사용하여 물이 흘린다.

② 소변기의 인식센서 앞을 벗어나면 2초 후 솔레노이드 밸브를 사용하여 3초간 물을 흘린다.

③ 동작에 따른 타임차트와 프로그램은 다음과 같다.

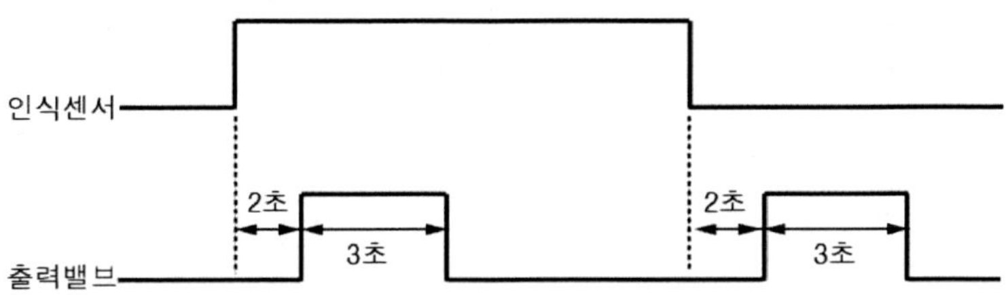

④ FlowChart를 작성하시오.

⑤ FX3U PLC의 입출력 단자와 출력용 솔레노이드 밸브, 인식센서를 연결하는 회로도를 작성하시오.

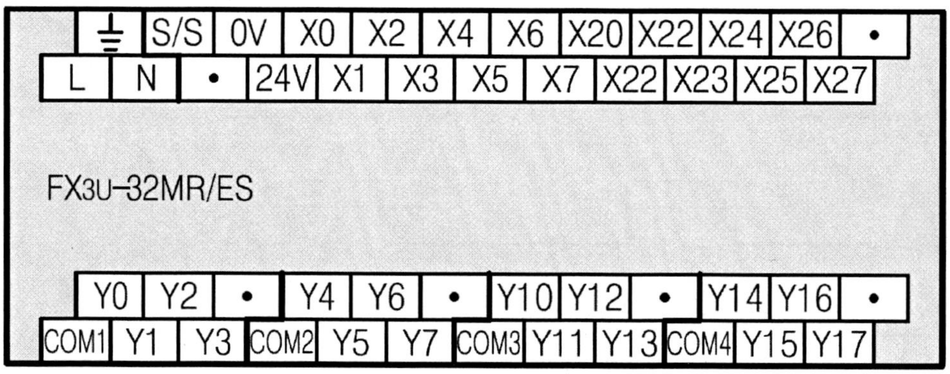

풀이 1

0
X000
K20
T0
4
X000
K20
T1
8
T0
K30
T3
T1
T3
Y000
15
END

풀이 2

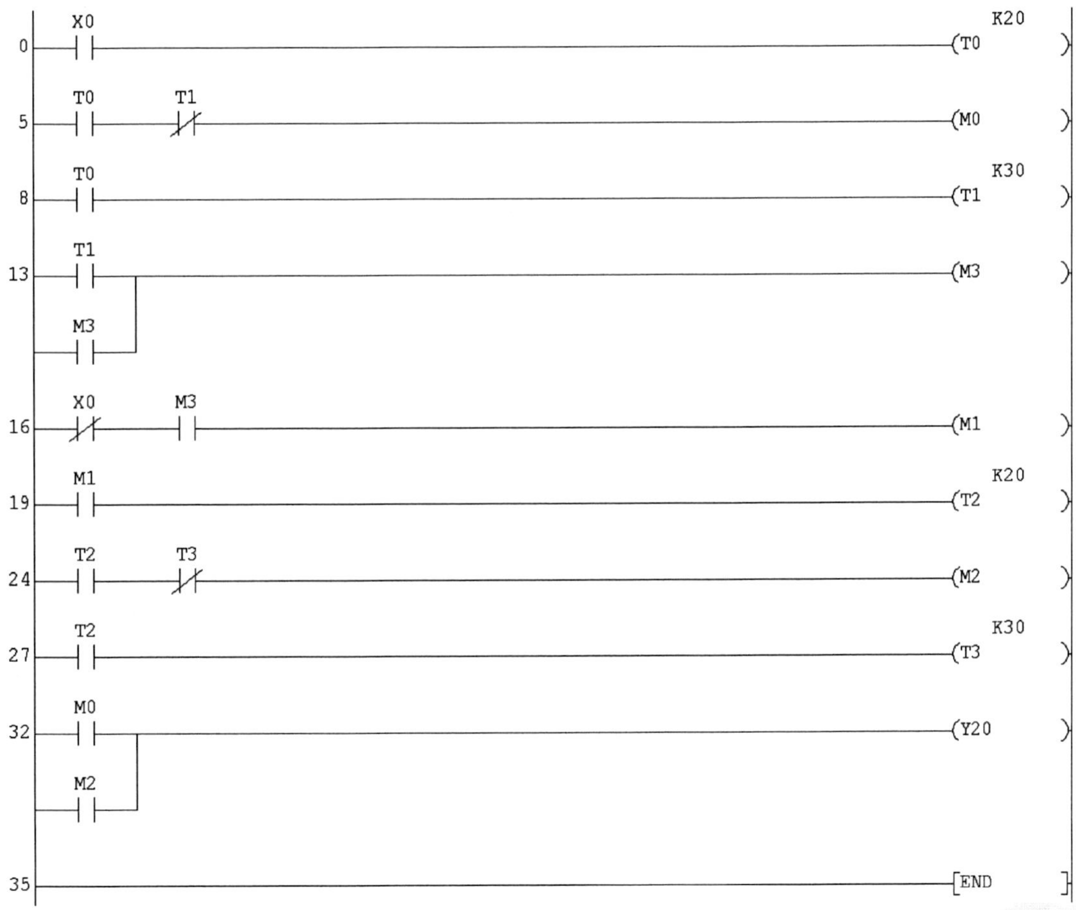
0
X0
K20
T0
5
T0
T1
M0
8
T0
K30
T1
13
T1
M3
M3
16
X0
M3
M1
19
M1
K20
T2
24
T2
T3
M2
27
T2
K30
T3
32
M0
Y20
M2
35
END

⑥ 인식센서 앞을 벗어나는 경우 즉시 솔레노이드밸브가 동작해서 3초간 물을 흘리도록 프로그램을 작성하시오. 타임챠트는 다음과 같다.

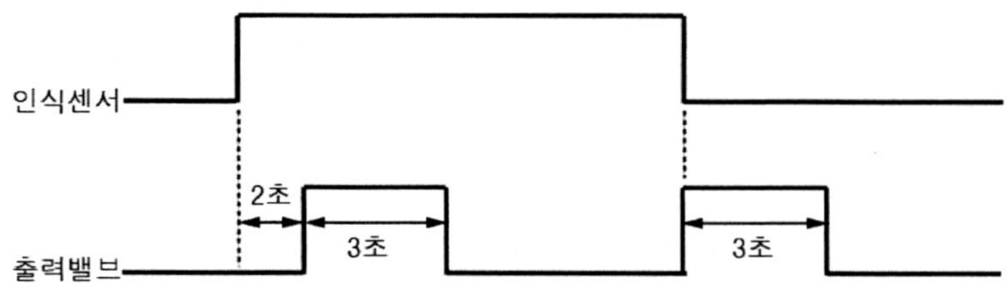

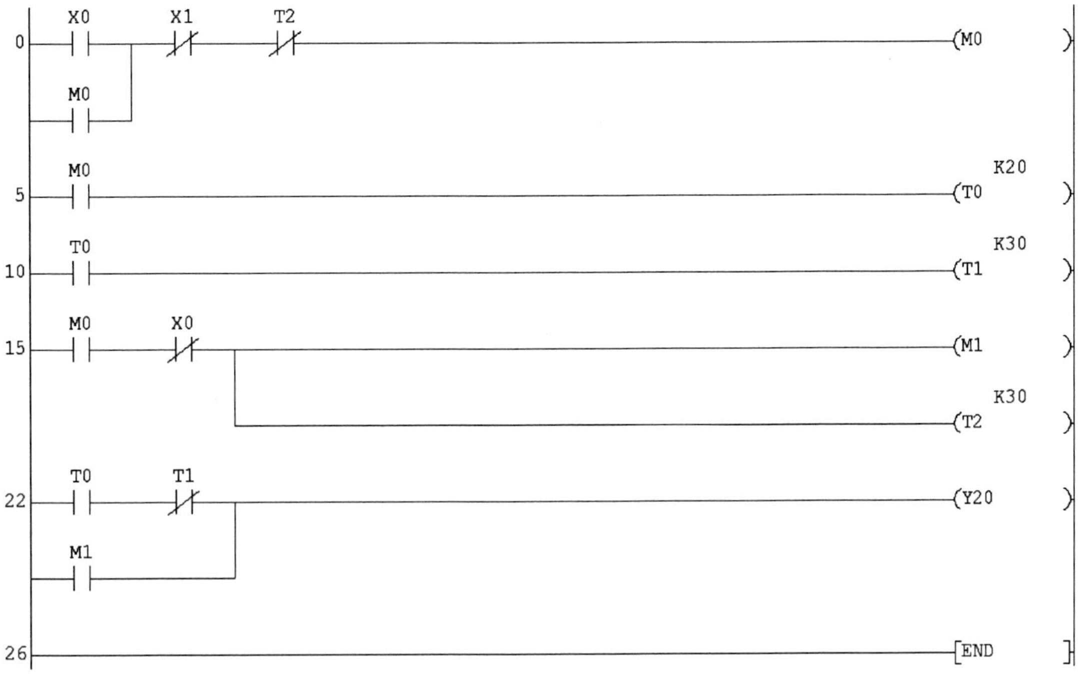
0
X0
X1
T2
M0
M0
5
M0
T0
K20
10
T0
T1
K30
15
M0
X0
M1
T2
K30
22
T0
T1
Y20
M1
26
END

5.8 연습문제

소변기의 동작을 PLC 프로그램으로 작성해보자.

① 인식센서 앞에 사람이 머물고 있을 경우 2초가 경과하면 3초간 솔레노이드 밸브를 사용하여 물이 흘린다.

② 소변기의 인식센서 앞을 벗어나면 2초 후 솔레노이드 밸브를 사용하여 3초간 물을 흘린다.

③ 만약 최초 3초간 물을 내리는 중 3초가 되기 전 사람이 인식센서 앞을 벗어난 경우 물의 절약을 위해서 두 번째의 솔레노이드 밸브 출력은 동작하지 않는다.

동작에 따른 타임챠트는 다음과 같다.

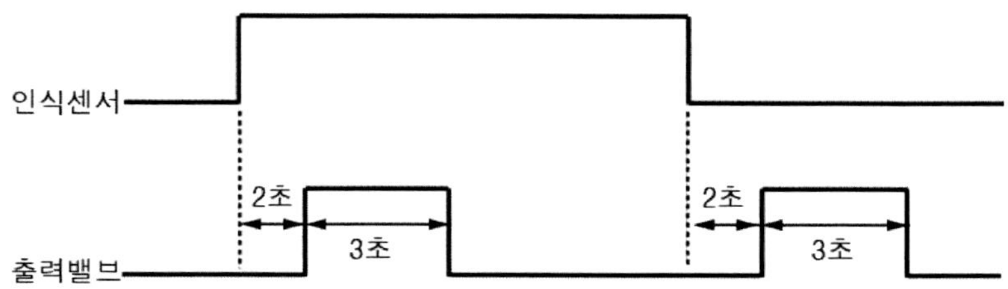

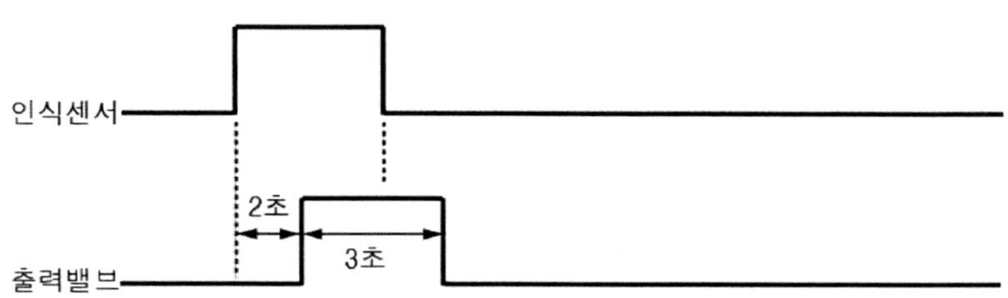

④ FlowChart를 작성하시오.

⑤ 래더 프로그램을 작성하시오.

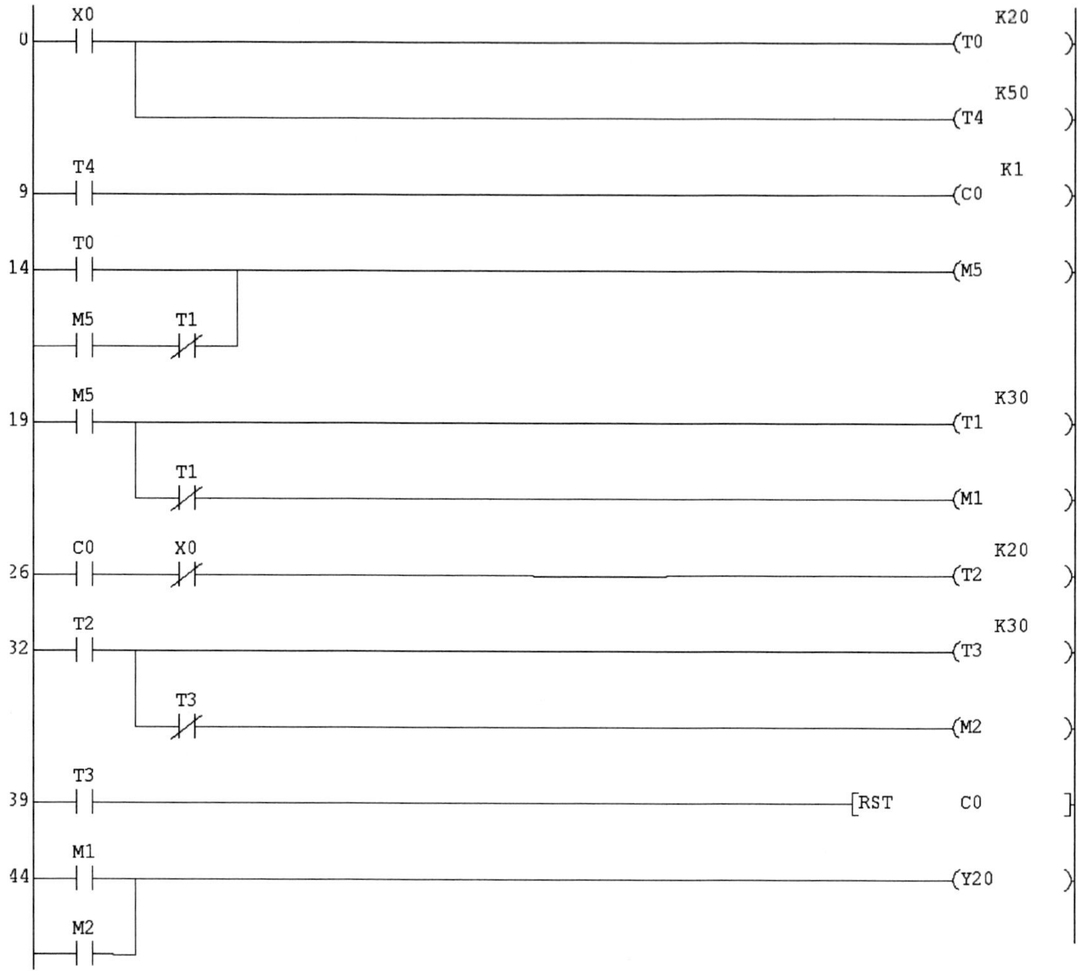

⑥ FX3U PLC의 입출력 단자와 출력용 솔레노이드 밸브, 인식센서를 연결하는 회로도를 작성하시오.

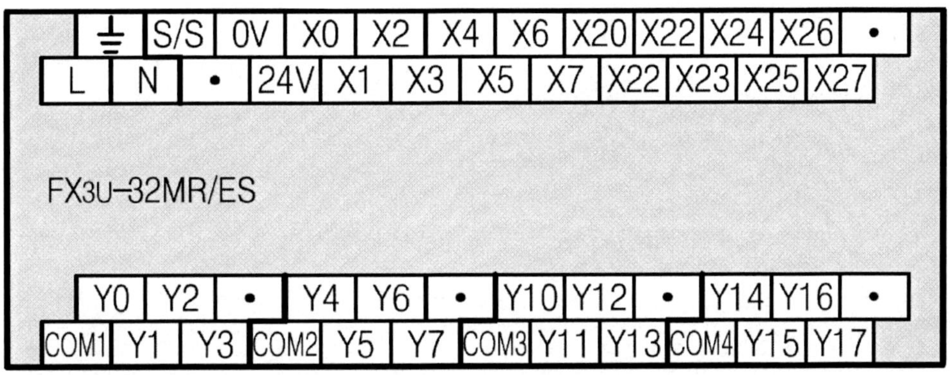

5.9 연습문제

자동문의 동작을 PLC 프로그램으로 작성해보자.

① 입구/출구 인식센서 앞에 사람이 있을 경우 출입문의 열림 동작을 한다.

② 자동문이 열리면서 열림 끝 위치의 인식센서 LO_S, RO_S가 감지하면 열림 동작을 중지한다.

③ 열린 상태에서 5초가 지나면 자동으로 닫힘 동작을 한다.

④ 자동문이 닫히면서 닫힘 끝 위치의 인식센서 LC_S, RC_S가 감지하면 닫힘 동작을 중지한다.

⑤ 자동문의 닫힘 동작 완료 전에 입구/출구 인식센서 앞에 사람이 있어 인식센서가 인식하게 되면 즉시 중지하고 열림 동작을 한다.

다음은 입출력 주소 할당과 프로그램을 나타낸 것이다.

구 분	메모리 할당	설명
입력	X00	입구 인식센서 IN_S
	X01	출구 인식센서 OUT_S
	X02	왼쪽 열림 인식 리밋스위치 LO_S
	X03	오른쪽 열림 인식 리밋스위치 RO_S
	X04	왼쪽 닫힘 인식 리밋스위치 LC_S
	X05	오른쪽 닫힘 인식 리밋스위치 RC_S
출력	Y20	좌측 모터 CW
	Y21	우측 모터 CCW
	Y22	좌측 모터 CCW
	Y23	우측 모터 CW

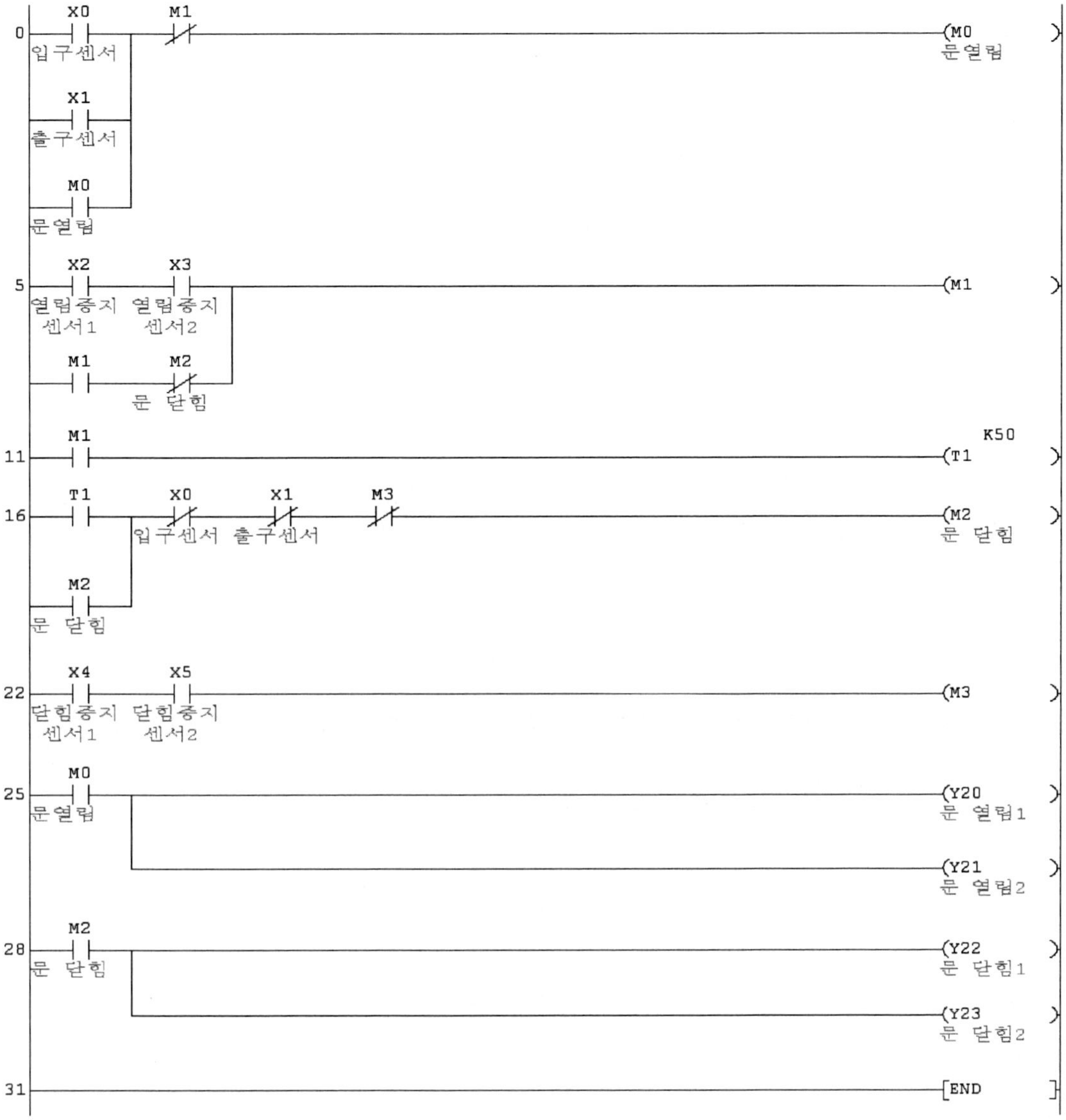

0
X0
입구센서
M1
M0
문열림
X1
출구센서
M0
문열림
5
X2
열림중지
센서1
X3
열림중지
센서2
M1
M1
M2
문 닫힘
11
M1
K50
T1
16
T1
X0
입구센서
X1
출구센서
M3
M2
문 닫힘
M2
문 닫힘
22
X4
닫힘중지
센서1
X5
닫힘중지
센서2
M3
25
M0
문열림
Y20
문 열림1
Y21
문 열림2
28
M2
문 닫힘
Y22
문 닫힘1
Y23
문 닫힘2
31
END

⑥ FX3U PLC의 입출력단자와 DC 모터, DC모터용 릴레이, 리밋스위치 등을 연결하는 회로도를 작성하시오.

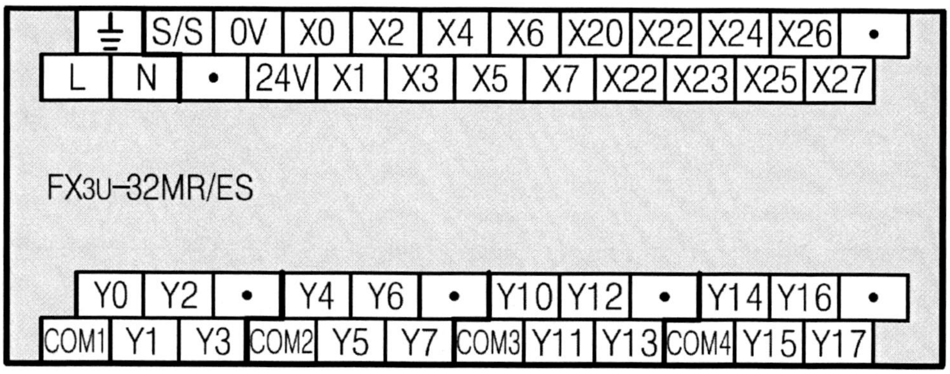

⑦ 래더 프로그램을 작성하시오.

5.10 연습문제

엘리베이터의 동작을 PLC 프로그램으로 작성해보자.

① 입출력 주소와 각층의 감지 센서 주소는 다음과 같다.

구 분	설 명	메모리 할당	비 고
입력	1층으로 갈 때 ON/OFF	X01	푸시버튼
	2층으로 갈 때 ON/OFF	X02	푸시버튼
	3층으로 갈 때 ON/OFF	X03	푸시버튼
	현재 1층에 있을 때 ON/OFF	X11	1층 감지센서
	현재 2층에 있을 때 ON/OFF	X12	2층 감지센서
	현재 3층에 있을 때 ON/OFF	X13	3층 감지센서
출력	엘리베이트 상승 모터 동작	Y13	출력 램프
	엘리베이트 하강 모터 동작	Y31	출력 램프

② 현재 1층에서 3층으로 가고자 할 때는 X11(1층감지 센서)을 ON하고 X03을 누른다.

③ 그러면 Y13(엘리베이트 상승)에 출력이 ON되고 5초 뒤 OFF된다.

④ Y13(엘리베이트 상승) 출력이 OFF되면서 엘리베이터가 3층에 도착했으니 X11(1층 감지센서)도 OFF되고 X13(3층 감지센서)은 ON이 되도록 작성하여 완전한 프로그램이 되도록 한다.

⑤ 다시 3층에서 2층으로 가고자 할 때는 X02 스위치를 누르면 Y31(엘리베이트 하강)에 출력이 ON되고 5초 뒤 OFF되면서 X13(3층 감지 센서)을 OFF되고 X12(2층 감지 센서)가 ON된다. 이러한 방법을 이용해서 작성된 프로그램을 동작시켜 확인한다.

⑥ 다음에 제공된 프로그램의 일부를 사용하여 완성된 프로그램을 작성하시오.

■ 1층에서 3층으로

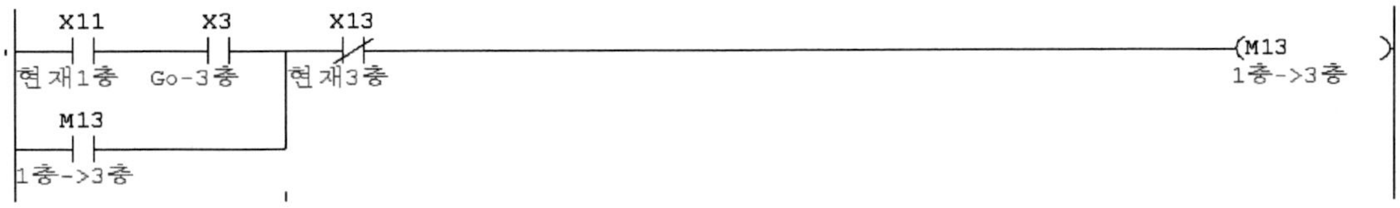

■ 3층에서 2층으로

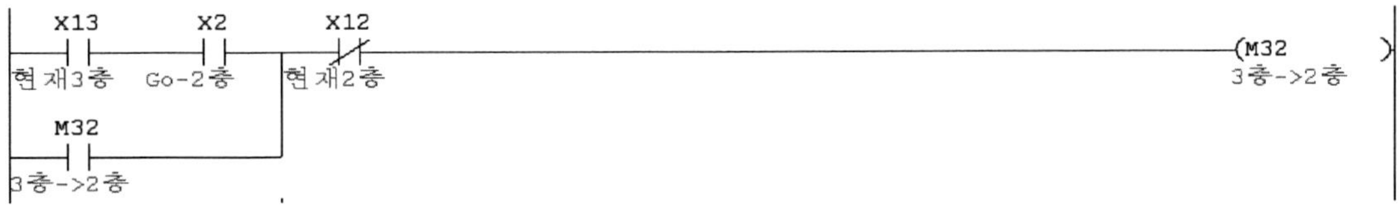

■ 5초 타이머와 출력 부분

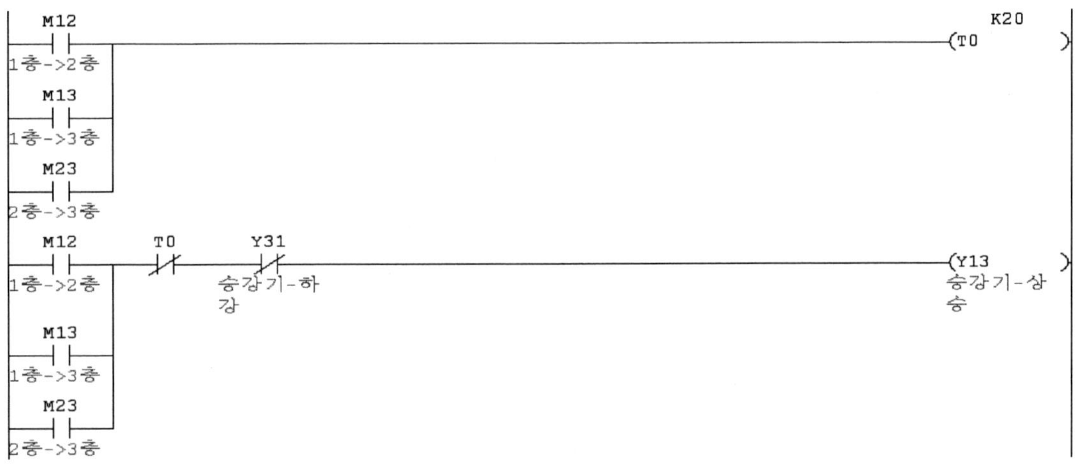

⑦ 래더 프로그램을 작성하시오.

6. 접지

전기를 가진 물질인 대전체를 체적이 월등히 큰 물체와 도선으로 연결하면 대전체의 (-)전하는 균형이 잡힐 때까지 이동하게 되는데 비대전체의 용량이 워낙 크게 되면 대전체의 음전하는 모두 비대전체로 이동하게 된다.

- 어떤 대전체를 지구(Earth)와 연결시키면 지구의 용량이 워낙 크기 때문에 대전체의 전하는 모두 지면으로 흘러버리고 대전체에는 전하가 없어지게 된다. 이것이 접지를 하게 되는 이유이다.

- 접지 기호

기준전위를 땅속으로 설정하기 때문에 땅에 연결한다는 의미로 **접지**(接地), 영어로 Ground(GND)로 표시한다. 전기전자회로의 경우 회로가 구성되어 있는 기판이 고정된 금속(새시)에 연결하여 새시 그라운드라고 한다. 결국 새시에 연결된 부분도 대지에 연결되어 접지가 되는 것이다.

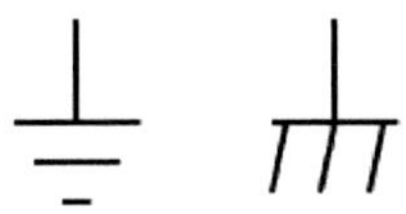

접지　새시그라운드

2. 감전

감전에 의한 사고는 전압이 높을수록 많은 전류가 흐를 수 있어 위험이 클 수밖에 없다. 인체 외부에서 전압이 걸려 인체 내부로 전류가 흐르면서 근육, 심장에 상해를 주게 된다. 이때 인체 내부로 흐르는 전류의 양과 시간에 따라 사망에 이르기도 한다.

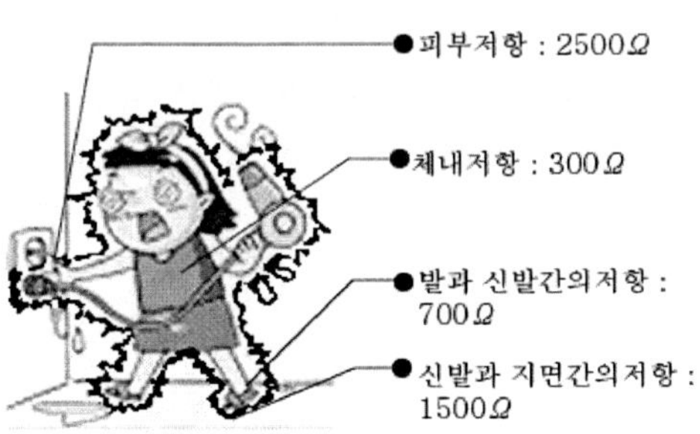

- 예를 들어 220V에 손이 닿았을 경우:

인체 내로 흐르는 전류 = V / R = 220V / 5000Ω = 44mA가 된다. 사망에 이를 수 있다. 인체가 느낄 수 있는 최소감지 전류는 1mA 정도이다.

인체통과전류	1mA	5mA	10mA	15mA	50~100mA
증상	약간 느낄 수 있는 정도	경련을 발생	불쾌해진다	강한경련을 유발	치사

• 전기기기의 외부 금속 케이스를 **접지**를 하면 내부 배선의 절연에 문제가 생겨서 전기선이 금속케이스에 닿아 금속케이스를 따라 땅으로 흐르는 누전이 발생했을 때 사람의 인체가 닿아도 감전으로 인한 문제를 최소화한다.

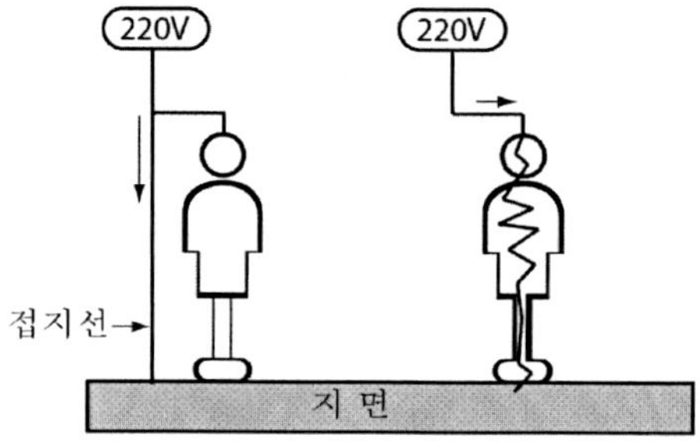

3. 누전전류

주상변압기에서 220V 교류전압이 주택내부에 연결되어 사용하는 경우 외부의 주상변압기에서는 설비접지 20을 충족하는 접지가 설치되어 있지만 주택내부에 사용하는 전기기기 예를 들어 세탁기의 경우 접지가 되어 있지 않고 누전이 되었다면 다음과 같이 계산할 수가 있다. 인체의 손이 마른상태이고 최대 저항 5[KΩ] 으로 계산해보면

인체를 흐르는 최소 전류는 I = $\frac{220[V]}{20[\Omega]+5[K\Omega]}$ = 43.8[mA] 가되어 감전사에 이르는 심각한 사고가 생긴다.

손이 젖어 있을 경우의 인체저항이 최소 저항 500[Ω] 으로 계산해보면

인체를 흐르는 최대 전류는 I = $\frac{220[V]}{20[\Omega]+500[\Omega]}$ = 423[mA]으로 사망에 이르는 감전사고가 발생하게 된다.

그러니까 누전이 발생한 경우 퓨즈를 통과하는 전류는 **43.8 ~ 423**[mA]가 된다.

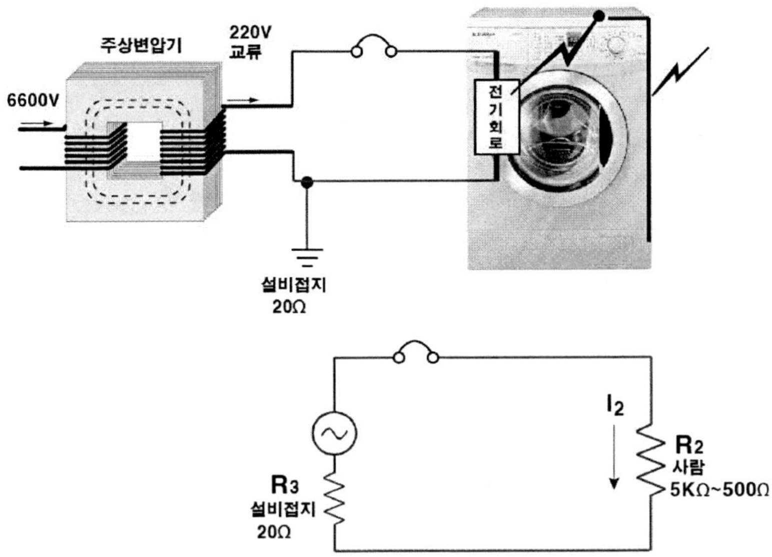

주택 내부에 있는 전기기기에 다음의 그림처럼 기기접지(3종 접지)를 했다면 인체를 흐르는 전류의 양은 달라진다. 인체가 누전이 된 곳에 접촉이 되어도 대부분의 전류가 인체저항 5[KΩ]보다 기기접지가 된 100[Ω]으로 흐르게 될 것이다. 그러나 인체가 물에 젖어 있는 경우는 5[KΩ]의 인체저항이 500[Ω] 이하로 떨어지게 되어 위험하게 된다.

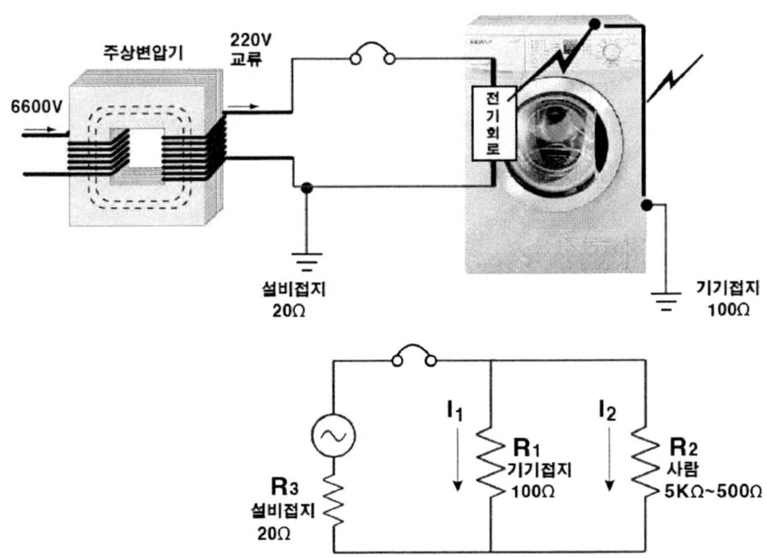

누전이 된 상태에서 기기 접지를 통해서 흐르는 전류 I_1 = 220[V] / 20[Ω] + 100[Ω] = 1.83[A]가 흐르게 되고 이러한 과전류에 의해 퓨즈는 즉각 끊어지게 되어 누전에 의한 2차 사고를 방지하게 된다.

최근에는 연속사용이 가능한 누전차단기를 사용하여 누전에 의한 과전류가 흐르면 즉각 누전차단기가 동작하여 전류를 차단하여 2차 사고를 사전에 막아준다.

4장 기본_응용명령어

1. 기본명령어

2. 명령어 종류
2.1 비교연산 명령어
2.2 데이터전송명령(MOV(P), DMOV(P))
2.3 데이터 부정전송(CML(P), DCML(P))
2.4 동일 16비트 블록데이터 전송(FMOV(P))
2.5 블록데이터 전송(BMOV(P))
2.6 산술연산 명령
2.7 FX 산술연산 명령
2.8 데이터변환 명령
2.9 포인터 분기명령

3. 응용명령
3.1 논리연산 명령
3.2 논리적(WAND(P), DAND(P))
3.3 논리합(WOR(P), DOR(P))
3.4 배타적논리합(WXOR(P), DXOR(P))
3.5 부정배타적논리합(WXNR(P), DXNR(P))
3.6 로테이션 명령
3.7 CALL/RET 명령(CALL(P), RET)
3.8 시계용 명령

4. 연습문제
4.1 연습문제
4.2 연습문제
4.3 연습문제
4.4 연습문제
4.5 연습문제
4.6 연습문제

1. 기본명령어

기본명령어에는 비교연산 명령어, 산술연산 명령어, 데이터변환 변환 명령어, 데이터 전송 명령어 등 다양한 명령어가 있다.

각 명령어 심볼 표시를 보는 방법은 다음과 같다. 명령어의 종류와 구성은 Q02H와 FX PLC에는 약간의 차이가 있으니 사용설명서를 참고해야한다.

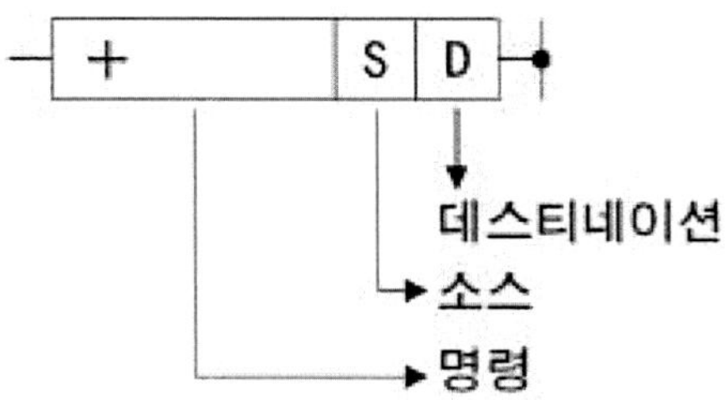

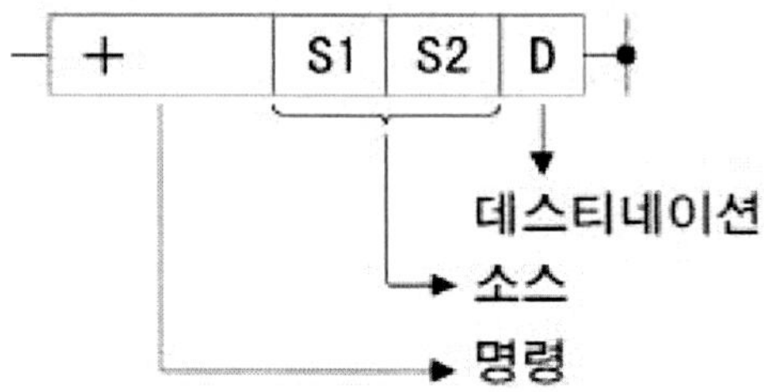

다음은 명령어의 구성에 따른 것으로 명령어 읽는 방법을 나타낸 것이다. 명령 기호는 16비트 명령이 기준이며 32비트 명령, OFF → ON 펄스 상승 시에만 실행하는 명령, 실행 명령, 문자열 명령, 실수 명령어 등을 다음과 같이 표시한다.

명령기호	내 용	명령기호	내 용
명령어	16비트 명령어	**D+명령어**	32비트 명령어
	ON시실행명령	**명령어+P**	OFF → ON의 펄스 상승시에만 실행하는 명령어
$+명령어	문자열 명령어	**E+명령어**	실수 명령어

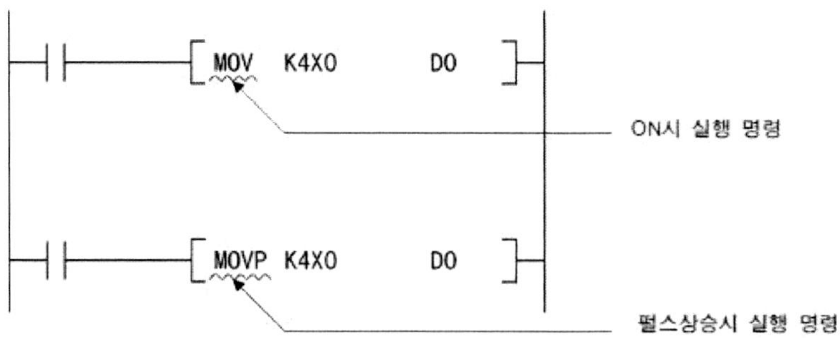

각 명령어들에는 동일한 명령어를 사용하지만 접두사로 "D" 가 붙어 있는 경우는

32비트 크기의 데이터를 처리하기 위한 32비트 명령어이고 없으면 16비트 데이터 처리 명령어이다. 그리고 명령어 뒤에 "P" 가 있으면 펄스가 상승시점에 명령어가 실행된다는 의미이다.

각 워드장치의 데이터레지스터 D, 타이머 T, 카운터 C, 파일레지스터 R, 링크레지스터 W는 16비트로 구성되어 있다.

2. 명령어 종류

그중에서도 가장 기본적인 명령어들을 우선 살펴보고 학습하기로 한다. 다음은 기본적으로 필요한 명령어를 표로 나타내었다.

명령	내용
비교 연산 명령	16비트 2진수비교, 32비트 비교, 부동소수점비교, 문자열비교, 16비트 블록데이터비교,
산술 연산 명령	16비트, 32비트 BIN, BCD의 가감승제, 부동소수점, 블록데이터 가감, 문자열의 결합, 16비트,32비트 1 가감
데이터변환 변환 명령	BCD→BIN, BIN→BCD로의 변환, 그레이 코드변환
데이터 전송 명령	16비트, 32비트, 부동소수점, 문자열, 블록데이터, 데이터전송, 상하바이트 변환 등
블록 분기 명령	포인터분기, 프로그램의 점프
프로그램 실행 제어제어 명령	인터럽트 프로그램의 허가/금지
I/O 리플래시 명령	부분 리플래시의 실행
기타 편리 명령	업다운 카운터, 티칭 타이머, 특수기능 타이머, 로터리 테이블의 주변 제어 등의 명령

2.1 비교연산 명령어

두개의 수, 데이터를 비교하여 그 결과를 이용하여 처리하는 명령어이다. 비교연산 명령어는 작다 <, 크다 >, 같거나 작다<=, 같거나 크다>=, 같지 않다 <>, 같다 = 가 있다.

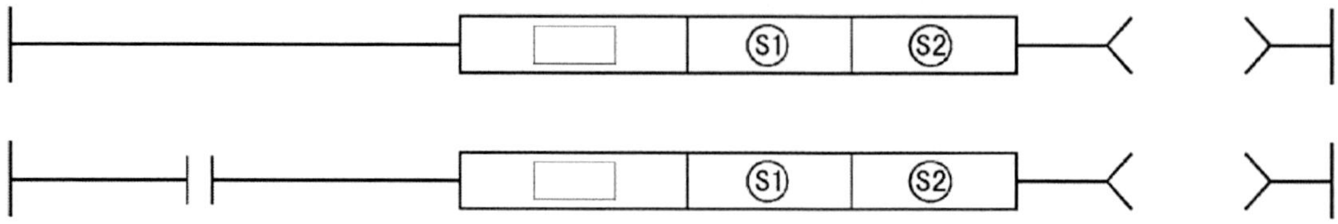

비교 연산 명령어의 사용 방법은 다음과 같다

명령 기호	조건	비교 연산 결과	명령 기호	조건	비교 연산 결과
=	S1 = S2	ON 상태	=	S1 ≠ S2	OFF 상태
< >	S1 ≠ S2		< >	S1 = S2	
>	S1 > S2		>	S1 ≤ S2	
< =	S1 ≤ S2		< =	S1 > S2	
<	S1 < S2		<	S1 ≥ S2	
> =	S1 ≥ S2		> =	S1 < S2	

비교연산자 명령어를 사용한 예를 보면 다음과 같다.

프로그램의 동작은 X0 스위치가 On되면 K100과 D0의 값이 같은지를 검사해서 참이면 Y20 = 1이 되고 거짓이면 Y20 = 0 이 된다.

X0 스위치가 On되면 K100과 D0의 데이터를 비교하여 D0의 값이 100 미만일 때 ON 하는 프로그램이다.

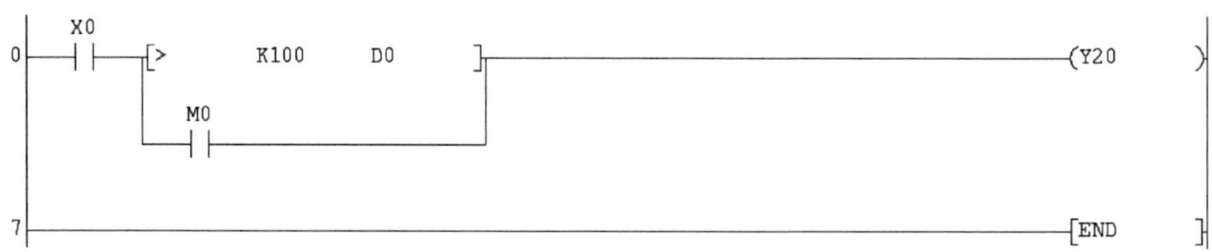

M0, M1이 On 되거나 D0의 값이 D1의 값보다 같거나 작으면 On이 되어 Y20에 출력이 나간다.

다음의 프로그램을 작성해서 실행해보고 비교연산자의 동작을 해석해본다.

SM413은 특수릴레이이며 그 기능은 2초 클록으로 1초 ON, 1초 OFF를 반복하게 된다. SM400은 항상 ON되어 있는 특수릴레이 접점이다. BCD(Binary Coded Decimal) 명령은 10진수를 2진화된 십진수로 변경하는 것으로 출력 표시장치에 0 ~ 9까지를 표시하는 방법이다. 예를 들어 39의 BCD 표현은 0011 1001로 표현하는 방법이다. 이러한 방법의 사용은 보편화 되어 있어 반드시 기억해야 한다.

RST 명령은 C1값을 0으로 설정하게 된다.

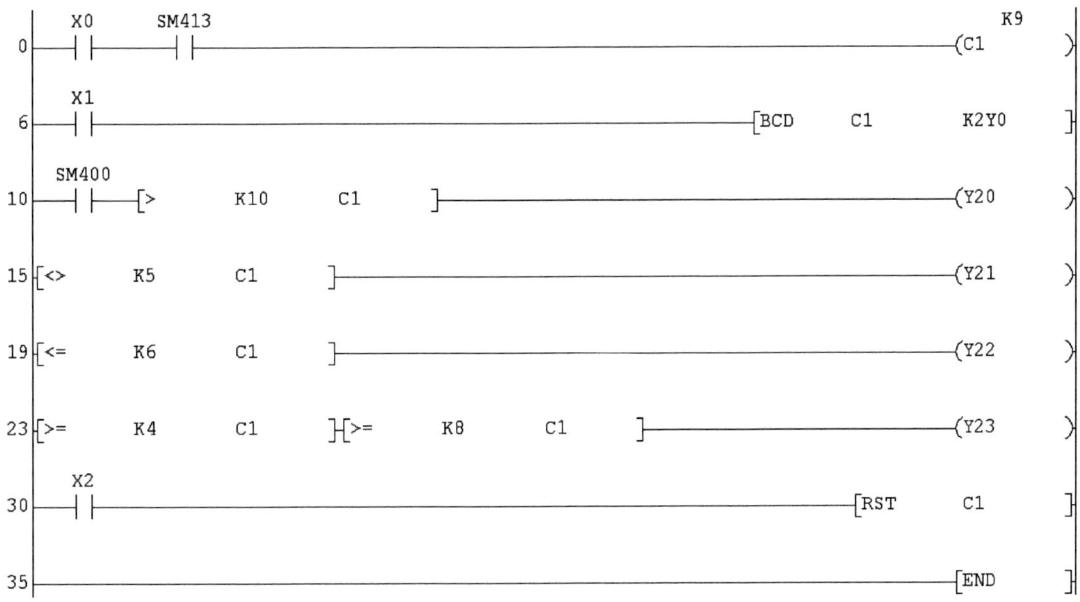

2.2 데이터전송명령(MOV(P), DMOV(P))

MOV명령은 Source S위치에 지정한 상수 데이터 혹은 데이터 레지스터의 값을 Destination D로 설정된 데이터 레지스터 혹은 입출력 메모리 번지로 값을 전송하는 명령이다.

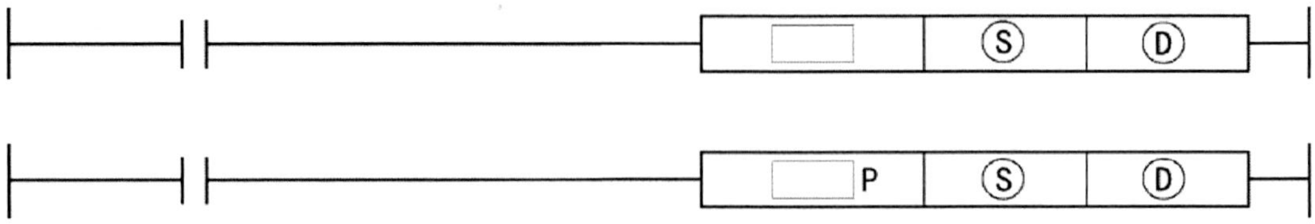

다음은 X0스위치가 ON되면 D0에 십진수 10이 입력되고 X1스위치가 ON되면 D0의 값이 D1에 입력된다. 이것은 D0의 값을 D1에 복사한 것이 된다.

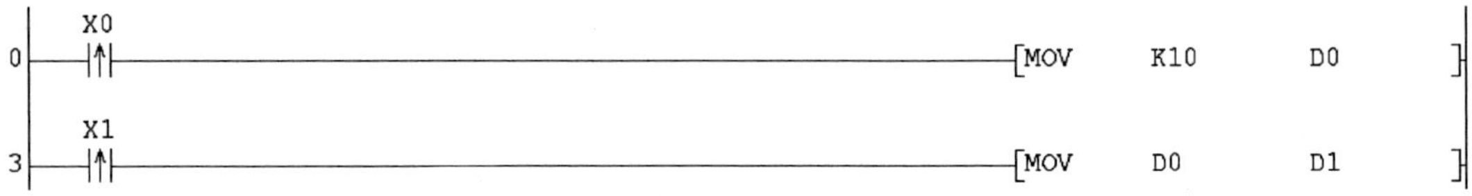

D0, D1의 값을 보려면 메뉴 온라인-모니터-디바이스일괄을 선택하여 디바이스에 D0를 입력하고 모니터 시작 버튼을 누르면 D0와 D1의 값을 확인할 수 있다.

디바이스	+F E D C	+B A 9 8	+7 6 5 4	+3 2 1 0	
D0	0 0 0 0	0 0 0 0	0 0 0 0	1 0 1 0	10
D1	0 0 0 0	0 0 0 0	0 0 0 0	1 0 1 0	10
D2	0 0 0 0	0 0 0 0	0 0 0 0	0 0 0 0	0
D3	0 0 0 0	0 0 0 0	0 0 0 0	0 0 0 0	0
D4	0 0 0 0	0 0 0 0	0 0 0 0	0 0 0 0	0
D5	0 0 0 0	0 0 0 0	0 0 0 0	0 0 0 0	0
D6	0 0 0 0	0 0 0 0	0 0 0 0	0 0 0 0	0
D7	0 0 0 0	0 0 0 0	0 0 0 0	0 0 0 0	0

다음은 입력장치에 연결된 디지털 입력장치가 X0 ~ X3, X4 ~ X7에 연결된 경우 데이터를 읽어와 D1에 저장하는 프로그램이다. D1의 16비트 중에서 K2에 의해 8자리 X0 ~ X7의 비트 입력을 D1의 b0 ~ b7에 입력된다.

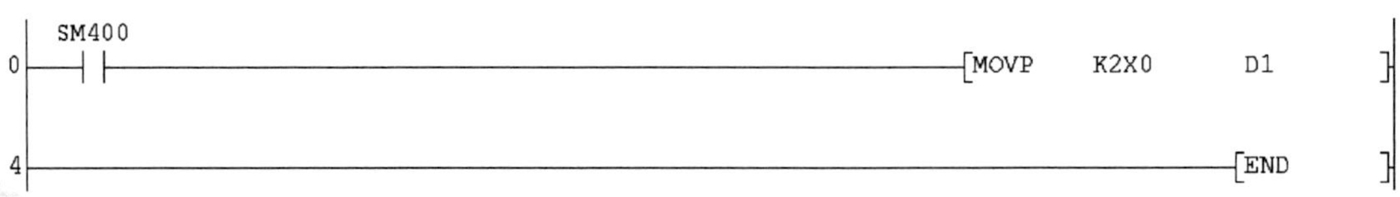

워드(16비트)데이터의 경우를 나타낸 것으로 K2X0라고 표현한다면 b7 ~ b0까지를,

K3X0라고 표현한다면 b11 ~ b0, K4X0라고 표현한다면 b15 ~ b0까지를 나타내게 된다.

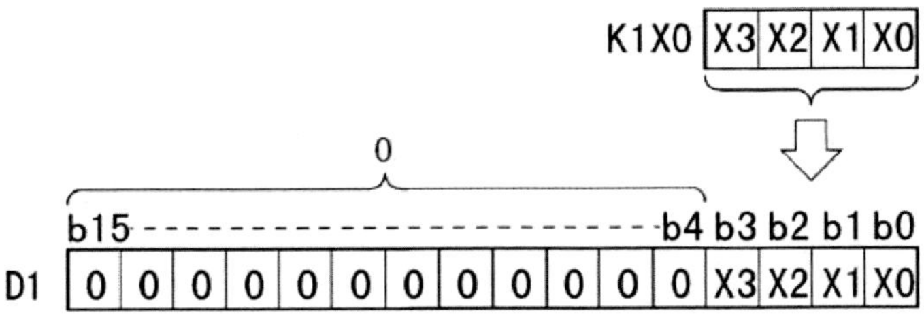

다음은 MOV명령을 사용한 다양한 예를 나타내었다.

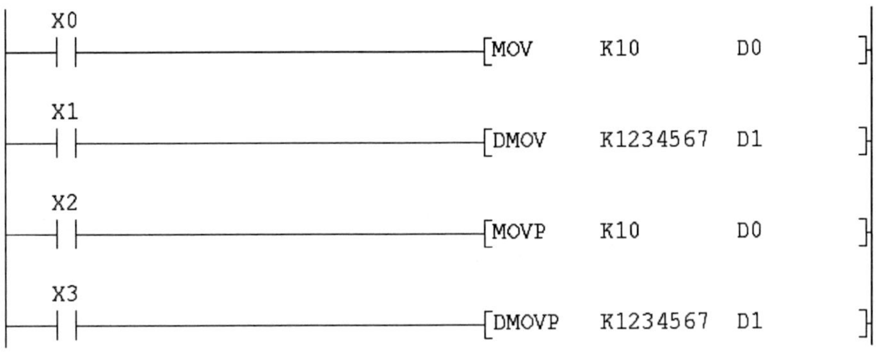

2.3 데이터 부정전송(CML(P), DCML(P))

지정된 데이터를 비트마다 반전(1→0, 0→1)하여 지정된 메모리에 전송하는 명령이다. 2진 연산에서 1의 보수가 필요할 때 유용하게 사용할 수 있다.

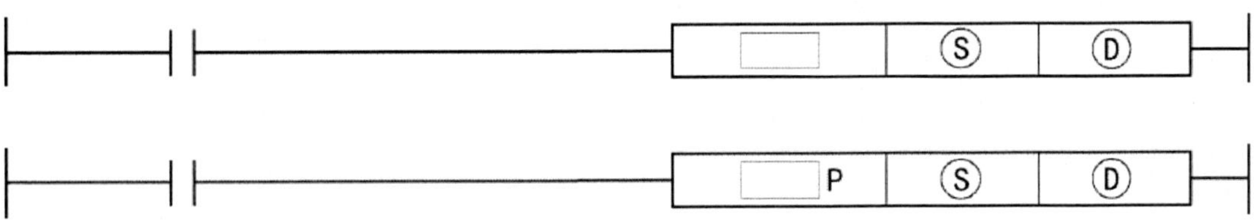

2.4 동일 16비트 블록데이터 전송(FMOV(P))

FMOV 명령어는 S로 지정된 메모리 데이터를 D로 지정된 전송 상대 디바이스의 선두 메모리 번지부터 지정된 n 수만큼 블록 전송하는 명령이다. 이것은 동일한 데이터를 여러 곳의 메모리 번지에 전송하거나, 연속된 여러 곳의 메모리 번지 내용을 삭제할 때 유용하게 사용된다.

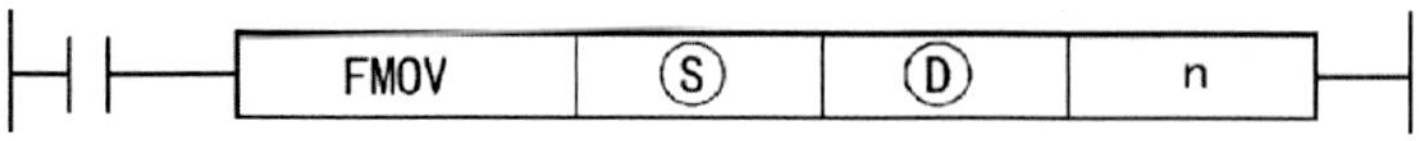

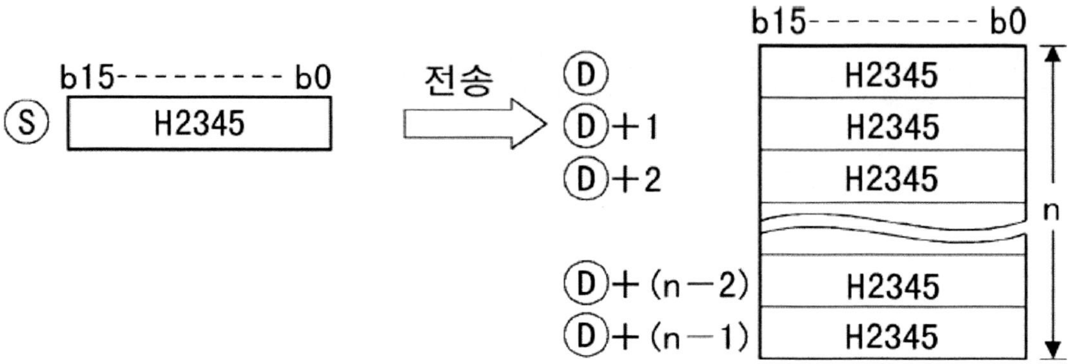

다음은 FMOV명령을 사용하여 10진수 8을 D5에서 D9까지 5개에 8을 전송하는 예이다.

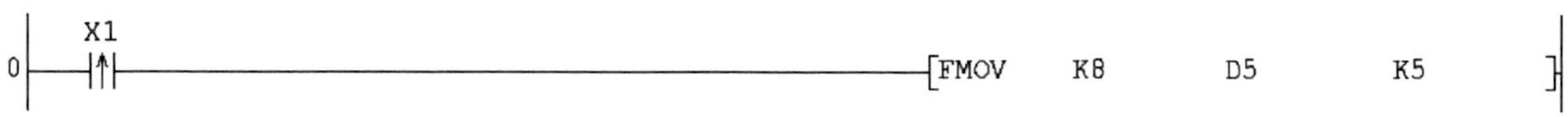

디바이스	+F E D C	+B A 9 8	+7 6 5 4	+3 2 1 0	
D0	0 0 0 0	0 0 0 0	0 0 0 0	0 0 0 0	0
D1	0 0 0 0	0 0 0 0	0 0 0 0	0 0 0 0	0
D2	0 0 0 0	0 0 0 0	0 0 0 0	0 0 0 0	0
D3	0 0 0 0	0 0 0 0	0 0 0 0	0 0 0 0	0
D4	0 0 0 0	0 0 0 0	0 0 0 0	0 0 0 0	0
D5	0 0 0 0	0 0 0 0	0 0 0 0	1 0 0 0	8
D6	0 0 0 0	0 0 0 0	0 0 0 0	1 0 0 0	8
D7	0 0 0 0	0 0 0 0	0 0 0 0	1 0 0 0	8
D8	0 0 0 0	0 0 0 0	0 0 0 0	1 0 0 0	8
D9	0 0 0 0	0 0 0 0	0 0 0 0	1 0 0 0	8
D10	0 0 0 0	0 0 0 0	0 0 0 0	0 0 0 0	0
D11	0 0 0 0	0 0 0 0	0 0 0 0	0 0 0 0	0
D12	0 0 0 0	0 0 0 0	0 0 0 0	0 0 0 0	0
D13	0 0 0 0	0 0 0 0	0 0 0 0	0 0 0 0	0
D14	0 0 0 0	0 0 0 0	0 0 0 0	0 0 0 0	0
D15	0 0 0 0	0 0 0 0	0 0 0 0	0 0 0 0	0

다음 프로그램은 X0B가 On되면 D1에 10진수 11을 전송한다. 그리고 X0A가 On되었을 때 D0의 하위 4비트 데이터를 Y10 ~ Y1C로 4비트 단위로 출력하게 된다. 그 결과를 온라인-모니터-디바이스 일괄로 다음과 같이 확인할 수 있다.

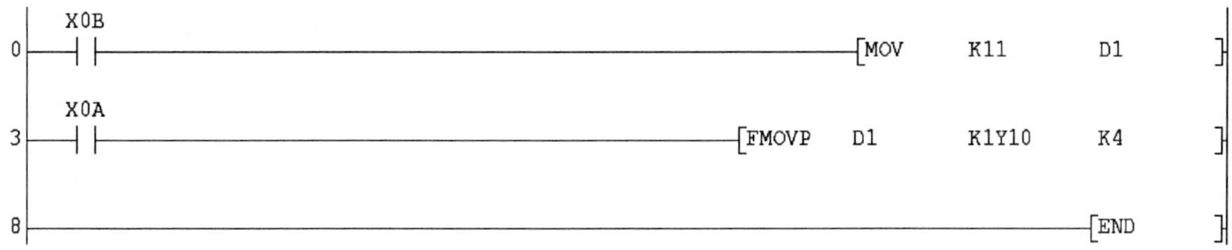

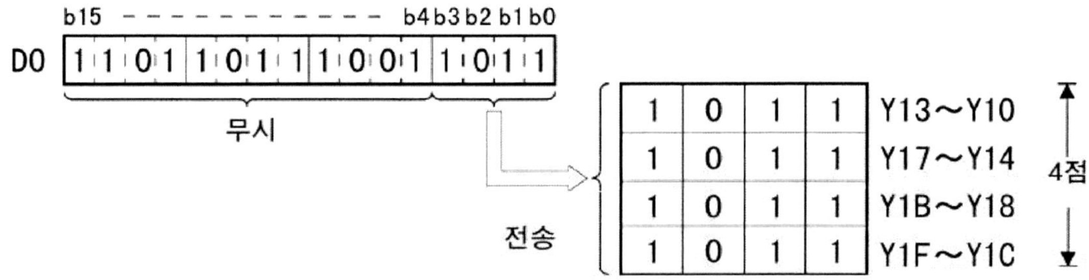

디바이스	+F E D C	+B A 9 8	+7 6 5 4	+3 2 1 0	
Y0	0 0 0 0	0 0 0 0	0 0 0 0	0 0 0 0	0
Y10	1 0 1 1	1 0 1 1	1 0 1 1	1 0 1 1	-17477
Y20	0 0 0 0	0 0 0 0	0 0 0 0	0 0 0 0	0
Y30	0 0 0 0	0 0 0 0	0 0 0 0	0 0 0 0	0
Y40	0 0 0 0	0 0 0 0	0 0 0 0	0 0 0 0	0
Y50	0 0 0 0	0 0 0 0	0 0 0 0	0 0 0 0	0
Y60	0 0 0 0	0 0 0 0	0 0 0 0	0 0 0 0	0
Y70	0 0 0 0	0 0 0 0	0 0 0 0	0 0 0 0	0
Y80	0 0 0 0	0 0 0 0	0 0 0 0	0 0 0 0	0
Y90	0 0 0 0	0 0 0 0	0 0 0 0	0 0 0 0	0
Y0A0	0 0 0 0	0 0 0 0	0 0 0 0	0 0 0 0	0
Y0B0	0 0 0 0	0 0 0 0	0 0 0 0	0 0 0 0	0
Y0C0	0 0 0 0	0 0 0 0	0 0 0 0	0 0 0 0	0

2.5 블록데이터 전송(BMOV(P))

BMOV 명령어는 S로 지정된 전송을 시작할 메모리 번지, 전송한 데이터를 저장할 D로 지정된 메모리 번지, 그리고 전송할 지정된 메모리의 수 n만큼 블록 전송하는 명령이다. 이 명령은 전송할 데이터를 블록으로 지정하여 필요한 위치에 한 번에 블록으로 복사하는 기능으로 사용된다.

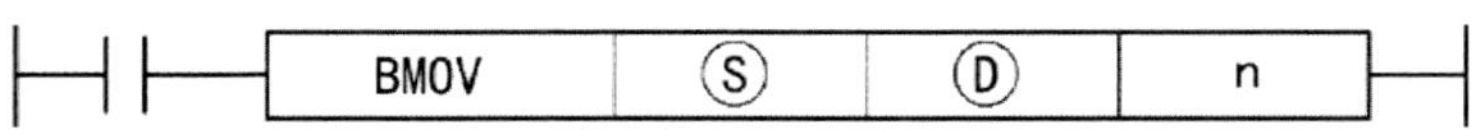

다음은 BMOV명령을 사용해서 D0, D1, D2에 설정된 10, 11, 12를 D5에서부터 3개

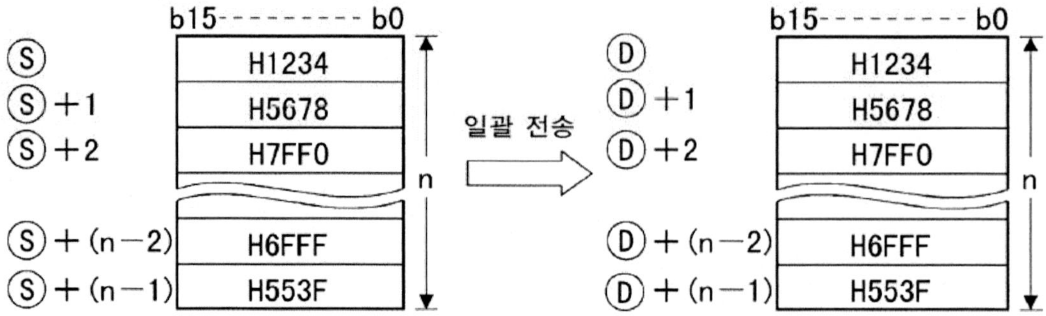

즉 D6, D7까지 10, 11, 12를 복사하는 예이다.

2.6 산술연산 명령

산술연산 명령어에는 이진수(Binary) 연산 명령어와 BCD(Binary Coded Decimal: 이진수로 표현된 십진수 코드) 연산 명령어가 있다. 16비트 산술연산자에서 연산 가능한 범위의 수는 -32768 ~ 32767까지 이며 더 큰 숫자는 32비트 산술연산 명령어를 사용해야한다.

(1) BIN 16비트 덧셈, 뺄셈(+, +P, -, -P)

명령어의 형식은 다음과 같다. +P와 -P는 펄스 상승 시점에 연산이 1회 이루어지는 것을 의미한다.

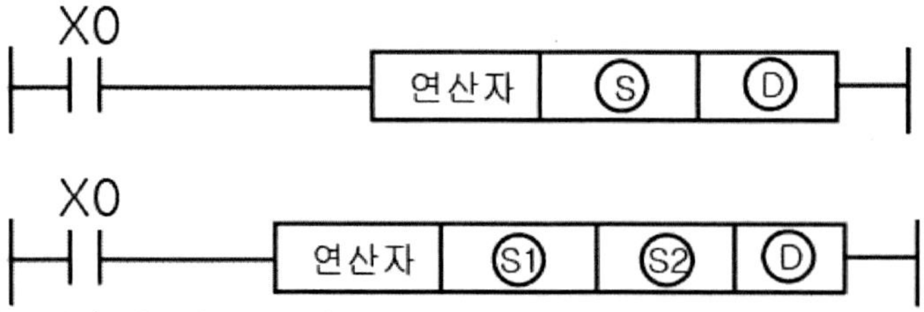

다음의 예는 10진수 5를 D0에 저장되어 있는 값과 더하기를 해서 다시 D0에 저장하라는 명령이다.

다음의 프로그램은 X0 스위치를 원하는 횟수만큼 눌러 더해질 값을 설정 후 X1 스위치를 눌러 더할 값을 설정한다. 더해질 값과 더할 값을 설정하였으면 완료 버튼 X2 스위치를 누른다. 이때 디스플레이에 더해질 값과 더할 값을 합계한 값이 나오게 된다.

입력 값을 1자리로 설정하여 합계 값이 2자리가 넘지 않도록 해야 한다. 그것은 출력으로 K2Y20으로 설정하였기 때문이다.

구 분	입출력 주소	설 명
입력	X00	더해질 값
	X01	더할 값
	X02	완료
출력	K2Y20	DISPLAY

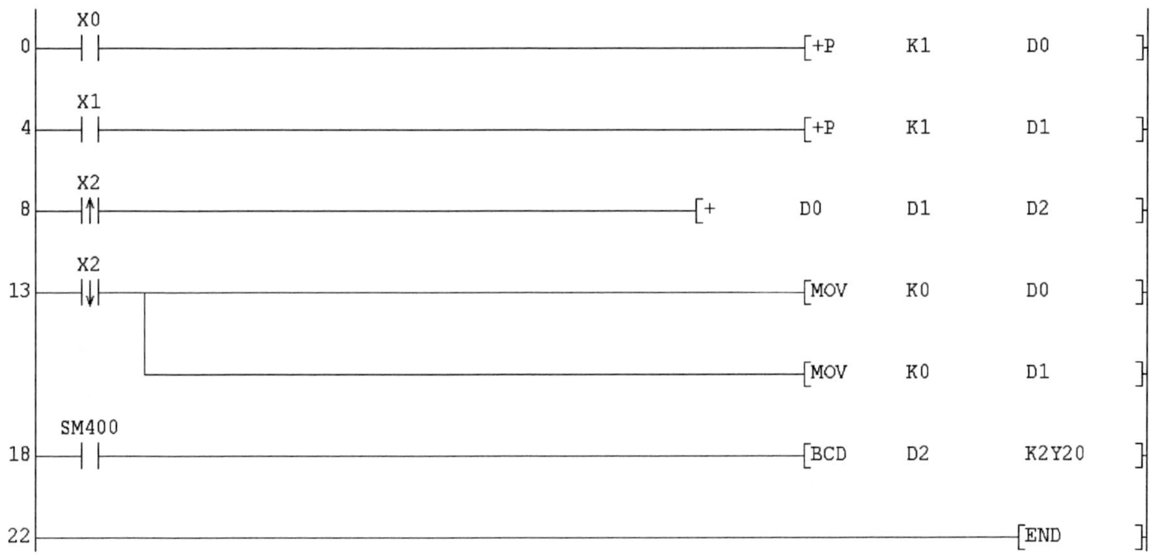

다음은 비슷한 방법으로 뺄셈하는 프로그램을 작성하였다. 참고하여 프로그램을 이해하도록 하자. X0가 On되는 펄스 상승시점에 D0 = K1 + D0가 된다. X2 스위치의 펄스 상승시점에 D2 = D0 - D1, 하강시점에 D0, D1에 0으로 초기화 한다. 그리고 SM400 릴레이에 의해 D2의 값을 항상 BCD로 출력한다.

구 분	입출력 주소	설 명
입력	X00	빠질 값
	X01	뺄 값
	X02	완료
출력	K2Y20	DISPLAY

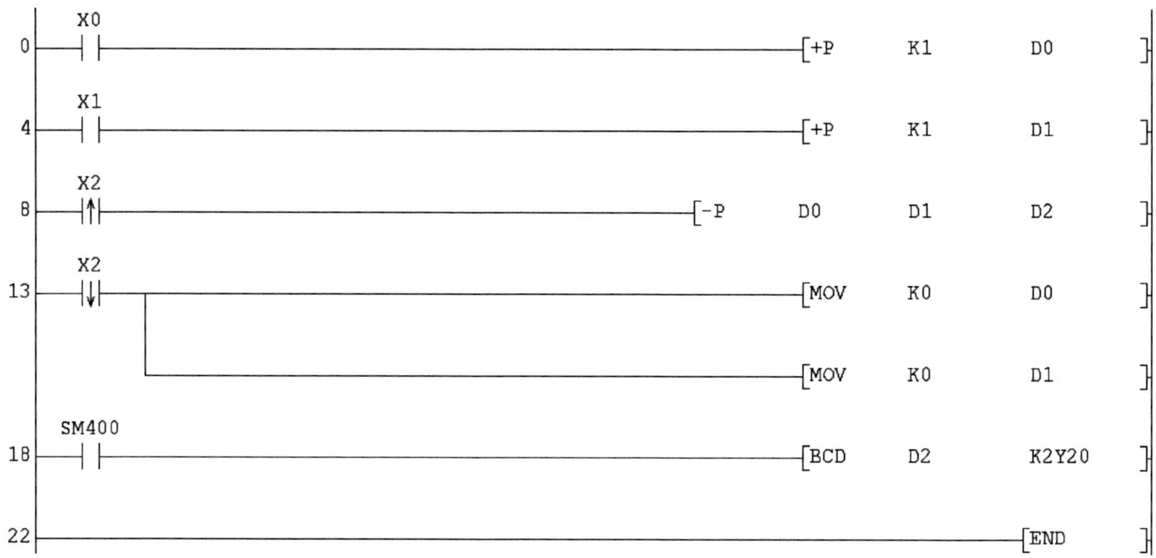

(2) BIN 16비트 곱셈, 나눗셈(*, *P, /, /P)

명령어의 형식은 다음과 같다. 그러나 16비트 × 16비트의 연산 결과는 32비트 크기로 저장되기 때문에 그 결과의 이용에 대해서는 곱한 값이 16비트 연산 범위 내인지 32비트 길이의 크기인지를 파악해서 사용해야한다. 만약 그 결과 값이 32비트 크기가 되면 데스티네이션으로 설정된 데이터레지스터와 다음 주소의 데이터레지스터에 걸쳐 저장되게 된다.

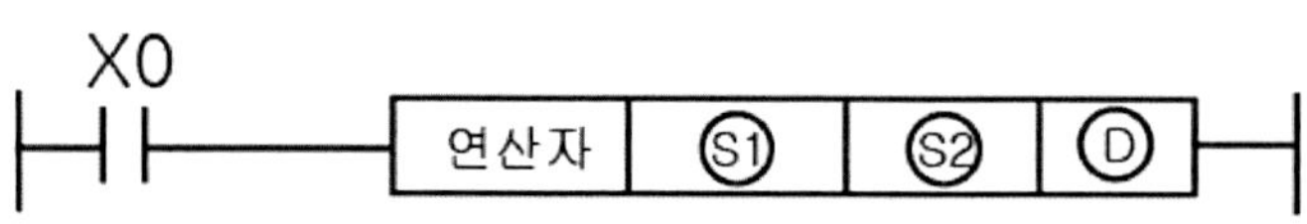

다음의 예는 연산의 결과 값이 16비트 즉, -32768 ~ 32767이 넘어가는 않는 범위 내의 연산의 예를 나타내었다. 결과 값의 경우 최상위 비트(b15)로 데이터의 값이 양수 인지 음수 인지를 판정한다.

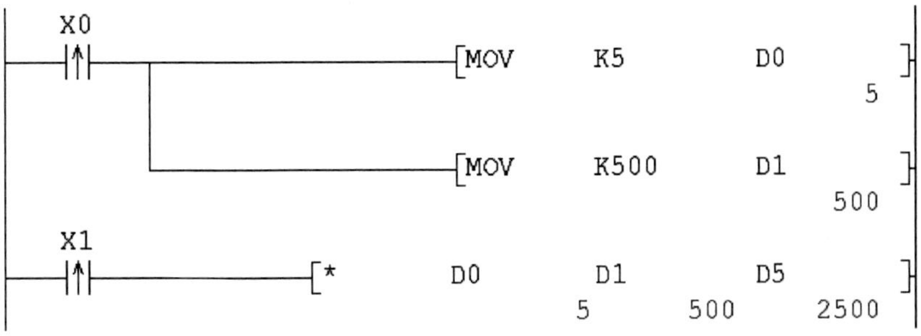

디바이스	+F E D C	+B A 9 8	+7 6 5 4	+3 2 1 0	
D0	0 0 0 0	0 0 0 0	0 0 0 0	0 1 0 1	5
D1	0 0 0 0	0 0 0 1	1 1 1 1	0 1 0 0	500
D2	0 0 0 0	0 0 0 0	0 0 0 0	0 0 0 0	0
D3	0 0 0 0	0 0 0 0	0 0 0 0	0 0 0 0	0
D4	0 0 0 0	0 0 0 0	0 0 0 0	0 0 0 0	0
D5	0 0 0 0	1 0 0 1	1 1 0 0	0 1 0 0	2500
D6	0 0 0 0	0 0 0 0	0 0 0 0	0 0 0 0	0
D7	0 0 0 0	0 0 0 0	0 0 0 0	0 0 0 0	0
D8	0 0 0 0	0 0 0 0	0 0 0 0	0 0 0 0	0
D9	0 0 0 0	0 0 0 0	0 0 0 0	0 0 0 0	0
D10	0 0 0 0	0 0 0 0	0 0 0 0	0 0 0 0	0
D11	0 0 0 0	0 0 0 0	0 0 0 0	0 0 0 0	0
D12	0 0 0 0	0 0 0 0	0 0 0 0	0 0 0 0	0
D13	0 0 0 0	0 0 0 0	0 0 0 0	0 0 0 0	0
D14	0 0 0 0	0 0 0 0	0 0 0 0	0 0 0 0	0
D15	0 0 0 0	0 0 0 0	0 0 0 0	0 0 0 0	0

만약 16비트로 표현 가능한 범위를 넘어서는 큰 수인 500,000이 연산 결과로 D5에 들어간다면 그 결과 값은 D6과 D5에 걸쳐서 값이 설정된다. 예를 들어 100 × 5,000 = 500,000의 연산 결과를 D5에 저장한다면 D5, D6에 걸쳐서 값이 D6에 0000 0000 0000 0111, D5에 1010 0001 0010 0000으로 저장된다. 그래서 D5만 결과 값으로 사용한다면 문제가 발생하게 된다.

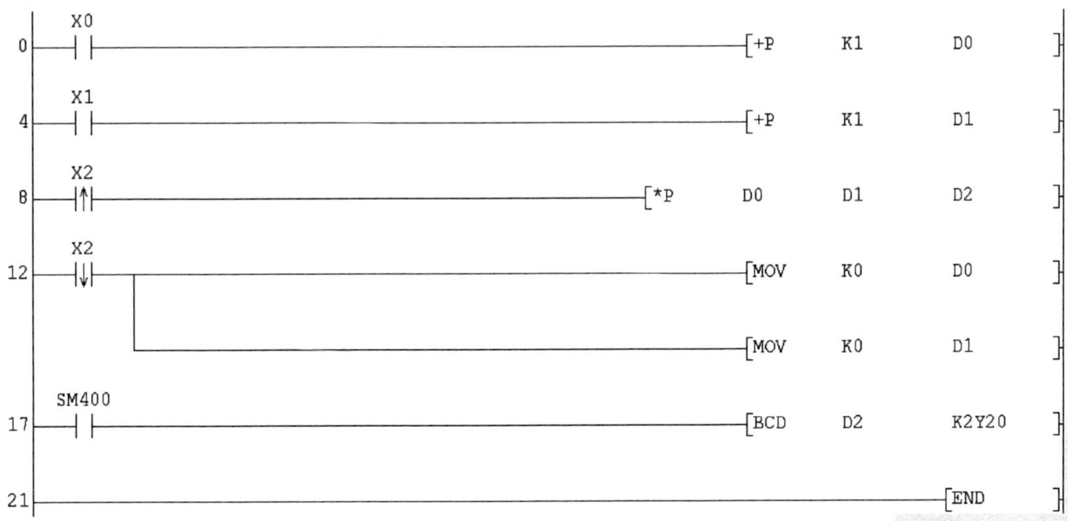

구 분	입출력 주소	설 명
입력	X0	곱해질 값
	X1	곱할 값
	X2	완료
출력	K2Y20	DISPLAY

16비트 연산에 사용가능한 수의 범위는 -2147483648 ~ 2147483647(BIN32비트)이며 이 범위내의 연산결과를 사용할 수 있다.

디바이스	+F E D C	+B A 9 8	+7 6 5 4	+3 2 1 0	
D0	0 0 0 0	0 0 0 0	0 1 1 0	0 1 0 0	100
D1	0 0 0 1	0 0 1 1	1 0 0 0	1 0 0 0	5000
D2	0 0 0 0	0 0 0 0	0 0 0 0	0 0 0 0	0
D3	0 0 0 0	0 0 0 0	0 0 0 0	0 0 0 0	0
D4	0 0 0 0	0 0 0 0	0 0 0 0	0 0 0 0	0
D5	1 0 1 0	0 0 0 1	0 0 1 0	0 0 0 0	-24288
D6	0 0 0 0	0 0 0 0	0 0 0 0	0 1 1 1	7
D7	0 0 0 0	0 0 0 0	0 0 0 0	0 0 0 0	0
D8	0 0 0 0	0 0 0 0	0 0 0 0	0 0 0 0	0
D9	0 0 0 0	0 0 0 0	0 0 0 0	0 0 0 0	0
D10	0 0 0 0	0 0 0 0	0 0 0 0	0 0 0 0	0
D11	0 0 0 0	0 0 0 0	0 0 0 0	0 0 0 0	0
D12	0 0 0 0	0 0 0 0	0 0 0 0	0 0 0 0	0
D13	0 0 0 0	0 0 0 0	0 0 0 0	0 0 0 0	0
D14	0 0 0 0	0 0 0 0	0 0 0 0	0 0 0 0	0
D15	0 0 0 0	0 0 0 0	0 0 0 0	0 0 0 0	0

다음은 나눗셈 명령어를 사용한 예이다. 520 / 100 = 5.20이 되는데 몫은 D5에 저장되고 나머지는 D6에 저장이 된다.

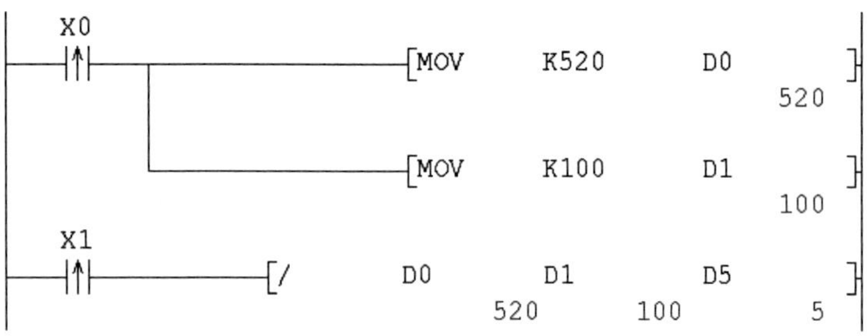

디바이스	+F E D C	+B A 9 8	+7 6 5 4	+3 2 1 0	
D0	0 0 0 0	0 0 1 0	0 0 0 0	1 0 0 0	520
D1	0 0 0 0	0 0 0 0	0 1 1 0	0 1 0 0	100
D2	0 0 0 0	0 0 0 0	0 0 0 0	0 0 0 0	0
D3	0 0 0 0	0 0 0 0	0 0 0 0	0 0 0 0	0
D4	0 0 0 0	0 0 0 0	0 0 0 0	0 0 0 0	0
D5	0 0 0 0	0 0 0 0	0 0 0 0	0 1 0 1	5
D6	0 0 0 0	0 0 0 0	0 0 0 1	0 1 0 0	20
D7	0 0 0 0	0 0 0 0	0 0 0 0	0 0 0 0	0
D8	0 0 0 0	0 0 0 0	0 0 0 0	0 0 0 0	0
D9	0 0 0 0	0 0 0 0	0 0 0 0	0 0 0 0	0
D10	0 0 0 0	0 0 0 0	0 0 0 0	0 0 0 0	0
D11	0 0 0 0	0 0 0 0	0 0 0 0	0 0 0 0	0
D12	0 0 0 0	0 0 0 0	0 0 0 0	0 0 0 0	0
D13	0 0 0 0	0 0 0 0	0 0 0 0	0 0 0 0	0
D14	0 0 0 0	0 0 0 0	0 0 0 0	0 0 0 0	0
D15	0 0 0 0	0 0 0 0	0 0 0 0	0 0 0 0	0

다음의 프로그램은 X0 스위치를 원하는 횟수만큼 눌러 나누어질 값을 설정 후 X1 스위치를 눌러 나누기 할 값을 설정한다. 설정이 완료되면 완료 버튼 X2 스위치를 누른다. 이때 디스플레이에 나누어진 결과 값인 몫이 나오게 된다. 그리고 나머지 값은 D3에 들어있게 된다.

구 분	메모리 할당	설 명
입력	X00	나누어질 값
	X01	나눌 값
	X02	완료
출력	K2Y20	DISPLAY

각각의 입력 값이 2자리로 설정하여 몫과 나머지 값이 2자리가 넘지 않도록 해야 한다. 그것은 출력으로 K2Y20으로 설정하였기 때문이다.

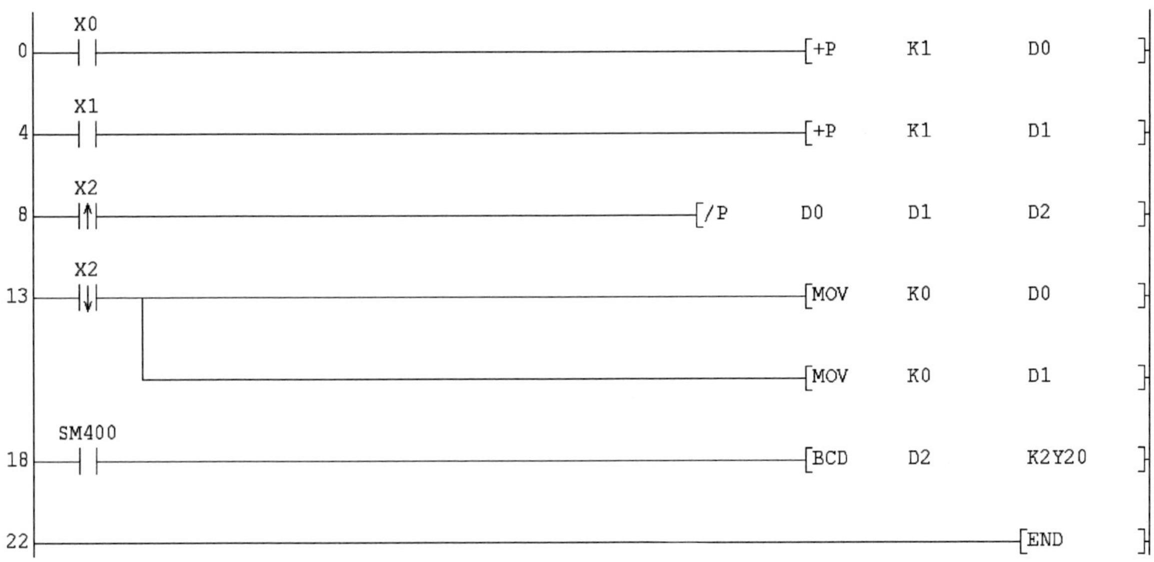

다음은 사칙연산 명령어를 사용하여 계산하는 프로그램을 나타내었다. X0 스위치를 눌러 설정 값을 지정하고 다음 X01 ~ X04의 스위치 중에서 해당 연산자(+, -, ×, ÷) 스위치를 선택한다. 그리고 다시 X0 스위치를 눌러 설정 값을 설정하고 X05 완료 스위치를 누른다.

설정값 지정 → 연산자 지정(+, -, ×, ÷) → 설정값 지정 → 완료

구 분	입출력 주소	설 명
입력	X00	설정값
	X01	더하기
	X02	빼기
	X03	곱하기
	X04	나누기
	X05	완료
출력	K2Y20	DISPLAY

그 결과 값은 D2에 설정되고 7-Segment(FND)로 나타나게 된다. 나누기 연산의 결과로 나타나는 나머지 값을 나타나도록 프로그램을 수정해보시오.

사칙연산을 프로그램을 수행하기 위한 플로 챠트를 작성해 보시오.

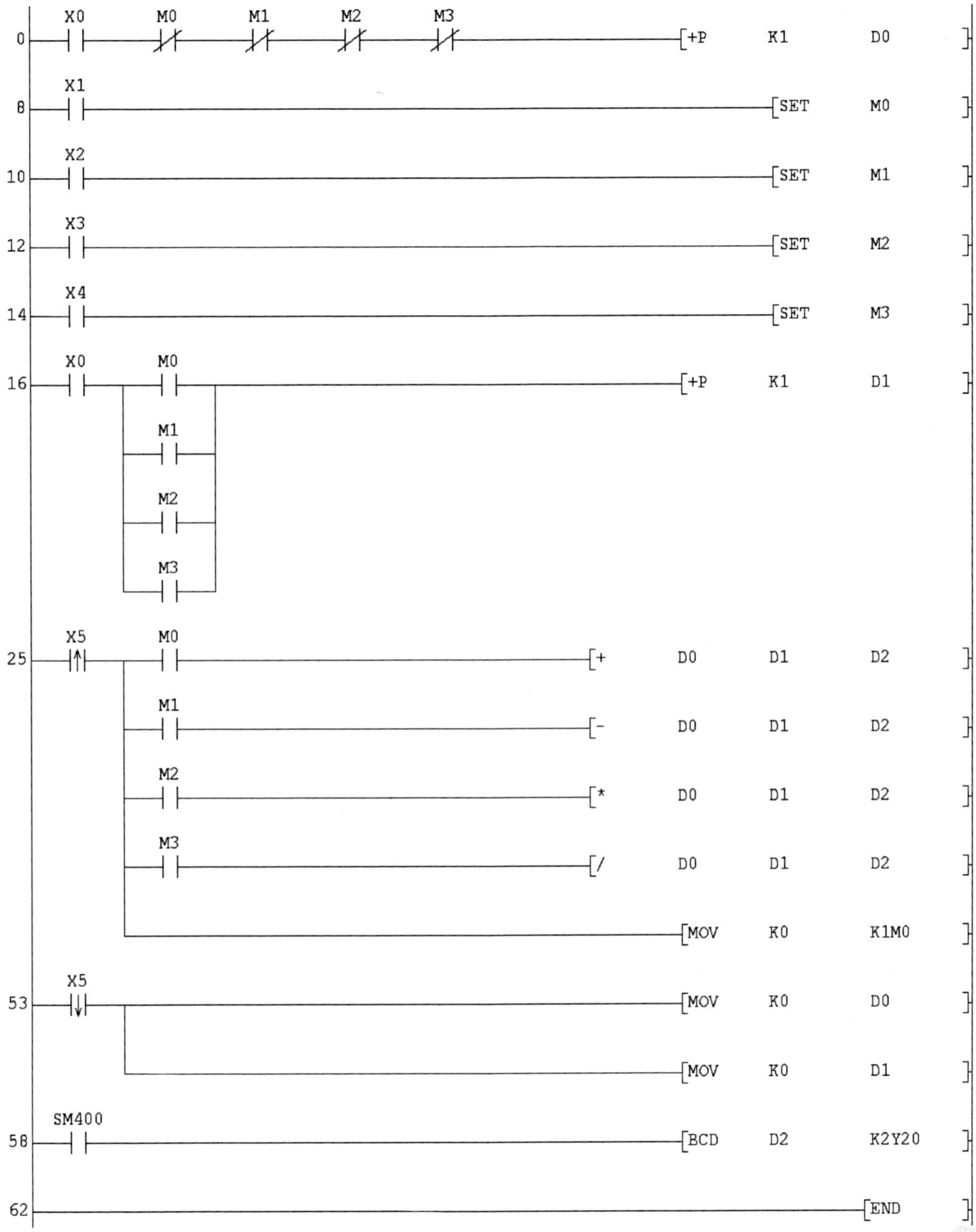
X0 M0 M1 M2 M3
0 +P K1 D0
X1
8 SET M0
X2
10 SET M1
X3
12 SET M2
X4
14 SET M3
X0 M0
16 +P K1 D1
M1
M2
M3
X5 M0
25 + D0 D1 D2
M1
- D0 D1 D2
M2
* D0 D1 D2
M3
/ D0 D1 D2
MOV K0 K1M0
X5
53 MOV K0 D0
MOV K0 D1
SM400
58 BCD D2 K2Y20
62 END

2.7 FX 산술연산 명령

(1) BIN 16비트 덧셈(ADD, ADDP, DADD, DADDP)

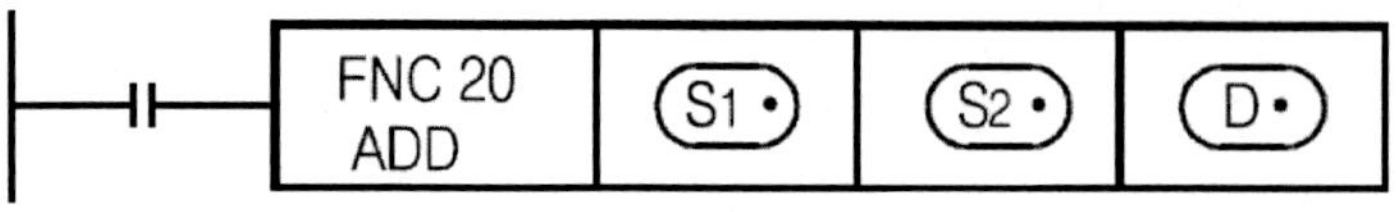

(S1•) + (S2•) → (D•)

S1, S2에 정수를 지정하면 자동적으로 2진수로 변환되어 연산된다. 그리고 S1 + S2 = D0에 설정된다. 다음과 같이 소스와 목적지에 동일 디바이스를 지정할 수 있다. S1 + D0 = D0로 사용할 수 있다.

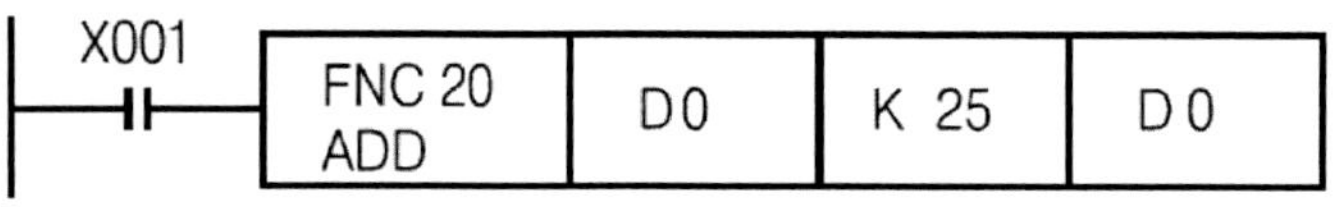

(D0) + 25 → (D0)

(2) BIN 16비트 뺄셈(SUB, SUBP, DSUB, DSUBP)

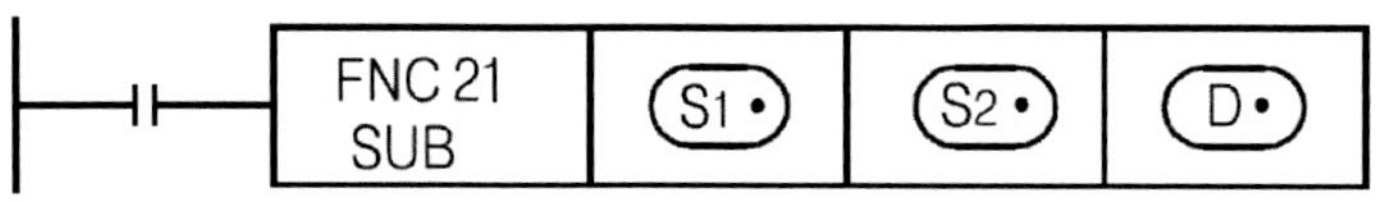

(S1•) − (S2•) → (D•)

S1 - S2 = D0에 설정된다. 다음과 같이 소스와 목적지에 동일 디바이스를 지정할 수 있다. S1 - D0 = D0로 사용할 수 있다.

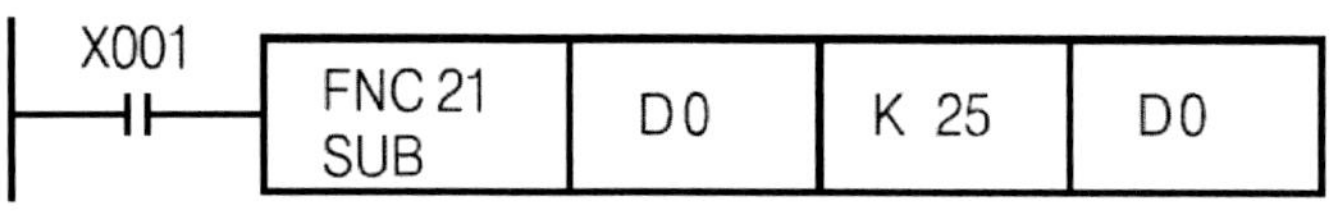

(D0) − 25 → (D0)

(3) BIN 16비트 곱셈(MUL, MULP, DMUL, DMULP)

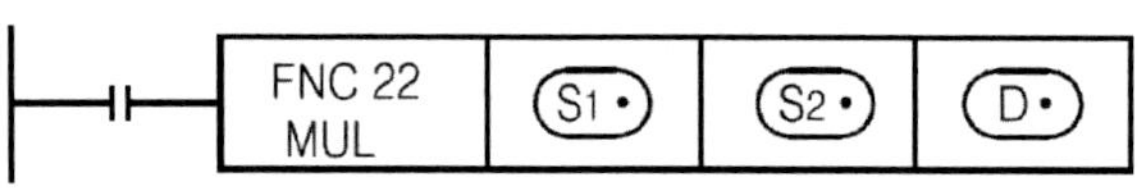

(S1•) × (S2•) → (D• +1, D•)
16bit 16bit 32bit

(4) BIN 16비트 나눗셈(DIV, DIVP, DDIV, DDIVP)

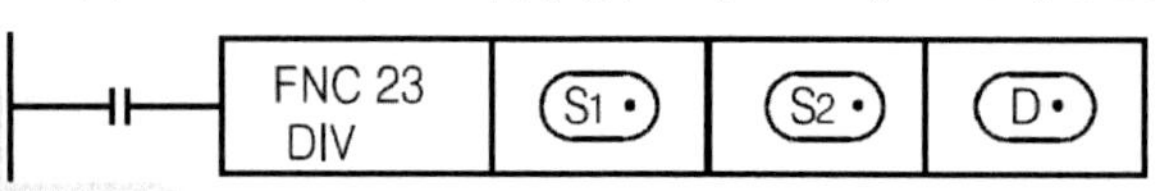

피제수 제수 몫 나머지
(S1•) ÷ (S2•) → (D•) ··· (D• +1)

다음은 증가버튼(X0), 감소버튼(X1)을 이용하여 1씩 증가, 감소하도록 펄스 상승 a접점을 이용해서 스위치를 ON/OFF하면 1씩 증가, 감소를 한다. 증가, 감소버튼을 1초 이상 누르고 있으면 1초 타이머가 동작해서 빠르게 증가, 감소를 하도록 비교 연산자와 덧셈, 뺄셈을 이용하여 작성한 프로그램이다.

동작을 확인하기 위해 출력 조건으로 D0의 값이 100 ~ 150 사이, 250 ~ 350의 값이 되면 Y40, 450 ~ 550의 값이 되면 Y41에 출력되도록 작성한다.

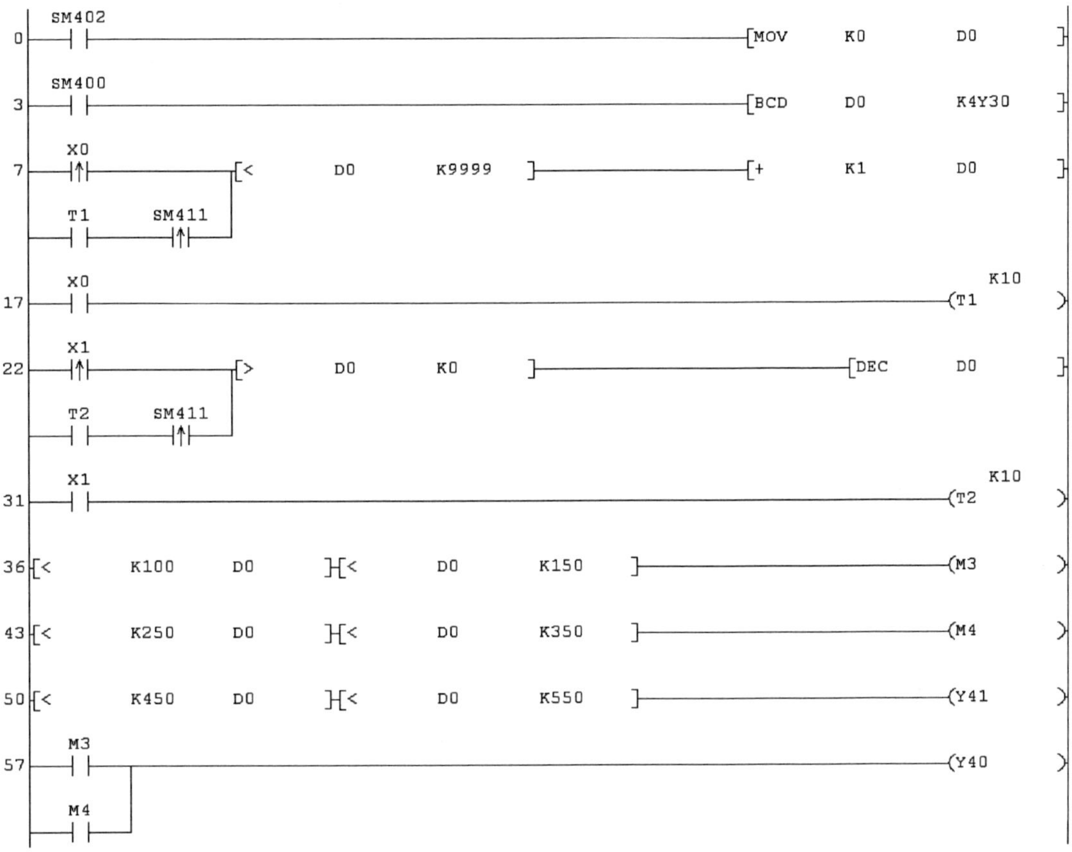

다음은 FX PLC에 동작하도록 작성한 프로그램이다. 특수릴레이의 다른 번호의 사용이 차이가 있는 것을 알 수 있다. 그리고 멜섹Q 시리즈의 +, -, *, / 연산자와는 다르게 FX에서는 사칙연산에 반드시 ADD, SUB, MUL, DIV 연산자를 사용해야 하는 차이가 있다.

프로그램을 해석해보자. M8000은 항상 ON되어 있는 접점으로 D0에 있는 값을 BCD로 변환해서 출력 표시장치인 FND에 출력한다. 6번 줄의 X0 펄스 상승 스위치는 누를 때마다 D0값을 1씩 증가하여 주고 비교연산자에서 0 ~ 9999까지 증가시킨다. 만약 X0 펄스상승 스위치를 1초 이상 누르게 되면 타이머가 동작해서 M8012릴레이가 0.1초 클록을 만들어 ADD명령을 1초에 10번을 수행하게 되어 1초 시간동안 10씩 증가하게 된다.

27번 줄과 44번 줄은 동일한 방법으로 1씩 감소시킨다. 나머지 부분은 앞 페이지의 설명과 같다.

48번줄은 D0의 값이 100보다 크고 150보다 작으면 M3의 값이 1이 된다.

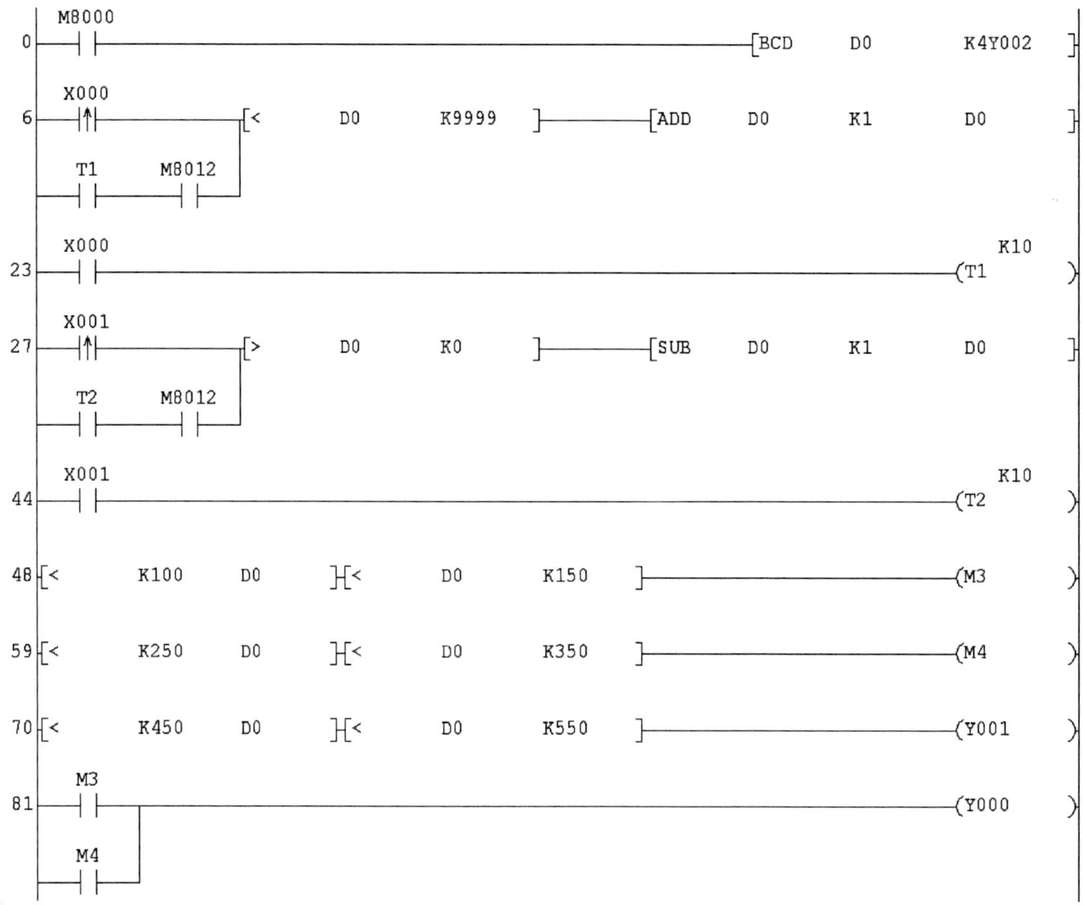

2.8 데이터변환 명령

BCD(Binary Coded Decimal)는 10진수의 각 자리를 구성하는 0 ~ 9의 수치를 4Bit의 2진수로 표현하는 방법으로, 표시된 숫자를 읽는 것과 각 자리의 취급이 용이하고 BCD 입력형의 디지털 스위치를 사용하거나 BCD 출력형의 7 세그먼트(FND)표시기 제어 등에 이용된다.

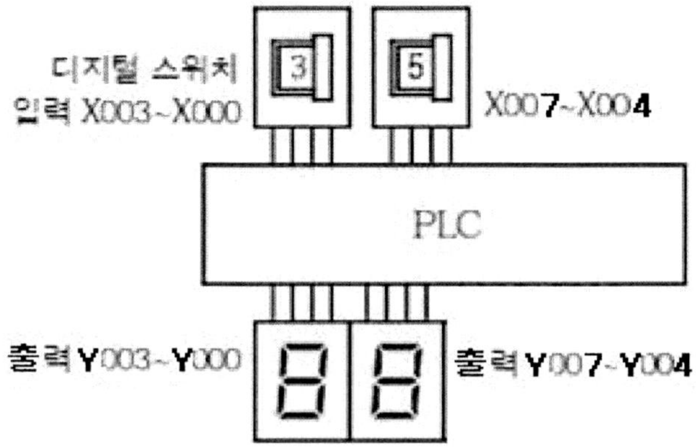

(1) BIN 데이터 ➡ BCD변환(BCD(P), DBCD(P))

십진수를 BCD로 변환하는 명령이다. 주로 연산된 결과를 7-세그먼트에 출력하여 작업자가 눈으로 수치를 십진수로 읽어야할 때 주로 사용하게 된다. 연속 실행형과 펄스 실행형이 있다.

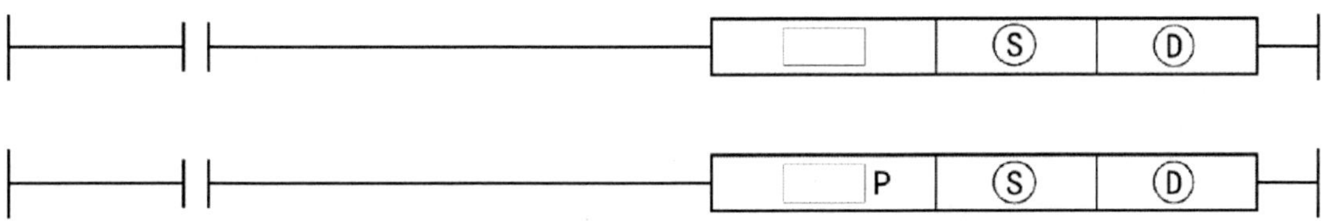

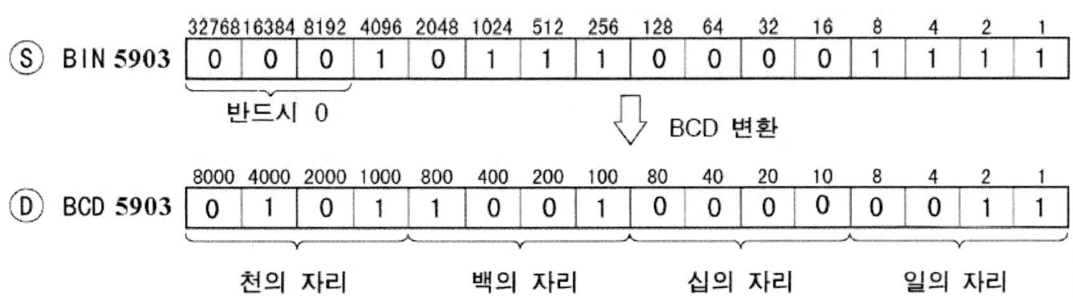

다음은 BCD 명령을 사용하여 십진수를 BCD로 변환하는 것을 보여준다.

온라인-모니터-디바이스 일괄 메뉴를 사용하여 확인해본다.

디바이스	+F E D C	+B A 9 8	+7 6 5 4	+3 2 1 0	
D0	0 0 0 1	0 1 1 1	0 0 0 0	1 1 1 1	5903
D1	0 1 0 1	1 0 0 1	0 0 0 0	0 0 1 1	22787
D2	0 0 0 0	0 0 0 0	0 0 0 0	0 0 0 0	0
D3	0 0 0 0	0 0 0 0	0 0 0 0	0 0 0 0	0
D4	0 0 0 0	0 0 0 0	0 0 0 0	0 0 0 0	0
D5	0 0 0 0	0 0 0 0	0 0 0 0	0 0 0 0	0
D6	0 0 0 0	0 0 0 0	0 0 0 0	0 0 0 0	0
D7	0 0 0 0	0 0 0 0	0 0 0 0	0 0 0 0	0
D8	0 0 0 0	0 0 0 0	0 0 0 0	0 0 0 0	0
D9	0 0 0 0	0 0 0 0	0 0 0 0	0 0 0 0	0
D10	0 0 0 0	0 0 0 0	0 0 0 0	0 0 0 0	0

D0의 값5903중에서 5는 0101, 9는 1001, 0은 0000, 3은 0011으로 나타나 있는 것을 볼 수 있다.

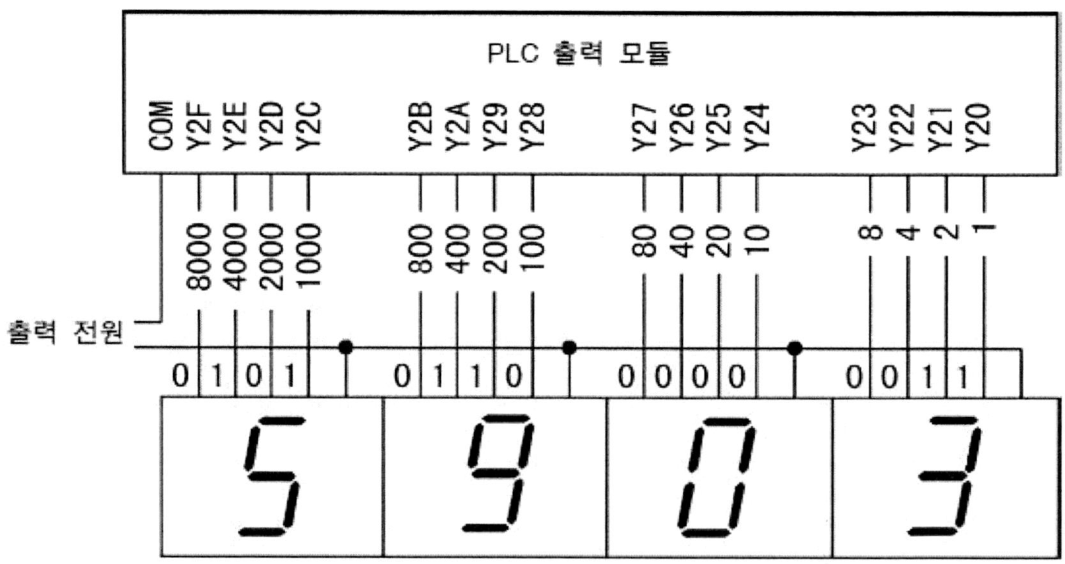

7Segment(FND)

다음 프로그램은 십진수를 BCD로 변환하는 것을 나타내었다. 0번 줄의 SM402는 특수 릴레이로 PLC가 On되고 RUN 후 1스캔만 ON되는 기능을 가진다. 프로그램이 시작되면서 D0와 같은 변수들을 0으로 초기화한다. 그러니까 변수를 초기화하는 방법으로 사용할 수 가 있다. 4번 줄은 X0를 누를 때마다 D0의 값을 1씩 증가시킨다. 21번 줄은 현재 D0의 값을 PLC에 연결된 7-세그먼트에 숫자를 표기한다. 만약 PLC에 연결된 7-세그먼트가 없다면 PLC에 있는 출력 램프 4자리씩 묶어서 이진수로 읽으면 된다. 32번 줄은 D0 값이 10이 되면 M0를 On해서 4번 줄의 D0값 증가를 방지하는 일을 하게 된다. 45번 줄에서 D0를 0으로 초기화 한다.

다음은 카운터를 이용한 BCD 사용한 예이다. 카운터의 값이 10이 되면 K2Y20의 값이 모니터 화면상에 16으로 나타나는 이유를 생각해보자.

온라인-모니터-디바이스 일괄에서 값을 이용해서 이해를 해보자.

디바이스	+F E D C	+B A 9 8	+7 6 5 4	+3 2 1 0	
Y0	0 0 0 0	0 0 0 0	0 0 0 0	0 0 0 0	0
Y10	0 0 0 0	0 0 0 0	0 0 0 0	0 0 0 0	0
Y20	0 0 0 0	0 0 0 0	0 0 0 1	0 0 0 0	16
Y30	0 0 0 0	0 0 0 0	0 0 0 0	0 0 0 0	0
Y40	0 0 0 0	0 0 0 0	0 0 0 0	0 0 0 0	0
Y50	0 0 0 0	0 0 0 0	0 0 0 0	0 0 0 0	0
Y60	0 0 0 0	0 0 0 0	0 0 0 0	0 0 0 0	0
Y70	0 0 0 0	0 0 0 0	0 0 0 0	0 0 0 0	0
Y80	0 0 0 0	0 0 0 0	0 0 0 0	0 0 0 0	0
Y90	0 0 0 0	0 0 0 0	0 0 0 0	0 0 0 0	0
Y0A0	0 0 0 0	0 0 0 0	0 0 0 0	0 0 0 0	0
Y0B0	0 0 0 0	0 0 0 0	0 0 0 0	0 0 0 0	0

(2) BCD 데이터 ➡ BIN변환(BIN(P), DBIN(P))

BCD를 BIN으로 변환하는 명령이다. 주로 디지털스위치에서 입력한 BCD코드를 PLC로 전달해서 사용해야 할 때 주로 사용하게 된다. 연속 실행형과 펄스 실행형이 있다.

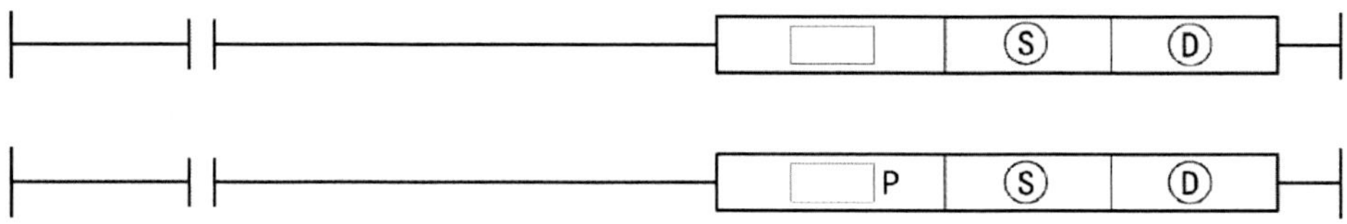

PLC 내부에서 다루는 비트 메모리 즉 입력 메모리(X), 출력 메모리(Y), 내부비트 메모리(M)는 4비트 단위로 묶어서 읽거나 쓸 수 있다. BCD 2자리를 출력하기 위해서 사용한 K2Y20에서 K2는 4비트 두 묶음이고 Y20번지에서 시작하는 것으로 Y20~Y23, Y24~Y27을 의미한다.

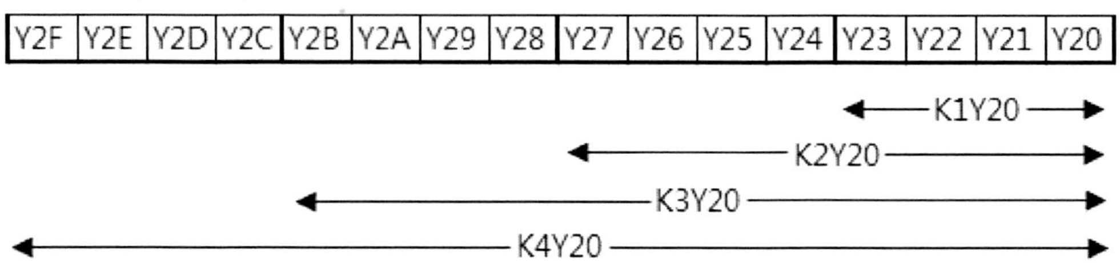

BCD데이터를 BIN으로 변환하는 과정을 나타내었다.

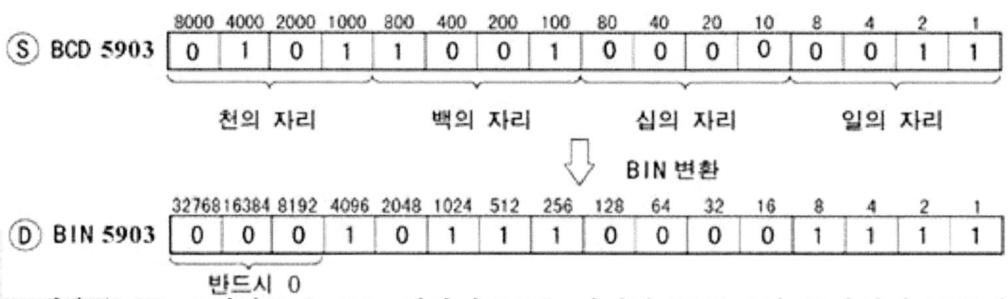

다음은 X0 스위치를 누르는 시간이 1.5초 내이면 D0를 1씩 증가시켜 FND에 출력하

지만 만약 X0를 1.5초 이상 꾹 누르고 있으면 SM412 특수릴레이에 의해 1초에 1씩 증가하게 된다. 프로그램에서 특수릴레이를 SM411로 교체하면 더 빠른 속도로 D0의 값이 증가하게 된다. 이것은 작은 수의 설정과 값이 큰 수로 설정할 때의 방법을 프로그램으로 작성한 것이다.

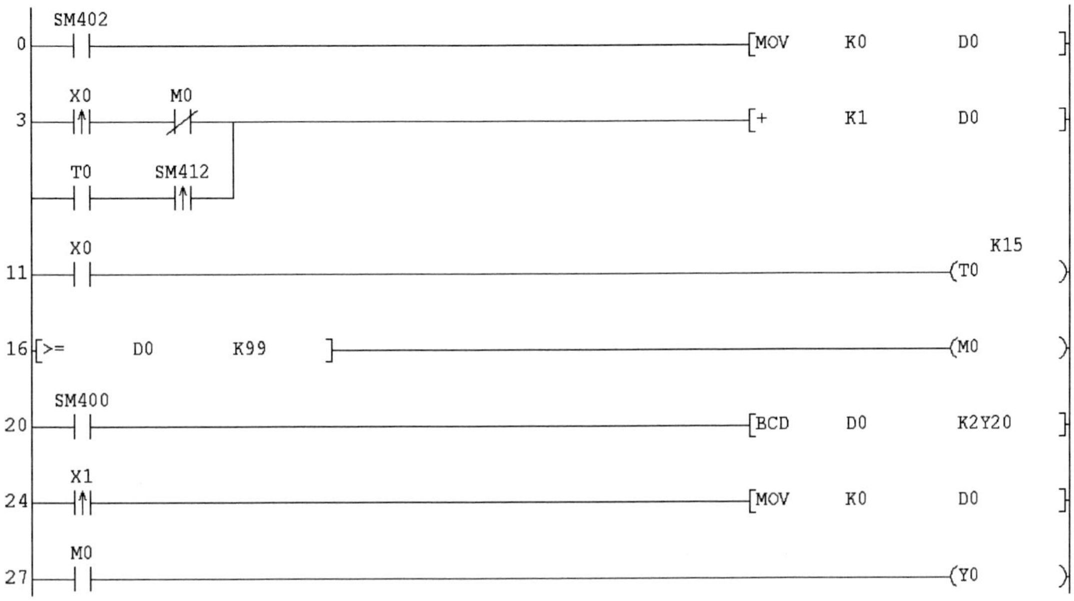

다음은 디지털 스위치를 이용해서 값을 설정하면 그 값을 FND에 나타내는 프로그램이다. 값의 설정을 직접 지정 방법이 아닌 D(데이터 레지스터)를 사용해서 간접 지정하는 방법을 사용하여 나타내었다.

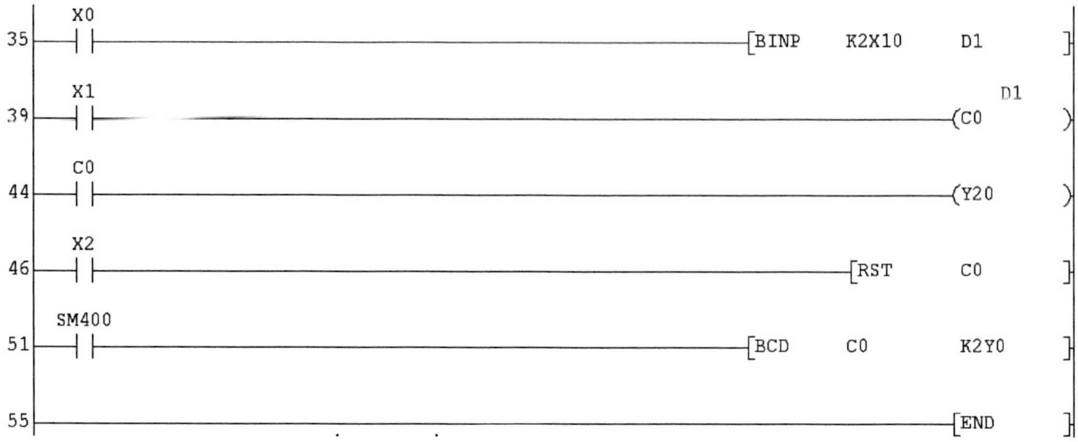

다음은 FX PLC에서 제공하는 0.1초 클록펄스를 제공하는 특수 릴레이를 사용하여 시계처럼 동작하도록 작성된 프로그램이다. 프로그램을 분석하여 이해할 수 있도록 확인을 해본다.

GX Simulator에서는 0.1초 클록펄스에 의해 동작하는 것이 모니터 화면에서 확인이 되지 않을 수 있으니 클록펄스의 속도가 느린 다른 특수릴레이를 사용하여 확인하는 것도 좋은 방법이 될 수 있다.

구 분	입출력 주소	설 명
입력	X00	시작 스위치
	X01	일시 정지 스위치
출력	K1Y00	DISPLAY 0.1초
	K2Y04	DISPLAY 초
	K1Y14	DISPLAY 분

프로그램의 동작 요구조건은 다음과 같다.

① 전원이 공급되면 M8002에 의해 출력장치 FND에 “0000” 으로 출력한다.
② 시작 스위치를 누르면 0.1초 단위로 증가한다.
③ 일시정지 버튼을 누르면 현재의 시간이 정지되어 출력된다.
④ 다시 시작버튼을 누르면 이어서 계속 시간이 증가하면서 출력된다.
⑤ Q 02H PLC로 프로그램을 변경하여 작성을 한다.

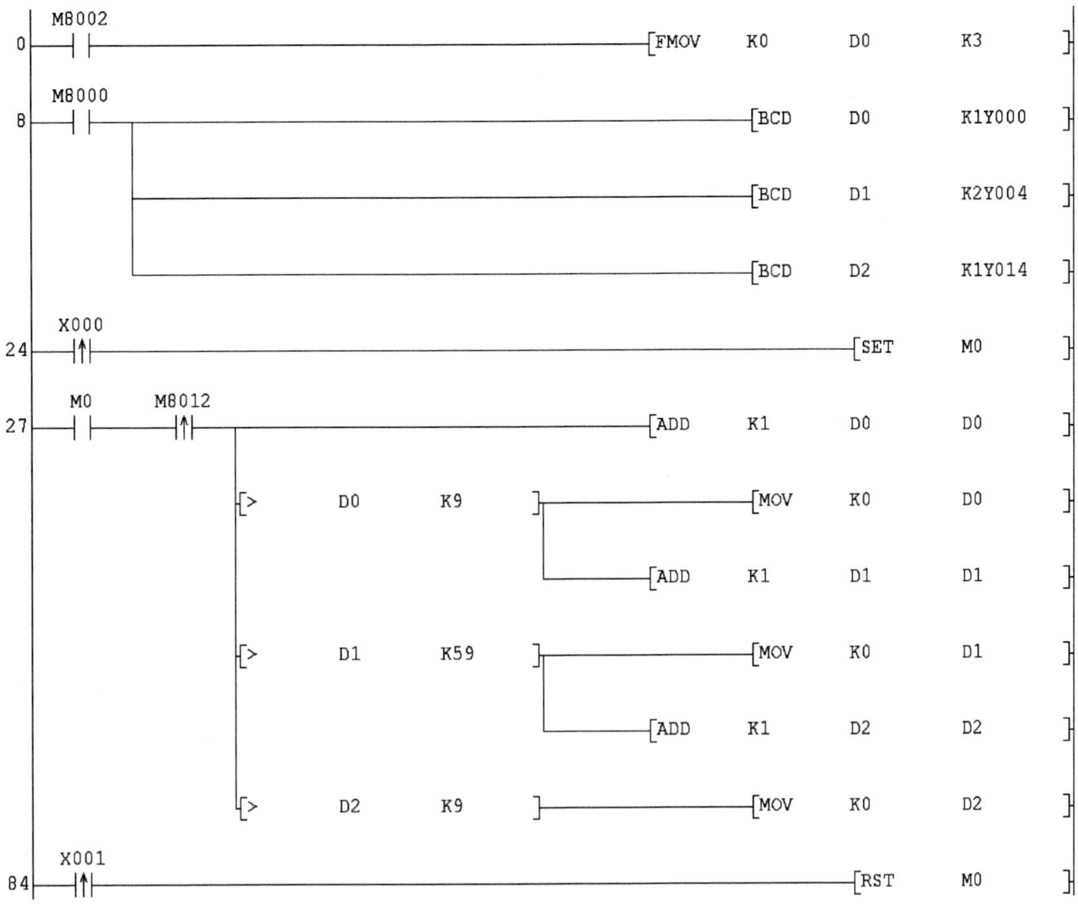

다음의 프로그램은 설정한 시간동안에만 동작하도록 기기에 타이머와 같은 동작해야할 시간을 설정하고 시작 버튼을 누르면 출력표시 장치에 설정된 동작시간이 1초씩 줄어드는 것을 표시한다.

① 전원이 공급되면 M8002에 의해 출력장치 FND에 "0000" 으로 출력한다.

② X0 스위치를 누르면 60초씩 증가, X1은 10초 X2는 1초 씩 증가한 값이 FND에 출력된다.

③ 시작 버튼을 누르면 현재의 설정된 시간에서 1초씩 줄어들면서 출력에 표시된다.

④ 정지 버튼을 누르면 동작중의 경우 정지되고 설정시간이 0으로 리셋된다. 설정중이면 0으로 리셋된다.

⑤ Q 02H PLC로 프로그램을 변경하여 작성을 한다.

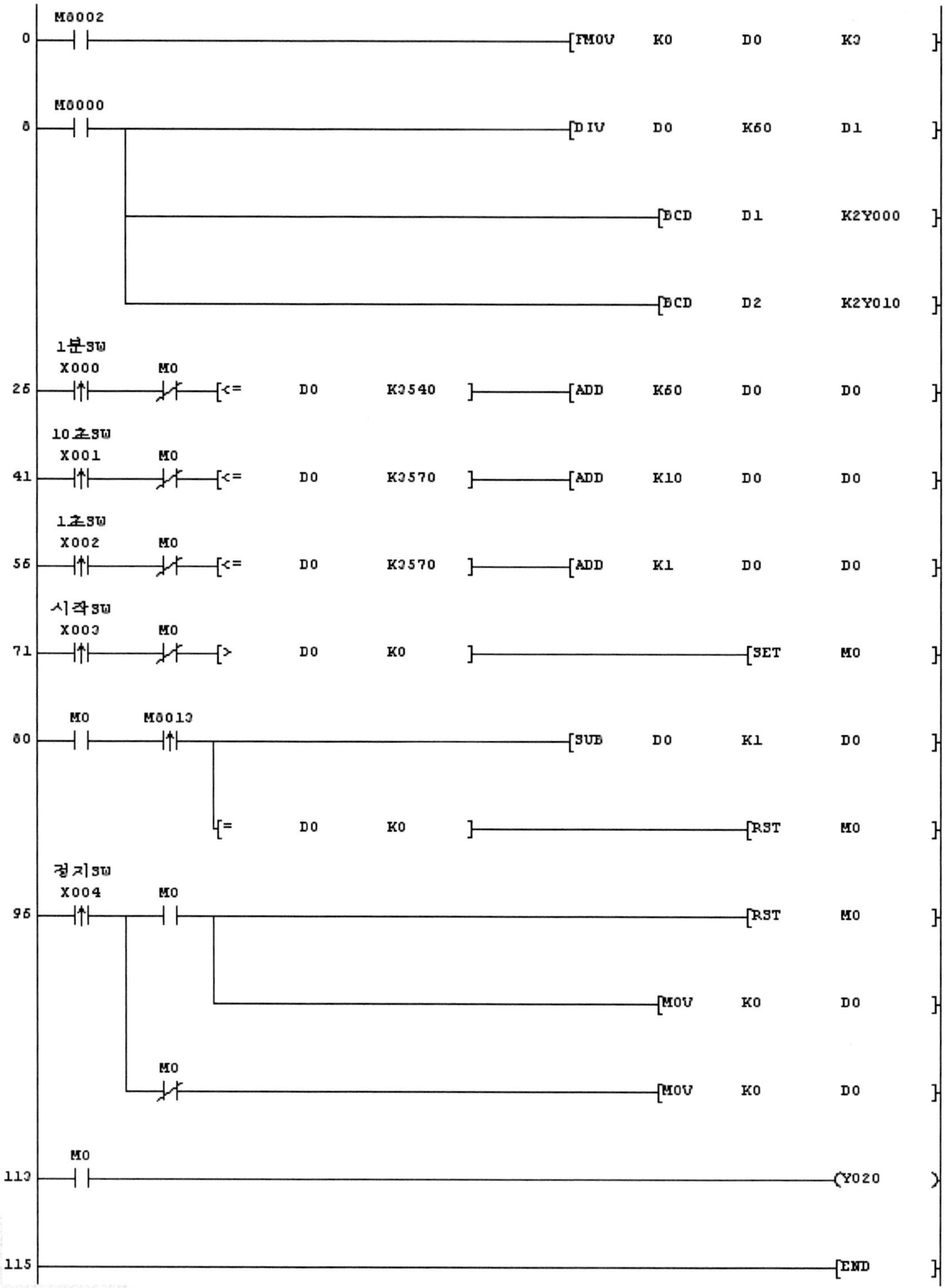
M8002
0
FMOV K0 D0 K3
M8000
8
DIV D0 K60 D1
BCD D1 K2Y000
BCD D2 K2Y010
1분SW
X000 M0
25
<= D0 K3540
ADD K60 D0 D0
10초SW
X001 M0
41
<= D0 K3570
ADD K10 D0 D0
1초SW
X002 M0
56
<= D0 K3570
ADD K1 D0 D0
시작SW
X003 M0
71
> D0 K0
SET M0
M0 M8013
80
SUB D0 K1 D0
= D0 K0
RST M0
정지SW
X004 M0
95
RST M0
MOV K0 D0
M0
MOV K0 D0
M0
113
Y020
115
END

(3) 출력장치 FND를 PLC에 연결하는 방법

표시장치인 7-Segment(FND)를 PLC에 연결하기 위한 방법은 FND를 직렬로 연결하는 방법과 병렬로 연결하는 방법이 있다.

다음은 AUTONICS사의 D1SA 모델의 표시장치를 멜섹 PLC에 연결하기 위해 D1SA의 직렬과 병렬연결 시 핀 접속도의 기능을 보여주는 표이다.

입/출력 단자

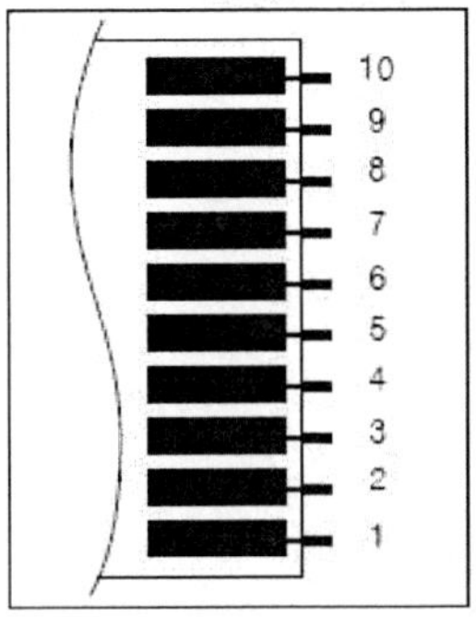

입력 / 단자번호	병렬(Parallel) 입력		직렬(Serial) 입력	
	명칭	기능	명칭	기능
1	V+	12-24VDC	VCC	12-24VDC
2	D0	데이터 입력	N · C	연결하지 마십시오
3	D1		CK	Clock 입력
4	D2		DI	데이터 입력
5	D3		DO	데이터 출력
6	BI	Zero Blanking 입력	BI	Zero Blanking 입력
7	BO	Zero Blanking 출력	BO	Zero Blanking 출력
8	LE	LATCH 입력	LE	LATCH 입력
9	DP	소수점 입력	DP	소수점 입력
10	GND	0V	GND	0V

BI : zero blanking input, 0을 표시하지 않는 기능(0123 → 123).

B0 : zero blanking output, 0을 표시하지 않는 기능(0123 → 123). 다단연결시 사용

LE : Latch Enable

DP : 소수점 사용 기능

다음의 그림은 PLC에 2개의 FND를 병렬로 연결한 것을 나타내고 있다.

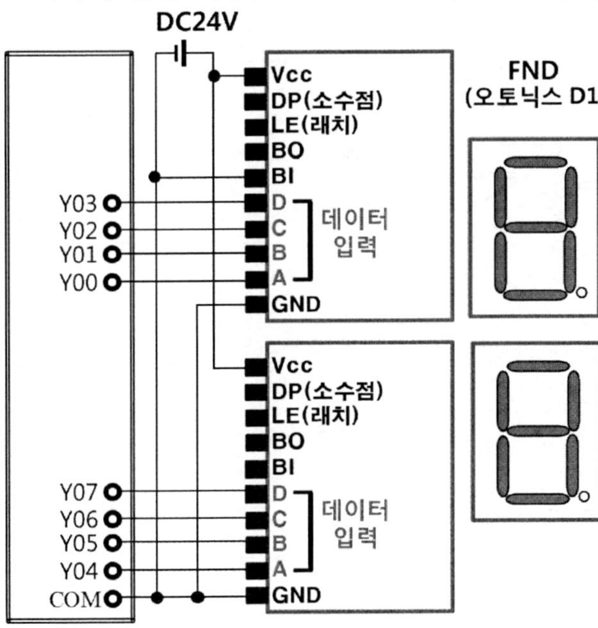

(4) 입력장치 디지털스위치를 PLC에 연결하는 방법

PLC에 입력장치를 부착하여 직접 값을 입력하는 경우 디지털 스위치를 이용하여 다음과 같은 방법으로 연결하여 사용하게 된다.

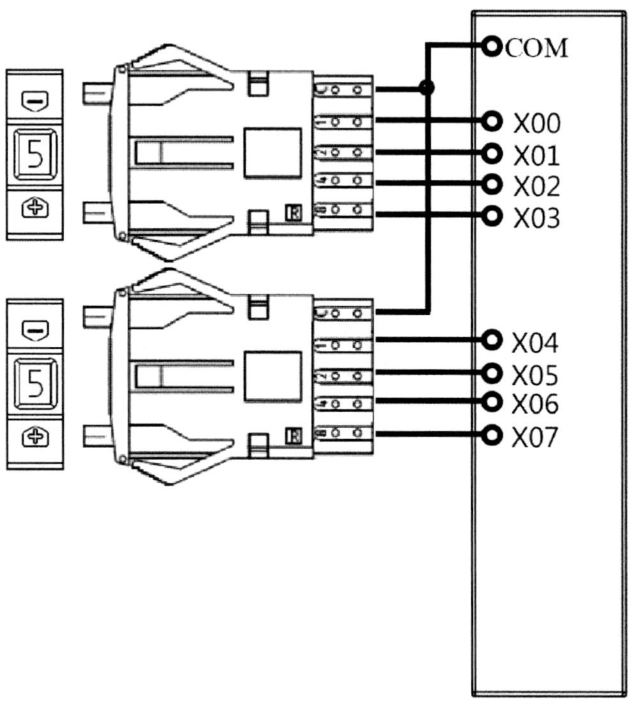

<출력코드표>

제품명	AD604-I AD604-B AD605-I AD605-B	COM("C") 단자와 접속되는 단자				COM
		1	2	4	8	C
다이얼 설정위치	0					●
	1	●				●
	2		●			●
	3	●	●			●
	4			●		●
	5	●		●		●
	6		●	●		●
	7	●	●	●		●
	8				●	●
	9	●			●	●

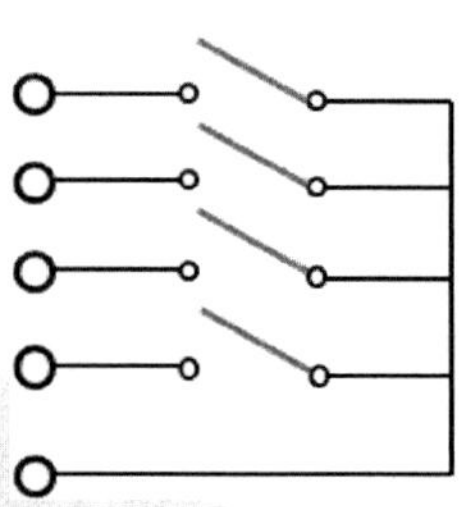

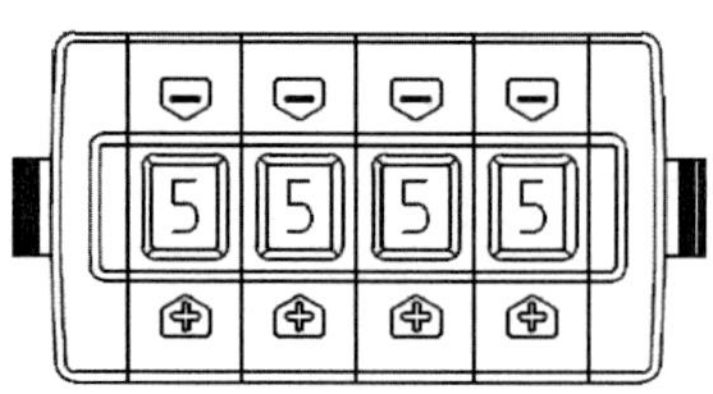

2.9 포인터 분기명령

(1) CJ 명령

명령어의 형식은 다음과 같다.

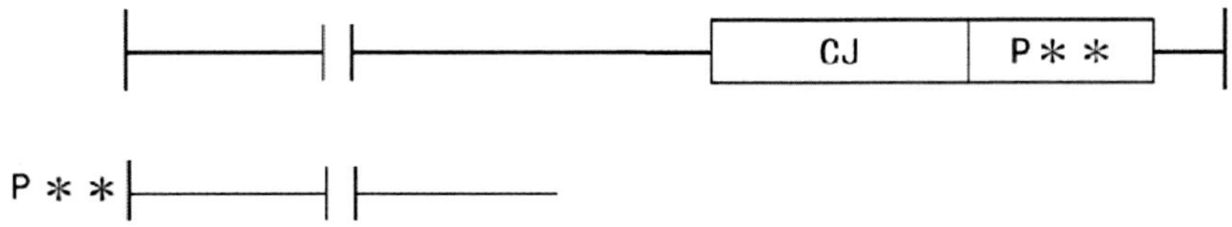

설정데이터	내용	데이터형
P**	점프 상대인 포인터 번호	디바이스명

CJ명령은 실행 조건이 ON일 때, 동일 프로그램 파일 내에 지정된 포인터 번호의 위치로 점프해서 프로그램을 실행한다. 그리고 실행 조건이 OFF일 때는 다음 스텝의 프로그램을 실행한다.

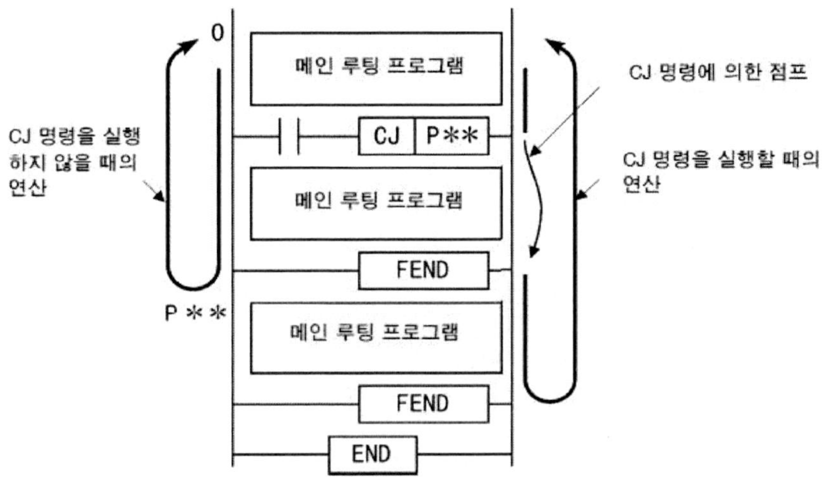

다음 프로그램의 동작순서를 확인해보면 X1 스위치를 누르지 않으면 0번줄 → 2번줄 → 3번줄 → 5번줄 → 7번줄 → 0번줄 → 2번줄 → 3번줄 계속 반복해서 실행하게 된다. 이때는 X4스위치를 눌러도 Y23 출력은 OFF된 상태가 지속된다.

X1 스위치를 누르면 프로그램의 분기가 만들어져서 0번줄 → 2번줄 → P0포인터가 있는 10번줄 → 0번줄 → 2번줄 → 10번줄로 반복 실행하게 된다. 이때는 X2, X3

의 스위치를 눌러도 출력은 동작하지 않게 된다.

(2) SCJ/JMP명령

명령어의 형식은 다음과 같다.

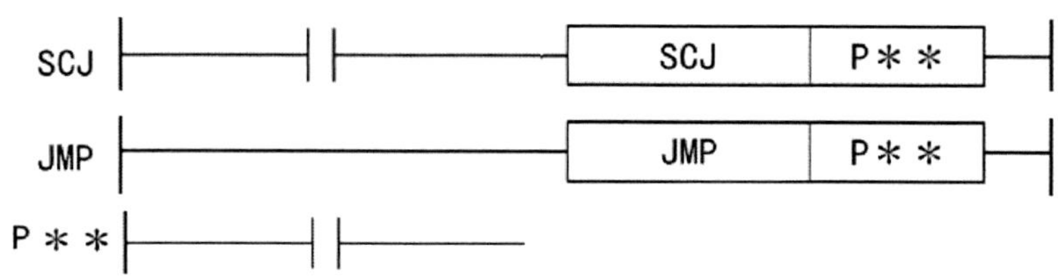

설정데이터	내용	데이터형
P**	점프상대인 포인터 번호	디바이스명

SCJ명령은 실행 조건이 OFF → ON으로 변한 다음의 스캔에서 동일 프로그램 파일 내에 지정된 포인터 번호의 위치로 점프해서 프로그램을 실행한다.

그리고 실행 조건이 OFF 및 ON → OFF로 변화할 때는 다음 스텝의 프로그램을 실행한다.

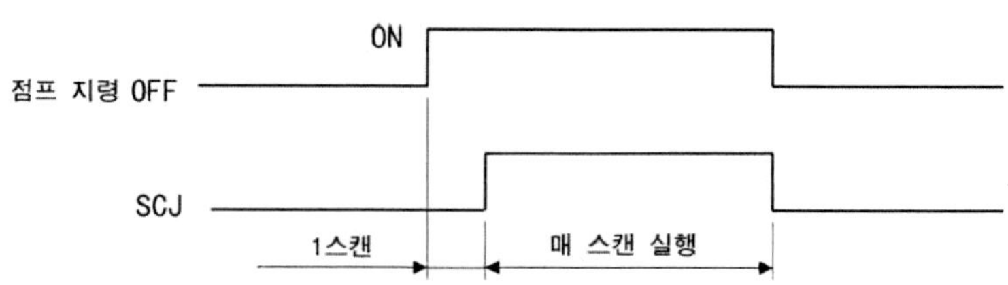

3. 응용명령

응용명령에는 논리연산명령, 로테이션명령, 시프트명령, 비트처리명령, 데이터처리명령, 구조화명령, 표시명령, 문자열처리명령, 특수함수명령, 시계용명령 등 다양하게 제공되고 있다.

3.1 논리연산 명령

논리연산 명령어에는 AND, OR, XOR(배타적 논리합), XNR(부정배타적 논리합)이 있다. 논리연산 명령의 연산처리 방법은 다음의 표와 같다.

분류	연산식	진 리 표		
		A	B	Y
논리적 (AND)	$Y=A\cdot B$	0	0	0
		0	1	0
		1	0	0
		1	1	1
논리합 (OR)	$Y=A+B$	0	0	0
		0	1	1
		1	0	1
		1	1	1
배타적 논리합 (XOR)	$Y=\overline{A}\cdot B+A\cdot\overline{B}$	0	0	0
		0	1	1
		1	0	1
		1	1	0
부정 배타적 논리합 (XNR)	$Y=(\overline{A}+B)(A+\overline{B})$	0	0	1
		0	1	0
		1	0	0
		1	1	1

3.2 논리적(WAND(P), DAND(P))

Bit 단위의 AND 연산의 기능을 수행한다.

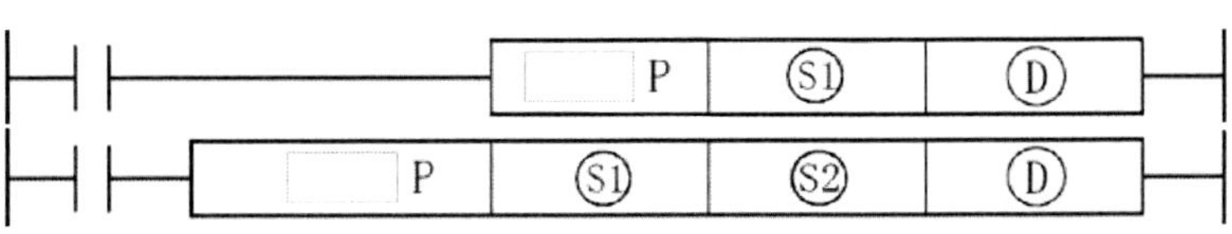

다음은 DAND 명령에 따라 16비트 데이터의 논리적 연산의 경우 연산처리 방법을 나타내었다. S1에 설정된 16비트의 데이터와 D에 설정된 16비트 데이터를 논리적 연산을 해서 ㄱ 결과를 D 데이디레지스터에 저장한다.

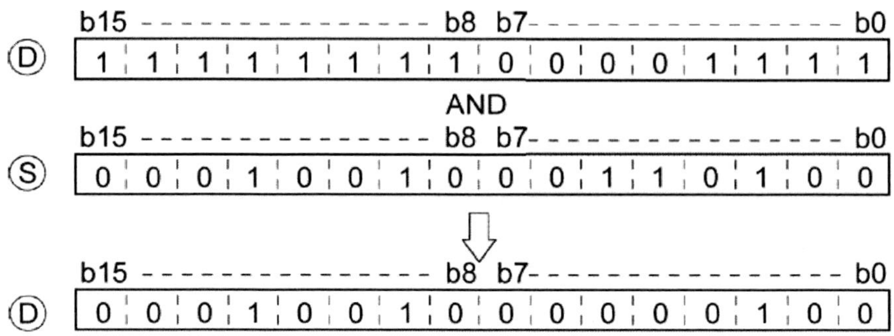

다음은 WAND 명령에 따라 32비트 데이터의 논리적 연산의 경우 연산처리 방법을 나타내었다. S1에 설정된 32비트의 데이터와 D에 설정된 32비트 데이터를 논리적 연산을 해서 그 결과를 D 데이터레지스터에 저장한다.

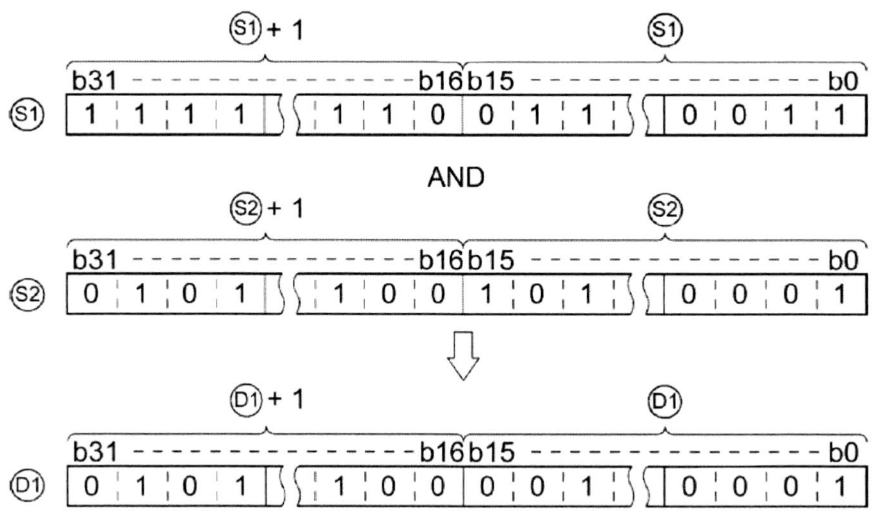

3.3 논리합(WOR(P), DOR(P))

Bit 단위의 OR 연산의 기능을 수행한다.

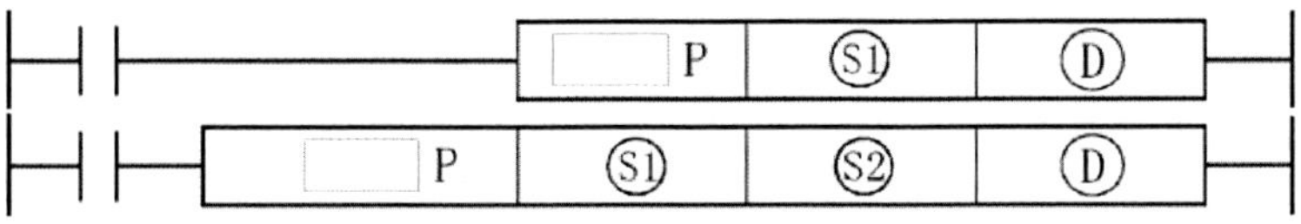

다음은 DOR 명령에 따라 16비트 데이터의 논리합 연산의 경우 연산처리 방법을 나타내었다. S1에 설정된 16비트의 데이터와 D에 설정된 16비트 데이터를 논리합 연산을 해서 그 결과를 D 데이터 레지스터에 저장한다.

각 데이터 레지스터의 비트 단위로 OR연산을 한다. 예를 들어 아래 연산 대상에서 b0: 1 OR b0: 0 하여 그 결과 b0:1을 D 데이터 레지스터에 저장한다. 이러한 방법으로 16개 bit를 연산하게 된다.

	b15							b8	b7							b0
D	0	1	0	1	1	1	1	1	0	0	0	0	0	0	1	1
OR																
S	1	0	0	1	1	1	0	0	1	1	0	0	1	1	0	0
⇩																
D	1	1	0	1	1	1	1	1	1	1	0	0	1	1	1	1

3.4 배타적논리합(WXOR(P), DXOR(P))

Bit 단위의 배타적OR 연산의 기능을 수행한다.

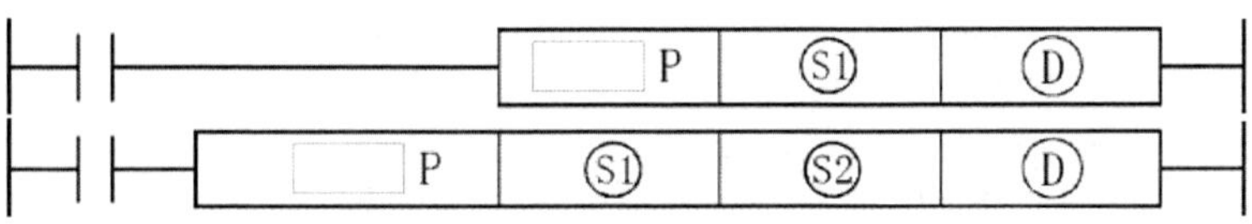

다음은 DXOR 명령에 따라 16비트 데이터의 배타적논리합 연산의 경우 연산처리 방법을 나타내었다. S1에 설정된 16비트의 데이터와 D에 설정된 16비트 데이터를 배타적논리합 연산을 해서 그 결과를 D 데이터레지스터에 저장한다.

각 데이터 레지스터의 비트 단위로 OR연산을 한다. 예를 들어 아래 연산 대상에서 b0: 1 XOR b0: 0 하여 그 결과 b0:0을 D 데이터 레지스터에 저장한다. 이러한 방법으로 16개 bit를 연산하게 된다.

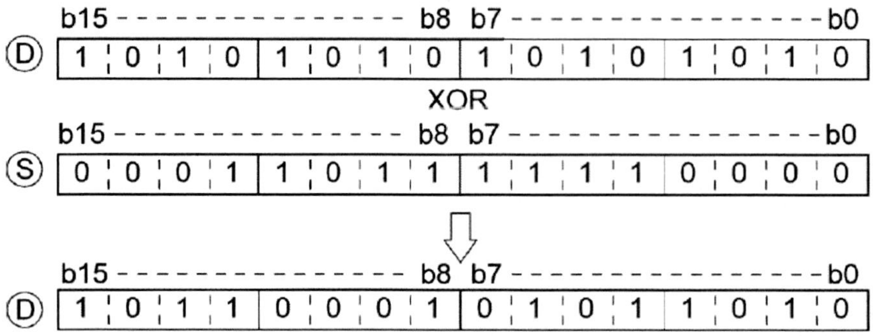

3.5 부정배타적논리합(WXNR(P), DXNR(P))

Bit 단위의 부정배타적 OR 연산의 기능을 수행한다.

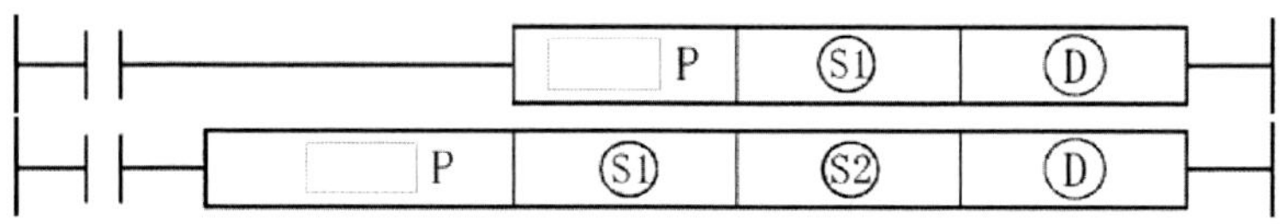

다음은 DXNR 명령에 따라 16비트 데이터의 부정배타적논리합 연산의 경우 연산처리 방법을 나타내었다. S1에 설정된 16비트의 데이터와 D에 설정된 16비트 데이터를 부정배타적논리합 연산을 해서 그 결과를 D 데이터레지스터에 저장한다.

각 데이터 레지스터의 비트 단위로 XNR연산을 한다. 예를 들어 아래 연산 대상에서 b0: 1 XOR b0: 0 하여 그 결과 b0:0을 D 데이터 레지스터에 저장한다. 이러한 방법으로 16개 bit를 연산하게 된다.

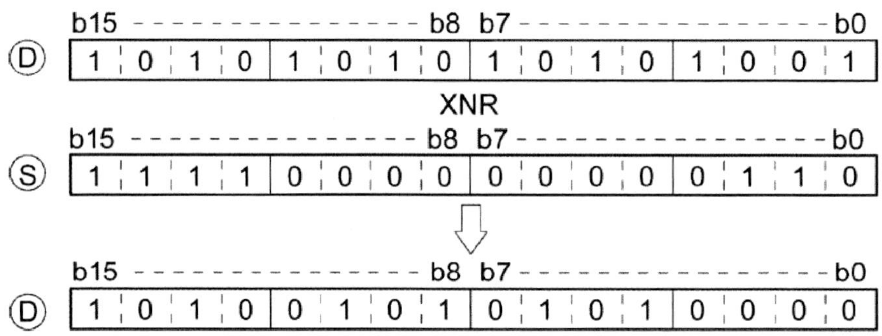

3.6 로테이션 명령

로테이션 명령어은 지정된 데이터레지스터의 16비트 데이터를 오른쪽 혹은 왼쪽으로 지정된 n비트만큼 이동 회전하는 명령이다. ROR, ROL, SFR, SFL이 있다.

(1) 오른쪽 로테이션 명령(ROR(P), RCR(P))

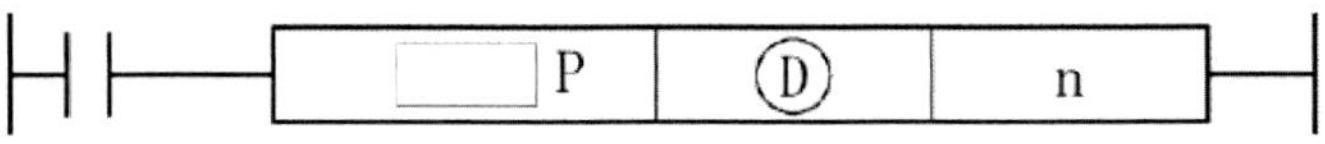

ROR명령은 D로 지정된 디바이스의 16비트 데이터를 캐리 플래그를 포함하지 않고, n비트 오른쪽으로 회전한다.

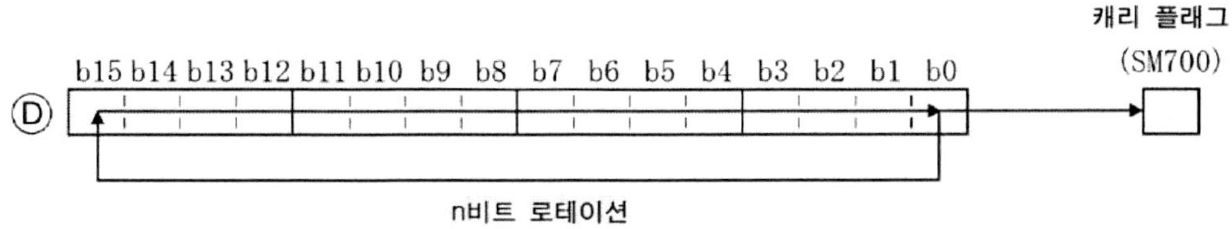

RCR명령은 D로 지정된 디바이스의 16비트 데이터를 캐리 플래그를 포함하여 n비트 오른쪽으로 회전한다.

(2) 왼쪽 로테이션 명령(ROL(P), RCL(P))

ROL명령은 D로 지정된 디바이스의 16비트 데이터를 캐리 플래그를 포함하지 않고, n비트 왼쪽으로 회전한다.

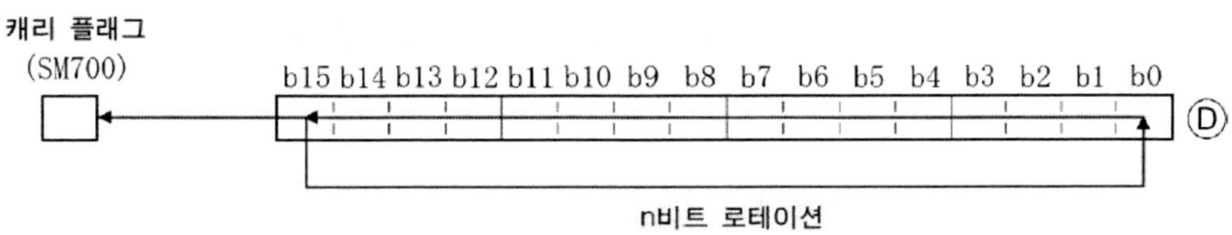

RCL명령은 D로 지정된 디바이스의 16비트 데이터를 캐리 플래그를 포함하여 n비트 왼쪽으로 회전한다.

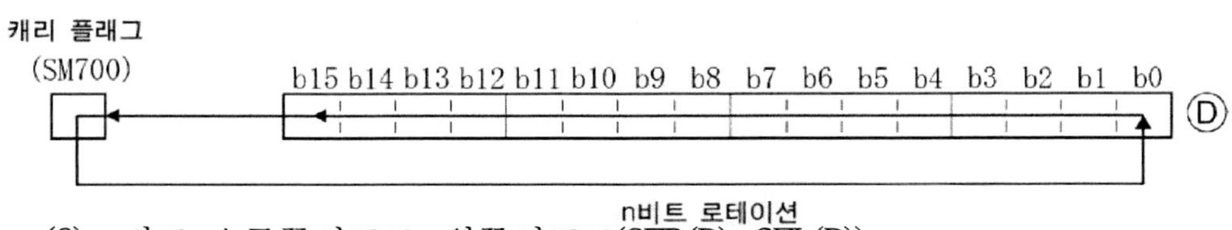

(3) n비트 오른쪽시프트, 왼쪽시프트(SFR(P), SFL(P))

n비트 오른쪽시프트, 왼쪽시프트 명령은 n비트만큼 이동 회전한 뒤에 빈자리에 0을

채우는 명령이다.

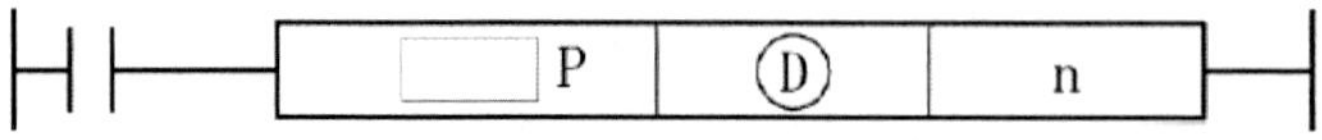

■ n비트 오른쪽시프트(SFR(P))

다음은 SFR 명령을 사용했을 때의 내용이다. D로 지정된 디바이스의 16비트 데이터를 n비트 오른쪽으로 시프트 한다. 그리고 최상위부터 n비트분은 0으로 된다.

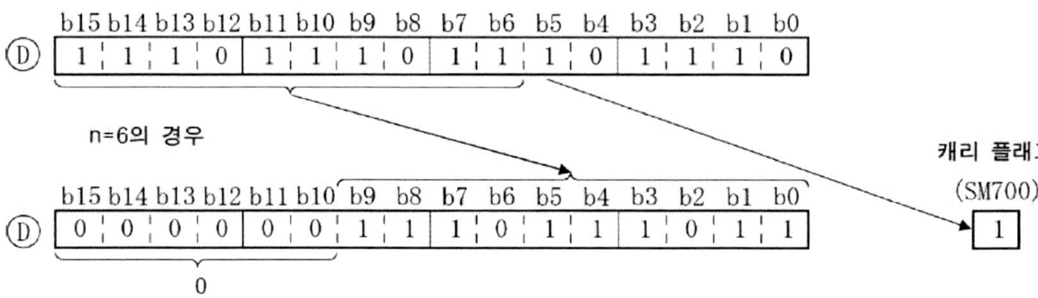

■ n비트 왼쪽시프트(SFL(P))

다음은 SFL 명령을 사용했을 때의 내용이다. D로 지정된 디바이스의 16비트 데이터를 n비트 왼쪽으로 시프트 한다. 그리고 최상위부터 n비트분은 0으로 된다.

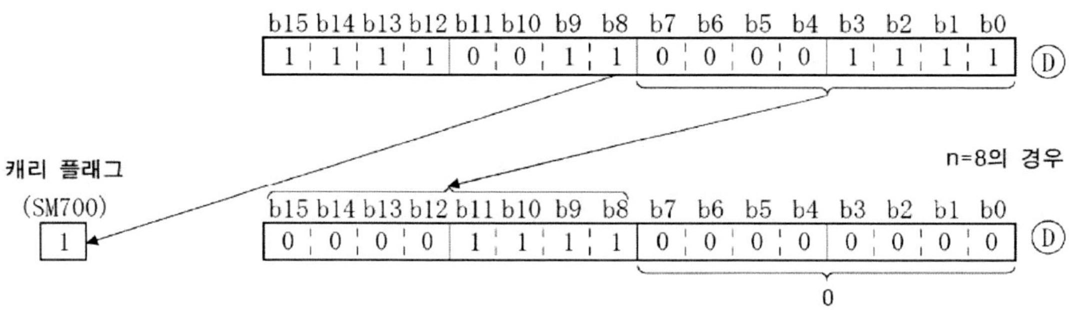

다음은 논리 명령과 로테이션 명령을 확인하기 위한 프로그램이다. 실행했을 때의 데이터레지스터 값을 미리 계산해보고 실행한 후에 온라인-모니터-디바이스 일괄에서 값을 확인 대조해보자.

SM402 특수릴레이는 1회만 실행하여 초기화 시키는 기능을 하게 된다. FMOV 명령은 31을 D0 ~ D9까지 복사한다.

X4 스위치를 1초 이상 누르면 1초 타이머 T0가 ON되어 SM412 특수릴레이에 의해서 D1의 값이 빠른 속도로 1씩 증가하게 되어 있다.

각 명령어가 실행된 결과 값은 온라인-모니터-디바이스 일괄에서 값을 확인해보자.

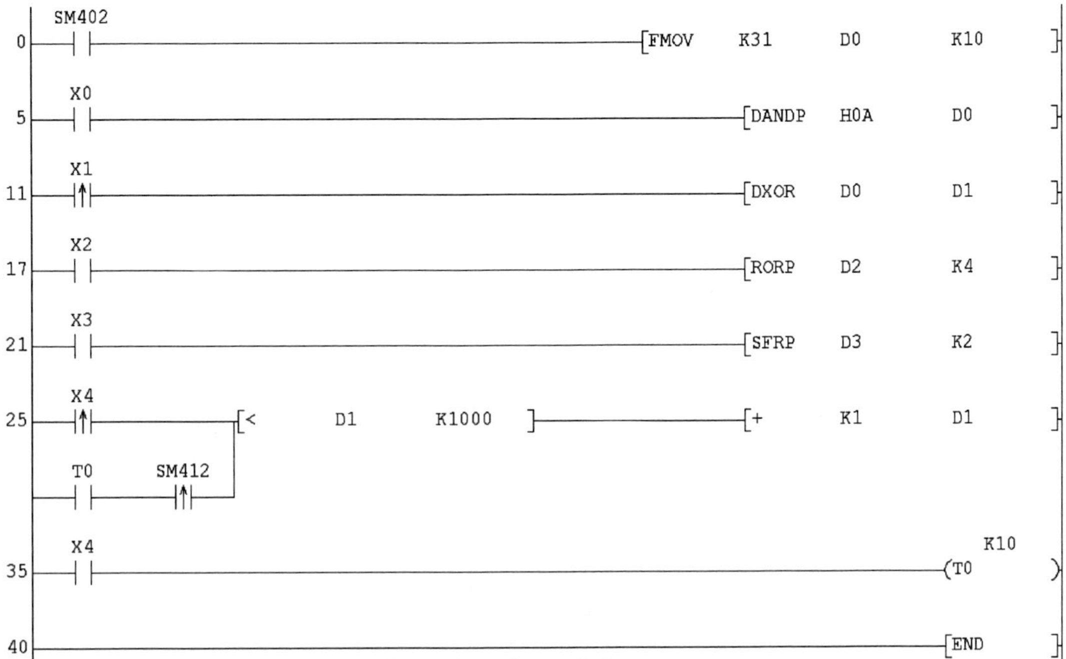

다음은 0번 줄이 실행된 결과를 나타내고 있다.

디바이스	+F E D C	+B A 9 8	+7 6 5 4	+3 2 1 0	
D0	0 0 0 0	0 0 0 0	0 0 0 1	1 1 1 1	31
D1	0 0 0 0	0 0 0 0	0 0 0 1	1 1 1 1	31
D2	0 0 0 0	0 0 0 0	0 0 0 1	1 1 1 1	31
D3	0 0 0 0	0 0 0 0	0 0 0 1	1 1 1 1	31
D4	0 0 0 0	0 0 0 0	0 0 0 1	1 1 1 1	31
D5	0 0 0 0	0 0 0 0	0 0 0 1	1 1 1 1	31
D6	0 0 0 0	0 0 0 0	0 0 0 1	1 1 1 1	31
D7	0 0 0 0	0 0 0 0	0 0 0 1	1 1 1 1	31
D8	0 0 0 0	0 0 0 0	0 0 0 1	1 1 1 1	31
D9	0 0 0 0	0 0 0 0	0 0 0 1	1 1 1 1	31
D10	0 0 0 0	0 0 0 0	0 0 0 0	0 0 0 0	0
D11	0 0 0 0	0 0 0 0	0 0 0 0	0 0 0 0	0
D12	0 0 0 0	0 0 0 0	0 0 0 0	0 0 0 0	0
D13	0 0 0 0	0 0 0 0	0 0 0 0	0 0 0 0	0
D14	0 0 0 0	0 0 0 0	0 0 0 0	0 0 0 0	0

다음은 각 스위치 X0, X1, X2, X3, X4를 1회 ON, OFF한 결과이다. D1의 값은 X4 스위치를 누를 때마다 달라진다. AND, XOR, ROR의 연산에 따라 D0, D1의 달라지는 값을 미리 예측해서 계산해보고 실제 확인을 온라인-모니터-디바이스 일괄에서 값을 이용해서 확인 대조해본다.

디바이스	+F E D C +B A 9 8 +7 6 5 4 +3 2 1 0	
D0	0 0 0 0 0 0 0 0 0 0 0 0 1 0 1 0	10
D1	0 0 0 0 0 0 0 0 0 0 0 0 1 0 1 0	10
D2	1 1 1 1 0 0 0 0 0 0 0 0 0 0 0 1	-4095
D3	0 0 0 0 0 0 0 0 0 0 0 0 0 1 1 1	7
D4	0 0 0 0 0 0 0 0 0 0 0 1 1 1 1 1	31
D5	0 0 0 0 0 0 0 0 0 0 0 1 1 1 1 1	31
D6	0 0 0 0 0 0 0 0 0 0 0 1 1 1 1 1	31
D7	0 0 0 0 0 0 0 0 0 0 0 1 1 1 1 1	31
D8	0 0 0 0 0 0 0 0 0 0 0 1 1 1 1 1	31
D9	0 0 0 0 0 0 0 0 0 0 0 1 1 1 1 1	31
D10	0 0 0 0 0 0 0 0 0 0 0 0 0 0 0 0	0
D11	0 0 0 0 0 0 0 0 0 0 0 0 0 0 0 0	0
D12	0 0 0 0 0 0 0 0 0 0 0 0 0 0 0 0	0
D13	0 0 0 0 0 0 0 0 0 0 0 0 0 0 0 0	0
D14	0 0 0 0 0 0 0 0 0 0 0 0 0 0 0 0	0

3.7 CALL/RET 명령(CALL(P), RET)

CALL 명령은 서브루틴 프로그램을 호출하여 실행하고 다시 메인 프로그램으로 복귀하여 실행하는 프로그램 실행 순서 제어용 명령이다.

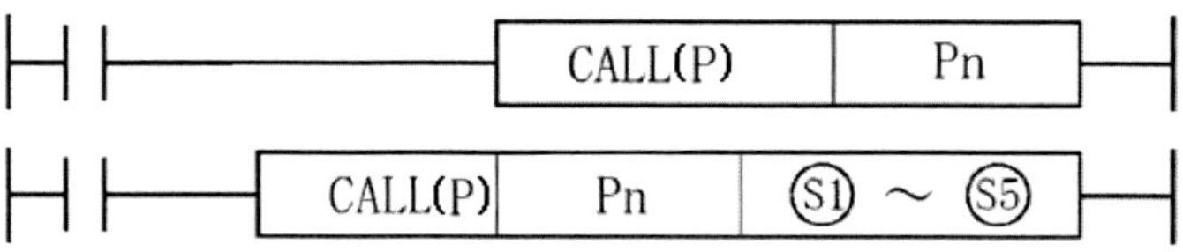

설정데이터	내용	데이터형
Pn	서브루틴 프로그램의 선두포인터 번호	디바이스명
S1 ~ S5	서브루틴 프로그램으로 인수로써 건너뛰는 디바이스 번호	비트 2진수 16비트 2진수 32비트

CALL(P) 명령을 실행하면 Pn으로 지정된 포인터의 서브루틴 프로그램을 실행한다. 실행 처리중에 RET 명령을 만나면 서브루틴 프로그램을 호출한 다음 스텝을 실행하게 된다.

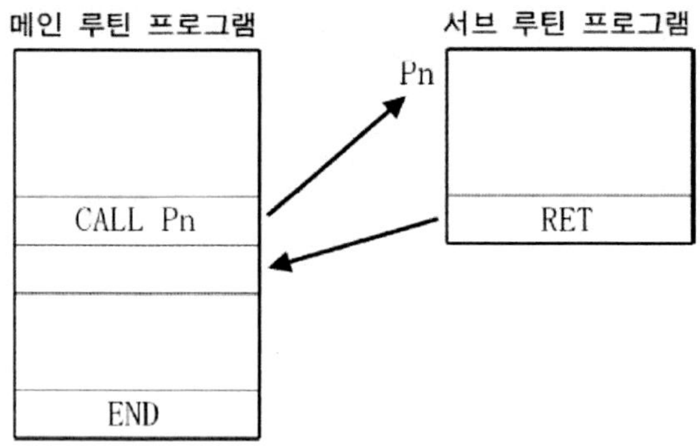

다음의 프로그램은 서브루틴 프로그램 내부를 실행하게 되면 D0의 값이 증가하도록 되어있다.

다음 프로그램의 실행순서는 X00 스위치를 누르기 전에는 0번줄 → 2번줄 →

5번줄 → 7번줄 → 0번줄 → 2번줄→ 5번줄을 반복하게 된다.

만약 X0 스위치를 누르면 0번줄 → 2번줄 → 8번줄 → 13번줄 → 5번줄→ 7번줄 → 0번줄 → 2번줄 → 8번줄 → 13번줄 → 5번줄→ 7번줄을 반복 실행한다.

서브루틴 프로그램을 실행하는 중에 만약 13번줄의 X0 스위치를 놓으면 15번줄 → 5번줄 → 7번줄 → 0번줄 → 2번줄→ 5번줄 → 7번줄 → 0번줄 → 2번줄 → 5번줄 → 7번줄을 반복 실행한다.

3.8 시계용 명령

시계용 명령에는 PLC의 시계 데이터의 읽기명령, 시계 데이터의 쓰기 명령, 시계 데이터의 가산, 감산, 포맷변환 등의 명령어가 있다.

(1) 시계 데이터읽기 명령(DATERD(P))

PLC의 CPU에서 시계 데이터를 읽어오는 명령이다. 읽어오는 데이터의 구조는 다음

과 같다.

Ⓓ	년	(1980~2079)
Ⓓ +1	월	(1~12)
Ⓓ +2	일	(1~31)
Ⓓ +3	시(24시간 계)	(0~23)
Ⓓ +4	분	(0~59)
Ⓓ +5	초	(0~59)
Ⓓ +6	요일	(0~6)

저장데이터	요일
0	일
1	월
2	화
3	수
4	목
5	금
6	토

다음은 시계 명령어를 사용하여 현재 시간을 디스플레이에 출력하는 프로그램을 나타내었다.(2014. 4. 17일, 15시 36분 16초) 현재 시간의 시와 분을 각각 디스플레이의 2자리씩을 출력하는 프로그램으로 실행 후 데이터 값을 확인한다.

구 분	입출력 주소	설 명
출력	K4Y20	DISPLAY

디바이스	+F E D C	+B A 9 8	+7 6 5 4	+3 2 1 0	
D0	0 0 0 0	0 1 1 1	1 1 0 1	1 1 1 0	2014
D1	0 0 0 0	0 0 0 0	0 0 0 0	0 1 0 0	4
D2	0 0 0 0	0 0 0 0	0 0 0 1	0 0 0 1	17
D3	0 0 0 0	0 0 0 0	0 0 0 0	1 1 1 1	15
D4	0 0 0 0	0 0 0 0	0 0 1 0	0 1 0 0	36
D5	0 0 0 0	0 0 0 0	0 0 0 1	0 0 0 0	16
D6	0 0 0 0	0 0 0 0	0 0 0 0	0 1 0 0	4
D7	0 0 0 0	0 0 0 0	0 0 0 0	0 0 0 0	0
D8	0 0 0 0	0 0 0 0	0 0 0 0	0 0 0 0	0
D9	0 0 0 0	0 0 0 0	0 0 0 0	0 0 0 0	0
D10	0 0 0 0	0 0 0 0	0 0 0 0	0 0 0 0	0
D11	0 0 0 0	0 0 0 0	0 0 0 0	0 0 0 0	0
D12	0 0 0 0	0 0 0 0	0 0 0 0	0 0 0 0	0
D13	0 0 0 0	0 0 0 0	0 0 0 0	0 0 0 0	0
D14	0 0 0 0	0 0 0 0	0 0 0 0	0 0 0 0	0
D15	0 0 0 0	0 0 0 0	0 0 0 0	0 0 0 0	0

다음은 시계 응용 명령어를 이용한 알람이 동작하는 프로그램이다. 시계 데이터 읽기 명령어를 이용하여 정각마다 부저가 울리도록 하고 부저는 알람 종료버튼이 눌리

기 전까지 1분간 울린 후 종료된다. 알람종료 시간 전에 알람 종료버튼이 눌리면 알람은 즉시 종료된다.

그리고 부저가 울리는 동안에 알람램프도 같이 점등되어야 한다.
부저 OFF시에는 램프도 동시에 OFF한다.

구 분	메모리 할당	설 명
입력	X00	알람종료 버튼
출력	Y20	부저
	Y21	램프

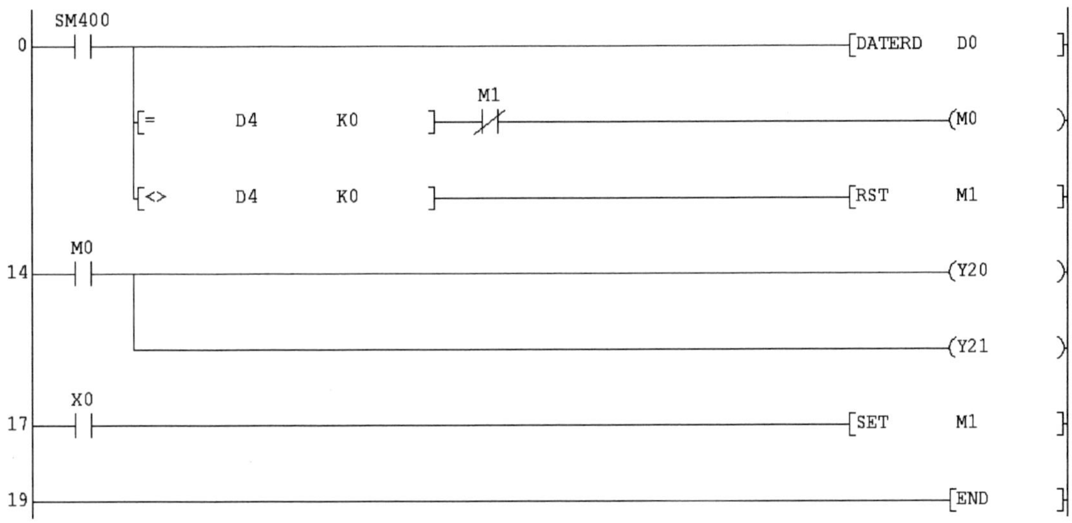

4.1 연습문제

스톱워치를 PLC프로그램으로 구현해보자. 사칙연산, FF, FMOV, PLS, 비교연산자를 활용하여 다음의 요구 조건을 충족하는 프로그램을 작성한다.

① 전원이 공급되면 출력 표시장치 FND에는 "0000"으로 표시된다.

② 시작/정지 스위치를 누르면 10ms 단위로 증가한다.(SM409, M8011)

③ 시간이 증가하는 중에 시작/정지 스위치를 누르면 증가 동작이 중지되고 현재의 시간을 표시한다.

④ 다시 시작/정지 스위치를 누르면 증가 동작이 계속된다.

⑤ 동작이 정지된 상태에서만 리셋스위치를 누르면 초기화되고 FND에는 "0000"으로 표시된다. 동작 중에는 리셋스위치가 동작하지 않는다.

구 분	입출력 주소	설 명
입력		시작/정지 스위치
		리셋 스위치
출력		

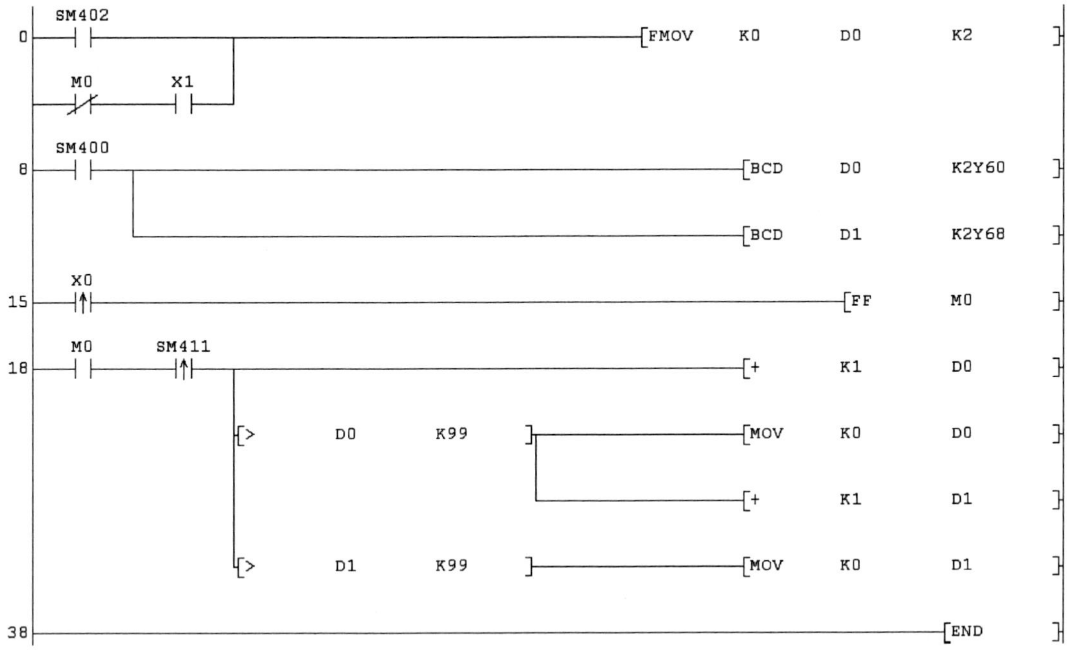
SM402
FMOV K0 D0 K2
M0 X1
SM400
BCD D0 K2Y60
BCD D1 K2Y68
X0
FF M0
M0 SM411
+ K1 D0
> D0 K99
MOV K0 D0
+ K1 D1
> D1 K99
MOV K0 D1
END

4.2 연습문제

에어컨, TV 리모콘과 같이 대부분의 전기전자 장치에 특정 숫자를 설정하기 위해 증가버튼과 감소버튼을 두어 희망하는 값을 설정하게 된다. 짧게 누르면 1씩 증가하거나 감소하지만 1초 이상 꾹 누르면 빠른 속도로 숫자가 증가하거나 감소하여 희망하는 숫자 즉 온도 혹은 시간을 설정한다. 이와 같은 기능을 갖는 프로그램을 작성하시오. 이때 특수릴레이 SM410을 사용하고 버튼은 X0, X1을 사용한다. 출력은 K2Y20을 사용하여 2자리 숫자가 표시되도록 하시오.

입출력 주소를 먼저 작성하시오.

구 분	입출력 주소	설 명
입력		
출력		

4.3 연습문제

전기밥솥이나 전자레인지의 동작시간 설정의 기능을 프로그램으로 작성해보자. 동작 요구 조건은 다음과 같다.

① 최초 전원이 공급되면 출력부 FND에 00 으로 표시된다.

② 10분 혹은 1분 설정용 버튼을 선택하여 누르면 10분/1분씩 증가한다.

③ 90분/99분이상 혹은 0이 설정되었을 때 증가버튼을 누르면 표시 값은 90 → 00 으로 99 → 00으로 표시된다.

④ 시작 버튼을 누르면 동작표시 램프가 On되고 설정된 값이 1씩 감소하면서 0이 되면 동작표시등이 OFF되고 중지한다.

⑤ 10분용/1분용 버튼을 짧게 누르면 10/1씩 증가하지만 1초 이상 꾹 누르면 빠른 속도 10/1씩 증간한다.

⑥ 가동중 혹은 가동시간 설정 중에 중지버튼을 누르면 초기화 되면서 FND에 "0" 으로 표시된다. 다시 시간을 설정할 수 있다.

⑦ 출력은 K2Y20을 사용하여 2자리 숫자가 표시되도록 하시오.

구 분	A조 입출력 주소	설 명
입력	X00	10분 스위치
	X01	1분 스위치
	X02	시작 스위치
	X03	중지 스위치
출력	Y20 ~ Y27	FND DISPLAY
	Y30	동작표시 램프

4.4 연습문제

가동시간 설정 동작을 PLC 래더 프로그램으로 다음의 요구 조건을 충족하도록 작성하시오.

구 분	입출력 주소	설 명
입력	X00	1분
	X01	1초
	X02	시작 스위치
	X03	정지 스위치
출력	Y20 ~ Y2F	FND DISPLAY
	Y30	동작표시 램프
	Y31	출력

요구조건 :

① 전원이 공급되면 출력 표시장치 FND에는 "0000"으로 표시된다.

② 동작시간을 설정하기 위해서 X0 버튼은 1분 단위, X1버튼을 누르면 1초 단위로 증가한다.

③ X0, X1버튼을 1초 이상 누르고 있으면 빠른 속도로 숫자가 증가한다.

④ 동작 시간의 설정이 잘못되어 수정하려면 X03정지 버튼을 누르면 출력표시 장치가 "0000"으로 리셋되고 ②번과 같이 새로 설정한다.

⑤ 설정이 완료되어 X02 시작 버튼을 누르면 1초 간격으로 남은 시간이 FND에 계속 표시되고 시간이 00분 00초가 되면 모든 출력은 OFF된다.

⑥ 동작 중에 정지 버튼을 짧게 누르면 현재까지 남은 시간을 표시장치에 "00분 00초"로 표시하고 출력은 일시 정지된다. 다시 시작스위치를 누르면 남은 시간 만큼 동작한다.

⑦ 동작 중에 정지 버튼을 1초 이상 길게 누르면 출력은 즉시 정지되고 표시장치에 "00분 00초"로 표시되고 초기화 된다.

⑧ 전원이 공급되면 동작표시 램프(Y30)이 ON된다.

⑨ 시작 버튼을 눌러 가동 중에만 동작표시 램프는 0.5초 간격으로 깜박이고 그 외의 모든 상태에서는 ON상태가 된다.

4.5 연습문제

가동시간 설정 동작을 PLC 래더 프로그램으로 다음의 요구 조건을 충족하도록 작성하시오.

구 분	입출력 주소	설 명
입력	X00	1분 스위치
	X01	1초 스위치
	X02	시작/정지 스위치
	X03	리셋 스위치
출력	Y20 ~ Y2F	FND DISPLAY
	Y30	동작표시 램프
	Y31	전원표시 램프

요구조건 :

① 전원이 공급되면 출력 표시장치 FND에는 “0000”으로 표시된다.

② 전자레인지의 동작시간을 설정하기 위해서 1분 스위치는 1분 단위, 1초 스위치를 누르면 1초 단위로 증가한다.

③ 1분 스위치, 1초 스위치를 1초 이상 누르고 있으면 빠른 속도로 숫자가 증가한다.

④ 동작 시간의 설정이 잘못되어 수정하려면 리셋 스위치를 누르면 출력표시 장치가 “0000”으로 리셋되고 ②번과 같이 새로 설정한다.

⑤ 설정이 완료되어 시작/정지 스위치를 누르면 1초 간격으로 남은 시간이 FND에 계속 표시되고 시간이 00분 00초가 되면 모든 동작은 OFF된다.

⑥ 동작 중에 시작/정지 스위치를 누르면 동작이 일시 정지된다. 설정 시간 출력 표시장치에는 현재의 남은 시간이 표시된다. 다시 시작/정지 스위치를 누르면 남은 시간 만큼 동작한다.

⑦ 동작 중에 리셋스위치를 누르면 모든 출력은 OFF되고 설정 시간 출력 표시장치에 “00분 00초”로 표시한다.

⑦ 전원이 공급되면 전자레인지 전원표시 램프가 ON된다.

⑧ 전자레인지가 시작/정지 버튼을 눌러 가동 중에만 동작표시 램프는 0.5초 간격으로 깜박이고 그 외의 모든 상태에서는 OFF상태가 된다. ⑥번의 경우에 동작이 일시 정지했으니 램프 점멸 대신에 OFF상태로만 있다가 다시 시작/정지 버튼 스위치로 남

은 시간을 동작하면 다시 점멸한다.

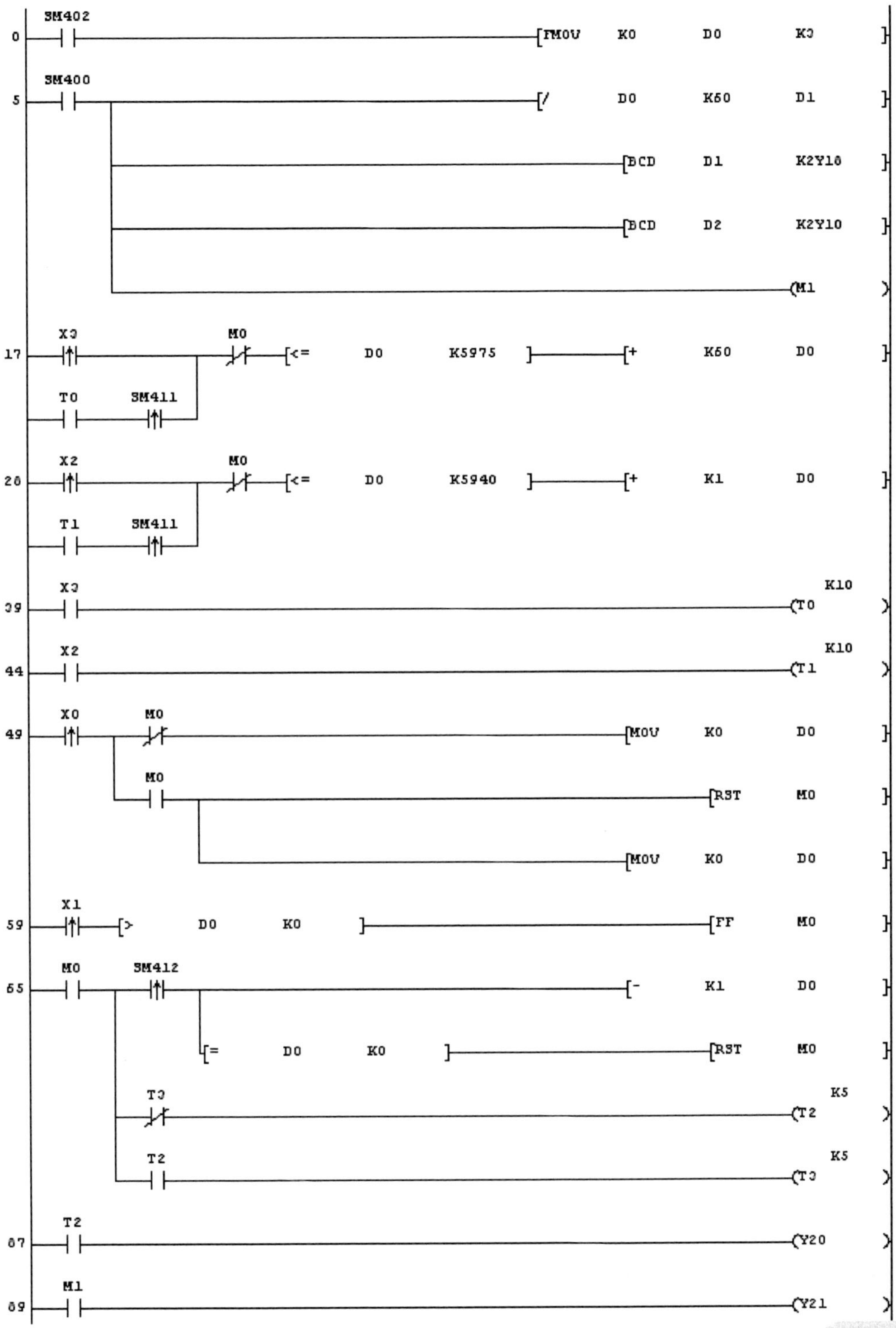
0 SM402 [FMOV K0 D0 K3]
5 SM400 [/ D0 K60 D1]
[BCD D1 K2Y18]
[BCD D2 K2Y10]
(M1)
17 X3 M0 [<= D0 K5975] [+ K60 D0]
T0 SM411
28 X2 M0 [<= D0 K5940] [+ K1 D0]
T1 SM411
39 X3 (T0 K10)
44 X2 (T1 K10)
49 X0 M0 [MOV K0 D0]
M0 [RST M0]
[MOV K0 D0]
59 X1 [> D0 K0] [FF M0]
65 M0 SM412 [- K1 D0]
[= D0 K0] [RST M0]
T3 (T2 K5)
T2 (T3 K5)
87 T2 (Y20)
89 M1 (Y21)

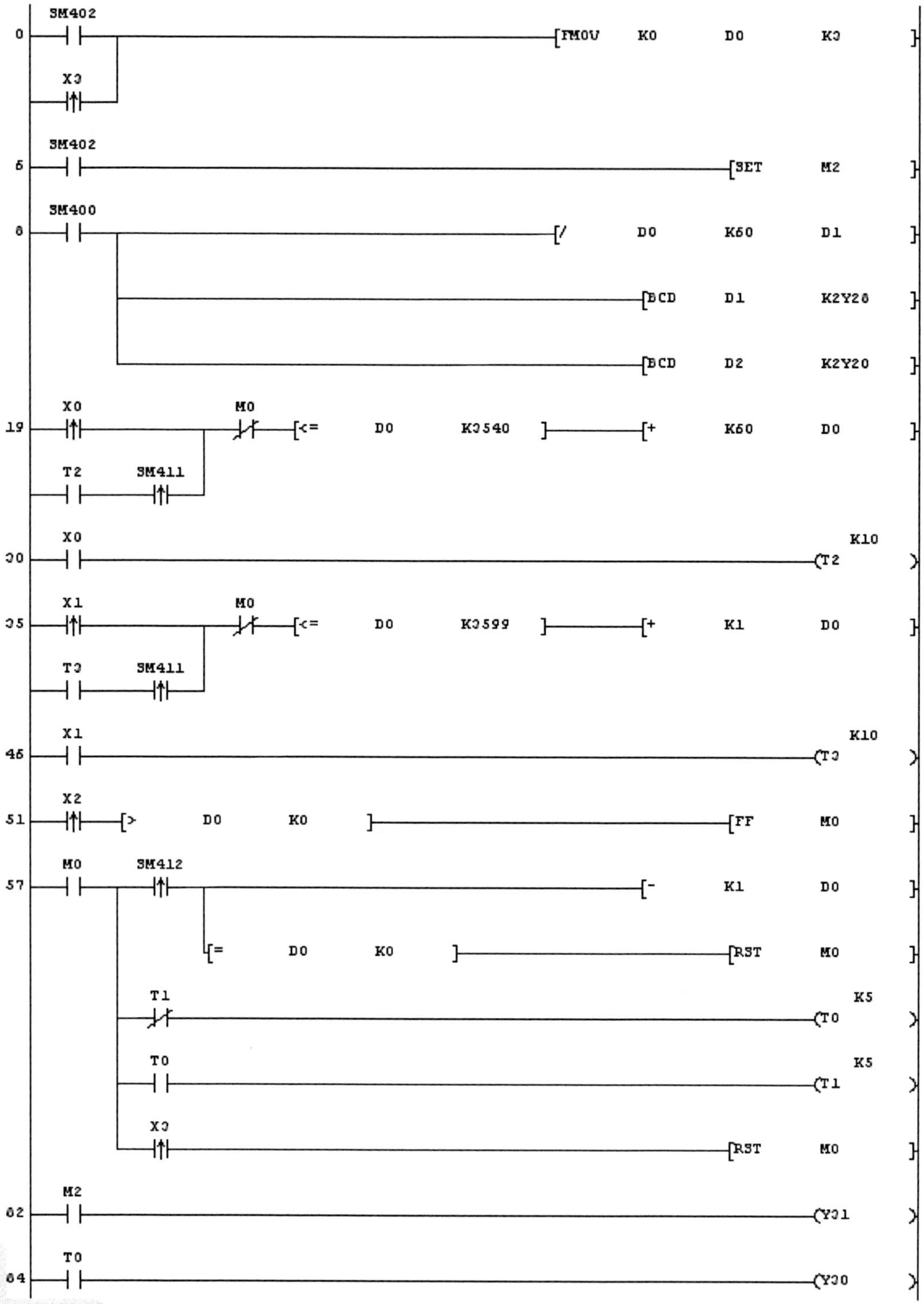
0 SM402 X3 FMOV K0 D0 K3
6 SM402 SET M2
8 SM400 / D0 K60 D1
BCD D1 K2Y28
BCD D2 K2Y20
19 X0 M0 <= D0 K3540 + K60 D0
T2 SM411
30 X0 T2 K10
35 X1 M0 <= D0 K3599 + K1 D0
T3 SM411
46 X1 T3 K10
51 X2 > D0 K0 FF M0
57 M0 SM412 - K1 D0
= D0 K0 RST M0
T1 T0 K5
T0 T1 K5
X3 RST M0
62 M2 Y31
64 T0 Y30

4.6 연습문제

시계데이터 읽기명령어를 이용하여 설정된 시각마다 알람이 동작하도록 한다.

요구조건 :

① 설정시각은 시간, 분으로 한다.

② 2개의 시간설정 스위치, 분 설정 스위치를 사용한다.

③ 부저가 울리도록 하고 부저는 알람종료버튼이 눌리기 전까지 1분간 울린 후 종료된다.

④ 알람종료 시간 전에 알람종료버튼이 눌리면 알람은 즉시 종료된다.

⑤ 부저가 울리는 동안에 알람램프도 같이 점등되어야 한다.

⑥ 부저가 OFF시에는 램프도 동시에 OFF한다.

⑦ 입출력 주소를 먼저 작성하시오.

구 분	입출력 주소	설 명
입력		
출력		

5장 생산자동화 산업기사 문제 풀이

1. PLC TRAINER와 MINI MPS TRAINER

1.1 멜섹Q 02H PLC TRAINER
1.2 MINI MPS TRAINER
1.3 PLC TRAINER와 MINI MPS TRAINER의 전원 연결
1.4 MPS TRAINER의 입출력 단자
1.5 입력장치 연결 포트
1.6 출력장치 연결 포트

2. 산업기사 실기문제
실습문제 1
실습문제 2
실습문제 3
실습문제 4
실습문제 5
실습문제 6
실습문제 7
실습문제 8
실습문제 9
실습문제 10

1. PLC TRAINER와 MINI MPS TRAINER

1.1 멜섹Q 02H PLC TRAINER

다음은 실습에 사용하게 될 PLC 멜섹Q 02H PLC TRAINER의 입출력 연결 단자를 나타낸 것이다. 입력 32점, 출력 32점이고 출력 Y30 ~ Y3F는 4개의 7-SEGMENT에 연결되어 있다.

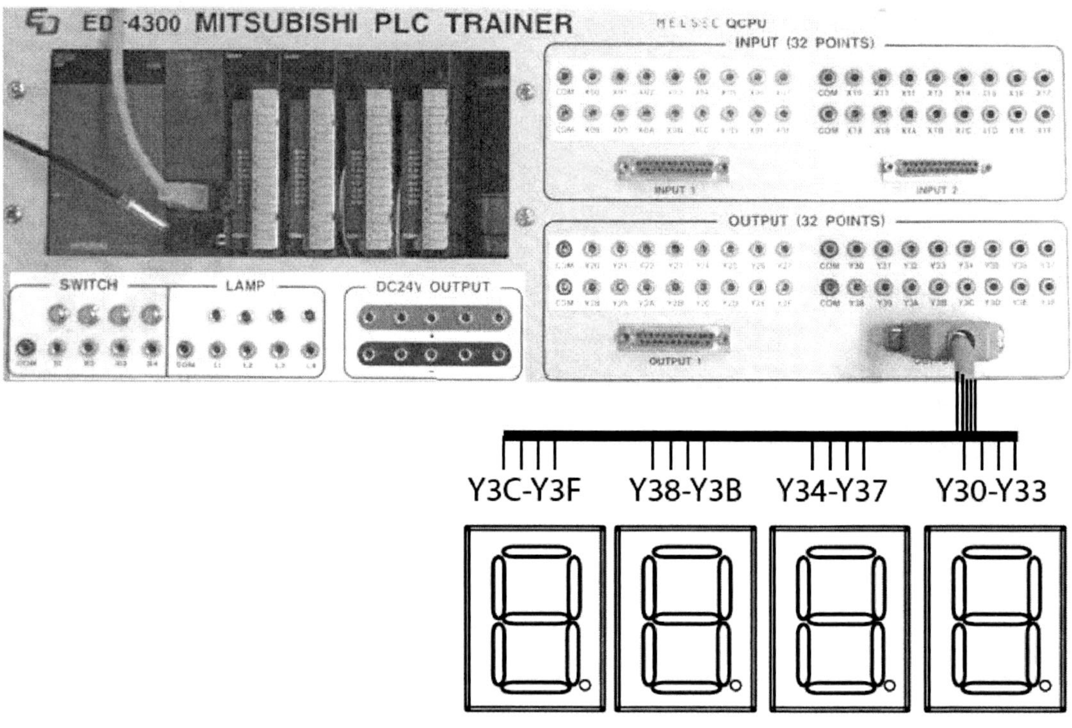

1.2 MINI MPS TRAINER

다음은 MINI MPS 트레이너의 입출력 단자를 나타낸 것이다.

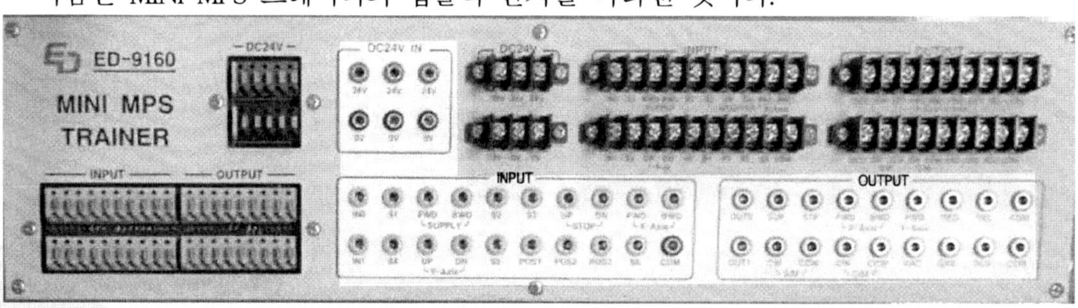

1.3 PLC TRAINER와 MINI MPS TRAINER의 전원 연결

다음은 PLC 트레이너와 MINI MPS 트레이너의 전원 연결에 대한 것을 나타내었다. PLC 장치에 있는 MAIN POWER 스위치와 DC24V POWER 스위치를 ON하면 아래의 DC24V OUTPUT단자에 24V가 공급된다. 이것을 PLC 트레이너의 입출력과 MINI MPS 트레이너의 외부 입출력에 연결하게 될 외부 전원 공급 장치가 된다.

각 전원 연결선은 적색(+), 흑색선(—)으로 구분이 되어 있다.

연결하는 방법은 아래의 그림을 참조한다.

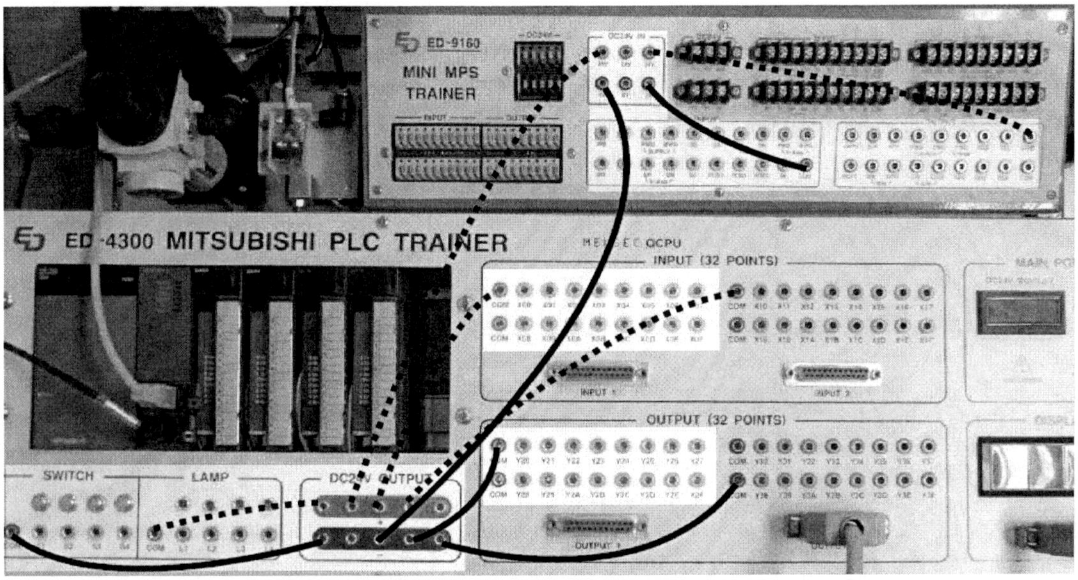

1.4 MPS TRAINER의 입출력 단자

다음은 실습에 사용하는 MPS 장비의 입출력 단자에 대한 설명을 나타내었다.

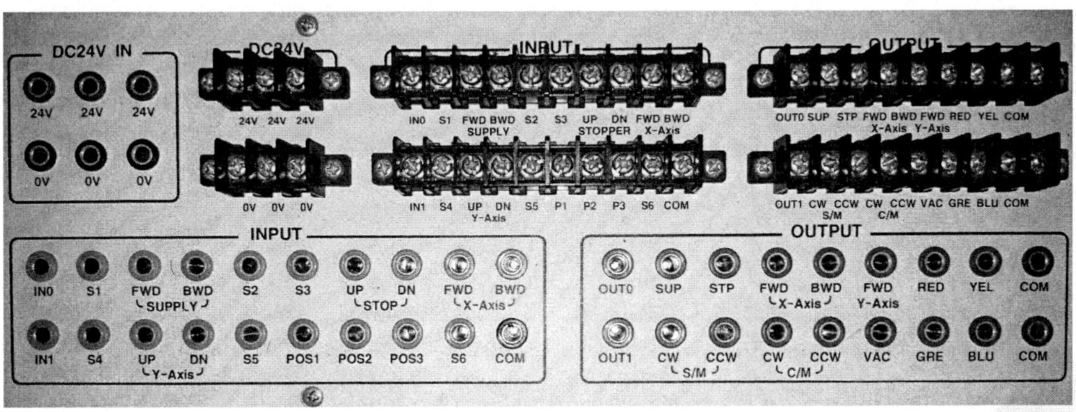

1.5 입력장치 연결 포트

INPUT			
번호	포트명칭		설명
1	IN0		
2	S1		부품공급 적재함 센서 (포토센서)
3	SUPPLY	FWD	공급실린더 전진완료 스위치
4	SUPPLY	BWD	공급실린더 후진완료 스위치
5	S2		고주파 발진형 근접센서
6	S3		정전 용량형 근접센서
7	STOP	UP	스토퍼 실린더 후진완료 스위치
8	STOP	DN	스토퍼 실린더 전진완료 스위치
9	X-Axis	FWD	수평 실린더 전진완료 스위치
10	X-Axis	BWD	수평 실린더 후진완료 스위치
11	IN1		
12	S4		스토퍼 센서(포토센서)
13	Y-Axis	UP	수직 실린더 후진완료 스위치
14	Y-Axis	DN	수직 실린더 전진완료 스위치
15	S5		
16	POS1		자동창고 적재함 1번 위치(포토 인터럽트)
17	POS2		자동창고 적재함 2번 위치(포토 인터럽트)
18	POS3		자동창고 적재함 3번 위치(포토 인터럽트)
19	S6		
20	—COM		PLC 외부 입력장치사용 전원 -공통

1.6 출력장치 연결 포트

<table>
<tr><th colspan="4">OUTPUT</th></tr>
<tr><th>번호</th><th colspan="2">포트명칭</th><th>설명</th></tr>
<tr><td>1</td><td colspan="2">OUT0</td><td></td></tr>
<tr><td>2</td><td colspan="2">SUP</td><td>공급실린더</td></tr>
<tr><td>3</td><td colspan="2">STP</td><td>스토퍼실린더</td></tr>
<tr><td>4</td><td rowspan="2">X-Axis</td><td>FWD</td><td>수평 실린더 전진</td></tr>
<tr><td>5</td><td>BWD</td><td>수평 실린더 후진</td></tr>
<tr><td>6</td><td colspan="2">FWD Y-Axis</td><td>수직 실린더 전진</td></tr>
<tr><td>7</td><td colspan="2">RED</td><td>타워램프 적색</td></tr>
<tr><td>8</td><td colspan="2">YEL</td><td>타워램프 황색</td></tr>
<tr><td>9</td><td colspan="2">OUT1</td><td></td></tr>
<tr><td>10</td><td rowspan="2">S/M</td><td>CW</td><td>자동창고 DC 모터 시계방향 회전</td></tr>
<tr><td>11</td><td>CCW</td><td>자동창고 DC 모터 반시계방향 회전</td></tr>
<tr><td>12</td><td rowspan="2">C/M</td><td>CW</td><td>컨베이어 DC 모터 시계방향 회전</td></tr>
<tr><td>13</td><td>CCW</td><td>컨베이어 DC 모터 반시계방향 회전</td></tr>
<tr><td>14</td><td colspan="2">VAC</td><td>흡입실린더</td></tr>
<tr><td>15</td><td colspan="2">GRE</td><td>타워램프 녹색</td></tr>
<tr><td>16</td><td colspan="2">BLU</td><td>타워램프 청색</td></tr>
<tr><td>17</td><td colspan="2">+COM</td><td>PLC 외부 출력장치 사용 전원 +공통</td></tr>
</table>

2. 산업기사 실기문제

실습문제 1

부품적재함에 있는 부품을 공급실린더를 제어하여 컨베이어에 공급하는 동작을 구현해 본다.

1.1 동작설명:

부품 적재함에 부품이 들어 있는 상태에서 시작 스위치를 ON/OFF하면 공급실린더가 전진한다. 전진을 하면서 부품 1개를 밀어 내면서 컨베이어에 전진완료 센서가 인식되면 복동실린더 피스톤의 전진이 완료되고 후진을 한다. 그리고 후진완료 센서가 인식되면 초기화 한다. 그리고 다시 시작 스위치를 ON/OFF하면 반복해서 같은 동작을 하게 된다.

부품 적재함에 부품이 들어 있지 않으면 시작 스위치를 ON/OFF해도 동작이 이루어지지 않는다.

1.2 플로챠트

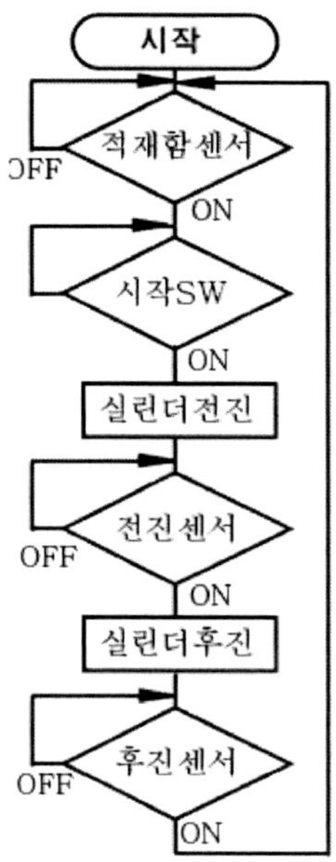

1.3 입출력 할당

구 분	입출력 주소	설명
입력	X00	시작 스위치
	X01	전진완료센서
	X02	후진완료센서
	X03	부품적재함 포토센서(S1)
출력	Y20	공급실린더

1.4 장치 설명

포토센서: 부품 적재함에는 부품이 있는지 없는지를 확인하기 위한 반사형 포토센서가 설치되어 있다. 포토센서에는 BF3RX 모델이 사용되었고 부품 적재함 센서 입력에는 S1으로 표시되어 있다.

■접속도

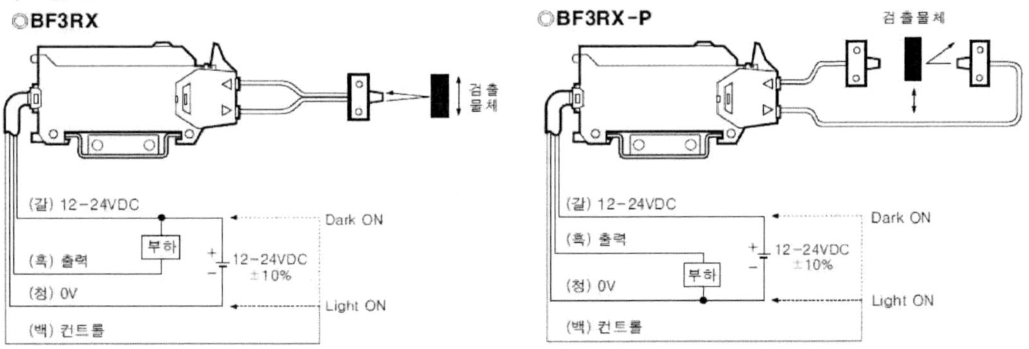

리드 스위치 : Reed 스위치는 자기장(자석 혹은 전자석)에 의해서 부드러운 자성체 접점이 붙고, 떨어지는 스위치이다. 접점 부분이 비활성 가스를 충전한 유리관 속에 봉입되어 있고 리드 스위치 가까이 자석을 근접시키면 자성체 접점이 서로 다른 극으로 자화되면서 끌어당겨 붙고, 자석을 멀리하면 원래대로 복귀되어 접점이 떨어진다. 출입문 개폐, 위치 검출 등 여러 용도로 많이 사용된다.

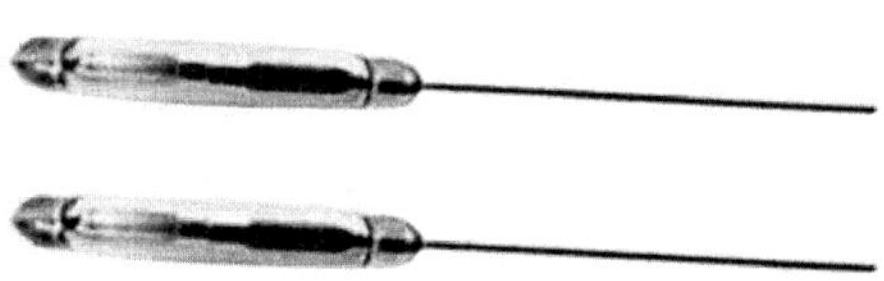

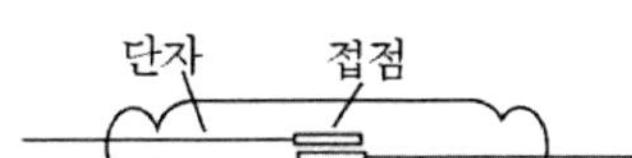

전진/후진센서 : 공급실린더에 사용된 인식 센서는 D-C73K 모델이다.

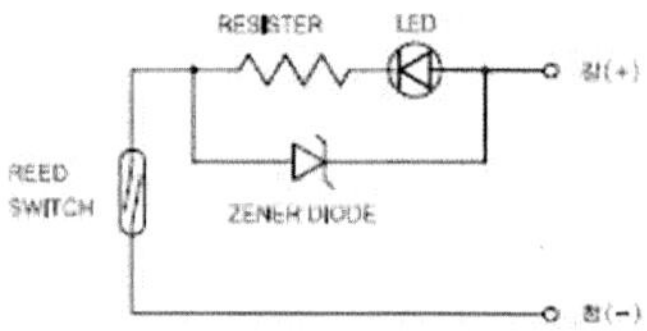

2선식 유접점 회로도

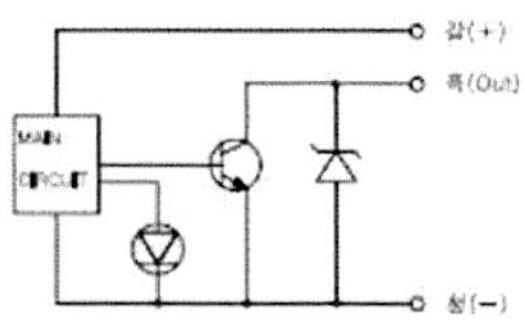

3선식 NPN 무접점 회로도

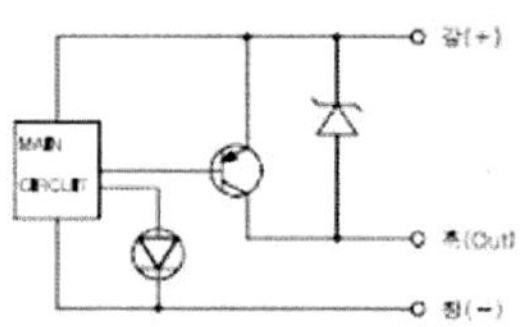

3선식 PNP 무접점 회로도

오토스위치 사양 D-C7□K형/유,무접점 오토스위치 (밴드부착형)

오토스위치 품번	D-C73K		D-C75K	D-C73TN(P)
접점 & 배선방식	유접점 2선식			무접점 3선식
용 도	릴레이, 시퀀스 콘트롤러			
부하 전압	DC24V	AC100V	AC220V	DC24V
부하 전류	5~40mA	5~20mA	5~15mA	100mA 이하
접점보호회로	없 음			내 장
내부강하전압	2.4V 이하			1.5V 이하
인디케이터 램프	ON시 적색 LED 점등			
출력 방식	−			NPN(PNP)
소비 전류	−			5mA 이하
누설 전류	없음			100μA 이하
동작 시간	1.2ms 이하			
리 드 선	내유 비닐 캡타이어 코드			
내 충 격	30G			
절연 저항	DC500V에서 50MΩ 이상 (리드선과 케이스간)			
내 전 압	AC1500V 1분간 (리드선과 케이스간)			
주위 온도	−10 ~ 60℃			
보호 구조	IEC규격 IP67, 방침(JISC0920), 방유 구조			

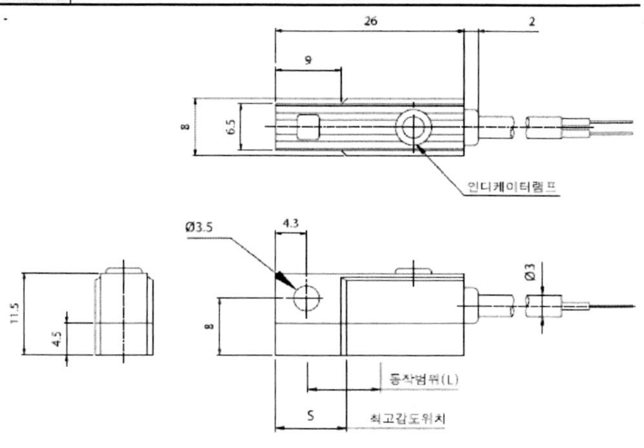

다음의 복동실린더 내부 14번 마그네트가 피스톤의 이동으로 인식 센서에 다가오면 리드스위치가 On되면서 LED가 On된다.

피스톤에 부착된 마그네트의 이동으로 복동 실린더의 피스톤이 전진, 후진을 완료했는지 신호를 PLC입력으로 연결하여 프로그램으로 제어한다.

복동 실린더 : 다음은 MPS 장치 공급실린더에 사용된 복동 실린더의 내부 구조를 나타낸 것이다.

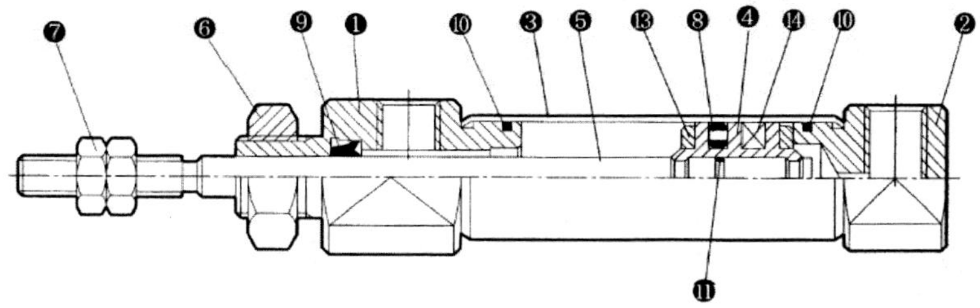

부품 LIST

번호	부품명	재질	비고	번호	부품명	재질	비고
❶	로드 커버	알루미늄합금	백색 알루마이트	❽	피스톤 패킹	NBR	
❷	헤드 커버	알루미늄합금	백색 알루마이트	❾	로드 패킹	NBR	
❸	튜 브	스테인레스강		❿	튜브 가스켓	NBR	
❹	피스톤		황 동	⓫	피스톤 가스켓	NBR	
❺	피스톤 로드	스테인레스강		⓬	패킹 리테이너	알루미늄 합금	백색 알루마이트
❻	부착용 너트	황 동	니켈도금	⓭	범 퍼	우 레 탄	
❼	로드 끝단 너트	연 강	니켈도금	⓮	마그네트	Neodium	

1.5 프로그램

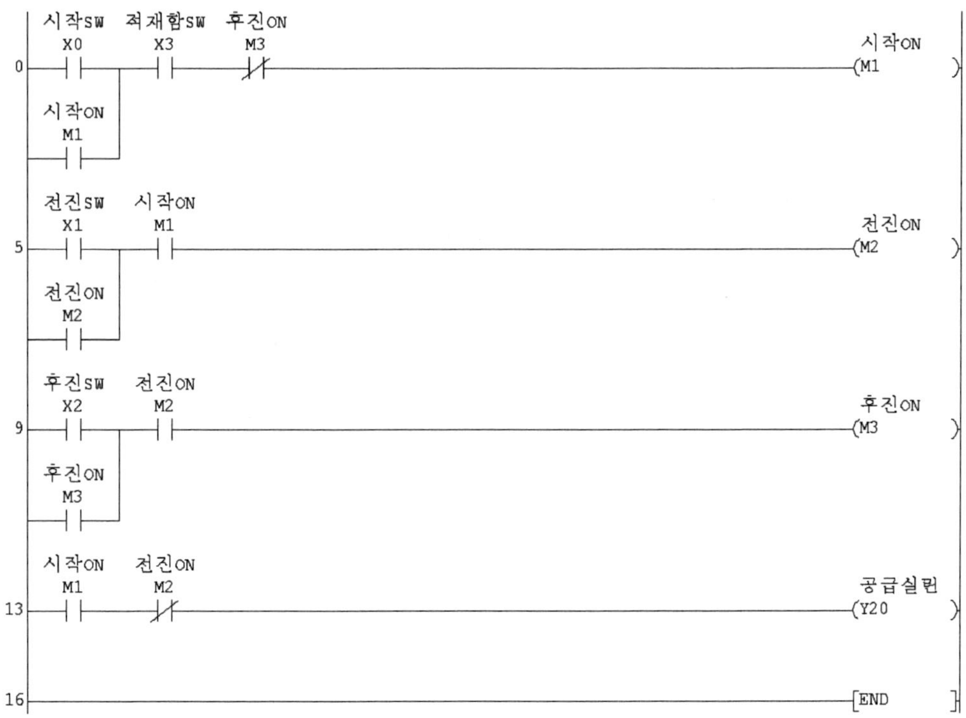

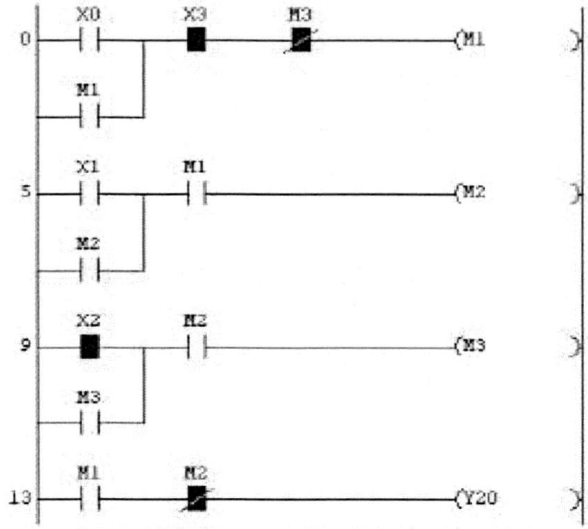
0 X0 X3 M3 M1
M1
5 X1 M1 M2
M2
9 X2 M2 M3
M3
13 M1 M2 Y20
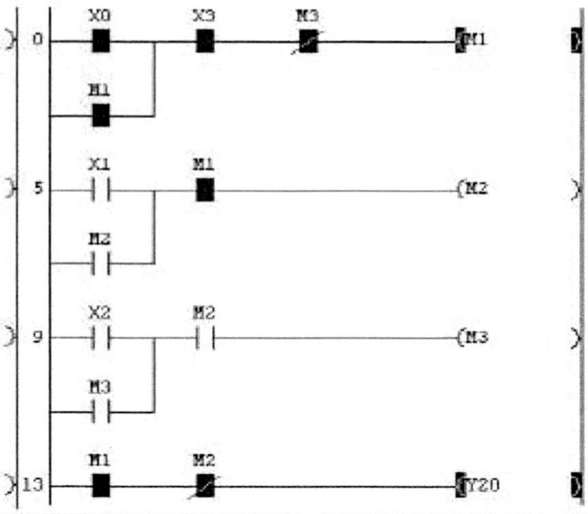
0 X0 X3 M3 M1
M1
5 X1 M1 M2
M2
9 X2 M2 M3
M3
13 M1 M2 Y20
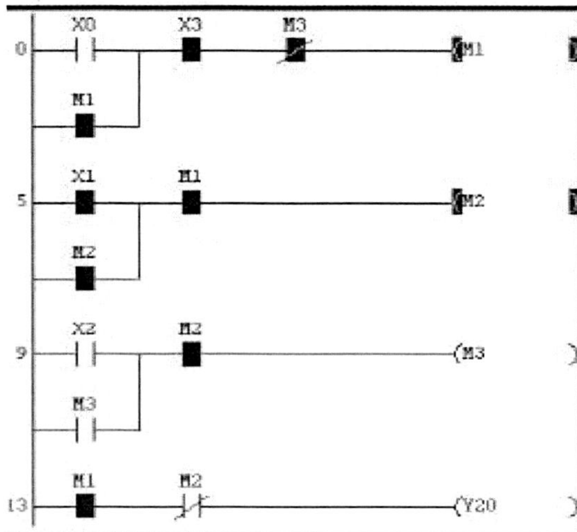
0 X0 X3 M3 M1
M1
5 X1 M1 M2
M2
9 X2 M2 M3
M3
13 M1 M2 Y20
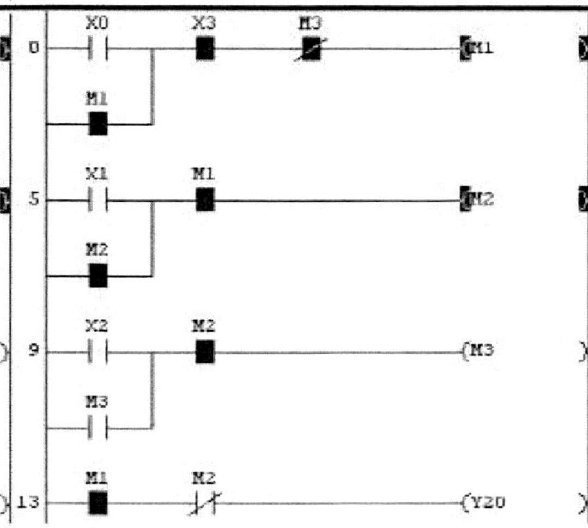
0 X0 X3 M3 M1
M1
5 X1 M1 M2
M2
9 X2 M2 M3
M3
13 M1 M2 Y20
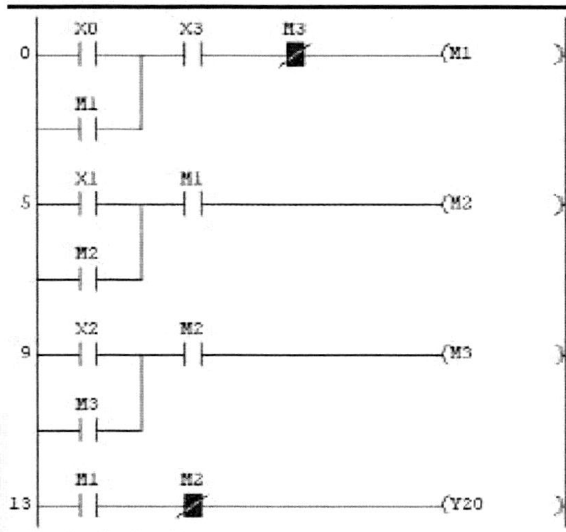
0 X0 X3 M3 M1
M1
5 X1 M1 M2
M2
9 X2 M2 M3
M3
13 M1 M2 Y20
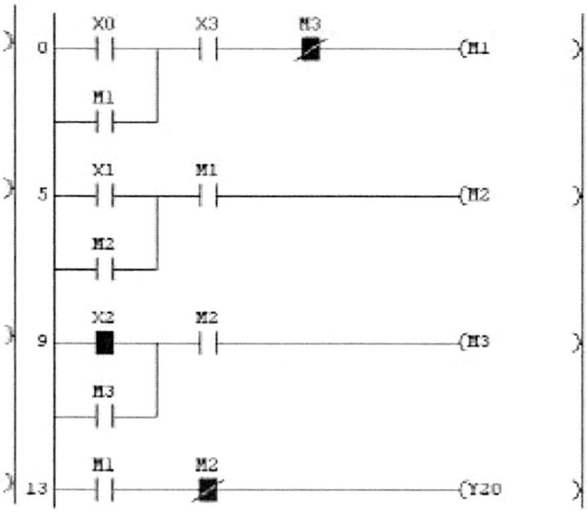
0 X0 X3 M3 M1
M1
5 X1 M1 M2
M2
9 X2 M2 M3
M3
13 M1 M2 Y20

1.6 공압회로

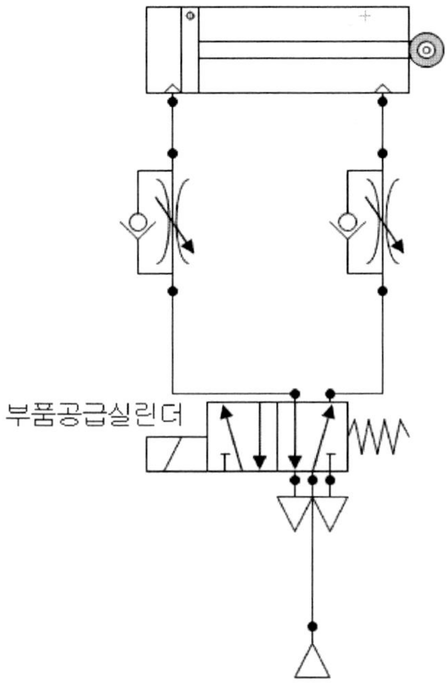

1.7 프로그램을 다음의 요구 조건으로 동작하도록 수정하시오.

1.5의 프로그램에서 시작 스위치를 ON/OFF하면 연속적으로 공급실린더를 동작시켜 부품적재함에 있는 부품을 밀어내도록 한다. 정지스위치를 누르면 공급실린더의 동작을 중지한다.

구 분	입출력 주소	설명
입력	X00	시작 스위치
	X01	전진완료센서
	X02	후진완료센서
	X03	부품적재함 포토센서(S1)
	X03	정지 스위치
출력	Y20	공급실린더

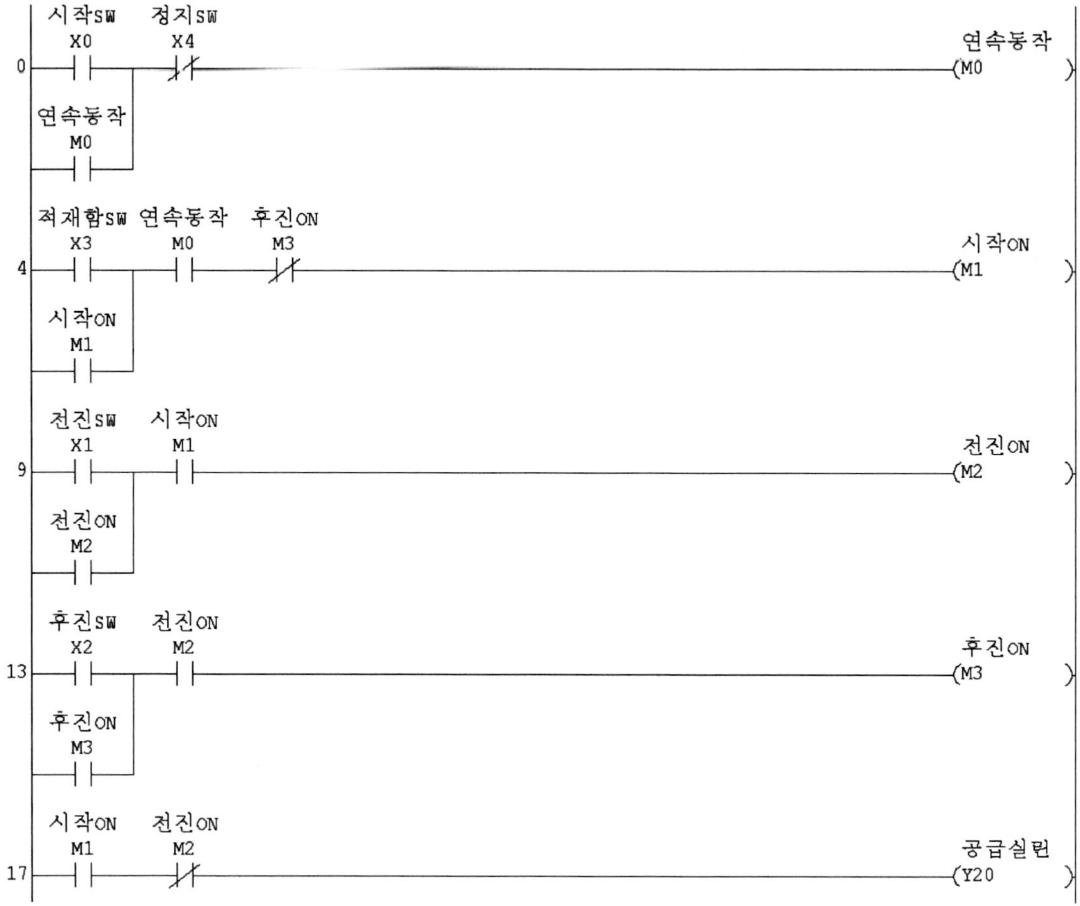
시작SW 정지SW
X0 X4
0
연속동작
(M0
연속동작
M0
저재함SW 연속동작 후진ON
X3 M0 M3
4
시작ON
(M1
시작ON
M1
전진SW 시작ON
X1 M1
9
전진ON
(M2
전진ON
M2
후진SW 전진ON
X2 M2
13
후진ON
(M3
후진ON
M3
시작ON 전진ON
M1 M2
17
공급실린
(Y20

실습문제 2

부품적재함에 있는 부품을 공급실린더를 제어하여 컨베이어에 공급하고 컨베이어는 10초간 구동하고 정지한 후 초기화하는 동작을 구현해 본다.

2.1 동작 설명:

부품 적재함에 부품이 들어 있는 상태에서 시작 스위치를 ON/OFF하면 공급 실린더 전후진 동작으로 부품 1개를 밀어 내면서 컨베이어에 공급하고 컨베이어는 20초간 구동하면서 부품을 이동시킨다. 그리고 10초가 경과하면 컨베이어 구동은 정지되고 초기화 한다. 그리고 다시 시작 스위치를 ON/OFF하면 반복해서 같은 동작을 하게 된다.

부품 적재함에 부품이 들어 있지 않으면 시작 스위치를 ON/OFF해도 동작이 이루어지지 않는다.

2.2 플로챠트

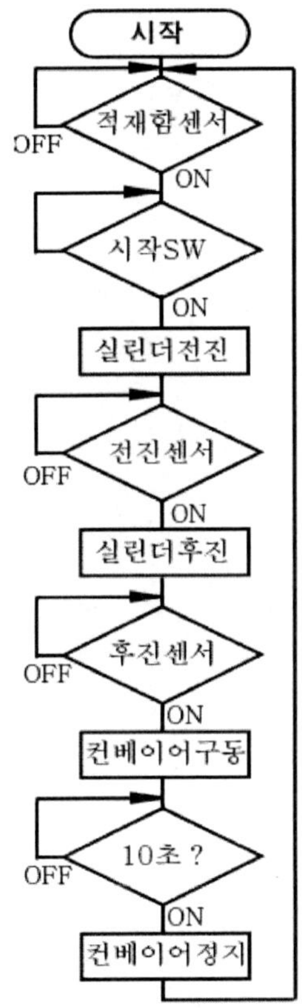

2.3 입출력 할당

구 분	입출력 주소	설명
입력	X00	푸쉬버튼
	X01	전진완료센서
	X02	후진완료센서
	X03	부품적재함 포토센서(S1)
출력	Y20	공급실린더
	Y21	컨베이어

2.4 공압회로

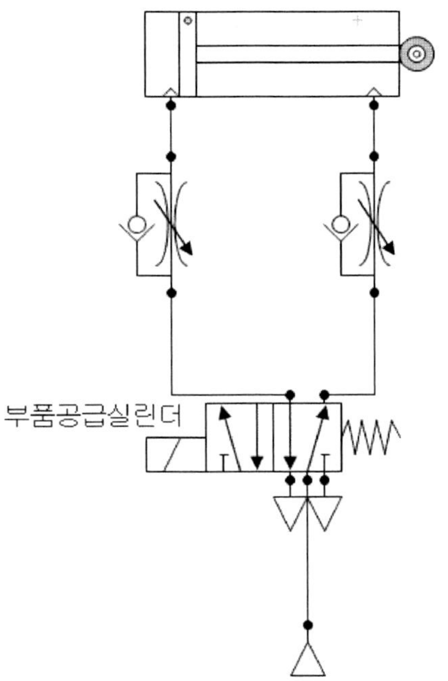

2.5 프로그램

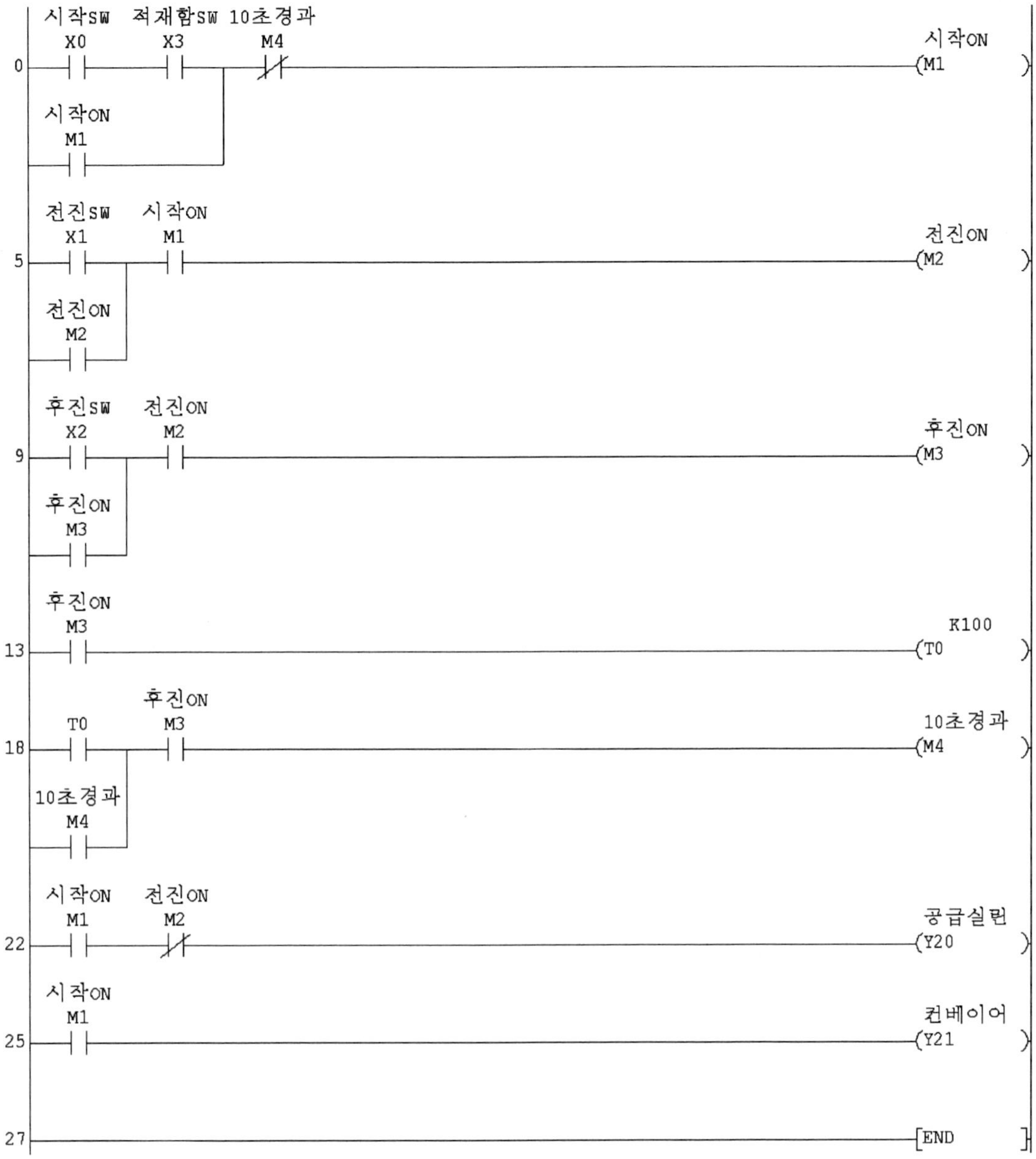
시작SW 적재함SW 10초경과
X0 X3 M4
0
시작ON
(M1)
시작ON
M1
전진SW 시작ON
X1 M1
5
전진ON
(M2)
전진ON
M2
후진SW 전진ON
X2 M2
9
후진ON
(M3)
후진ON
M3
후진ON
M3
13
K100
(T0)
후진ON
T0 M3
18
10초경과
(M4)
10초경과
M4
시작ON 전진ON
M1 M2
22
공급실린
(Y20)
시작ON
M1
25
컨베이어
(Y21)
27
[END]

실습문제 3

부품적재함과 공급실린더, 컨베이어, 스토퍼실린더를 제어해서 컨베이어에 부품을 공급하고 검사하기 위해 부품을 정지하는 동작을 프로그램으로 작성해본다.

3.1 동작 설명:

① 부품 적재함에 부품이 들어 있는 상태에서 시작 스위치를 ON/OFF하면 공급실린더전후진 동작으로 부품 1개를 밀어 내면서 컨베이어에 공급하고 이어서 스토퍼실린더가 전진해서 컨베이어에 실려오는 부품을 정지시킨다.

② 스토퍼센서(포토센서: S4)가 인식하게 되면 컨베이어 구동을 중지하고 3초 뒤에 스토퍼실린더를 후진하고 컨베이어를 구동한다.

③ 그리고 컨베이어는 10초 뒤 정지한 후 초기화한다.

④ 다시 시작 스위치를 ON/OFF하면 반복해서 같은 동작을 하게 된다.

⑤ 부품 적재함에 부품이 들어 있지 않으면 시작 스위치를 ON/OFF해도 동작이 이루어지지 않는다.

3.2 플로챠트

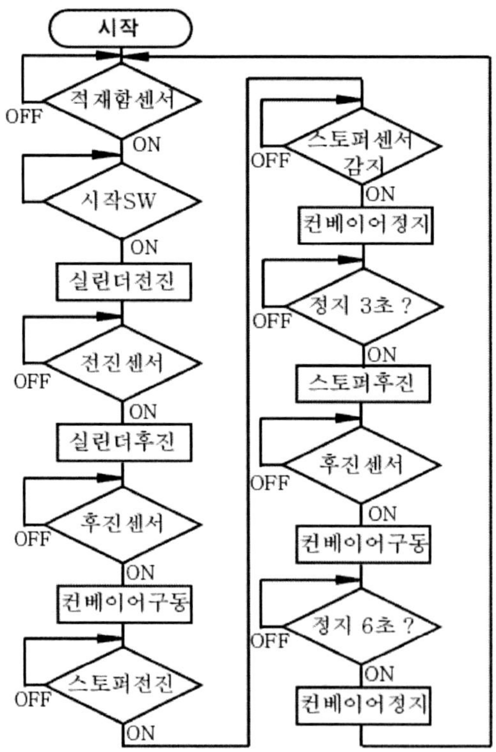

3.3 입출력 할당

구 분	입출력 주소	설명
입력	X00	시작 스위치
	X01	전진완료센서
	X02	후진완료센서
	X03	부품적재함 포토센서(S1)
	X05	스토퍼실린더 전진 완료센서
	X06	스토퍼 부품 감지센서(S4)
	X07	스토퍼실린더 후진 완료센서
출력	Y20	공급실린더
	Y21	컨베이어
	Y22	스토퍼실린더

3.4 프로그램

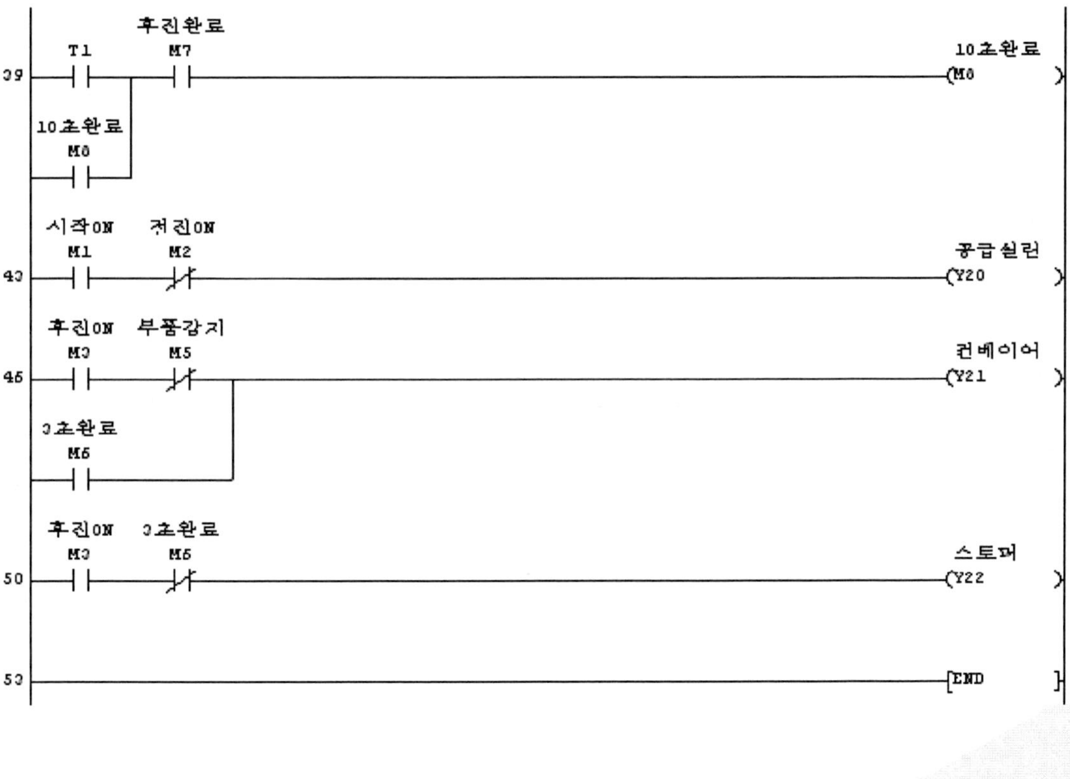

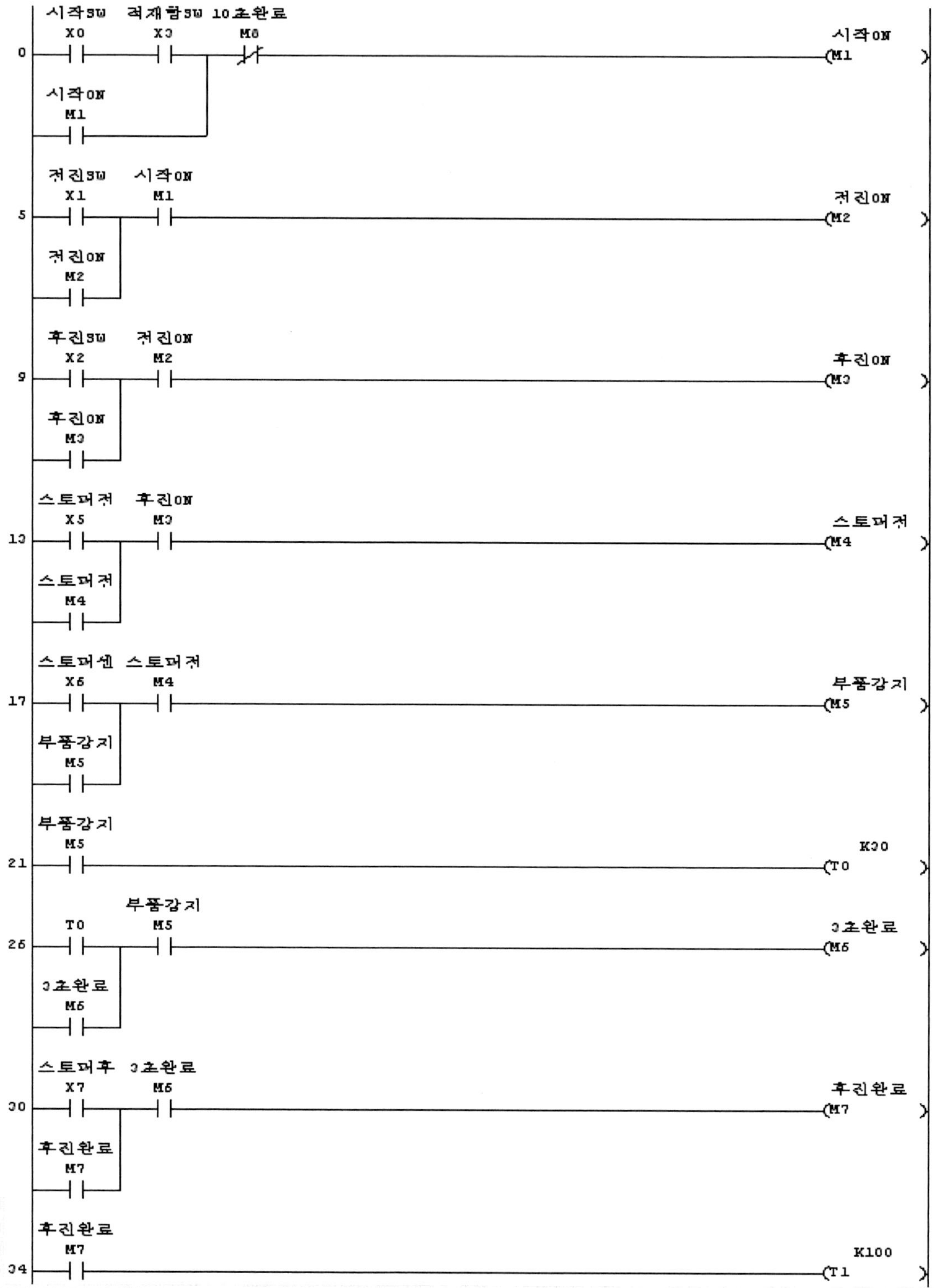
0
시작SW X0
적재함SW X3
10초완료 M8
시작ON M1
시작ON M1
5
전진SW X1
시작ON M1
전진ON M2
전진ON M2
9
후진SW X2
전진ON M2
후진ON M3
후진ON M3
13
스토퍼전 X5
후진ON M3
스토퍼전 M4
스토퍼전 M4
17
스토퍼센 X6
스토퍼전 M4
부품감지 M5
부품감지 M5
21
부품감지 M5
K30
T0
26
T0
부품감지 M5
3초완료 M6
3초완료 M6
30
스토퍼후 X7
3초완료 M6
후진완료 M7
후진완료 M7
34
후진완료 M7
K100
T1

3.5 공압회로

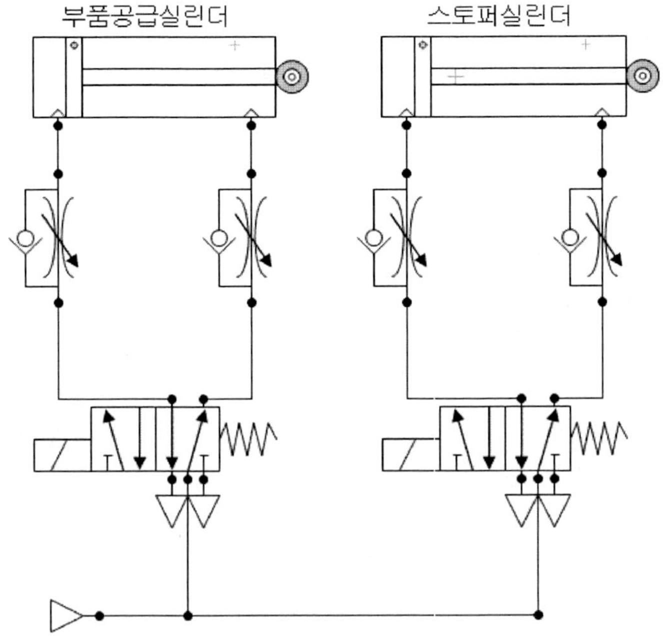

실습문제 4

부품적재함과 공급실린더, 컨베이어, 스토퍼실린더를 제어해서 컨베이어에 부품을 공급하고 공급된 부품이 금속인지 비금속인지를 판별하여 각각 다르게 동작하도록 한다. 래치 디바이스의 사용과 SET, REST 명령을 활용하는 프로그램으로 작성해본다.

4.1 동작 설명:

① 부품 적재함에 부품이 들어 있는 상태에서 시작 스위치를 ON/OFF하면 공급실린더전후진 동작으로 부품 1개를 밀어 내면서 컨베이어에 공급하고 이어서 2개의 근접센서(고주파 발진형 S2 :금속만 인식됨, 정전용량형 S3 :금속,비금속 모두 인식됨)에 의해 금속, 비금속을 판별한다.

② 금속이면 스토퍼실린더가 전진해서 컨베이어에 실려오는 부품을 정지시킨다.

③ 스토퍼센서(포토센서: S4)가 인식하게 되면 컨베이어 구동을 중지하고 3초 뒤에 스토퍼실린더를 후진하고 컨베이어를 구동한다.

④ 그리고 컨베이어는 6초 뒤 정지한 후 초기화한다.

⑤ 비금속이면 컨베이어는 10초 뒤 정지한 후 초기화한다.

⑥ 다시 시작 스위치를 ON/OFF하면 반복해서 같은 동작을 하게 된다.

⑦ 부품 적재함에 부품이 들어 있지 않으면 시작 스위치를 ON/OFF해도 동작이 이루어지지 않는다.

4.2 입출력 할당

구 분	입출력 주소	설명
입력	X00	시작 스위치
	X01	전진완료센서
	X02	후진완료센서
	X03	부품적재함 포토센서(S1)
	X05	정전용량형 근접센서(S3)
	X06	스토퍼실린더 전진 완료센서
	X07	스토퍼실린더 후진 완료센서
	X08	스토퍼 부품 감지센서(S4)
	X09	고주파 발진형 근접센서(S2)
출력	Y20	공급실린더
	Y21	스토퍼실린더
	Y24	컨베이어

4.3 프로그램

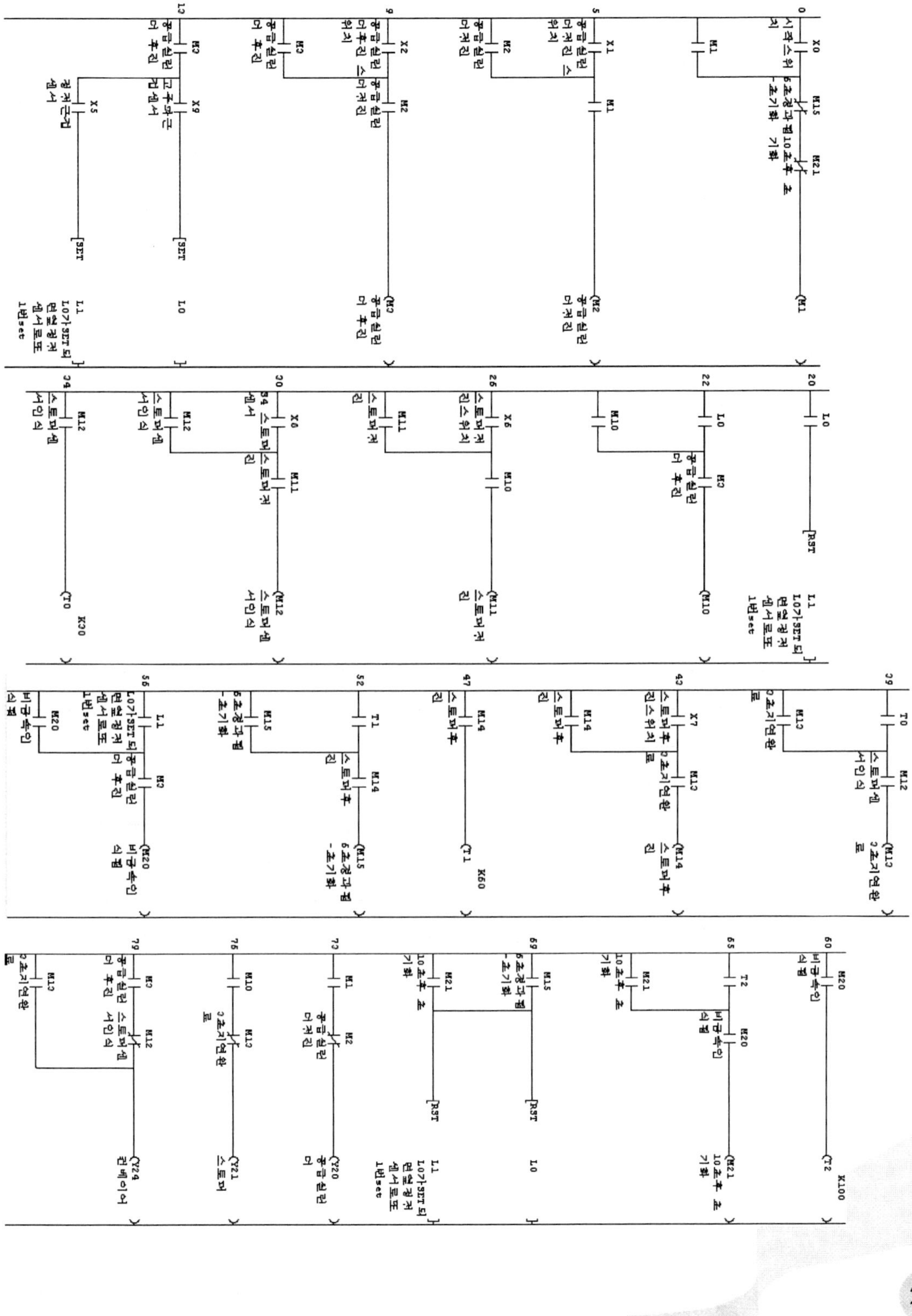

4.4 플로 차트를 작성하시오.

4.5 프로그램 수정

다음의 요구사항을 만족하도록 프로그램을 작성하시오.

① 작성된 프로그램의 기능에 추가해서 시작스위치를 누르면 부품적재함에 들어있는 부품을 계속 공급하면서 연속적으로 부품의 소재가 금속, 비금속을 판별하고 동작한다.

② 정지스위치를 누르면 연속동작이 정지하도록 한다.

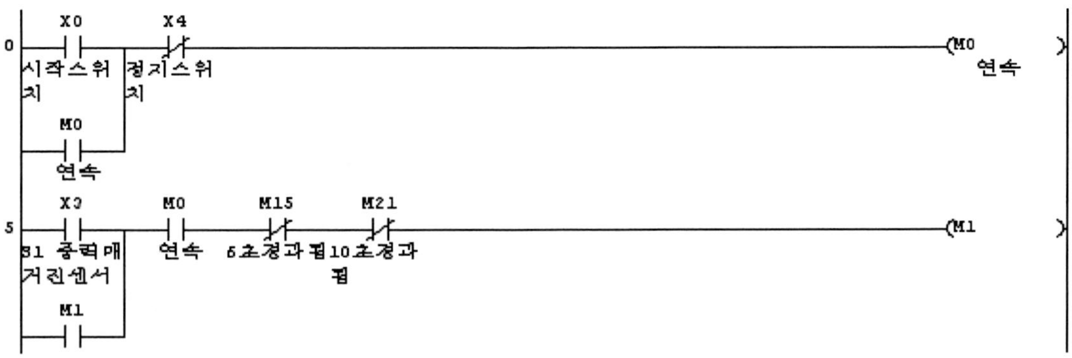

4.6 공압회로를 그리시오.

실습문제 5

부품적재함과 공급실린더, 컨베이어, 스토퍼실린더를 제어해서 컨베이어에 부품을 공급하고 흡착컵과 수직, 수평 복동 실린더를 사용하여 자동창고에 적재하도록 하는 프로그램으로 작성해본다.

5.1 동작 설명:

① 시작스위치를 ON/OFF하면 자동창고의 적재함 1번 위치(LS1)로 이동한다.

② 부품 적재함에 부품이 들어 있는 상태에서 공급실린더 전후진 동작으로 부품 1개를 밀어 내면서 컨베이어에 공급하고 이어서 근접센서(정전용량형:금속,비금속 모두 인식됨, S3)에 의해 부품이 컨베이어에 실려있는 것이 확인된다.

③ 스토퍼실린더가 전진하고 부품이 스토퍼센서(포토센서: S4)가 인식하게 되면 컨베이어 구동을 중지한다.

④ 수직실린더가 하강해서 흡착컵을 이용해서 부품을 흡착한다.

⑤ 수직실린더가 후진하고 수평실린더가 전진한다. 그리고 수직실린더가 하강해서 자동창고의 적재함 1번에 두고 흡착컵 동작을 해지해서 부품을 적재함 1번에 둔다.

⑥ 수직실린더는 후진하고 이어서 수평실린더도 후진한다.

⑦ 스토퍼실린더가 후진하고 초기화한다.

⑧ 다시 시작 스위치를 ON/OFF하면 반복해서 같은 동작을 하게 된다.

⑨ 부품 적재함에 부품이 들어 있지 않으면 시작 스위치를 ON/OFF해도 동작이 이루어지지 않는다.

5.2 포토 인터럽터 (Photo Interrupter)

미니 **MPS**에 적재함의 위치를 인식하기 위해 리밋스위치의 역할에 사용되는 포토 인터럽터는 발광부에서 빛을 만들어 수광부에 빛에 반응하는 비접촉으로 물체의 유무 및 위치를 감지할 수 있는 소자이다. 회전체의 회전검출, 물체의 위치검출에 사용된다. 적재함이 이동하면서 포토 인터럽터의 홈에 들어가면 빛을 차단하여 인식하게 된다.

반사형 포토 인터럽터

투과형 포토 인터럽터

1) 투과형 인터럽터

발광소자와 수광소자를 일정한 간격을 두고 마주보게 놓아 그 사이의 물체의 유무와 위치를 감지하는 방식

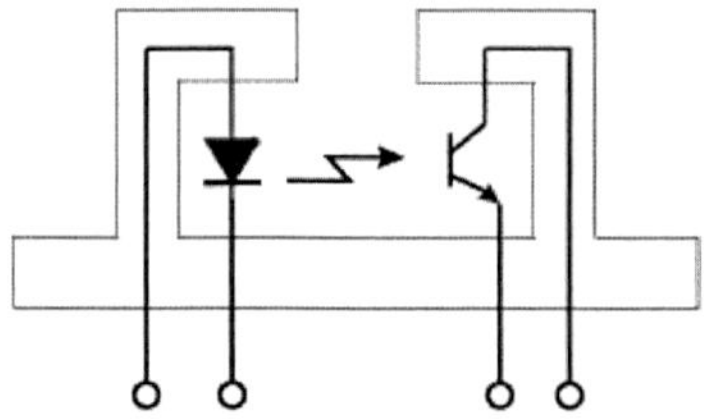

2) 반사형 포토 인터럽터

발광소자와 수광소자를 평면상 혹은 각도를 두고 발광소자로부터 나온 광을 물체에 반사시켜 그 반사광을 수광소자에서 검출하는 방식

5.3 입출력 할당

구 분	입출력 주소	설명
입력	X00	시작 스위치
	X01	전진완료센서
	X02	후진완료센서
	X03	부품적재함 포토센서(S1)
	X05	정전용량형 근접센서(S3)
	X06	스토퍼실린더 전진 완료센서
	X07	스토퍼실린더 후진 완료센서
	X08	스토퍼 부품 감지센서(S4)
	X0A	자동창고 적재함 1번위치(LS1)
	X0E	상하실린더 전진 완료센서
	X0D	상하실린더 후진 완료센서
	X0B	좌우실린더 전진 완료센서
	X0C	좌우실린더 후진 완료센서
출력	Y20	공급실린더
	Y21	스토퍼실린더
	Y22	좌우실린더
	Y23	상하실린더
	Y24	컨베이어
	Y26	자동창고
	Y28	진공발생기

5.3 프로그램

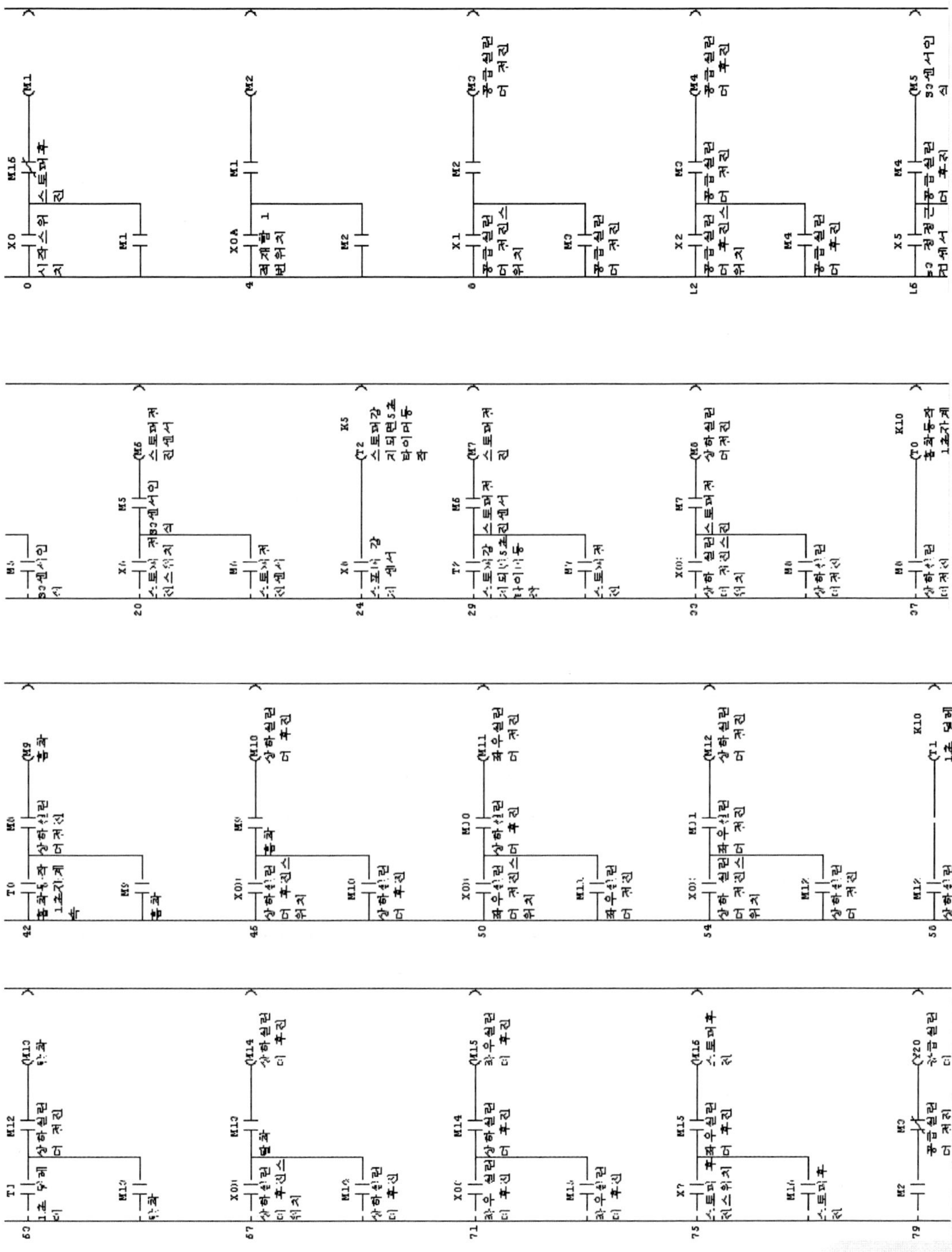

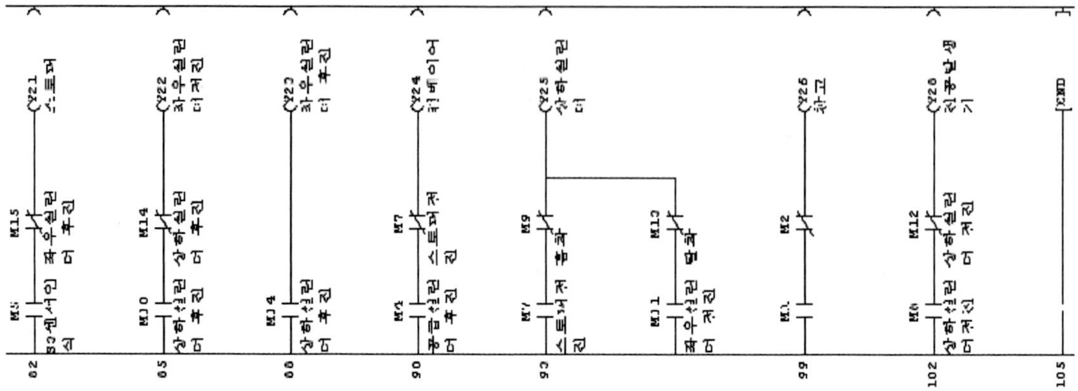

5.4 플로차트

플로챠트를 작성하시오.

5.5 프로그램 수정

다음의 요구사항을 만족하도록 프로그램을 작성하시오.

① 작성된 프로그램의 기능에 추가해서 시작 스위치를 누르면 부품 적재함에 들어 있는 부품을 계속 공급하면서 연속적으로 동작한다.

② 부품의 소재가 금속인 것만 자동창고 1번 위치에 적재하고 비금속은 그대로 컨베이어에 실려 흘러 가도록한다.

③ 정지스위치를 누르면 연속동작이 정지하도록 한다.

5.6 공압회로를 완성하시오.

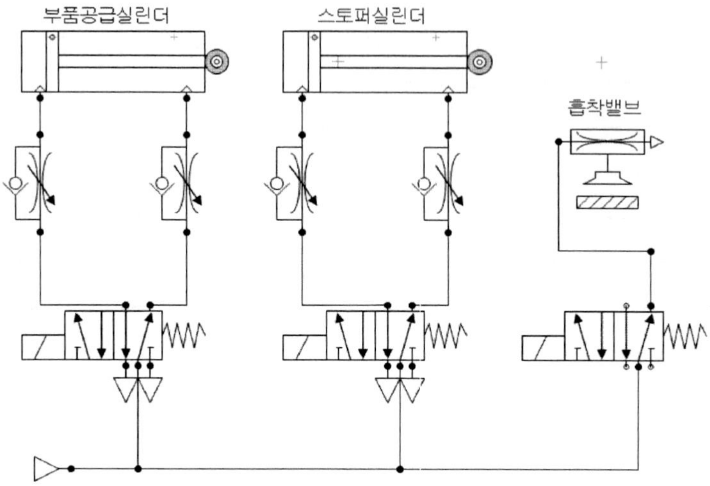

실습문제 6

부품의 분류, 부품적재함의 이동 및 사용, 수량 파악의 기능을 사용하여 공급실린더, 컨베이어, 스토퍼실린더를 제어해서 컨베이어에 부품을 공급하고 공급된 부품이 금속인지 비금속인지를 판별하고 금속인 경우 흡착컵과 수직, 수평 복동 실린더를 사용하여 자동창고 1번, 2번, 3번에 적재하도록 하는 프로그램으로 작성해본다.

6.1 동작 설명:

① 시작스위치를 ON/OFF하면 자동창고의 적재함 1번이 적재 위치로 이동한다.

② 부품 적재함에 부품이 들어 있는 상태(S1)에서 공급실린더 전후진 동작으로 부품 1개를 밀어 내면서 컨베이어에 공급하고 이어서 2개의 근접센서, 고주파 발진형(S2: 금속만 인식)과 정전용량형(S3:금속,비금속 모두 인식)에 의해 금속, 비금속을 판별한다.

③ 금속이면 스토퍼실린더가 전진하고 스토퍼센서(포토센서: S4)가 인식하게 되면 컨베이어 구동을 중지한다.

④ 수직실린더가 하강해서 흡착컵을 이용해서 부품을 흡착한다.

⑤ 수직실린더가 후진하고 수평실린더가 전진한다. 그리고 수직실린더가 하강해서 자동창고의 적재함 1번에 두고 흡착컵 동작을 해지해서 부품을 적재함 1번에 둔다.

⑥ 수직실린더는 후진하고 이어서 수평실린더도 후진한다.

⑦ 스토퍼실린더가 후진하고 적재함은 2번으로 이동한다.

⑧ 다시 ② ~ ⑥ 번까지 반복하면서 자동창고의 적재함 2번에 적재하고 스토퍼실린더가 후진하고 적재함은 3번으로 이동한다.

⑨ 다시 ② ~ ⑥ 번까지 반복하면서 자동창고의 적재함 3번에 적재하고 스토퍼실린더가 후진하고 초기화한다.

----

⑩ 비금속인 경우에는 컨베이어가 10초간 가동한 뒤 정지하고 초기화 한다.

5.2 입출력 할당

구 분	입출력 주소	설명
입력	X00	시작 스위치
	X01	전진완료센서
	X02	후진완료센서
	X03	부품적재함 포토센서(S1)
	X04	정지 스위치
	X05	정전용량형 근접센서(S3)
	X06	스토퍼실린더 후진 완료센서
	X07	스토퍼실린더 전진 완료센서
	X08	스토퍼 부품 감지센서(S4)
	X09	고주파발진형 근접센서(S2)
	X0A	자동창고 적재함 1번 위치(LS1)
	X0E	상하실린더 전진 완료센서
	X0D	상하실린더 후진 완료센서
	X0B	좌우실린더 전진 완료센서
	X0C	좌우실린더 후진 완료센서
	X0F	자동창고 적재함 2번 위치(LS2)
	X10	자동창고 적재함 3번 위치(LS3)
출력	Y20	공급실린더
	Y21	스토퍼실린더
	Y22	좌우실린더 전진
	Y23	좌우실린더 후진
	Y24	컨베이어
	Y25	상하실린더
	Y26	DC모터CW(자동창고 왼쪽)
	Y27	DC모터CCW(자동창고 오른쪽)
	Y28	진공발생기

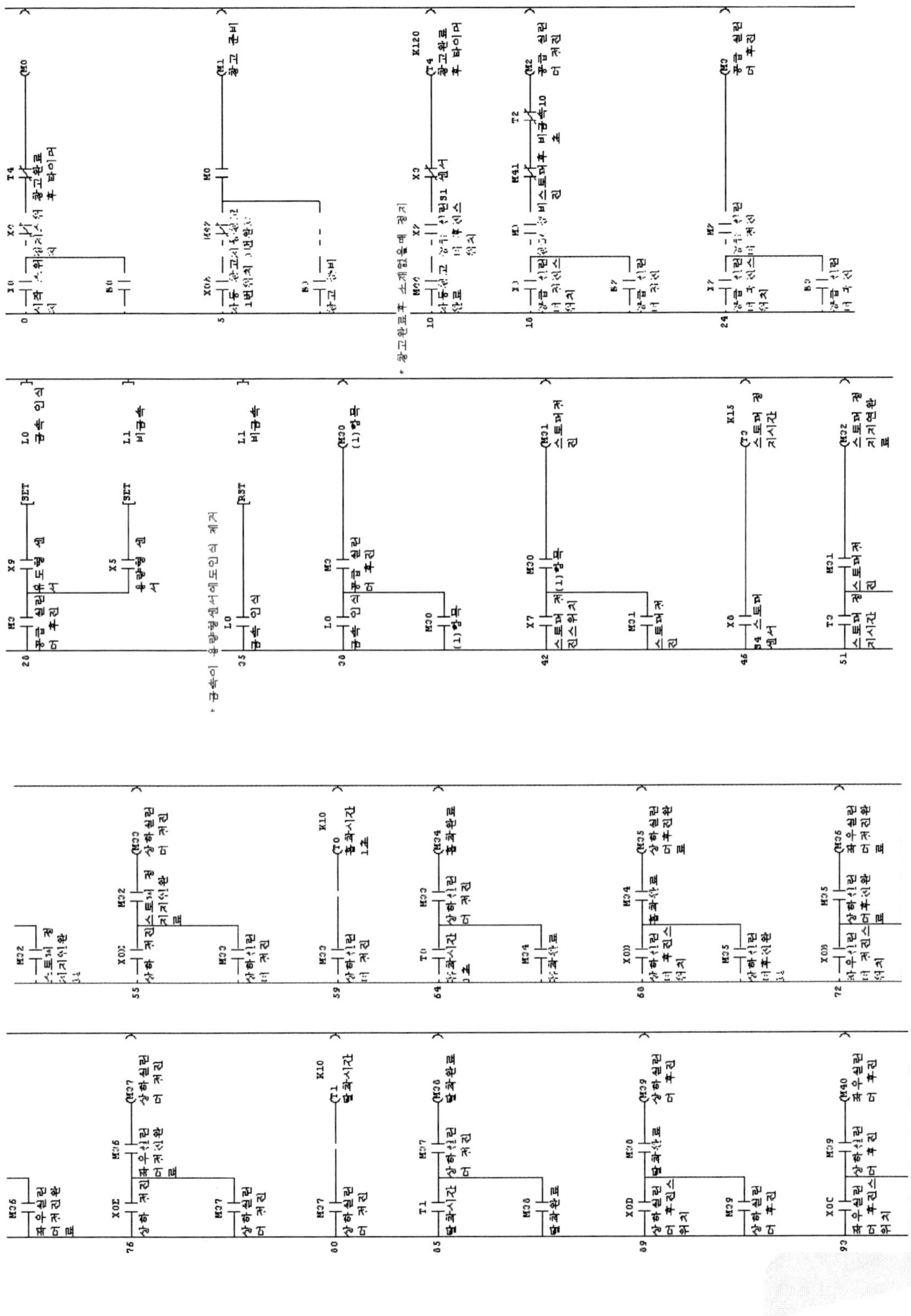

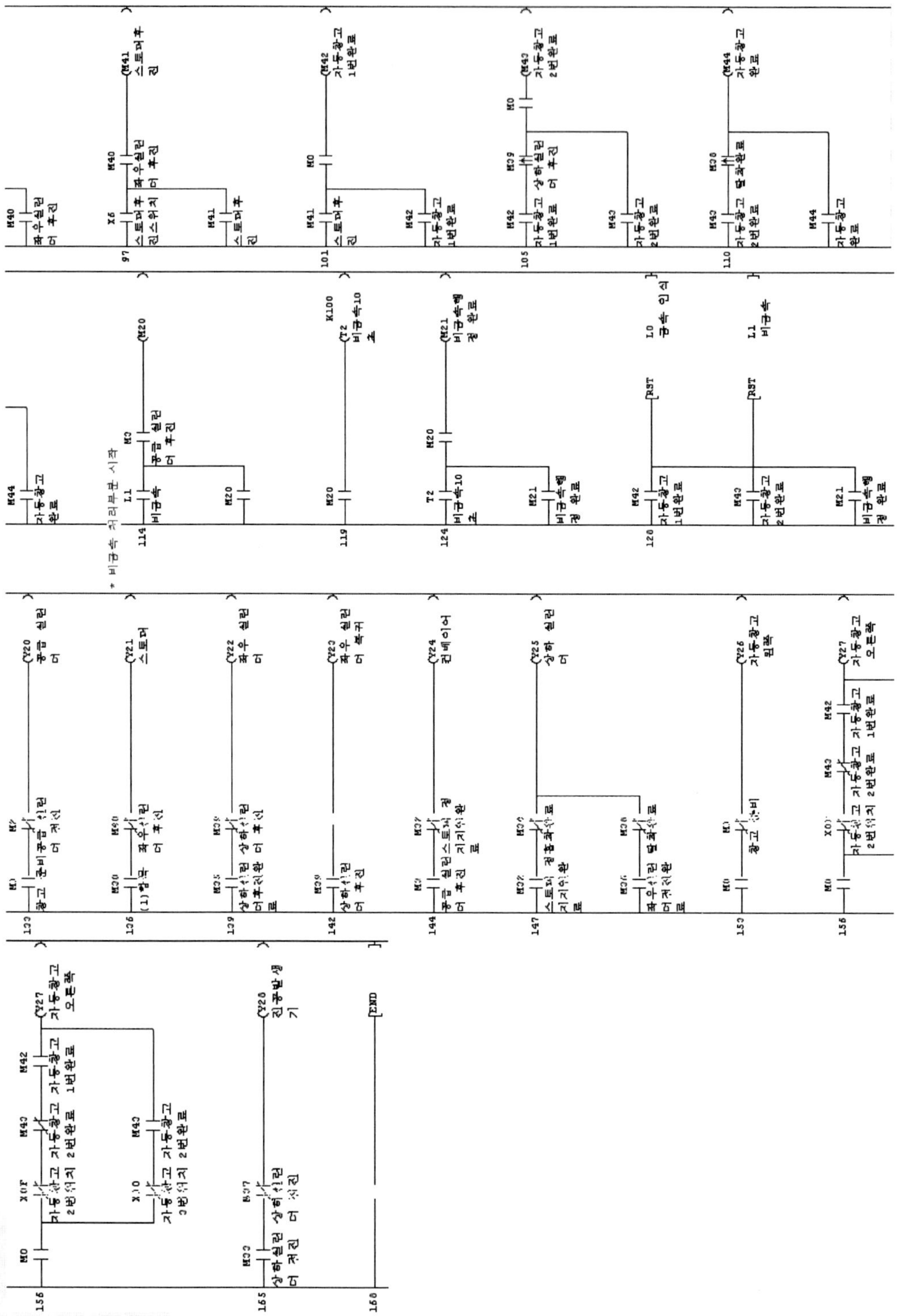

6.4 플로차트를 작성하시오.

6.5 프로그램 수정

다음의 요구사항을 만족하도록 프로그램을 작성하시오.

① 작성된 프로그램의 기능에 추가해서 시작스위치를 누르면 부품적재함에 들어있는 부품을 계속 공급하면서 연속적으로 동작한다.

② 부품의 소재가 금속인 것만 자동창고 1번 위치에 적재하고 비금속은 그대로 컨베이어에 실려 흘러 가도록한다.

③ 정지스위치를 누르면 연속동작이 정지하도록 한다.

6.6 공압회로를 그리시오.

실습문제 7

부품의 분류, 부품적재함의 이동 및 사용, 수량 파악 및 FND에 수량 표시의 기능을 사용하여 공급실린더, 컨베이어, 스토퍼실린더를 제어해서 컨베이어에 부품을 공급하고 공급된 부품이 금속인지 비금속인지를 판별하고 금속인 경우 흡착컵과 수직, 수평 복동 실린더를 사용하여 자동창고 1번, 2번, 3번에 적재하도록 하고 비금속인 경우 컨베이어를 통해서 불량품으로 구분하는 프로그램으로 작성해본다.

7.1 동작 설명:

① 시작스위치를 ON/OFF하면 자동창고의 적재함 1번이 적재 위치로 이동한다.

② 부품 적재함에 부품이 들어 있는 상태(S1)에서 공급실린더 전후진 동작으로 부품 1개를 밀어 내면서 컨베이어에 공급하고 이어서 2개의 근접센서, 고주파 발진형(S2: 금속만 인식)과 정전용량형(S3:금속,비금속 모두 인식)에 의해 금속, 비금속을 판별한다.

③ FND에 금속의 수량과 금속+비금속의 총합계 수량을 표시한다.

④ 금속이면 스토퍼실린더가 전진하고 스토퍼센서(포토센서: S4)가 인식하게 되면 컨베이어 구동을 중지한다.

⑤ 수직실린더가 하강해서 흡착컵을 이용해서 부품을 흡착한다.

⑥ 수직실린더가 후진하고 수평실린더가 전진한다. 그리고 수직실린더가 하강해서 자동창고의 적재함 1번에 두고 흡착컵 동작을 해지해서 부품을 적재함 1번에 둔다.

⑦ 수직실린더는 후진하고 이어서 수평실린더도 후진한다.

⑧ 스토퍼실린더가 후진하고 적재함은 2번으로 이동한다.

⑨ 다시 ② ~ ⑦ 번까지 반복하면서 자동창고의 적재함 2번에 적재하고 스토퍼실린더가 후진하고 적재함은 3번으로 이동한다.

⑩ 다시 ② ~ ⑦ 번까지 반복하면서 자동창고의 적재함 3번에 적재하고 스토퍼실린더가 후진하고 초기화한다.

---

⑪ 비금속인 경우에는 컨베이어가 10초간 가동한 뒤 정지하고 초기화 한다.

7.2 입출력 할당

구 분	입출력 주소	설명
입력	X00	시작 스위치
	X01	전진완료센서
	X02	후진완료센서
	X03	부품적재함 포토센서(S1)
	X04	정지 스위치
	X05	정전용량형 근접센서(S3)
	X06	스토퍼실린더 후진 완료센서
	X07	스토퍼실린더 전진 완료센서
	X08	스토퍼 부품 감지센서(S4)
	X09	고주파발진형 근접센서(S2)
	X0A	자동창고 적재함 1번 위치(LS1)
	X0E	상하실린더 전진 완료센서
	X0D	상하실린더 후진 완료센서
	X0B	좌우실린더 전진 완료센서
	X0C	좌우실린더 후진 완료센서
	X0F	자동창고 적재함 2번 위치(LS2)
	X10	자동창고 적재함 3번 위치(LS3)
출력	Y20	공급실린더
	Y21	스토퍼실린더
	Y22	좌우실린더 전진
	Y23	좌우실린더 후진
	Y24	컨베이어
	Y25	상하실린더
	Y26	DC모터CW(자동창고 왼쪽)
	Y27	DC모터CCW(자동창고 오른쪽)
	Y28	진공발생기
	Y34~Y37	FND(금속 수량: 1자리)
	Y38~Y3B	FND(금속+비금속 수량: 1자리)
	Y3C~Y3F	FND(금속+비금속 수량: 10자리)

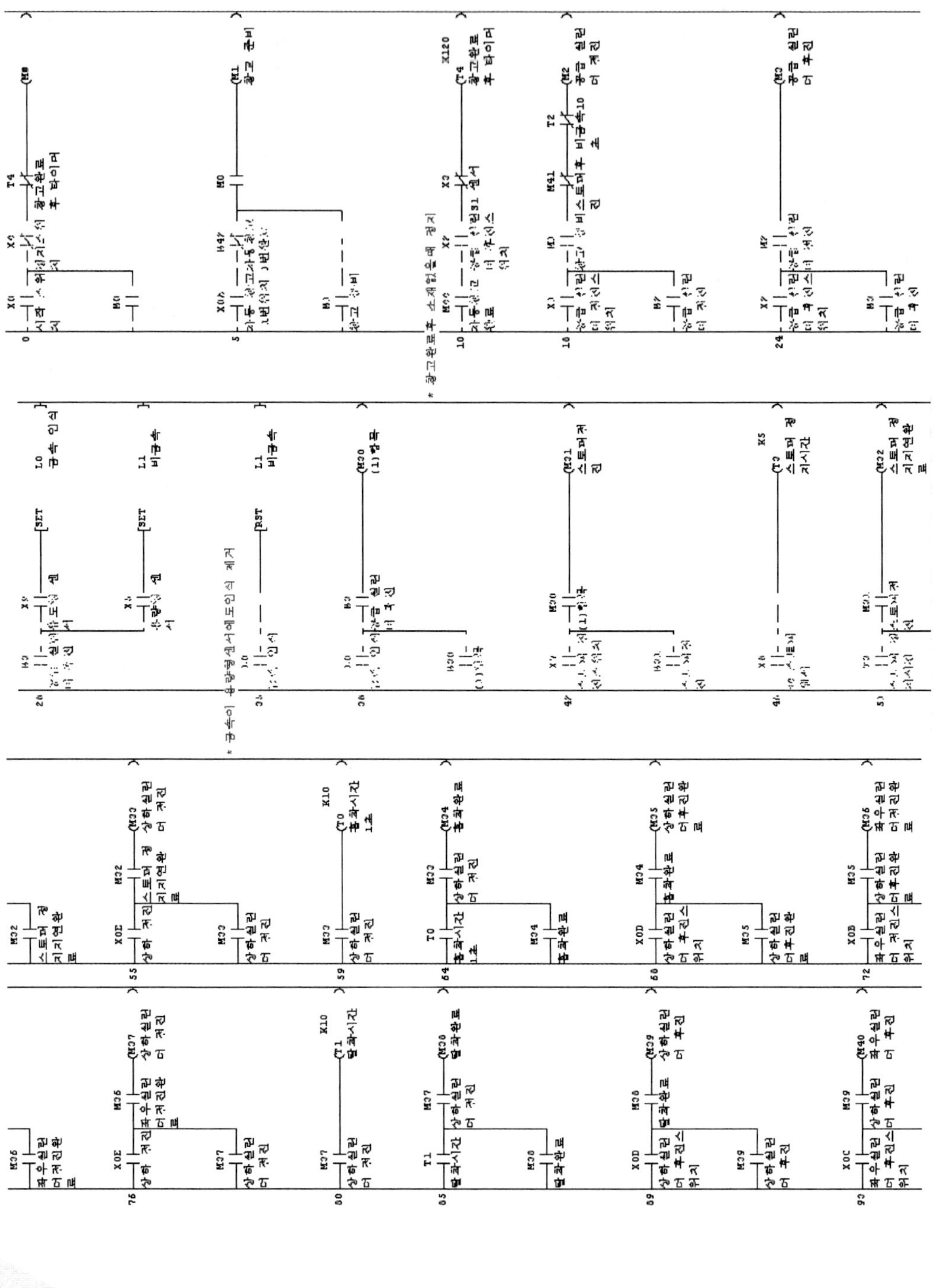

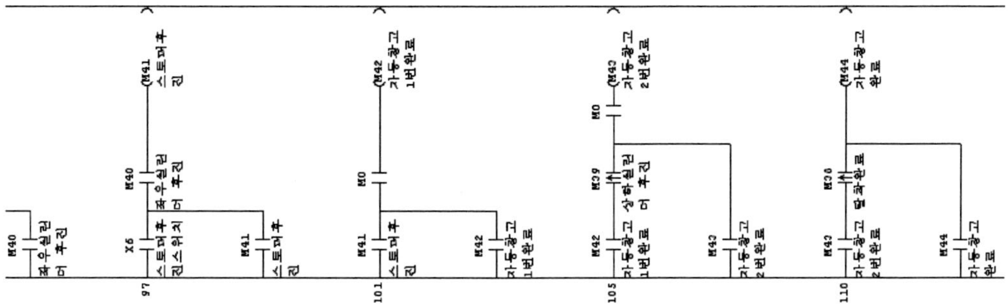

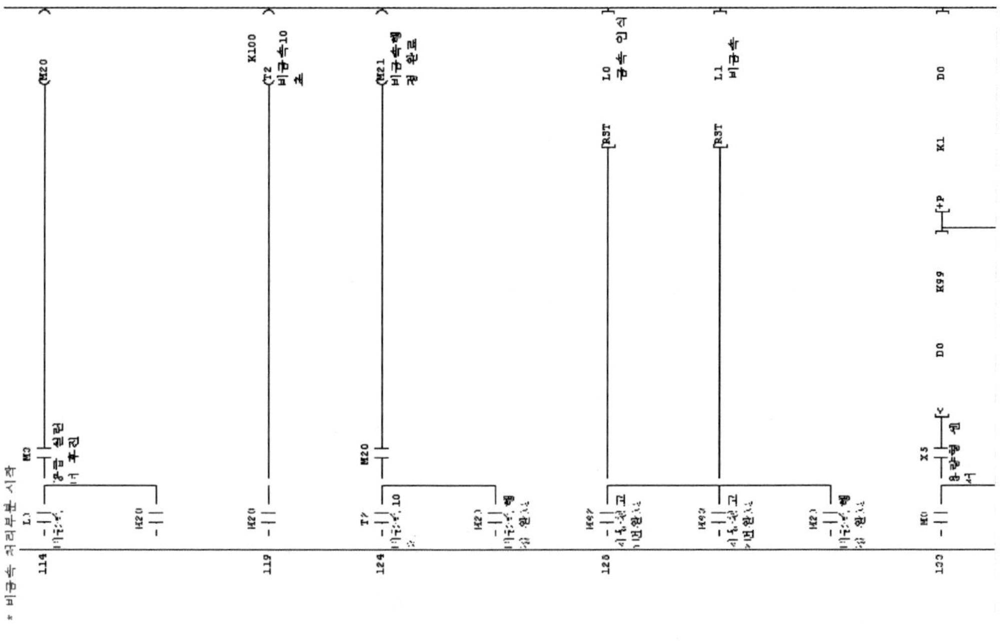

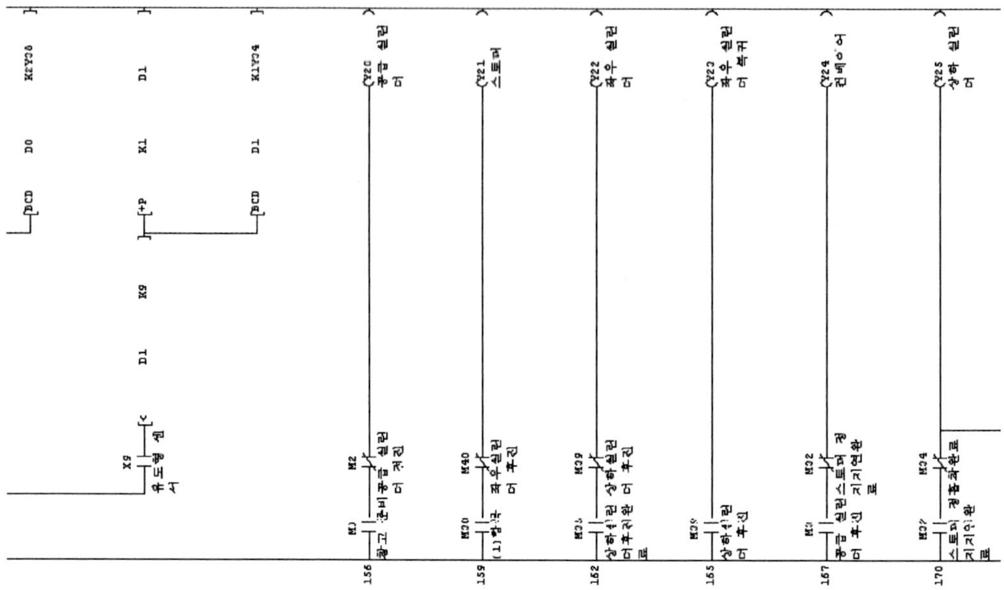

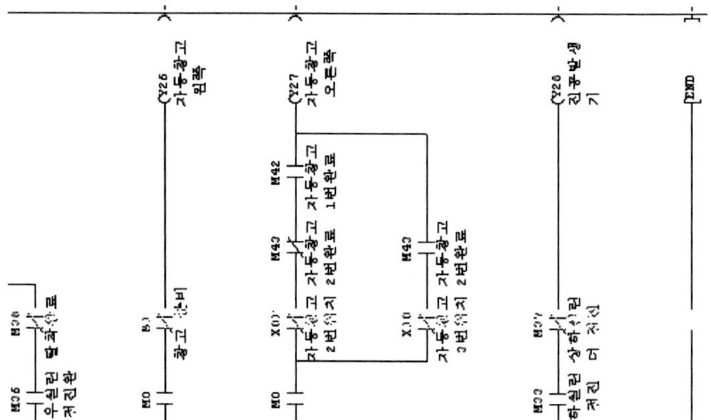

7.4 표시소자

7-세그먼트 표시소자는 디지털회로에서 보편적으로 사용하는 표시소자이다. 애노드공통형(CA), 캐소드 공통형(CC)이 있고 7-세먼트 표시소자를 FND(Flexible Numeric Display)라고 부르기도 한다.

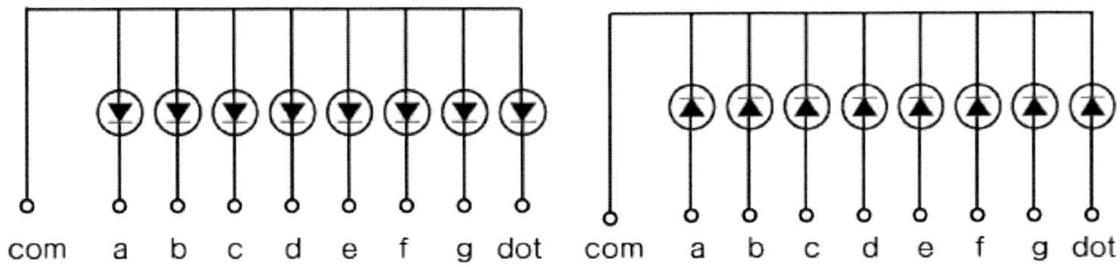

애노드공통형 캐소드공통형

캐소드 공통형은 공동단자를 어스(Gnd)에 애노드 공통형은 공동단자를 Vcc에 연결한다. 다음은 7 세그먼트 LED 표시소자의 구조와 핀 번호를 나타낸 것이다.

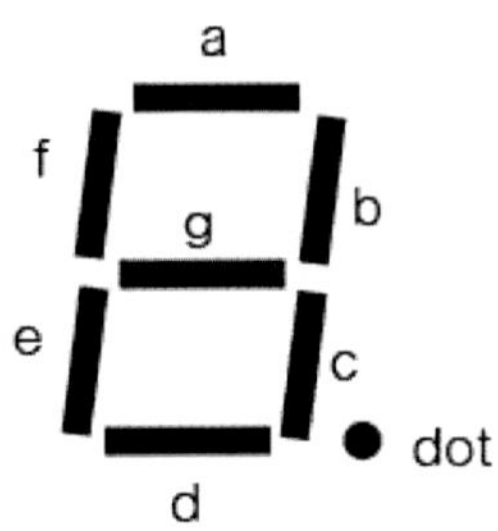

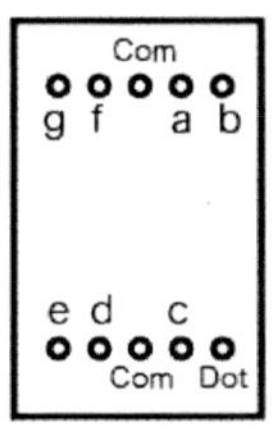

다음의 회로도는 7-세그먼트 표시장치를 0 ~ 9까지 표시를 해주는 애노드 공통형 BCD 7-세그먼트 LED 디코드 IC 7447의 사용 예를 나타내었다.

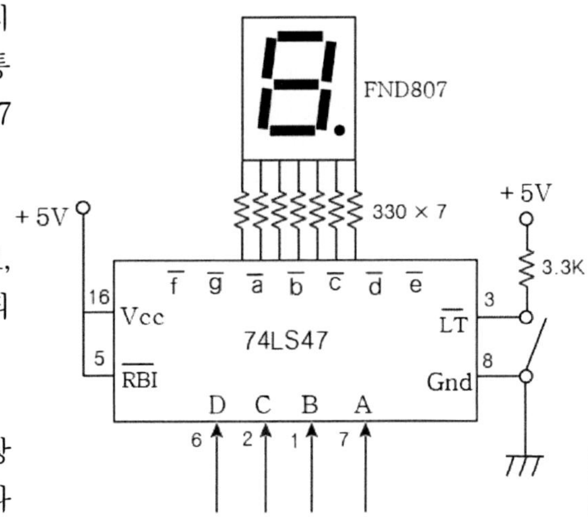

오른쪽 회로도에서 74LS74의 핀 6, 2, 1, 7에 각각 0111이 입력되면 7, 1001입력되면 9가 FND에 표시된다.

다음은 오토닉스사의 D1SA-RN 표시장치를 PLC의 출력단자에 연결한 예를 나타낸 것이다. 회로에는 전원의 연결은 생략하였다.

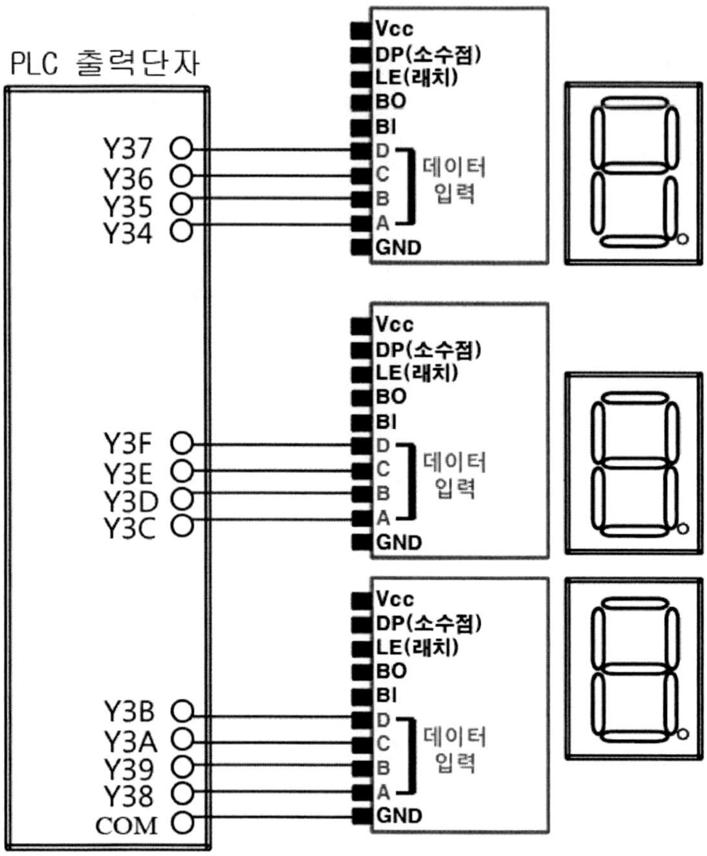

PLC 출력단자
Y37
Y36
Y35
Y34
Y3F
Y3E
Y3D
Y3C
Y3B
Y3A
Y39
Y38
COM
Vcc
DP(소수점)
LE(래치)
BO
BI
D
C
B
A
GND
데이터
입력

7.5 플로차트를 작성하시오.

7.5 프로그램 수정

다음의 요구사항을 만족하도록 프로그램을 작성하시오.

① 작성된 프로그램의 기능에 추가해서 시작스위치를 누르면 부품적재함에 들어있는 부품을 계속 공급하면서 연속적으로 동작한다.

② 부품의 소재가 비금속인 것만 자동창고 1번, 2번, 3번 위치에 적재하고 금속은 그대로 컨베이어에 실려 흘러 가도록한다.

7.6 공압회로를 그리시오.

실습문제 8

8.1 요구사항

메카트로닉스 미니MPS장치, PLC 및 주변기기와의 연결을 하고 다음 주어진 작업을 완성해야한다.

1) 초기상태

(1) 부품조건 설정

다음 조건설정을 완료하고 각 부분별 장치의 이상유무를 공압 및 전압을 공급해서 확인하시오.

- 다음 부품에 대해 주어진 조건과 같이 설정하시오.
- 공급실린더[A][편솔사용], 스토퍼실린더[B][편솔사용], 좌우실린더[C][편솔사용], UP/DOWN (상하)실린더[D][양솔사용], 흡착기[편솔사용], PHOTO센서[NPN Type]
- LAMP1(LM1) : READY LAMP
- LAMP2(LM2) : 운전 표시 LAMP
- LAMP3(LM3) : WORK 공급 상태 표시 LAMP
- LAMP4(LM4) : STOP 표시용 LAMP
- LAMP5(LM5) : 저장 공정 진행 표시용 LAMP
- LAMP6(LM6) : 셀 1 저장 상태 표시용 LAMP
- LAMP7(LM7) : 셀 2 저장 상태 표시용 LAMP
- LAMP8(LM8) : 셀 3 저장 상태 표시용 LAMP
- FND1 : 전체 WORK 수량 표시
- FND2 : 금속 WORK 수량 표시
- FND3 : 비금속 WORK 수량 표시
- PUSH BUTTON 스위치1(PSW1) : 동작 준비 PUSH BUTTON SWITCH
- PUSH BUTTON 스위치1(PSW2) : START PUSH BUTTON SWITCH
- PUSH BUTTON 스위치1(PSW3) : STOP PUSH BUTTON SWITCH
- PUSH BUTTON 스위치1(PSW4) : RESET PUSH BUTTON SWITCH
- PUSH BUTTON 스위치1(PSW5) : 비상 정지용 PUSH BUTTON SWITCH
- PUSH BUTTON 스위치1(PSW6) : 중력매거진 WORK 수량 셋팅용 PUSH BUTTON SWITCH
- TOGGLE 스위치1(TSW1) : 기본/응용 동작 전환 Toggle SWITCH

- TOGGLE 스위치1(TSW2) : 증가/감소 동작 전환 Toggle SWITCH

(2) 시스템 준비

동작 준비 PUSH BUTTON SWITCH(PSW1)을 1회 ON/OFF하면 다음 조건에 맞게 시스템이 동작대기 상태가 된다.

- 공급실린더, 좌우실린더, 상하실린더, 스토퍼실린더 : 후진, 흡착 : OFF
- 적치대 : 셀 1번위치로 이동[LS1 감지] [그림 시스템 구성 참조]
- 적치대 창고 위치 감지센서 : 리미트 스위치[SS-5GL2] 3개사용[기타 실격]
- 적치대 창고 제어용 모터 배선 : 지급된 Relay 사용 연결[Relay 1개 사용, 기타실격]
- FND1, 2, 3 : "0" 표시
- READY LAMP(LM1) : ON
- 재고 상태 표시 LAMP(LM3) : 상태 표시(있으면[ON], 없으면[OFF])
- STOP 표시용 LAMP(LM4) : ON
- 기타 LAMP : OFF

8.2 PLC I/O 할당표(참고용)

입 력		출 력	
X0	시작스위치	Y20	편솔
X1	정지스위치	Y21	편솔
X2	비상정지스위치	Y22	편솔
X3	공급전진센서	Y23	편솔
X4	공급후진센서	Y24	양솔 1-1
X5	Y축전진센서	Y25	양솔 1-1
X6	Y축후진센서	Y26	컨베어모터 ON/OFF
X7	X축전진센서	Y27	컨베어모터 방향제어
X8	X축후진센서	Y28	적치대모터 ON/OFF
X9	스토퍼전진센서	Y29	적치대모터 방향제어
XA	스토퍼후진센서	Y2A	시작램프
XB	스토퍼감지센서	Y2B	정지램프
XC	물품감지센서	Y2C	비상정지램프
XD	LS1(셀1 위치)	Y2D	FND
XE	LS2(셀2 위치)	Y2E	FND
XF	LS3(셀3 위치)	Y3F	FND
X10	금속판별센서	Y30	FND
X11	물품판별센서	Y31	FND
X12	엔코드센서	Y32	FND
X13	동작전환스위치	Y33	FND
X14	금속배출스위치	Y34	FND
X15	비금속배출스위치		
X16	**기본/응용 토글S/W**		
X17			

8.3 플로챠트를 그리시오.

8.4 메카트로닉스 미니 MPS 장치 전체 도면

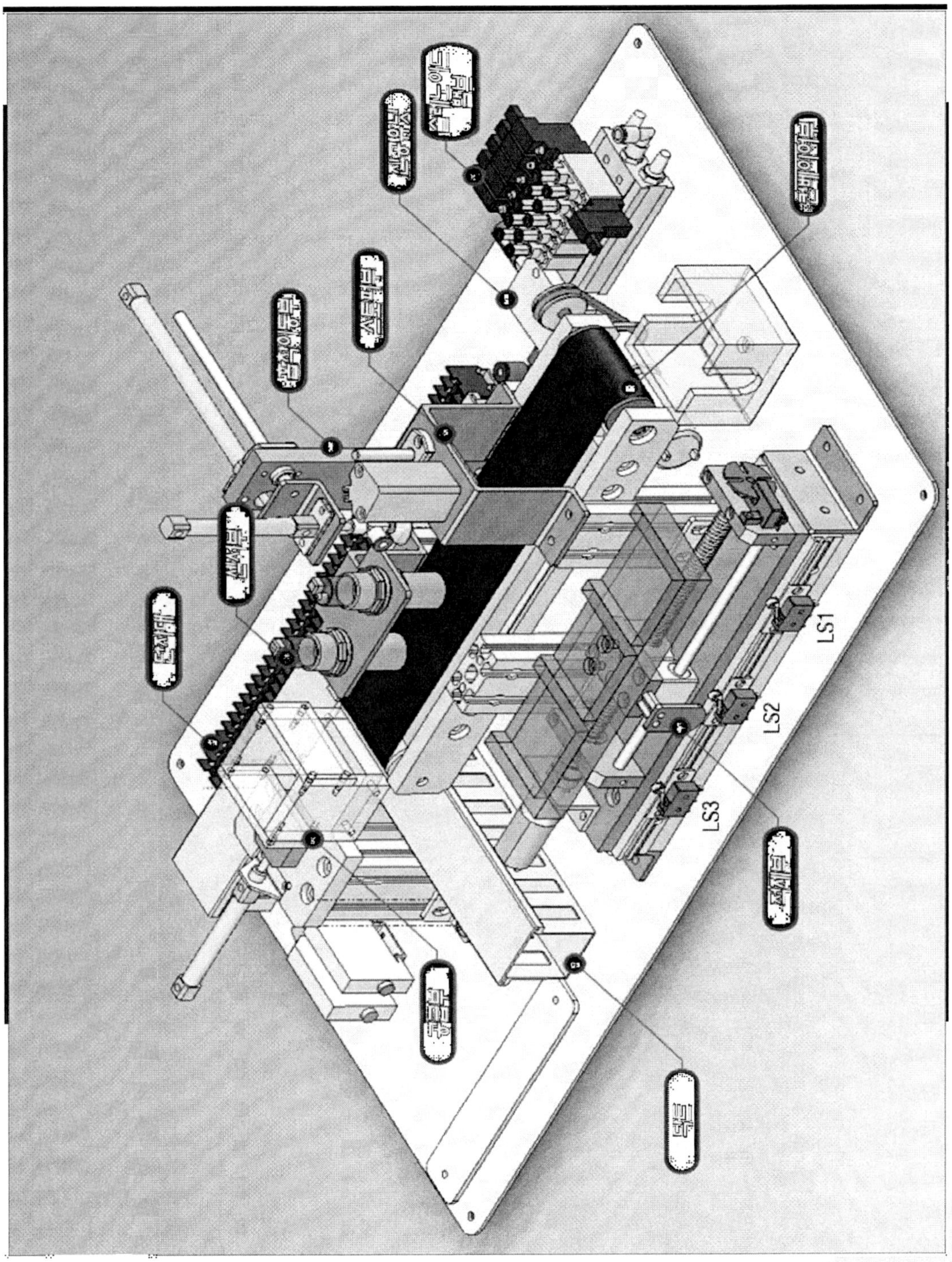

8.5 공압회로도

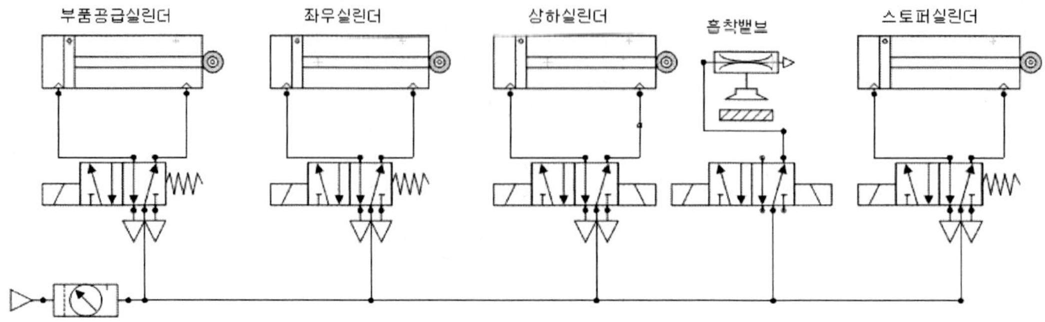

8.6 프로그램

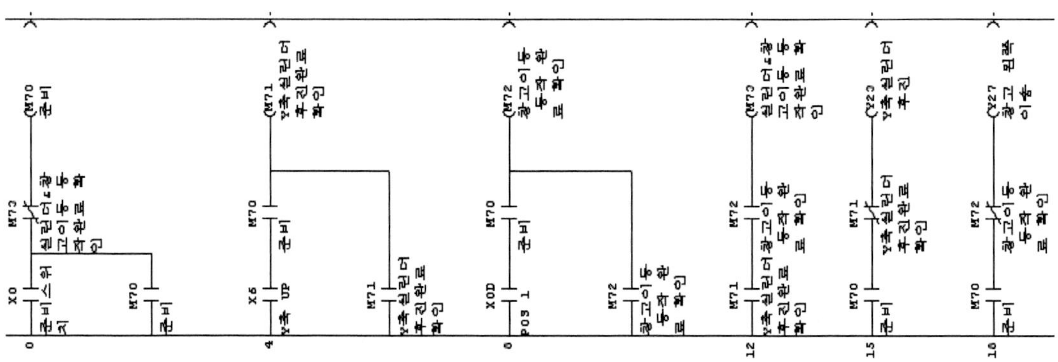

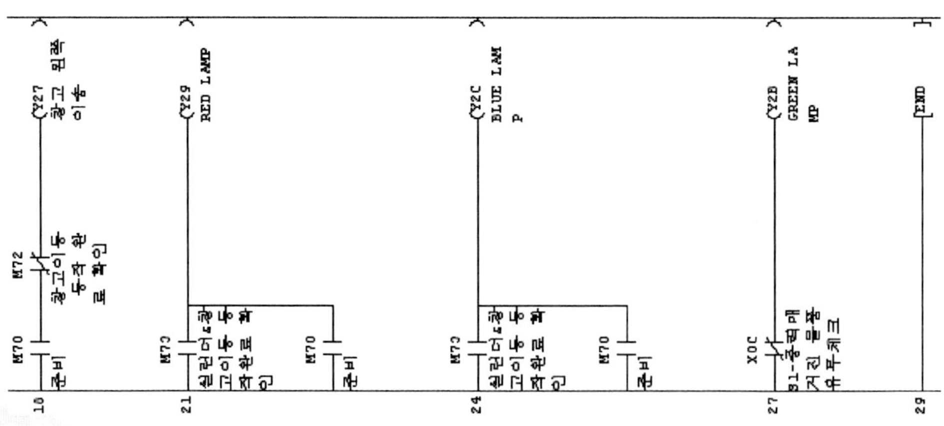

실습문제 9

9.1 2)기본동작

1)의 “초기상태” 가 완료 되면 기본동작을 할 수 있다.
메카트로닉스 미니MPS 동작 시퀀스[TOGGLE 스위치1(TSW1) → 기본]
컨베이어 동작 → 공급실린더 전진후진 → WORK 공급 유무 및 금속 비금속 판별 → 스토퍼 전진 → WORK 스토퍼 도착 감지 → 다음 WORK공급(공급실린더 전후진) 및 스토퍼 후진 → WORK 배출

(1) “시스템 준비” 상태에서, START PUSH BUTTON SWITCH(PSW2)를 ON/OFF 1회하면, 다음 공정이 시작된다. 이때 READY LAMP(LM1)와 STOP 표시용 LAMP(LM4)는 OFF되고, “운전 표시 LAMP(LM2)” 는 ON된다.

① 중력매거진에 WORK가 없는 경우, (WORK없는 상태에서 ON/OFF한 경우)
- 중력매거진의 재고 수량의 기준은 PUSH BUTTON 스위치6(PSW6)인 중력매거진 WORK 수량 셋팅용 PUSH BUTTON 스위치와 TOGGLE 스위치2(TSW2)인 증가/감소 동작 전환 Toggle Switch의 조합에 의해서 설정한다. PSW6의 동작은 1회 ON/OFF하면 1씩 증가 또는 감소하고 “9” 가 되면 다시 “0” 부터 증가하고, 감소 기능에서는 “0이 되면 다시 ” 9 “부터 감소한다.
- WORK 재고 상태 표시 LAMP(LM3)는 약 0.5초 간격으로 WORK가 공급될 때까지 점멸한다. 공급 후에는 ON상태를 유지한다.
- 정의한 램프 상태를 제외하고 모든 동작은 정지한다. 다시 WORK가 공급되더라도 공급실린더는 동작하면 안된다.
- WORK 공급 후, 다시한번 STAT PUSH BUTTON SWITCH(PSW2)를 ON/OFF 1회하면 정상 동작한다.

② 중력 매거진에 WORK가 있는 경우,(WORK있는 상태에서 ON/OFF한 경우)
- 주어진 동작 시퀀서에 의해 정상 동작한다.

③ 운전중 WORK가 모두 소모된 경우
- 소모된 후에는 “2)-(1)-①” 의 “중력매거진에 WORK가 없는 경우” 와 같이 동작한다. 단, 공급실린더 이외의 메카트로닉스 미니MPS 장치의 동작은 WORK가 모두 배

출되고, 시퀀서가 완료 될 때까지 동작한다.

- 최종 WORK 공급 후 약 6초가 지나도 추가 공급이 없을 경우 는 메카트로닉스 미니MPS장치를 "1)-(2)" 의 초기 상태로 유지한다.(LAMP 및 FND는 현 상태 유지)

(2) 다음은 FND와 정지 동작에 대해서 정의합니다.

① FND1에는 공급된 WORK의 전체 수량을 표시하고, FND2에는 공급된 금속WORK의 수량을 표시하고, FND3은 중력 매거진에 현재 있는 재고 WORK의 수량을 표시한다. 수량 카운터는 센서부에서 감지된 신호를 이용한다.

② STOP PUSH BUTTON SWITCH(PSW3)를 ON/OFF 1회하면, 공급된 WORK를 모두 배출하고 정지한다.

9.2 플로차트를 그리시오.

9.3 프로그램

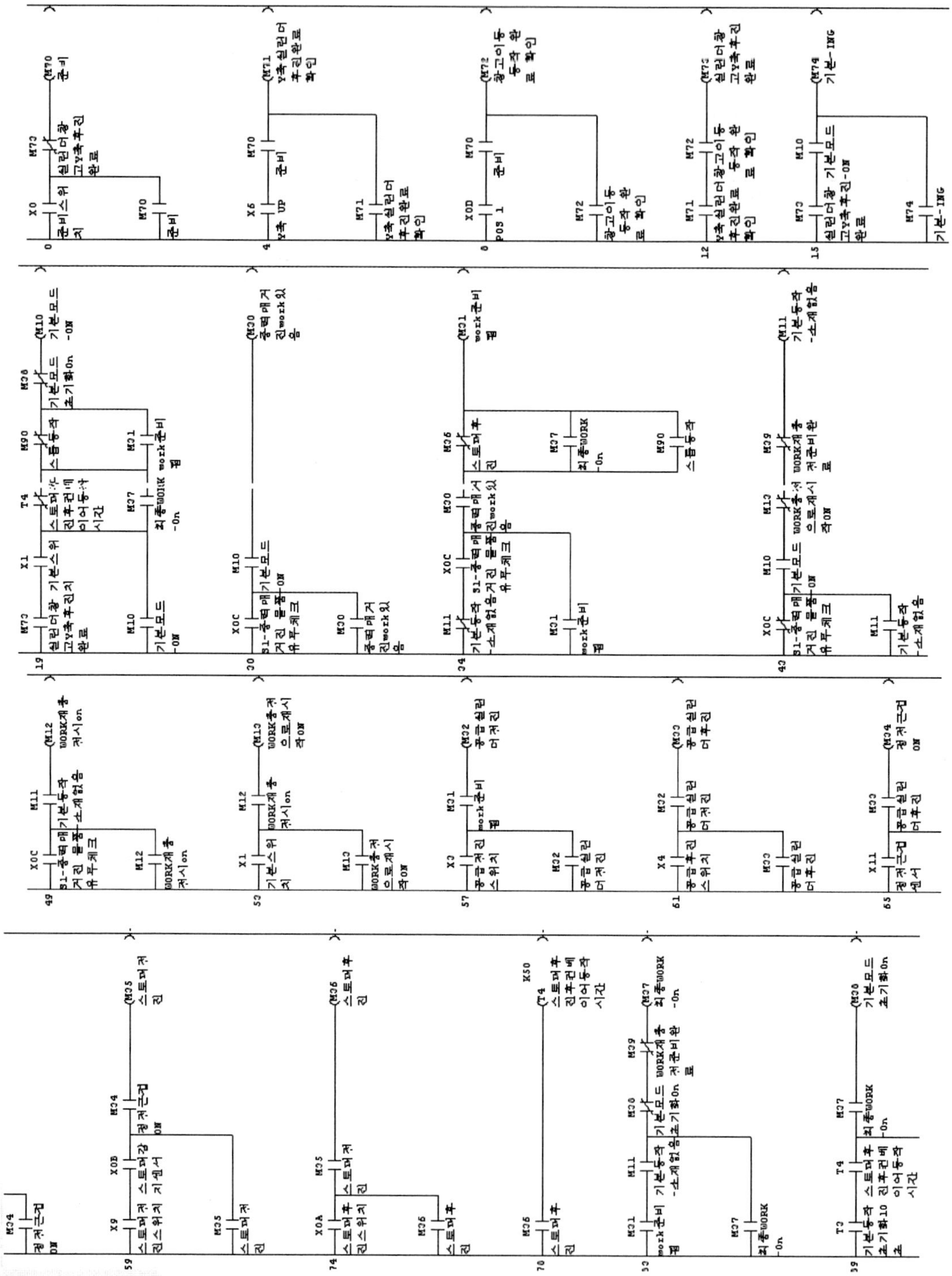

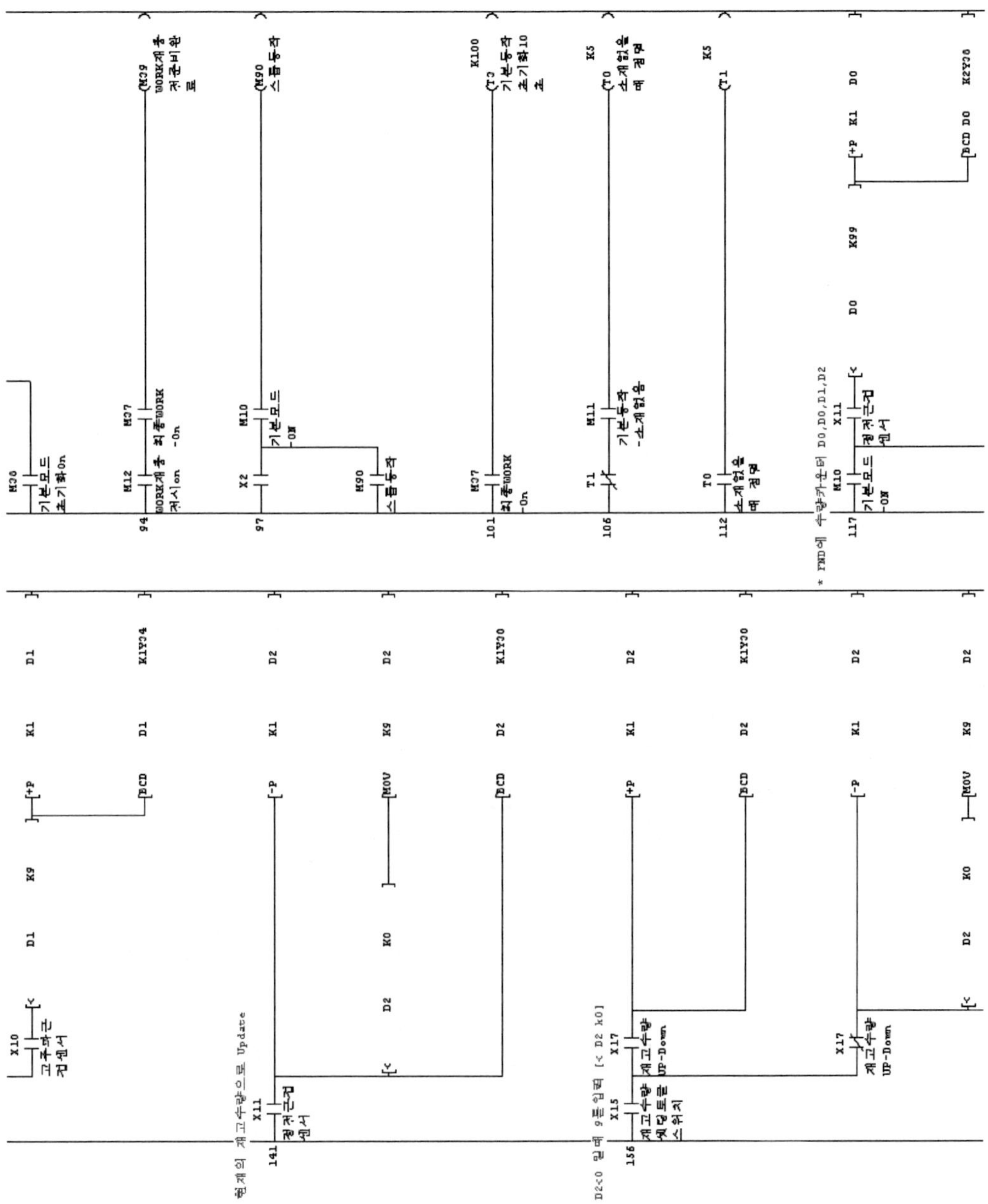

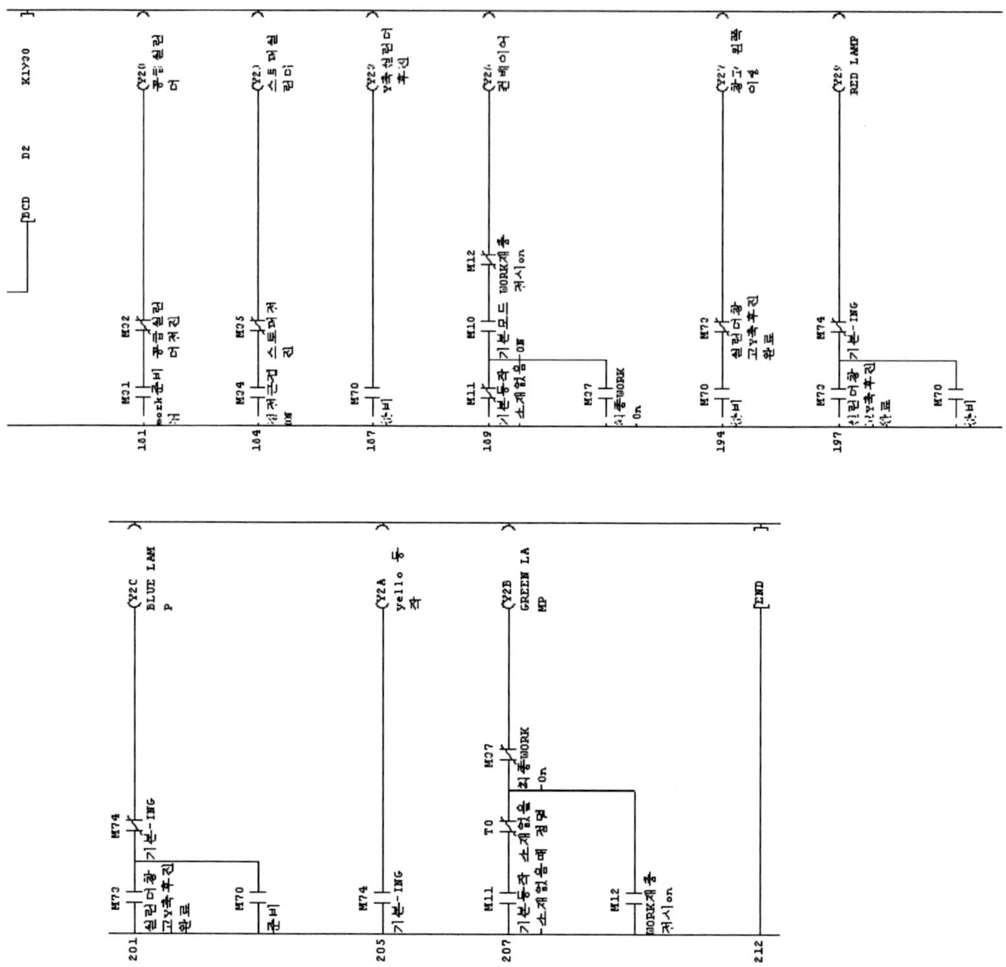

9.4 프로그램 수정 요구사항

2)기본동작

1)의 “초기상태” 가 완료 되면 기본동작을 할 수 있다.
메카트로닉스 미니MPS 동작 시퀀스[TOGGLE 스위치1(TSW1) → 기본]
컨베이어 동작 → 공급실린더 전진후진 → WORK 공급 유무 및 금속 비금속 판별 → 스토퍼 전진 → WORK 스토퍼 도착 감지 → 다음 WORK공급(공급실린더 전후진) 및 스토퍼 후진 → WORK 배출

(1) “시스템 준비” 상태에서, START PUSH BUTTON SWITCH(PSW2)를 ON/OFF 1회하면, 다음 공정이 시작된다. 이때 READY LAMP(LM1)와 STOP 표시용 LAMP(LM4)는 OFF되고, “운전 표시 LAMP(LM2)” 는 ON된다.

① 중력매거진에 WORK가 없는 경우, (WORK없는 상태에서 ON/OFF한 경우)

- 중력매거진의 재고 수량의 기준은 PUSH BUTTON 스위치6(PSW6)인 중력매거진 WORK 수량 셋팅용 PUSH BUTTON 스위치에 의해서 설정한다. PSW6의 동작은 1회 ON/OFF하면 1씩 증가하고 “9” 가 되면 다시 “0” 부터 증가한다.

- WORK 재고 상태 표시 LAMP(LM3)는 약 0.5초 간격으로 WORK가 공급될 때까지 점멸한다. 공급 후에는 ON상태를 유지한다.
- 정의한 램프 상태를 제외하고 모든 동작은 정지한다. 다시 WORK가 공급되더라도 공급실린더는 동작하면 안된다.
- WORK 공급 후, 다시한번 STAT PUSH BUTTON SWITCH(PSW2)를 ON/OFF 1회하면 정상 동작한다.

② 중력 매거진에 WORK가 있는 경우,(WORK있는 상태에서 ON/OFF한 경우)

- 주어진 동작 시퀀서에 의해 정상 동작한다.

③ 운전중 WORK가 모두 소모된 경우

- 소모된 후에는 “2)-(1)-①” 의 “중력매거진에 WORK가 없는 경우” 와 같이 동작한다. 단, 공급실린더 이외의 메카트로닉스 미니MPS 장치의 동작은 WORK가 모두 배출되고, 시퀀서가 완료 될 때까지 동작한다.
- 최종 WORK 공급 후 약 6초가 지나도 추가 공급이 없을 경우 는 메카트로닉스 미니MPS장치를 “1)-(2)” 의 초기 상태로 유지한다.(LAMP 및 FND는 현 상태 유지)

(2) 다음은 FND와 정지 동작에 대해서 정의합니다.

① FND1에는 공급된 WORK의 전체 수량을 표시하고, FND2에는 공급된 금속WORK의 수량을 표시하고, FND3은 중력 매거진에 현재 있는 재고 WORK의 수량을 표시한다. 수량 카운터는 센서부에서 감지된 신호를 이용한다.

② STOP PUSH BUTTON SWITCH(PSW3)를 ON/OFF 1회하면, 공급된 WORK를 모두 배출하고 정지한다.

실습문제 10

10.1 3)응용동작

"2) 기본동작" 이 완료 되면 응용동작을 할 수 있다. 다음은 기본동작과 연계한 응용공정이 시작된다. [TOGGLE 스위치1(TSW1) → 응용]

메카트로닉스 미니MPS 동작 시퀀스
공급실린더 전진 → 컨베이어 동작 → 공급실린더 후진 → WORK 공급 유무 및 금속 비금속 판별 → 스토퍼 전진 → WORK 스토퍼 도착 감지 → 저장 공정(금속) → 다음 WORK공급(공급실린더 전후진) 및 스토퍼 후진 → WORK 배출(비금속)

(1) 기본 동작중 금속이 검출되면 적치대 셀 1, 2, 3번에 차례대로 저장한다.
금속은 적치대에 저장하고 비금속은 저장 공정을 하지 않고 다음 공정을 진행하여 배출한다.
- 적치대에 저장이 시작되면 저장 공정 진행 표시용 LAMP(LM5)를 ON하고 완료되면 OFF한다.
- 셀 상태 표시램프는 각각 저장 상태를 표시한다. 저장되면 ON하고 없으면 OFF 상태를 유지한다.

(2) 다음은 STOP, RESET 및 비상정지 동작에 대해서 정의한다.
① STOP PUSH BUTTON SWITCH(PSW3)를 ON/OFF 1회하면, 공급된 WORK를 금속의 경우 저장하고 정지한다. 비금속의 경우 배출하고 정지한다.

② RESET PUSH BUTTON SWITCH(PSW4)를 1회 ON/OFF하면, 공정상의 "1)-(2)" 시스템 준비 상태가 된다.

③ 비상정지용 PUSH BUTTON SWITCH(PSW5)를 1회 ON/OFF하면, 현재 상태를 유지하고 정지한다. START PUSH BUTTON SWITCH(PSW2)를 1회 ON/OFF 하면 계속 동작한다.

10.2 플로차트를 그리시오.

10.3 프로그램

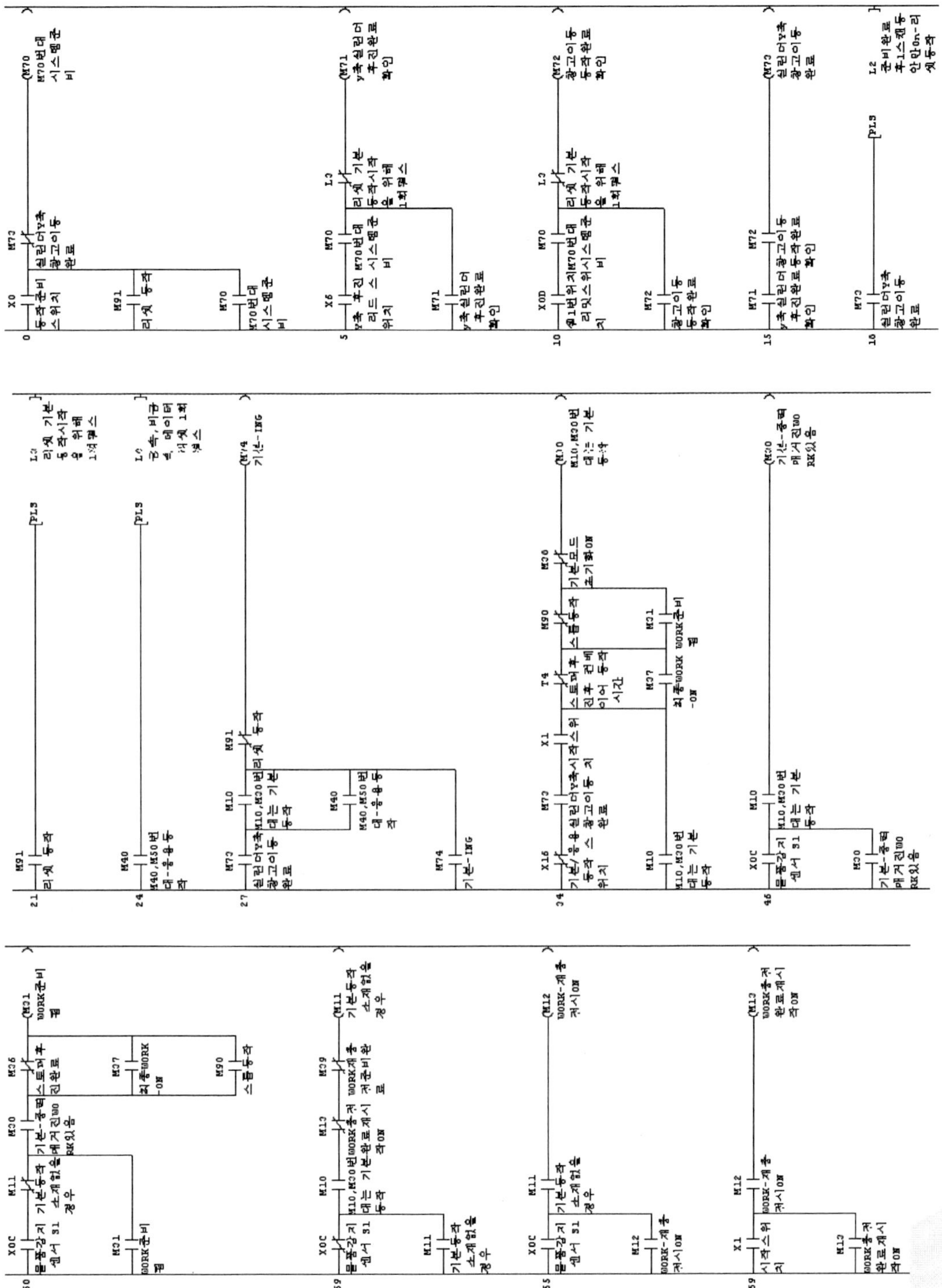

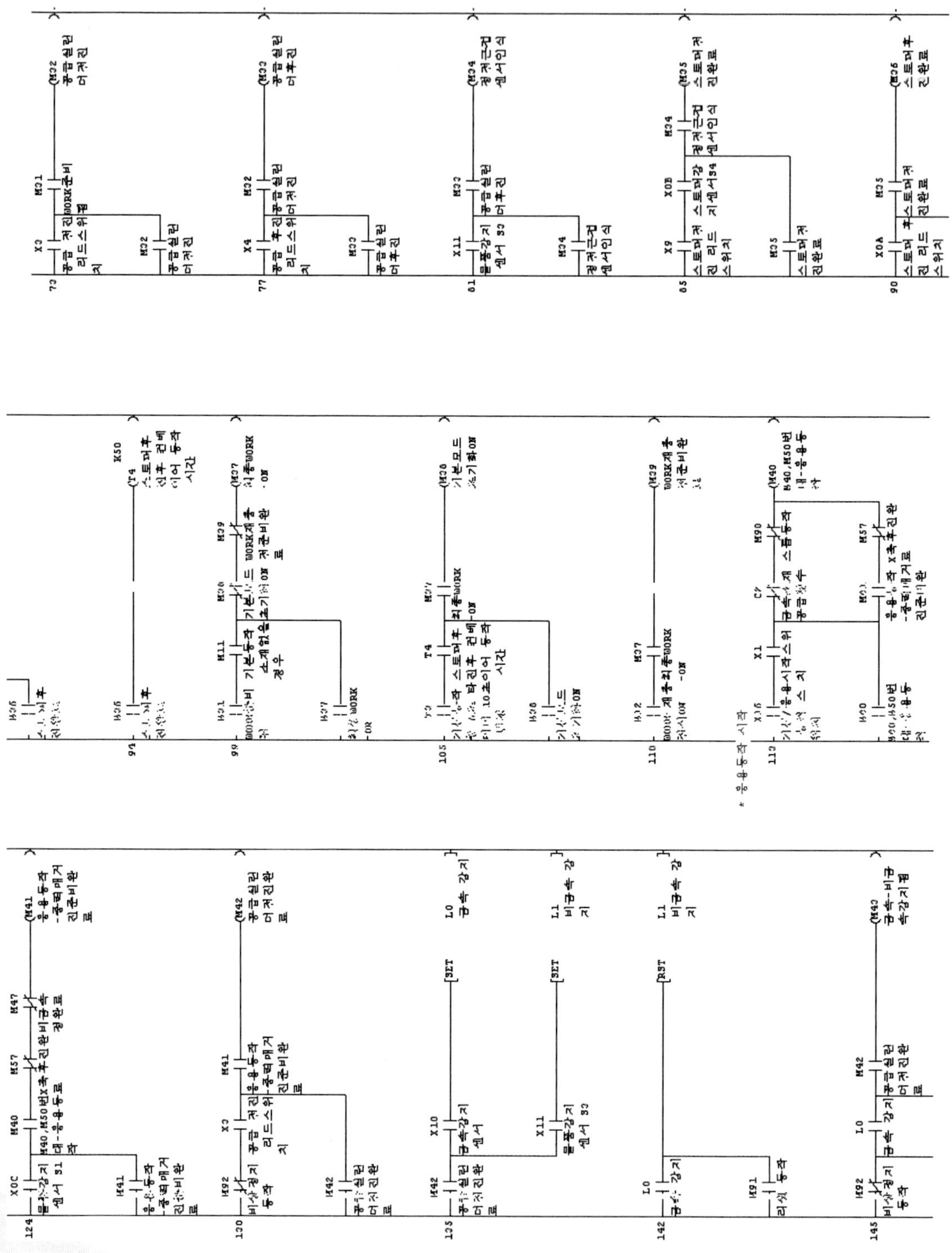

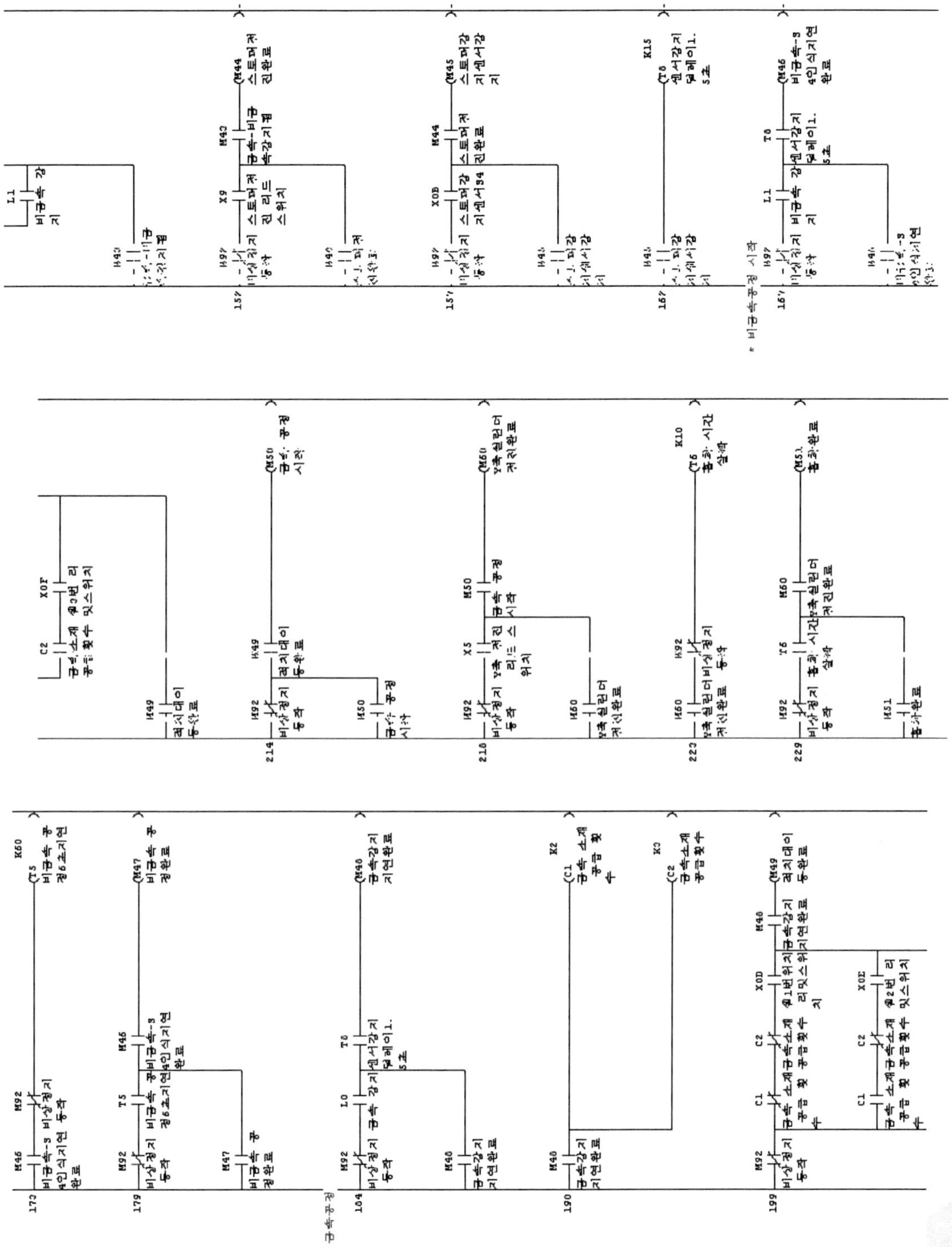

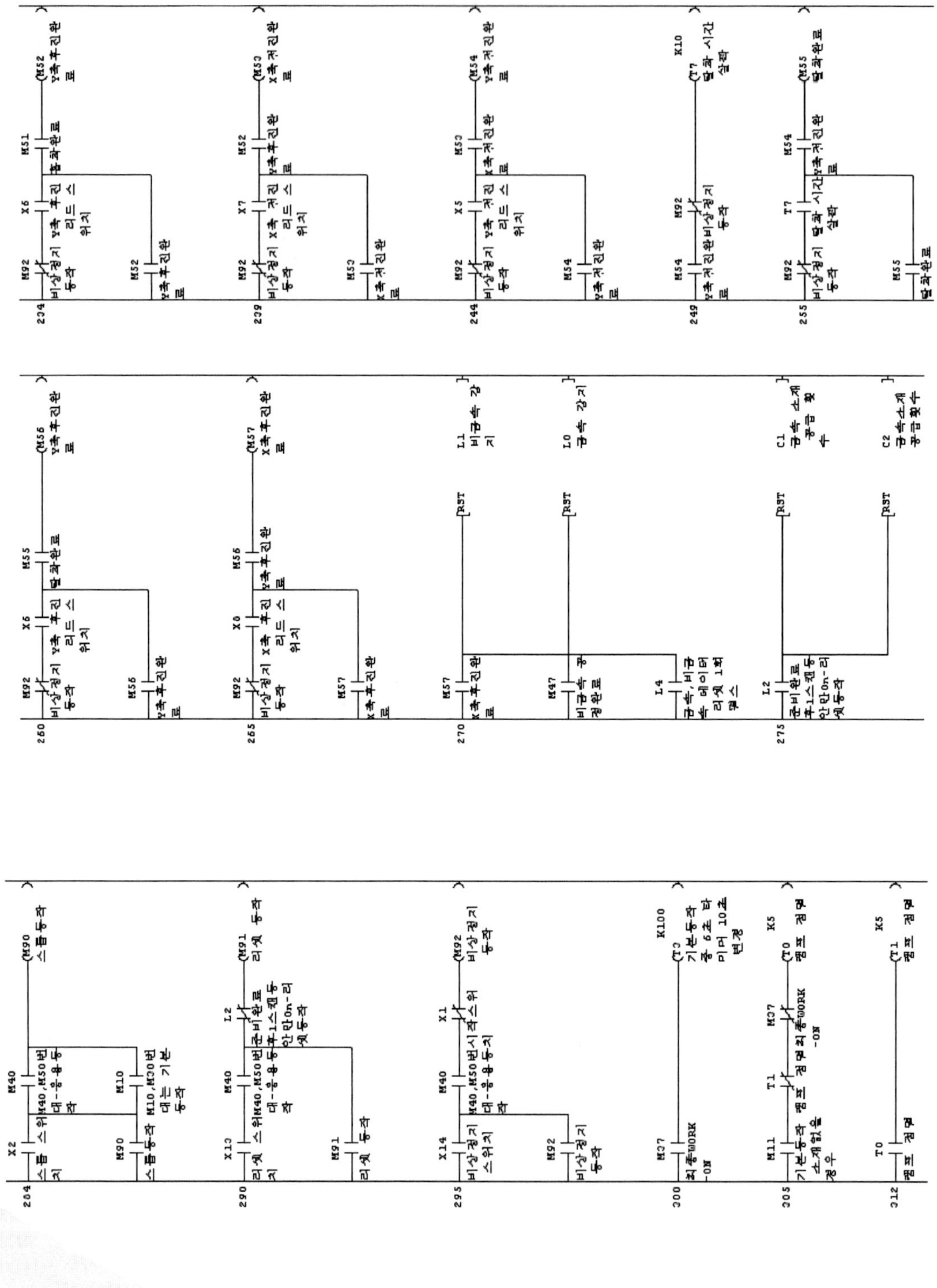

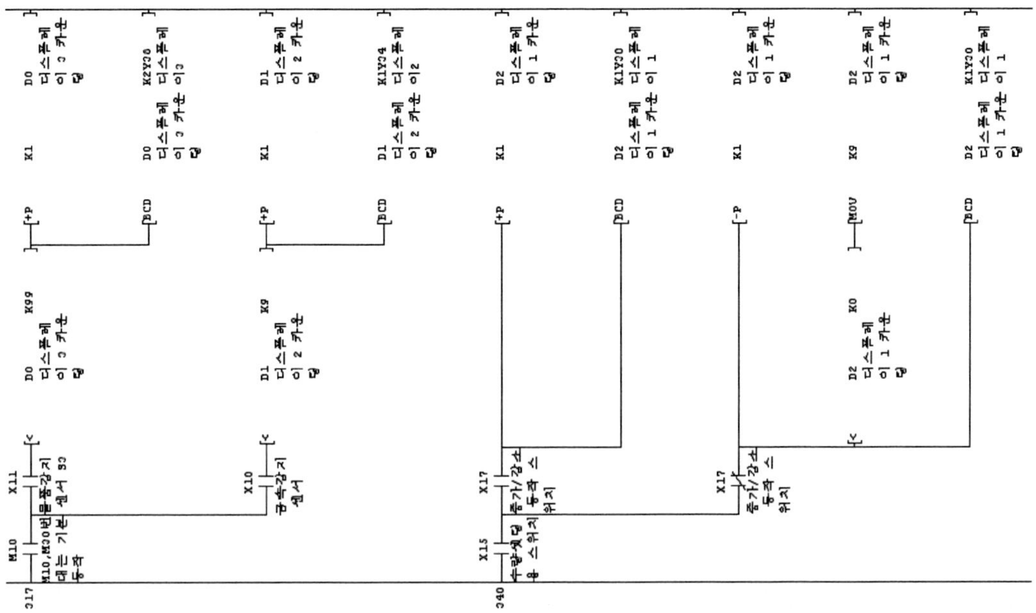

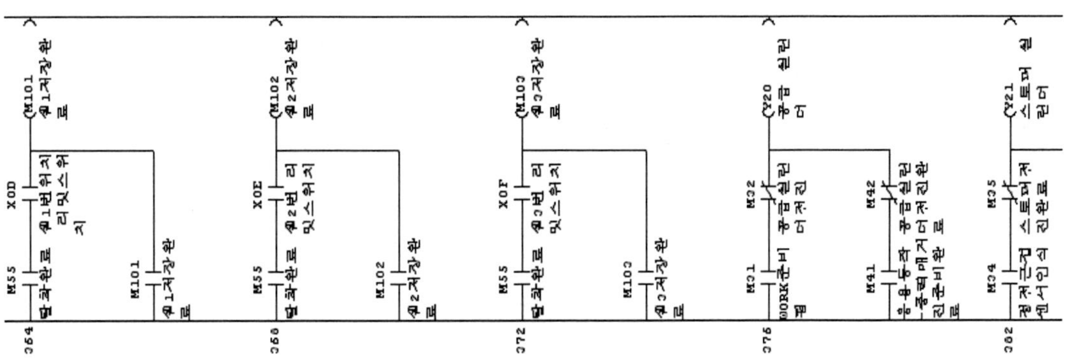

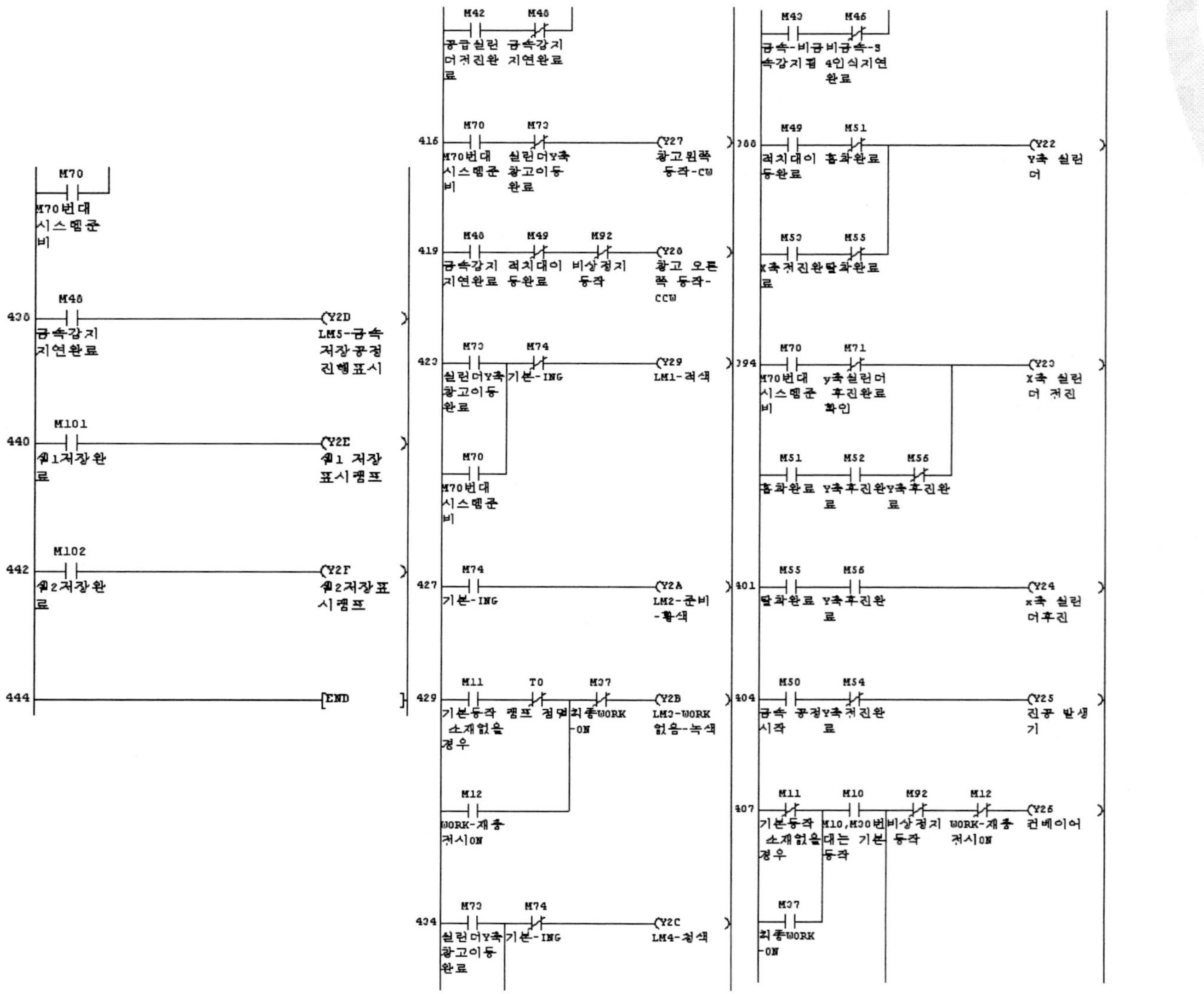
M42 공급실린더전진완료
M40 금속감지지연완료
416 M70 M70번대시스템군비 M73 실린더Y축창고이동완료 Y27 창고왼쪽동작-CW
419 M40 금속감지지연완료 M49 적치대이동완료 M92 비상정지동작 Y28 창고 오른쪽 동작-CCW
423 M73 실린더Y축창고이동완료 M74 기본-ING M70 M70번대시스템군비 Y29 LM1-적색
427 M74 기본-ING Y2A LM2-군비-황색
429 M11 기본동작 소재없을경우 T0 M37 M12 WORK-재충전시ON Y2B LM3-WORK 없음-녹색
434 M73 실린더Y축창고이동완료 M74 기본-ING Y2C LM4-청색
M43 M46 4인식지연완료
388 M49 적치대이동완료 M51 흡착완료 M53 X축전진완료 M55 탈착완료 Y22 Y축 실린더
394 M70 M70번대시스템군비 M71 Y축실린더후진완료확인 M51 흡착완료 M52 Y축후진완료 M56 Y축후진완료 Y23 X축 실린더 전진
401 M55 탈착완료 M56 Y축후진완료 Y24 X축 실린더후진
404 M50 금속공정시작 M54 Y축전진완료 Y25 진공 발생기
407 M11 기본동작 소재없을경우 M10 M10,M30번대는 기본동작 M92 비상정지동작 M12 WORK-재충전시ON M37 최종WORK-ON Y26 컨베이어
438 M70 M70번대시스템군비 M40 금속감지지연완료 Y2D LM5-금속저장공정진행표시
440 M101 셀1저장완료 Y2E 셀1 저장표시램프
442 M102 셀2저장완료 Y2F 셀2저장표시램프
444 END

10.4 프로그램 수정 요구사항

3)응용동작

"2) 기본동작" 이 완료 되면 응용동작을 할 수 있다. 다음은 기본동작과 연계한 응용공정이 시작된다. [TOGGLE 스위치1(TSW1) → 응용]

메카트로닉스 미니MPS 동작 시퀀스
공급실린더 전진 → 컨베이어 동작 → 공급실린더 후진 → WORK 공급 유무 및 금속 비금속 판별 → 스토퍼 전진 → WORK 스토퍼 도착 감지 → 저장 공정(금속) → 다음 WORK공급(공급실린더 전후진) 및 스토퍼 후진 → WORK 배출(비금속)

(1) 기본 동작중 금속이 검출되면 적치대 셀 3, 2, 1번에 차례대로 저장한다.
금속은 적치대에 저장하고 비금속은 저장 공정을 하지 않고 다음 공정을 진행하여 배출한다.
- 적치대에 저장이 시작되면 저장 공정 진행 표시용 LAMP(LM5)를 ON하고 완료되면 OFF한다.
- 셀 상태 표시램프는 각각 저장 상태를 표시한다. 저장되면 ON하고 없으면 OFF 상태를 유지한다.

(2) 다음은 STOP, RESET 및 비상정지 동작에 대해서 정의한다.
① STOP PUSH BUTTON SWITCH(PSW3)를 ON/OFF 1회하면, 공급된 WORK를 금속의 경우 저장하고 정지한다. 비금속의 경우 배출하고 정지한다.

② RESET PUSH BUTTON SWITCH(PSW4)를 1회 ON/OFF하면, 공정상의 "1)-(2)" 시스템 준비 상태가 된다.

③ 비상정지용 PUSH BUTTON SWITCH(PSW5)를 1회 ON/OFF하면, 현재 상태를 유지하고 정지한다. START PUSH BUTTON SWITCH(PSW2)를 1회 ON/OFF 하면 계속 동작한다.

10.5 래더 프로그램

6장 생산자동화 산업기사 출제 기준 및 채점기준

1. 생산자동화 산업기사 개요
2. 출제 기준
2.1 필기
2.2 실기

3. 국가기술자격검정 실기시험문제

3.1 CAD
3.2 채점 기준표(PC기반제어작업)
3.3 채점 기준표(PLC 기반 제어작업)
3.4 국가기술자격검정 실기시험문제(PC기반제어작업)
3.5국가기술자격검정 실기시험문제(PLC기반제어작업)

4. 메카트로닉스 기사, 생산자동화산업기사 제어용 PCB 회로도

1. 생산자동화 산업기사 개요

자격명 : 생산자동화 산업기사

영문명 : Industrial Engineer Manufacturing Automatization

① 개요

메카트로닉스기술의 발전에 따라 생산자동화가 비약적으로 발전하여 거의 모든 제품생산에 적용되고 있다. 이러한 현대의 산업구조상 숙련된 기능과 공학적 지식을 동시에 갖추고 새로운 기술 습득에 중추적인 역할을 담당할 인력이 필요하게 되었다. 이에 따라 생산자동화 분야에 대한 공학적 기본기술과 중상급정도의 숙련기능을 겸비하여 생산자동화에 필요한 자동화시스템을 운용할 수 있는 인력을 양성하고자 자격을 제정.

② 변천과정

1993년 (대통령령 제13925호, 1993.7.8)	1995년 (대통령령 제14783호, 1995.10.16)	1998년 (대통령령 제15794호, 1998.5.9)	2008년 (노동부령 제311호, 2008.11.26)
공유압기능사1급	공유압기능사1급	생산자동화산업기사	생산자동화산업기사
시스템제어기능사1급	시스템제어기능사1급		
	생산자동화다기능기술자		
기계전자기능사1급	기계전자기능사1급	메카트로닉스산업기사	
	메카트로닉스다기능기술자		

③ 수행직무

단위 기계별 생산(가공, 조립, 포장)품의 입고, 출고 및 고정과 이송에 관한 부분 자동화 제어시스템을 구축하고 정비하는 업무 수행.

④ 실시기관 홈페이지 : http://www.q-net.or.kr

실시기관명 : 한국산업인력공단

⑤ 진로 및 전망

- 생산기계자동화 및 콘트롤러 제작, 설계분야, 산업용 자동화로봇, 공유압 설비 및 설치 업체, 물류시스템기기 생산업체 및 관련 장비 유지 ・보수업체, 기계 및 전자기술 분 야, 휴먼테크 산업분야 등 다양한 곳으로 진출할 수 있다.
- 산업 전 분야에서 생산자동화가 빠르게 진행되고 있다. 특히 메카트로닉스기술의 발달은 생산자동화를 비약적으로 발전시켜 제품 생산의 경쟁력을 좌우하게 되며, 신상품 과 신기술도 지속적으로 창출될 것이다. 또한 기존에는 대기업에 한정되어 자동화가 진행되었다면, 앞으로는 중소기업 및 여타 산업에 이르기까지 확대될 전망이다. 이에 따라 생산자동화분야의 숙련기능 인력수요는 지속적으로 증가할 전망이다. 해당 분야의 자격을 취득하기 위한 응시인 원도 매년 증가하고 있다.

⑥ 출제경향

주어진 과제에 따라 CAD 작업, PLC 작업, PC 기반 제어작업 등을 거쳐 부분 자동화 제어시스템을 구축하는 작업

⑦ 시험과목

- 필기 1. 기계가공법 및 안전관리 2. 기계제도 및 기초공학 3. 자동제어
  4. 메카트로닉스
- 실기 : 메카트로닉스 실무

⑧ 검정방법

- 필기 : 객관식 4지 택일형, 과목당 20문항(과목당 30분)
- 실기 : 작업형(6시간정도)

⑨ 합격기준

- 필기 : 100점을 만점으로 하여 과목당 40점 이상, 전 과목 평균60점 이상
- 실기 : 100점을 만점으로 하여 60점 이상

⑩ 시험과제 및 시간 : 제1과제(PLC 기반제어 작업 ; 2시간 30분정도),
제2과제(PC 기반제어작업 ; 2시간 30분 정도),
제3과제(CAD작업 ; 2시간정도)

⑪ 시험 배점 및 내용 : 제1과제(40점 ; 기존 메카트로닉스산업기사와 동일),
제2과제(30~35점 ; 기존 메카트로닉스산업기사와 동일),
제3과제(25~35점 ; 3개 이상의 자동화 관련 부품조립 도면을 보고 지정된 1개의 부품을 3D 및 2D 부품도를 그리는 작업

2. 출제 기준

2.1 필기

직무 분야	기 계	중직무 분야	기계장치설비·설치	자격 종목	생산자동화 산업기사	적용 기간	2014.1.1 ~ 2016.12.31
○ **직무내용** : 합리적인 시스템 구성이 가능하도록 자동화 생산설비의 구축을 목표로 기계·기구적 메커니즘에 제어기를 중심으로 하는 전기·전자·정보기술을 덧붙여 효율적이고 기능적인 기계적 장치를 설계, 제작, 운용, 개선, 유지보수 업무 등의 직무 수행							

필기검정방법	객관식	**문제수**	80	**시험시간**	2시간

필기 과목명	문제 수	주요항목	세부항목	세세항목
기계 가공법및 안전관리	20	1. 기계가공	1. 공작기계 및 절삭제	1. 공작기계의 종류 및 용도 2. 절삭제, 윤활제 및 절삭공구 재료
			2. 기계가공	1. 선반가공 2. 밀링가공 3. 연삭가공 4. 드릴링가공 및 보링가공 5. 세이퍼, 슬로터 및 플레이너 가공 6. 브로칭 가공 및 기어가공 7. 정밀입자가공 및 특수가공 8. NC(수치제어) 공작기계 및 기타 기계가공법 9. 기계 부품 가공공정순서 및 방법
		2.측정 손다듬질가공및 안전	1. 측정 및 손다듬질 가공	1. 길이 및 각도 측정 2. 표면 거칠기와 형상 위치 정도 측정 3. 윤곽측정, 나사 및 기어측정 4. 손 다듬질 가공법
			2. 기계안전작업	1. 산업안전보건법규에서 기계가공과 관련되는 법규와 위생 및 안전수칙

필기과목명	문제수	주요항목	세부항목	세세항목
기계제도 및 기초공학	20	1. 기계 제도	1. 제도통칙 등	1. 일반사항(양식, 척도, 선, 문자 등) 2. 투상법 및 도형의 표시방법 3. 치수의 표시방법 4. 허용한계치수 기입방법 5. 최대 실체 공차방식 6. 기하공차 도시방식 7. 표면의 결 도시방법 8. 가공기호 등 표시방법
			2.기계요소제도	1. 운동용 기계요소(베어링, 기어, 풀리 등) 2. 체결용 기계요소(나사, 리벳, 키이 등) 3. 제어용 기계요소(스프링, 유공압 기호 등)
			3. 도면해독	1. 투상 도면해독 2. 기계가공 도면 3. 비절삭가공 도면 4. 기계조립 도면 5. 재료기호 및 중량산출
		2. 기초공학	1.물리적 개념 및 원리	1. 단위와 단위계 2. 힘과 일 3. 압력과 유량 4. 속도와 가속도 5. 면적과 체적 등
			2. 기계적 개념 및 원리	1. 응력 2. 토크 3. 모멘트
			3. 기초 전기	1. 전압 2. 전류 3. 저항

필기과목명	문제수	주요항목	세부항목	세세항목
자동제어	20	1. 제어기초	1. 제어의 기초이론 및 종류	1. 자동제어의 기본개념 2. 자동제어의 종류
			2. 제어계의 구성 및 특성	1. 자동제어계의 구성 2. 자동제어계의 특성 3. 자동제어계의 응용
			3. 전달함수 및 주파수 응답	1. 제어계의 전달함수 2. 주파수 응답
			4. 서보기구	1. 서보기구 (모터, 엔코더, 센서 등)
		2. 제어응용	1. PLC 기반제어	1. PLC 제어 구성 및 특성 2. PLC 제어 프로그래밍 3. PLC 제어 통신 등
			2. PC 기반제어	1. PC 기반제어의 기초 2. PC 기반제어 구성 및 특성 3. PC 기반제어 프로그래밍
			3. 공유압 제어	1. 공유압제어 기초 및 특성 2. 공유압기기 3. 공유압 회로 4. 공유압 시퀀스제어

필기과목명	문제수	주요항목	세부항목	세세항목
메카트로닉스	20	1. 기계제작	1. 기계의 제작공정	1. 기계의 제작공정 개요
		2. 전기/전자/ 전력의 기초	1. 직류 및 교류	1. 직류 및 교류
			2. 전자력 전자유도	1. 전자력 전자유도
			3. 연산증폭 회로	1. 연산증폭 회로
		3. 전기 구동의 기초	1. 서보, 스테핑 모터의 기초	1. 서보모터의 기초와 특성 2. 스테핑 모터의 기초와 특성
		4. 반도체 및 센서	1. 반도체 및 센서의 기초	1. 반도체 개요 2. 반도체의 종류 및 특성 3. 센서의 개요 4. 센서의 종류 및 특성
		5. 논리회로의 기초	1. 수의진법과 코드화	1. 수의진법과 코드화 등
			2. 논리회로 및 기억장치	1. 논리회로 및 기억장치
			3. A/D, D/A 변환기	1. A/D, D/A 변환기
		6. 마이크로 프로세서	1. 마이크로 프로세서 기초	1. 마이크로프로세서의 기초 2. 마이크로프로세서의 특성

2.2 실기

직무 분야	기계	중직무 분야	기계장치 설비·설치	자격종목	생산자동화산업기사	적용 기간	2014.1.1 ~ 2016.12.31

○ **직무내용** : 합리적인 시스템 구성이 가능하도록 자동화 생산설비의 구축을 목표로 기계·기구적 메커니즘에 제어기를 중심으로 하는 전기·전자·정보기술을 덧붙여 효율적이고 기능적인 기계적 장치를 설계, 제작, 운용, 개선, 유지보수 업무 등의 직무 수행

○ **수행준거** :
1. 액추에이터 및 각종센서를 선정하여 제어시스템을 구성할 수 있다.
2. PLC 기반 제어를 할 수 있다.
3. PC 기반 제어를 할 수 있다.
4. 도면을 보고 분해할 수 있다
5. 도면을 보고 조립할 수 있다.
6. 도면을 보고 배선할 수 있다.
7. 도면을 보고 배관 작업을 할 수 있다.
8. 자동화시스템을 시운전 할 수 있다.
9. 자동화시스템을 CAD S/W를 사용하여 설계할 수 있다.

실기 검정방법	작업형	시험시간	6시간정도

실기과목명	문제수	주요항목	세부항목
메카트로닉스 실무	1. 자동화 시스템 제어작업	1. PLC기반 제어 작업하기	1. 공압실린더 및 각종 모터를 선정할 수 있다. 2. 각종 센서를 선정할 수 있다. 3. 자동화시스템을 분해 조립 할 수 있다. 4. 자동화시스템에 대한 PLC 프로그래밍을 할 수 있다.
		2. PC 기반 제어 작업하기	1. 공압 실린더 및 각종 모터를 선정할 수 있다. 2. 각종 센서를 선정할 수 있다. 3. 자동화시스템을 분해 조립 할 수 있다. 4. PC의 BUS를 활용하여 인터페이스 (Interface) 및 액추에이터 등의 제어작업을 할 수 있다.
		3. 융 복합 제어작업하기	1. 공압실린더 및 각종 모터를 선정할 수 있다. 2. 각종 센서를 선정할 수 있다. 3. 비전(카메라)선정 및 구성할 수 있다. 4. 스텝 및 서보 모터를 선정할 수 있다.

			5. HMI(터치스크린)를 이용하여 제어할 수 있다. 6. 네트워크를 구성하여 제어할 수 있다.
		4.시운전하기	1. 도면을 보고 전기 배선 작업을 할 수 있다. 2. 도면을 보고 공압 배관 작업을 할 수 있다. 3. 공압실린더, 모터, 센서를 사용하여 제어시스템을 구성할 수 있다. 4. 시운전 작업을 할 수 있다.
	2. 시스템의 설계작업	1. 도면 작성하기	1. 도면 해독 작업을 할 수 있다. 2. 2차원 도면 작업을 할 수 있다. 3. 3차원 도면 작업을 할 수 있다.
		2. 도면 출력하기	1. 작업한 3차원 모델링 이미지 및 차원 도면을 생성할 수 있다. 2. 도면을 출력할 수 있다.

3. 국가기술자격검정 실기시험문제

3.1 CAD

자격종목	생산자동화 산업기사	과 제 명	CAD작업(3D/2D)

o 시험시간: 표준시간 : 2시간, 연장시간 : 10분

1. 요구사항(3 곳 이상 미완성시 실격)

1) 도면에 제시된 부품번호 ④번을 버니어 캘리퍼스 또는 자를 이용하여 치수를 측정 후 측정치수에 2배를 하여 A3용지에 2D투상도(정면도, 평면도, 측면도)와 3D모델링(입체도)을 그리고 플로팅 후 제출하시오.

2) 도면에 제시된 R값은 3으로 한다.

3) 물체에 나사부가 있을 경우 3차원 등각 투상도는 실물형상 맞게 투상하고, 2차원 부품제작도에서는 KS나사 도시법에 따라 투상 한다.

4) 2차원 부품 제작도는 3각법으로 하고 주어진 치수와 크기를 실측한 후, 부품제작에 필요한 치수 및 각종공차(기하공차포함)와 표면의 결 기호 등 가공도면에 필요한 모든 사항을 결정하여 제도한다.

2. 수험자 유의사항

1) 문제지와 도면에는 비 번호(등번호)와 성명을 기재하고 작품과 함께 제출하시오.

2) 정전 및 고장으로 인한 자료 손실을 방지하기 위해 10분에 1회 이상씩 저장한다.

3) 감독위원은 도면의 선 굵기, 문자의 크기, 색상을 지정할 수 있으며, 별도의 지시가 없는 경우 다음과 같이 한다.(단 색상을 지정하기 어려운 CAD프로그램은 단색으로 작도해도 무방하나 선 굵기는 아래 사항을 준수한다.)

선굵기	문자크기	색상	용도
0.5mm	5.0mm	녹색, 하늘색	윤곽선, 외형선, 개별주서 등
0.35mm	3.5mm	노란색	숨은선, 치수문자, 일반주서 등
0.25mm	2.0mm	적색, 흰색	해칭, 치수선, 치수보조선, 중심선, 공차문자 등

4) 시험장내의 안전수칙을 준수하고 시험 감독의 지시를 반드시 따라야 한다.

5) 제도작에 필요한 KS데이터가 발생 시 필요 부분만을 열람할 수 있다.

6) 미리 작성된 Part Program, 또는 Block은 일체 사용을 금한다.

7) 수험자 본인이 도면을 직접 출력 한다. 출력 소요 시간은 시험시간에서 제외한

다.

8) 도면의 좌측상단 A부에는 인적사항을 우측하단 B부에는 표제란을 작성한다.

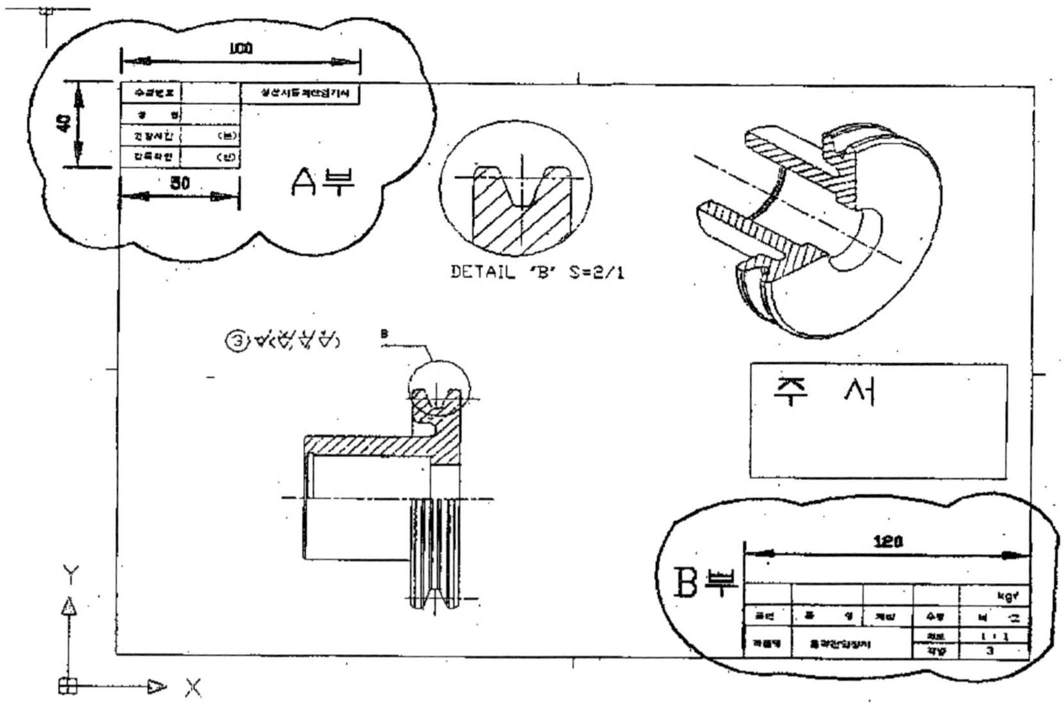

9) 다음사항에 해당하는 작품은 미완성, 오작, 실격이므로 채점하지 않는다.

■ 미완성

- 시험시간(표준시간)내에 미제출한 자
- 주어진 요구 사항 중 2개 항목 이상 미준수한 작품
- 요구사항의 부품의 완성하지 못한 작품

■ 오작

- 주어진 도면의 내용과 전혀 다른 작품 또는 투상이 3곳 이상 틀린 작품

■ 실격

- 생산자동화 산업기사의 실기시험 전 과정에 응시하지 않은 수험자
- 주요 항목별 득점이 0점이 3곳 이상 나온 작품
- PLC제어작업, PC제어작업, CAD작업등 3개 과제 중 1개 과제의 전체득점이 0점인 작품

자격종목	생산자동화 산업기사	과제명	CAD작업(3D/2D)	척도	NS

3. 도면

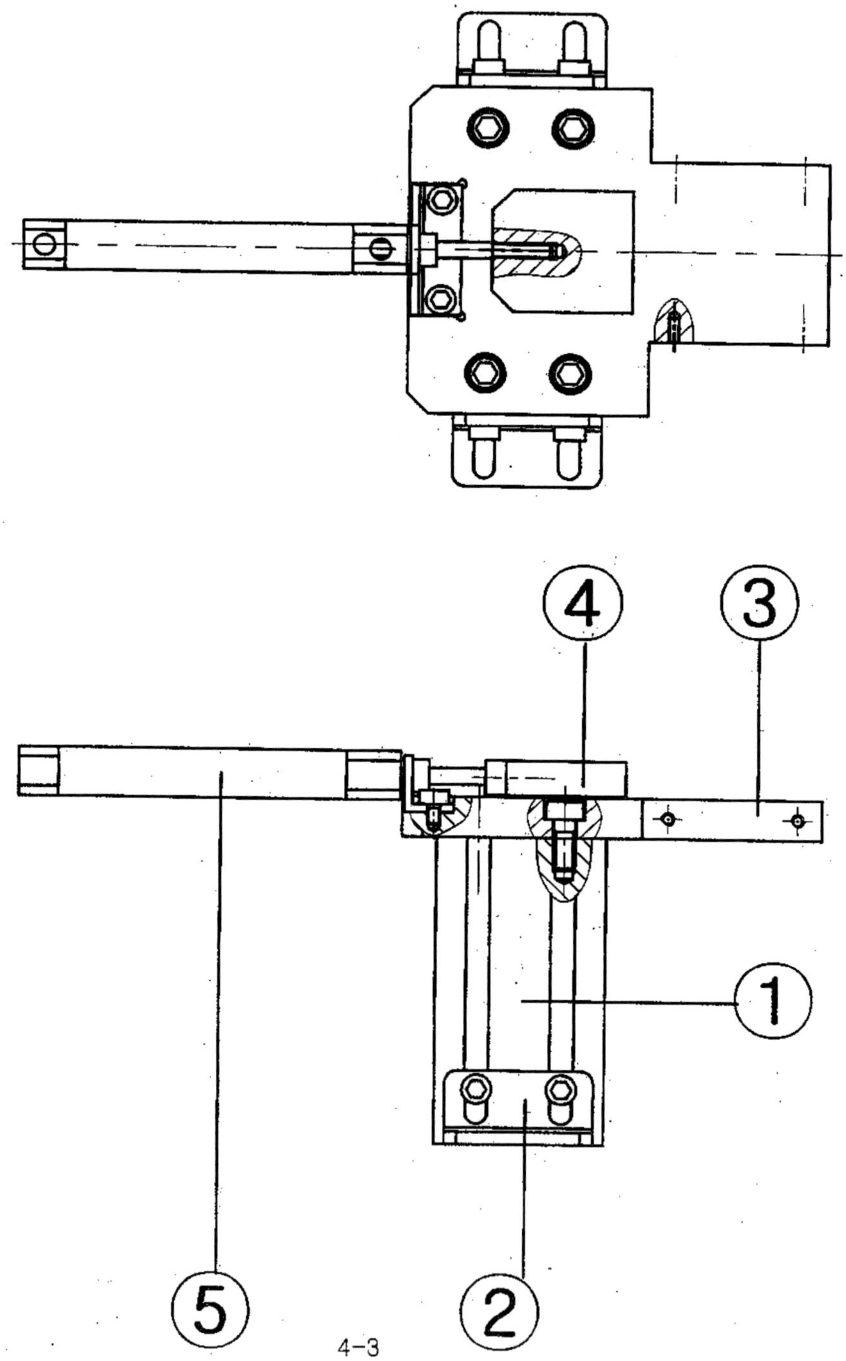

4-3

3.2 채점 기준표(PC 기반제어작업)

주요 항목	세부항목	항목 번호	항목별 채점 방법	배점 35점
PC 기반 제어	동작 상태 확인	1	메카트로닉스 소형 MPS 장치의 분해조립 완성시 배점 만점 : 기타 실격	5
		2	초기동작 상태 동작 완료시 배점 만점, 기타(조건과 다를 경우) : 실격	6
		3	응용동작조건 1 상태 동작 완료시 배점 만점, 기타 : 0	20
		4	응용동작조건 2 상태 동작 완료시 배점 만점, 기타 : 0	20
	시스템 구성에 따른 감점 요소	1	부품배치가 완벽한 경우 부품배치가 잘못된 경우가 3곳 이하 부품배치가 잘못된 경우가 3곳 이하 기타	0 -1 -3 -5
		2	납땜상태가 완벽한 경우 납땜상태가 잘못된 경우가 3곳 이하 납땜상태가 잘못된 경우가 6곳 이하 기타	0 -1 -3 -5

3.3 채점 기준표(PLC 기반 제어)

주요 항목	세부항목	항목 번호	항목별 채점 방법	배점 40점
PLC 기반 제어	시스템 구성 및 초기 위치	1	상태를 모두 만족하면 배점 만점 기타 0점	5
	기본 동작	2	동작상태를 확인하여 요구동작을 모두 만족하면 만점, 기타 실격	20
	응용동작	3	응용동작 3)-(1)의 동작을 완료하게 구현하면 배점 만점, 기타 0점	8
		4	응용동작 3)-(2)의 동작을 완료하게 구현하면 배점 만점, 기타 0점	7

3.4 국가기술자격검정 실기시험문제

자격종목	생산자동화 산업기사	과 제 명	PC기반 제어 작업

o 시험시간: 표준시간 : 2시간 30분, 연장시간 : 20분

1. 요구사항

o 지급된 제어보드용 회로 PCB 기판에 3.도면 2)동작회로, 3) 조립회로를 참조하여 부품을 장착 완성하고 3.도면 1)의 시스템 블록 및 3)구성회로도와 같이 시스템을 구성하시오.

o 다음의 주어진 작업을 완성하시오.

1) 분해 및 조립

2) 초기동작

3) 기본동작

4) 응용동작

o 제어에 사용되는 프로그램은 검정 완료 후 프로그램 소스코드(TEXT 형태)를 프린트해서 감독위원에게 제출하시오.

o 회로도에서 결함이 발생할 경우 수험자가 수정 보완하여 요구동작을 완성하시오.

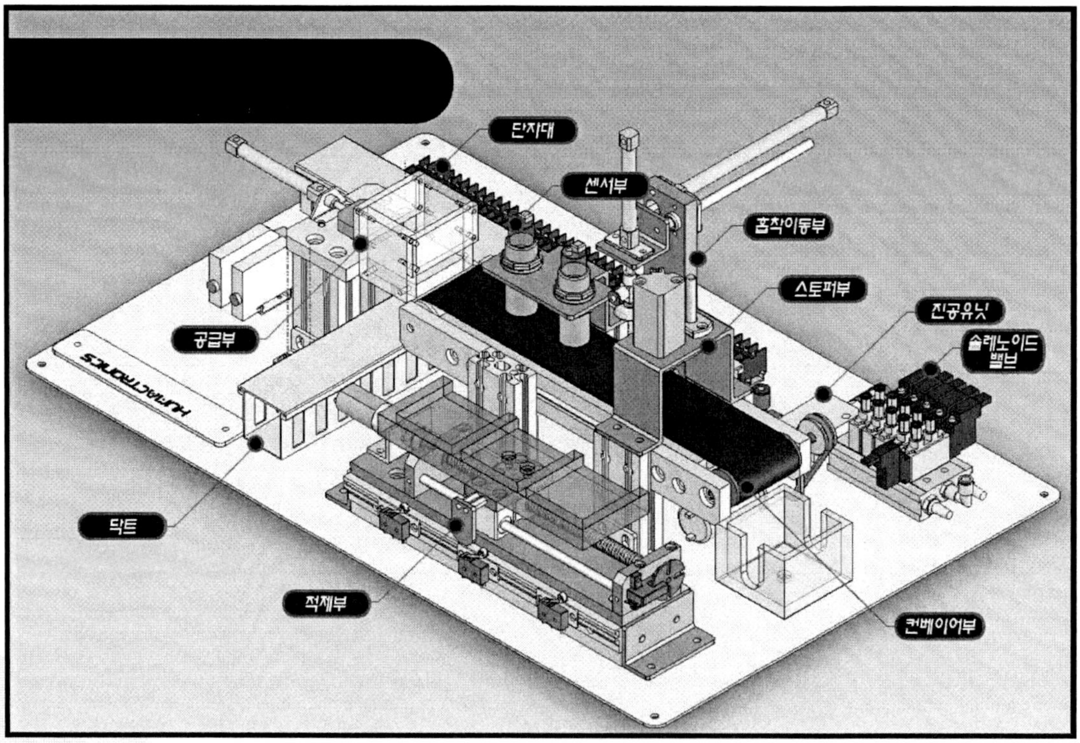

1) 분해 및 조립

공급 Unit부를 분해 조립하시오. 아래 그림2와 같이 완전히 분해하고 감독위원에게 확인을 받은 후 조립해서 미니 MPS 장치에 장착 하시오.

① 분해도 및 조립도

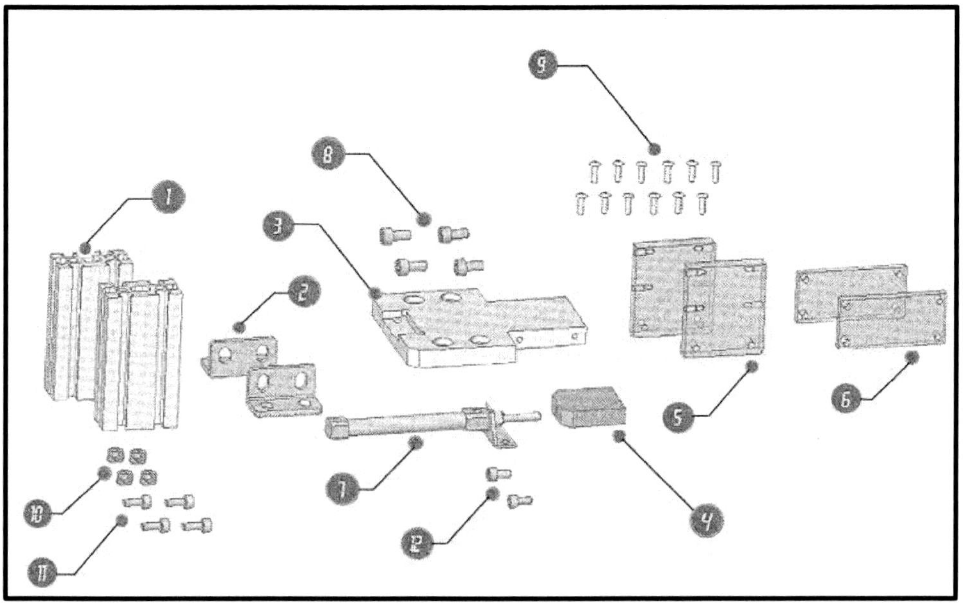

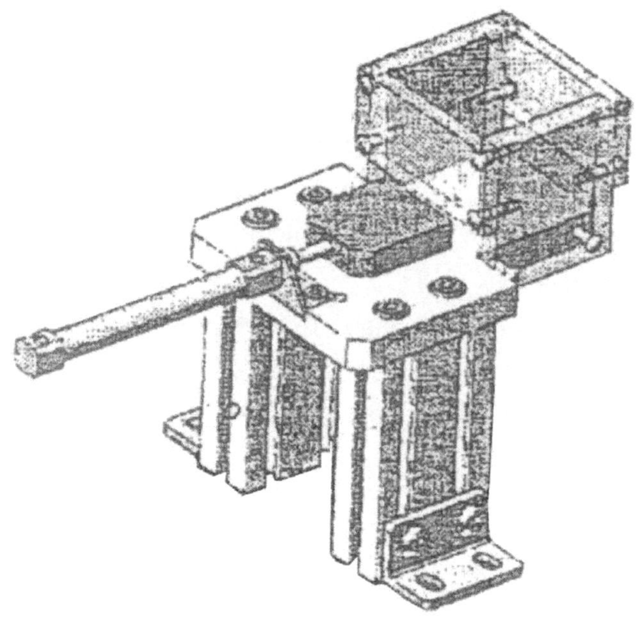

② 부품리스트

품번	품 명	단 위	수 량	비 고
1	BASE 지지용 프로파일[20 x 40 x 75L]	EA	2	
2	L형 BRACKET	EA	2	
3	공급부 BASE [20 x 40 x 75L]	EA	1	
4	PUSH BLOCK [33 x 30 x 9T]	EA	1	
5	MAGAZINE #1[42 x 50 x 8T]	EA	2	
6	MAGAZINE #2[58 x 28 x 5T]	EA	2	
7	CYLINDER - TCP1L10-45-C73K	EA	1	
8	BOLT - M5*10 (일반/렌치)	EA	4	
9	BOLT - M3*10 (둥근/십자)	EA	12	
10	T-NUT[M4]	EA	4	
11	BOLT - M4*10 (일반/렌치)	EA	4	
12	BOLT - M4*8 (일반/렌치)	EA	2	
13	광화이버센서 BF3RX-FD-320-05	EA	1	

③ PCB 기판 조립 및 제어회로 구성

- 동작회로도를 참조하여 제어보드용 회로 PCB 기판 회로를 조립한다.

주어진 부품만을 조립해서 회로를 구성한다. (전체 회로 중 조립한 부분만을 사용할 것임)

- 공급실린더(양솔) : 제어회로에 연결, 스토퍼실린더(편솔) : 제어회로에 연결
- 컨베이어 모터 : 제어회로에 연결
- 제어회로 : 스위치보드(조립한 것 연결), TR, LED보드(장비활용 연결)
- 사용번지 : 18H ~ 1BH[PORTA(18H), PORTB(19H), PORTC(1AH), 제어포트(1BH)]

2) 초기동작

도면 1)시스템 블록도 및 3) 회로 구성도를 참조하여 메카트로닉스 미니 MPS 장치를 컨트롤러(PC)에 연결한다.

연결 시 TR 부분은 지급된 재료에 의해서 조립한 기판을 사용하고 그 외의 회로는 수험장에 준비된 제어회로용 기판을 사용해서 회로를 구성한다. 그리고 우측 그림과 같이 화면을 만들고 프로그램을 작성한 후 실행시킨 다음 "초기동작" 버튼을 클릭하면 다음 초기동작이 보이도록 한다.

① 초기동작 버튼 클릭

② 수동구동 선택 그룹 내의 Check Box 선택 및 해제

③ 수동구동 버튼 클릭 -> 결과확인[Check 요소조건에 맞는 동작]

④ 수동구동 선택 그룹 내의 Check Box 선택 모두 해제

⑤ 수동구동 버튼 클릭 -> 결과확인[Check 후진 및 정지]

※ ② ~ ③번을 반복해서 동작 상태를 확인할 수 있다. "초기동작" 을 끝낼 때는 반드시 ② ~ ③번과 ④ ~ ⑤번의 동작을 수행하여 "3)의 기본동작" 에서 제시한 T0 상태를 유지해야한다. 공급실린더의 경우 양측 솔레노이드를 사용함에 따라 모두 선택하고 수동구동을 할 경우 상태변화가 발생되면 안됨.

3) 기본동작

"기본동작" 은 "초기동작" 완료시에만 가능하다.

① [기본동작] 버튼 클릭에 의한 동작이 다음표와 같이 1 사이클 실행된다.

② 실행 중 동작 종료 버튼을 클릭하면 T0 상태가 된다.

③ "기본동작" 은 "초기동작" 완료시에만 가능하다.

※ 공급스토퍼실린더 및 컨베이어 동작 사이클[동작간 시간 약 1초]

[1동작]공급실린더 전진 → [2동작]컨베이어 모터 ON → [3동작]공급실린더 후진 → [4동작]스토퍼 실린더 전진 → [5동작]스토퍼 실린더 후진 → [6동작]컨베이어 모터 동작 정지(5동작 약 2초 후)

	T0	T1	T2	T3	T4	T5	T6	T7=T1
시퀀스	대기상태	1동작	2동작	3동작	4동작	5동작	6동작	
공급실린너	후진	전진	상태유지	후진	상태유지	상태유지	상태유지	
스토퍼	후진	후진	상태유지	상태유지	전진	후진	상태유지	
컨베이어	정지	정지	동작	상태유지	상태유지	상태유지	정지	
LED0	OFF	ON	OFF	OFF	OFF	ON	OFF	
LED1	OFF	OFF	ON	OFF	OFF	OFF	ON	
LED2	OFF	OFF	OFF	ON	OFF	OFF	OFF	
LED3	OFF	OFF	OFF	OFF	ON	OFF	OFF	

4) 응용동작

"응용동작" 은 "기본동작" 완료시에만 가능하다.

① 응용동작 버튼 클릭하거나, 응용동작시작 버튼스위치(SW6)를 ON/OFF하면 다음표와 같이 연속동작이 실행된다.

② 실행중 동작종료 버튼을 클릭하거나, 종료 버튼스위치(SW7)를 ON/OFF하면 T0 상태가 된다.

③ 비상정지 기능

- 비상정지 버튼스위치(SW8)를 ON/OFF하면 동작 상태에서 정지한다.
- 비상정지 후 계속동작 버튼스위치(SW9)를 ON/OFF하면 계속해서 동작한다.

※ 공급 스토퍼 실린더 및 컨베이어 동작 사이클[동작 간 시간 약 1초]

[1동작]공급실린더 전진 → [2동작]컨베이어 모터 ON → [3동작]공급실린더 후진 → [4동작]스토퍼 실린더 전진 → [5동작]스토퍼 실린더 후진 → [6동작]컨베이어 모터 동작 정지(5동작 약 2초 후)

	T0	T1	T2	T3	T4	T5	T6	T7=T1
시퀀스	대기상태	1동작	2동작	3동작	4동작	5동작	6동작	
공급실린더	후진	전진	상태유지	후진	상태유지	상태유지	상태유지	
스토퍼	후진	후진	상태유지	상태유지	전진	후진	상태유지	
컨베이어	정지	정지	동작	상태유지	상태유지	상태유지	정지	
LED0	OFF	정상동작시 ON, 기타 OFF						
LED1	OFF	2진수로 동작 표시 [T1부터 T6까지 표시, MSB(LED3), LSB(LED1)] [Dp] T0->000, T3->011, T6->110]						비트
LED2	OFF							비트
LED3	OFF							비트

2. 수험자 유의사항

1) 회로도와 재료를 이용하여 주어진 기판에 납땜하여 회로를 완성한다.
[회로 상에 잘못된 부분이 있으면 수정하여 완성한다.]

2) 완성한 기판과 메카트로닉스 미니MPS 장치의 연결은 반드시 지급 된 케이블과 Y단자 커넥터를 이용한다.

3) 수검자가 연장시간을 사용한 경우에는 10분마다 5점씩 감점한다.

4) 프로그램 작성 시 학습서의 형태는 일체 지참을 금한다.

5) 기판조립작업이 완료되면 수험자는 감독위원의 확인을 받아야하고, 감독위원의 지시에 따라 작성한 프로그램을 이용해서 동작시킬 수 있어야한다.

6) 감독위원의 채점이 끝나면 주변을 정리하고 제품을 제출해야한다.

7) PC에 작성된 프로그램은 디스크에 저장하고 프린트하여 디스켓과 출력물을 감독관에게 제출하고 PC에 있는 프로그램은 반드시 지워야한다.

8) 버스생성기와 버스 인터페이스 유닛과 연결은 준비된 커넥터와 케이블로 한다.

9) 버스 인터페이스유닛과 제어보드용 회로기판 연결은 지급된 재료로 연결한다.

10) 장치는 여러 가지 경우의 조건으로 구성할 수 있으나 과제에서 제시한 조건에 따라 구성하고 동작해야한다.

11) PC기반 제어과제 수행 시는 조립한 PCB기판과 시설목록 제어회로 7종중 일부의 기능만 이용해서구성회로도와 같이 완성하여 동작한다.

12) 안전사고에 유의하여야 한다.

13) 다음사항에 해당하는 작품은 미완성, 오작, 또는 실격으로 채점하지 않는다.

① 시험시간(표준시간+연장시간)을 초과한 작품

② 초기동작이 되지 않는 수험자의 작품

③ 지급된 제어보드용 회로PCB 기판을 완성하지 않은 작품

④ 동작확인 후 프로그램 소스를 프린터해서 제출하지 않거나 디스켓을 제출하지 않은 수험자의 작품

⑤ 장비공구 등의 사용이 미숙하여 안전에 문제가 있거나, 수험자로서의 자세가 불량한 수험자의 작품

⑥ 컴퓨터에 타인의 프로그램이 있는 경우 및 타인의 프로그램으로 시스템을 구동시킬 경우

⑦ 생산자동화 산업기사 모든 과정을 응시하지 않은 수험자

⑧ PLC 기반제어작업, PC기반제어작업 2개 과제 중 1개 과제에 응시하지 않은 수험자의 작품.

3. 도 면

1) 시스템 블록도

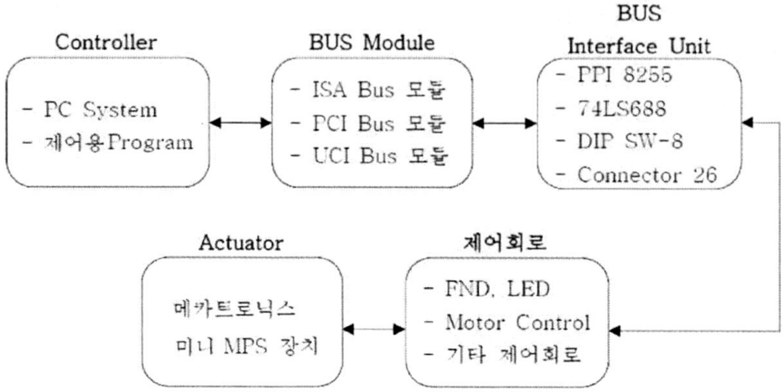

2) 조립 회로도

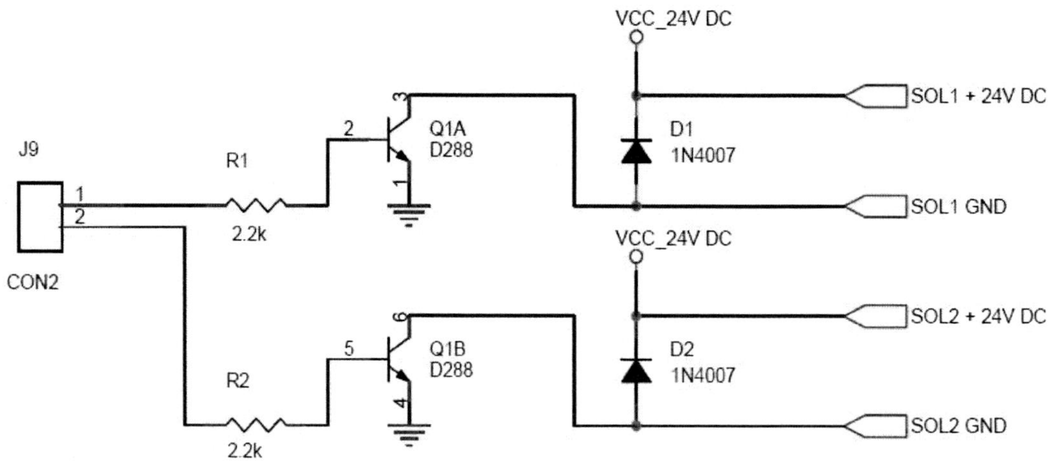

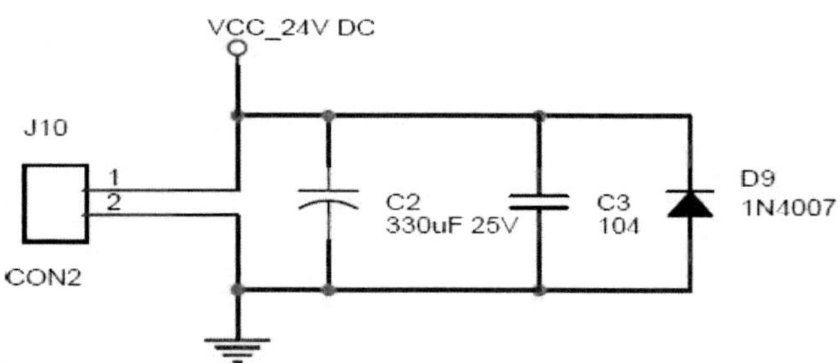

3) 회로구성도

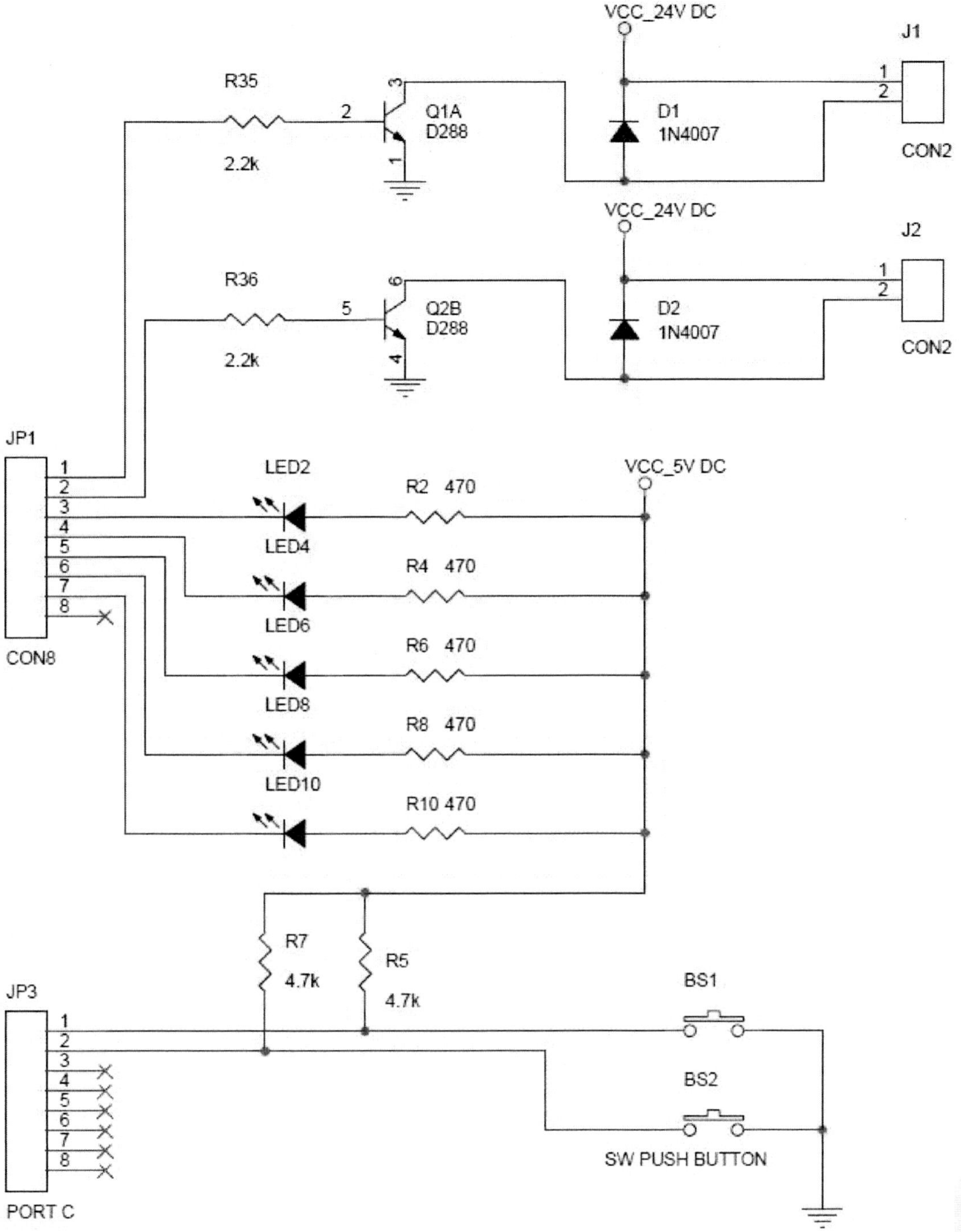
VCC_24V DC
J1
R35
Q1A
D288
D1
1N4007
2.2k
CON2
VCC_24V DC
J2
R36
Q2B
D288
D2
1N4007
2.2k
CON2
JP1
LED2
VCC_5V DC
R2 470
LED4
R4 470
LED6
R6 470
LED8
R8 470
LED10
R10 470
CON8
R7
4.7k
R5
4.7k
JP3
BS1
BS2
SW PUSH BUTTON
PORT C

4. 지급재료 목록

일련번호	재류명	규격	단위	수량	비고
1	제어회로용 TR PCB기판	91.2 78.2mm	개	1	
2	다이오드	1N4007	개	3	
3	단자대	USL-5SAB1-2P	개	4	
4	TR	D288	개	2	
5	저항	2.2K	개	2	
6	세라믹 컨덴서	104	개	1	
7	전해콘덴서	10uF/25V	개	1	
8	납	IC기판용	m	10	롤(검정장 기준)
9	전선	10색 연선	m	1	
10	Y단자	소형	개	10	
11	USB	2GB	개	1	공통
12	이	하	여	백	
13					
14					
15					
16					
17					
18					
19					
20					
21					
22					
23					
24					

3.5 국가기술자격검정 실기시험문제

자격종목	생산자동화 산업기사	과 제 명	PLC 기반제어 작업

o 시험시간: 표준시간: 2시간 30분, (연장 30분)

1. 요구사항

※ 다음의 요구사항을 시험시간 내에 완성하시오.

가) [그림1]의 시스템 구성도와 I/O 할당표를 참고하여 시스템을 구성하시오.(참고용)

나) 다음 동작을 요구 조건에 맞도록 PLC 프로그램을 작성하고, ①, ②, ③ 동작 순서로 시운전 하시오.

① 초기상태

② 기본동작

③ 응용동작

다) 수검자가 작성한 PLC 프로그램을 프린트해서 저장 파일과 함께 감독위원에게 제출하시오.

1) 초기상태

(1) 부품조건 설정

다음 조건설정을 완료하고 각 부분별 장치의 이상유무를 공압 및 전압을 공급해서 확인하시오.

- 다음 부품에 대해 주어진 조건과 같이 설정하시오.
- 공급실린더[A][편솔사용], 스토퍼실린더[B][편솔사용], 좌우실린더[C][편솔사용], UP/DOWN (상하)실린더[D][양솔사용], 흡착기[편솔사용], PHOTO센서[NPN Type]
- LAMP1(LM1) : READY LAMP
- LAMP2(LM2) : 운전 표시 LAMP
- LAMP3(LM3) : WORK 공급 상태 표시 LAMP
- LAMP4(LM4) : STOP 표시용 LAMP
- LAMP5(LM5) : 저장 공정 진행 표시용 LAMP
- LAMP6(LM6) : 셀 1 저장 상태 표시용 LAMP
- LAMP7(LM7) : 셀 2 저장 상태 표시용 LAMP
- LAMP8(LM8) : 셀 3 저장 상태 표시용 LAMP
- FND1 : 전체 WORK 수량 표시

- FND2 : 금속 WORK 수량 표시
- FND3 : 비금속 WORK 수량 표시
- PUSH BUTTON 스위치1(PSW1) : 동작 준비 PUSH BUTTON SWITCH
- PUSH BUTTON 스위치1(PSW2) : START PUSH BUTTON SWITCH
- PUSH BUTTON 스위치1(PSW3) : STOP PUSH BUTTON SWITCH
- PUSH BUTTON 스위치1(PSW4) : RESET PUSH BUTTON SWITCH
- PUSH BUTTON 스위치1(PSW5) : 비상 정지용 PUSH BUTTON SWITCH
- PUSH BUTTON 스위치1(PSW6) : 중력매거진 WORK 수량 셋팅용 PUSH BUTTON SWITCH
- TOGGLE 스위치1(TSW1) : 기본/응용 동작 전환 Toggle SWITCH
- TOGGLE 스위치1(TSW2) : 증가/감소 동작 전환 Toggle SWITCH

(2) 시스템 준비

동작 준비 PUSH BUTTON SWITCH(PSW1)을 1회 ON/OFF하면 다음 조건에 맞게 시스템이 동작대기 상태가 된다.

- 공급실린더, 좌우실린더, 상하실린더, 스토퍼실린더 : 후진, 흡착 : OFF
- 적치대 : 셀 1번위치로 이동[LS1 감지] [그림 시스템 구성 참조]
- 적치대 창고 위치 감지센서 : 리미트 스위치[SS-5GL2] 3개사용[기타 실격]
- 적치대 창고 제어용 모터 배선 : 지급된 Relay 사용 연결[Relay 1개 사용, 기타 실격]
- FND1, 2, 3 : "0" 표시
- READY LAMP(LM1) : ON
- 재고 상태 표시 LAMP(LM3) : 상태 표시(있으면[ON], 없으면[OFF])
- STOP 표시용 LAMP(LM4) : ON
- 기타 LAMP : OFF

2) 기본동작

1)의 "초기상태"가 완료 되면 기본동작을 할 수 있다.

메카트로닉스 미니MPS 동작 시퀀스[TOGGLE 스위치1(TSW1) → 기본]

컨베이어 동작 → 공급실린더 전진후진 → WORK 공급 유무 및 금속 비금속 판별 → 스토퍼 전진 → WORK 스토퍼 도착 감지 → 다음 WORK공급(공급실린더 전

후진) 및 스토퍼 후진 → WORK 배출

(1) "시스템 준비" 상태에서, START PUSH BUTTON SWITCH(PSW2)를 ON/OFF 1회하면, 다음 공정이 시작된다. 이때 READY LAMP(LM1)와 STOP 표시용 LAMP(LM4)는 OFF되고, "운전 표시 LAMP(LM2)" 는 ON된다.

① 중력매거진에 WORK가 없는 경우, (WORK없는 상태에서 ON/OFF한 경우)
- 중력매거진의 재고 수량의 기준은 PUSH BUTTON 스위치6(PSW6)인 중력매거진 WORK 수량 셋팅용 PUSH BUTTON 스위치와 TOGGLE 스위치2(TSW2)인 증가/감소 동작 전환 Toggle Switch의 조합에 의해서 설정한다. PSW6의 동작은 1회 ON/OFF하면 1씩 증가 또는 감소하고 "9" 가 되면 다시 "0" 부터 증가하고, 감소 기능에서는 "0 이되면 다시 " 9 "부터 감소한다.
- WORK 재고 상태 표시 LAMP(LM3)SMS DIR 0.5초 간격으로 WORK가 공급될 때까지 점멸한다. 공급 후에는 ON상태를 유지한다.
- 정의한 램프 상태를 제외하고 모든 동작은 정지한다. 다시 WORK가 공급되더라도 공급실린더는 동작하면 안된다.
- WORK 공급 후, 다시 한번 STAT PUSH BUTTON SWITCH(PSW2)를 ON/OFF 1회하면 정상 동작한다.

② 중력 매거진에 WORK가 있는 경우,(WORK있는 상태에서 ON/OFF한 경우)
- 주어진 동작 시퀀서에 의해 정상 동작한다.

③ 운전중 WORK가 모두 소모된 경우
- 소모된 후에는 "2)-(1)-①" 의 "중력매거진에 WORK가 없는 경우" 와 같이 동작한다. 단, 공급실린더 이외의 메카트로닉스 미니MPS 장치의 동작은 WORK가 모두 배출되고, 시퀀서가 완료 될 때까지 동작한다.
- 최종 WORK 공급 후 약 6초가 지나도 추가 공급이 없을 경우 는 메카트로닉스 미니MPS장치를 "1)-(2)" 의 초기 상태로 유지한다.(LAMP 및 FND는 현 상태 유지)

(2) 다음은 FND와 정지 동작에 대해서 정의합니다.
① FND1에는 공급된 WORK의 전체 수량을 표시하고, FND2에는 공급된 금속WORK의 수량을 표시하고, FND3은 중력 매거진에 현재 있는 재고 WORK의 수량을 표시한다. 수량 카운터는 센서부에서 감지된 신호를 이용한다.

② STOP PUSH BUTTON SWITCH(PSW3)를 ON/OFF 1회하면, 공급된 WORK를 모두 배출하고 정지한다.

3) 응용동작

"2) 기본동작" 이 완료료 되면 응용동작을 할 수 있다. 다음은 기본동작과 연계한 응용공정이 시작된다. [TOGGLE 스위치1(TSW1) → 응용]

메카트로닉스 미니MPS 동작 시퀀스
공급실린더 전진 → 컨베이어 동작 → 공급실린더 후진 → WORK 공급 유무 및 금속 비금속 판별 → 스토퍼 전진 → WORK 스토퍼 도착 감지 → 저장공정(금속) → 다음 WORK공급(공급실린더 전후진) 및 스토퍼 후진 → WORK 배출(금속)

(1) 기본동작중 금속이 검출되면 적치대 셀 1, 2, 3번에 차례대로 저장한다.
금속은 적치대에 저장하고 비금속은 저장 공정을 하지 않고 다음 공정을 진행하여 배출한다.
- 적치대에 저장이 시작되면 저장 공정 진행 표시용 LAMP(LM5)를 ON하고 완료되면 OFF한다.
- 셀 상태 표시램프는 각각 저장 상태를 표시한다. 저장되면 ON하고 없으면 OFF 상태를 유지한다.
(2) 다음은 STOP, RESET 및 비상정지 동작에 대해서 정의한다.
① STOP PUSH BUTTON SWITCH(PSW3)를 ON/OFF 1회하면, 공급된 WORK를 금속의 경우 저장하고 정지한다. 비금속의 경우 배출하고 정지한다.

② RESET PUSH BUTTON SWITCH(PSW4)를 1회 ON/OFF하면, 공정상의 "1)-(2)" 시스템 준비 상태가 된다.

③ 비상정지용 PUSH BUTTON SWITCH(PSW5)를 1회 ON/OFF하면, 현재 상태를 유지하고 정지한다. START PUSH BUTTON SWITCH(PSW2)를 1회 ON/OFF 하면 계속 동작한다.

2. 수험자 유의사항

1) PLC의 입력 단자 및 부분품과 메카트로닉스 미니MPS장치의 연결은 반드시 준비된 케이블과 Y단자 커넥터를 이용한다.

2) 수검자가 연장시간을 사용한 경우에는 10분마다 5점씩 감점한다.

3) 프로그램 작성시 학습서의 형태는 일체 지참을 금한다.

4) 작업이 완료되면 수험자는 감독위원의 확인을 받아야하고, 감독위원의 지시에 따라 작성한 프로그램을 이용해서 동작시킬 수 있어야한다. 이때 기본동작을 먼저 감독관에게 확인 받고, 그 다음 감독관의 입회하에 응용동작을 해야 한다.

5) PC에 작성된 프로그램은 디스크에 저장하고 프린트하여 디스켓과 프린터 출력물을 감독관에게 제출하고 PC에 있는 프로그램은 반드시 지워야한다.

6) 장치는 여러 가지 경우의 조건으로 구성할 수 있으나 과제에서 제시한 조건에 따라 구성하고 동작해야한다.

7) PLC기반제어 동작관련 프로그램이 발견될 시는 부정행위로자로 간주하여 처리한다.

8) 공기압 조정유닛의 공급압력을 5Kgf/cm^{2}으로 설정한다. 이때 설정압력의 오차는 0.5Kgf/cm^{2}이내 이어야한다.

9) 안전사고에 유의하여야 한다.

10) 다음사항에 해당하는 작품은 미완성, 오작, 또는 실격으로 채점하지 않는다.

① 시험시간(표준시간+연장시간)을 초과한 작품

② 기본동작이 완성되지 않는 수험자의 작품

③ 프로그램을 프린트해 제출하지 않거나 디스켓(파일)을 제출하지 않은 수험자의 작품

④ 장비공구 등의 사용이 미숙하여 안전에 문제가 있거나, 수험자로서의 자세가 불량한 수험자의 작품

⑤ 컴퓨터에 타인의 프로그램이 있는 경우 및 타인의 프로그램으로 시스템을 구동시킬 경우

⑥ 생산자동화산업기사 모든 과정을 응시하지 않은 수험자

⑦ PLC기반제어작업, PC기반제어작업 2개 과제중 1개과제의 전체 득점이 0인 작품

⑧ PLC기반제어작업, PC기반제어작업 2개 과제중 1개의 과제의 작업에 응시하지 않은 수험자의 작품.

⑨ 솔레노이드 밸브, 근접스위치, 기타 부품에 잘못된 전원공급이나 부주의로 파손될 경우

3. 도면

가) 메카트로닉스 미니 MPS 장치 전체 도면

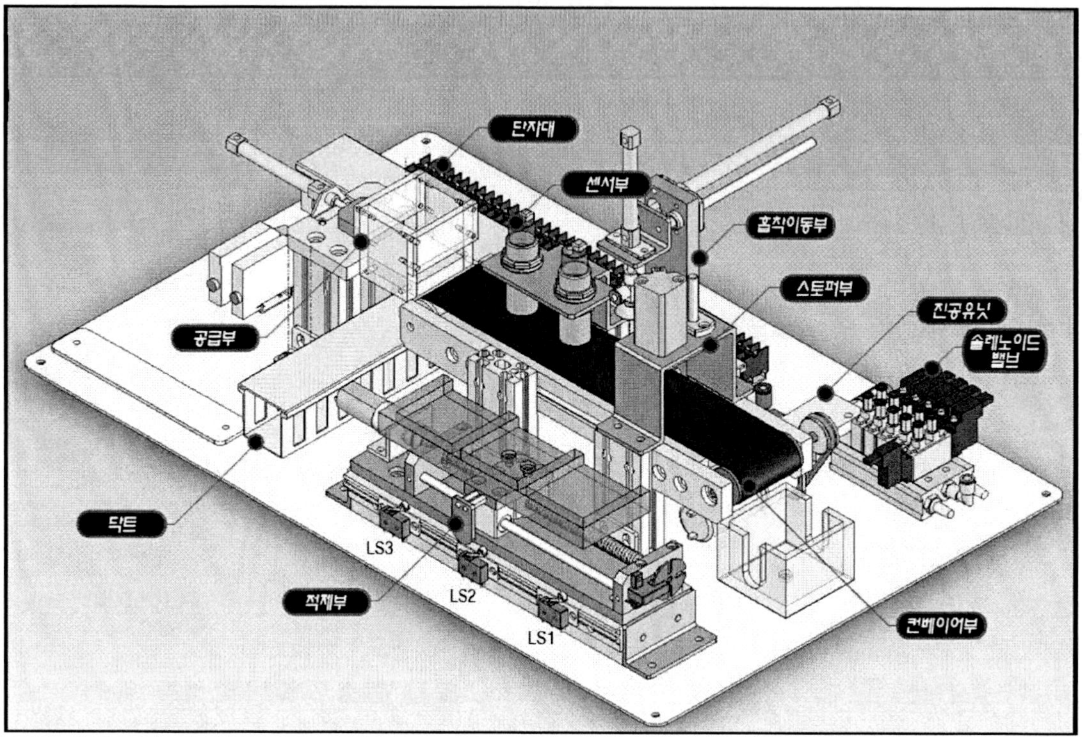

나. 공압회로도

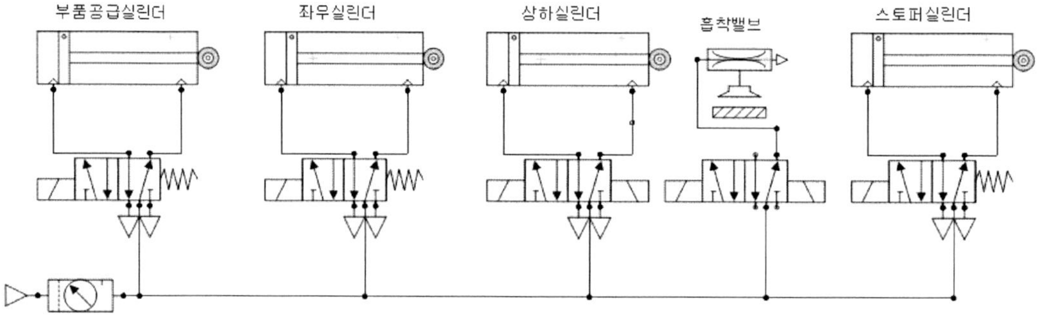

다) PLC I/O 할당표(참고용)

입 력		출 력	
X0	시작스위치	Y20	편솔
X1	정지스위치	Y21	편솔
X2	비상정지스위치	Y22	편솔
X3	공급전진센서	Y23	편솔
X4	공급후진센서	Y24	양솔 1-1
X5	Y축전진센서	Y25	양솔 1-1
X6	Y축후진센서	Y26	컨베어모터 ON/OFF
X7	X축전진센서	Y27	컨베어모터 방향제어
X8	X축후진센서	Y28	적치대모터 ON/OFF
X9	스토퍼전진센서	Y29	적치대모터 방향제어
XA	스토퍼후진센서	Y2A	시작램프
XB	스토퍼감지센서	Y2B	정지램프
XC	물품감지센서	Y2C	비상정지램프
XD	LS1(셀1 위치)	Y2D	FND
XE	LS2(셀2 위치)	Y2E	FND
XF	LS3(셀3 위치)	Y3F	FND
X10	금속판별센서	Y30	FND
X11	물품판별센서	Y31	FND
X12	엔코드센서	Y32	FND
X13	동작전환스위치	Y33	FND
X14	금속배출스위치	Y34	FND
X15	비금속배출스위치		
X16	**기본/응용 토글S/W**	← 임의로 입력	
X17			

4. 메카트로닉스 기사, 생산자동화산업기사 제어용 PCB 회로도

(1) 제어회로용 스위치 PCB

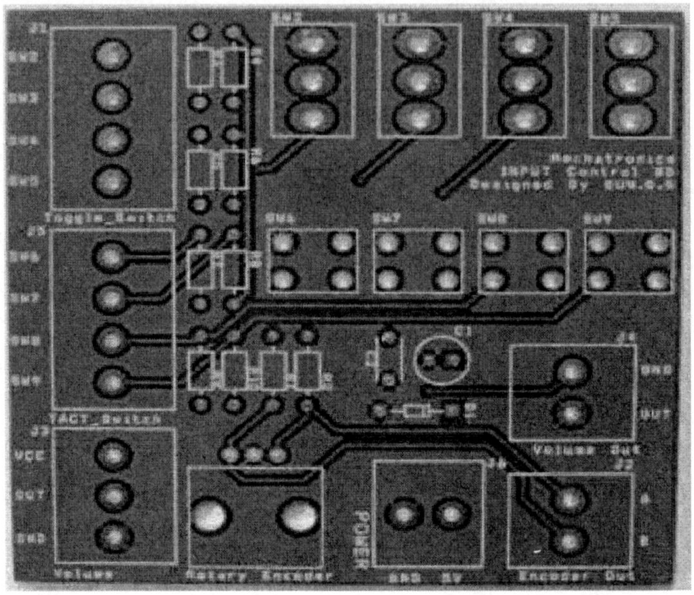

1) 부품리스트

품명	규격	수량	비고
제어회로용 스위치 PCB 기판	70.6 * 69.0 mm	1	
전해 콘덴서	10uF/25V	1	
세라믹 콘덴서	104	1	
다이오드	IN4007	1	
단자대	USL-5SAB1-4P	2	
	USL-5SAB1-3P	1	
	USL-5SAB1-2P	3	
Resistor	1/4W J 4.7KΩ	10	
Rotary Encoder	EC11B15D2Z31ZZZ	1	
Toggle_Switch	MTS-102	4	
Tact_Switch	JTP-1230	4	

2) 회로도

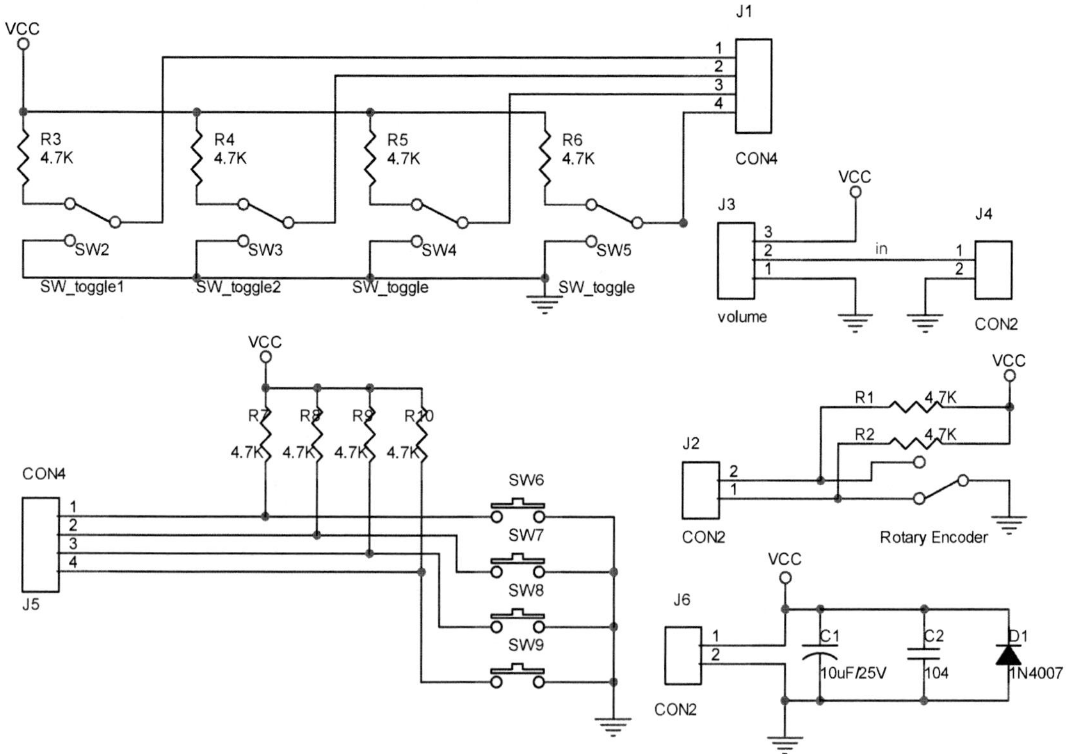
VCC
J1
CON4
R3
4.7K
R4
4.7K
R5
4.7K
R6
4.7K
SW2
SW3
SW4
SW5
SW_toggle1
SW_toggle2
SW_toggle
SW_toggle
J3
volume
in
J4
CON2
R7
R8
R9
R10
CON4
J5
SW6
SW7
SW8
SW9
R1
R2
J2
CON2
Rotary Encoder
J6
CON2
C1
10uF/25V
C2
104
D1
1N4007

(2) 제어회로용 LED PCB

1) 부품리스트

품명	규격	수량	비고
제어호로용 LED PCB 기판	108.2 * 47.2 mm	1	
발광 다이오드	LED-R/3MM	16	
다이오드	1N4007	1	
단자대	USL-5SAB1-8P	2	
	USL-5SAB1-2P	1	
Resistor	1/8W J 470Ω	16	
어레이저항	4.7K	1	
IC	74LS04	2	

2) 회로도

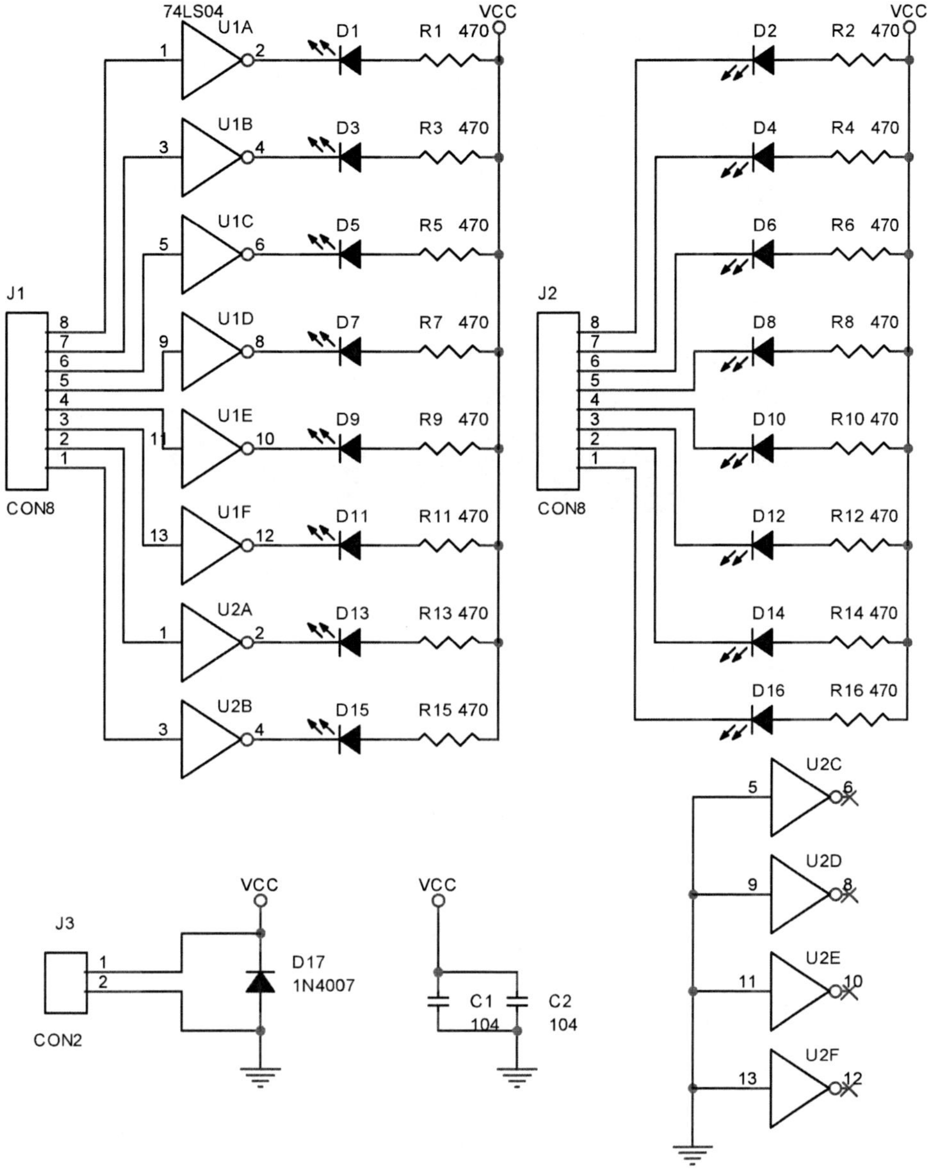

(3) 제어회로용 FND PCB

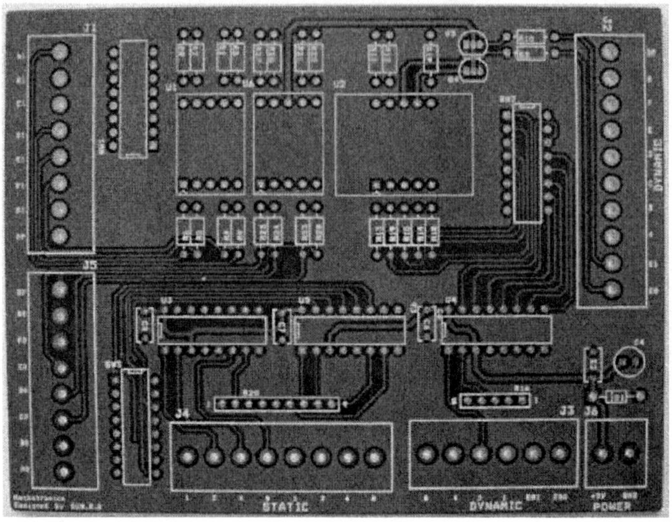

1) 부품리스트

품명	규격	수량	비고
제어회로용 FND PCB 기판	124.2*96.3 mm	1	
전해 콘덴서	10uF/25V	1	
세라믹 콘덴서	104	4	
다이오드	IN4007	1	
단자대	USL-5SAB1-8P	3	
	USL-5SAB1-10P	1	
	USL-5SAB1-6P	1	
	USL-5SAB1-2P	1	
Transistor	C3198	2	
Resistor	1/4W J 220Ω	16	
	1/4W J 2.2KΩ	2	
	1/4W J 470Ω	8	
Array Resistor	4.7KΩ 5P	1	
	4.7KΩ 9P	1	
Dip_Switch	KSD08H	3	
FND	LDS10561SRA	2	
	LDS20561SRA2	1	
IC	74LS47	3	

2) 회로도

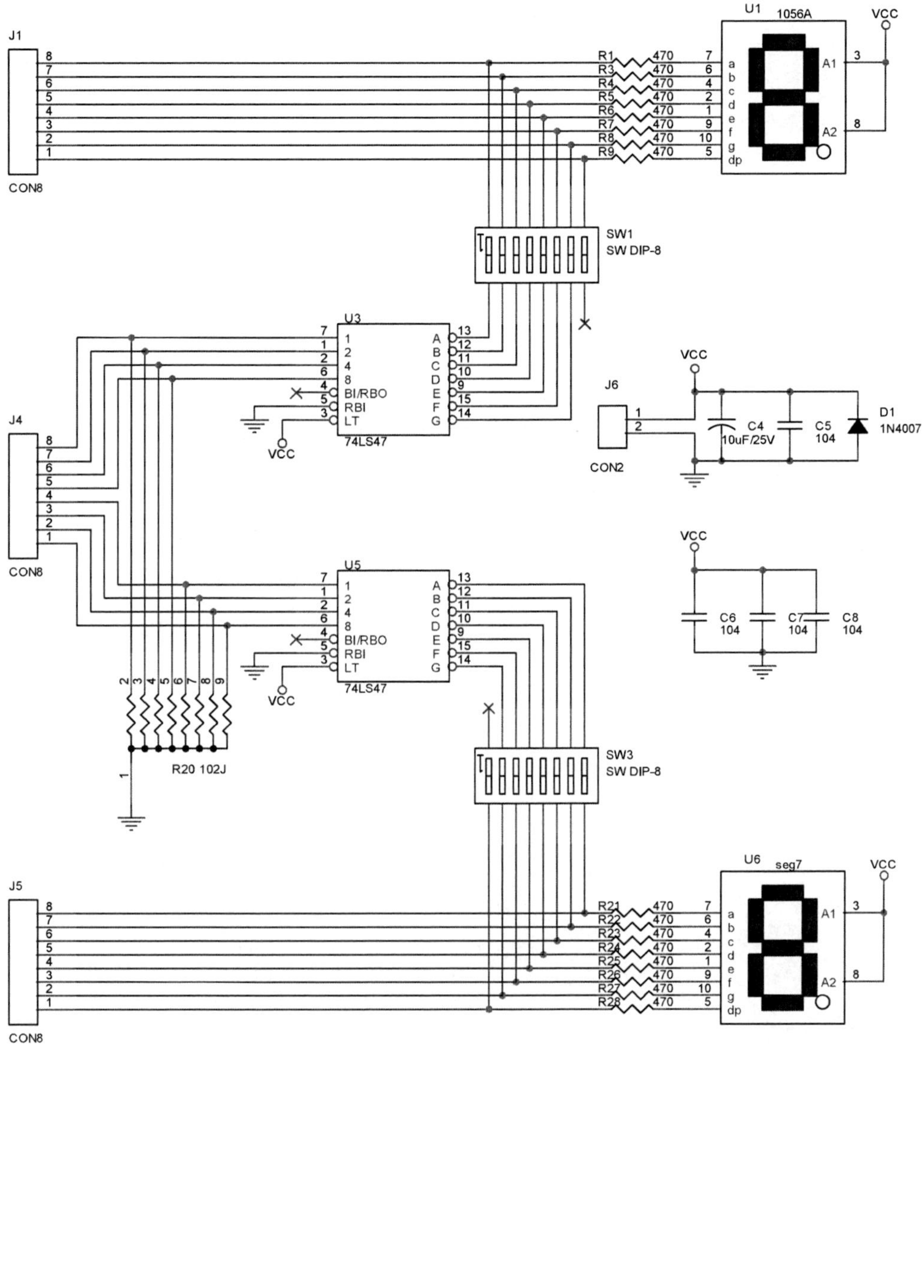
J1
CON8
U1 1056A
VCC
R1 470
R3 470
R4 470
R5 470
R6 470
R7 470
R8 470
R9 470
a b c d e f g dp
A1
A2
SW1
SW DIP-8
U3
74LS47
BI/RBO
RBI
LT
VCC
J4
CON8
J6
CON2
C4
10uF/25V
C5
104
D1
1N4007
C6
104
C7
104
C8
104
U5
74LS47
R20 102J
SW3
SW DIP-8
J5
CON8
U6 seg7
R21 470
R22 470
R23 470
R24 470
R25 470
R26 470
R27 470
R28 470

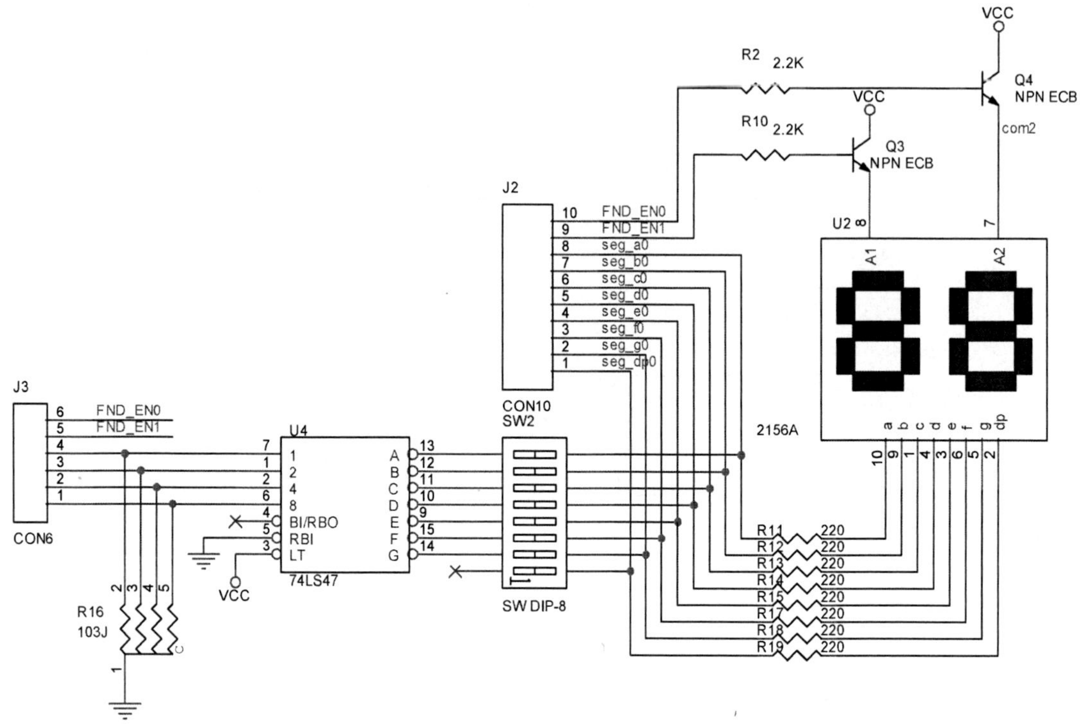
VCC
R2 2.2K
Q4 NPN ECB
com2
R10 2.2K
Q3 NPN ECB
J2
FND_EN0
FND_EN1
seg_a0
seg_b0
seg_c0
seg_d0
seg_e0
seg_f0
seg_g0
seg_dp0
CON10
U2
A1
A2
2156A
J3
FND_EN0
FND_EN1
CON6
U4
BI/RBO
RBI
LT
74LS47
SW2
SW DIP-8
R16
103J
R11 220
R12 220
R13 220
R14 220
R15 220
R17 220
R18 220
R19 220

(4) 제어회로용 DC 모터 PCB

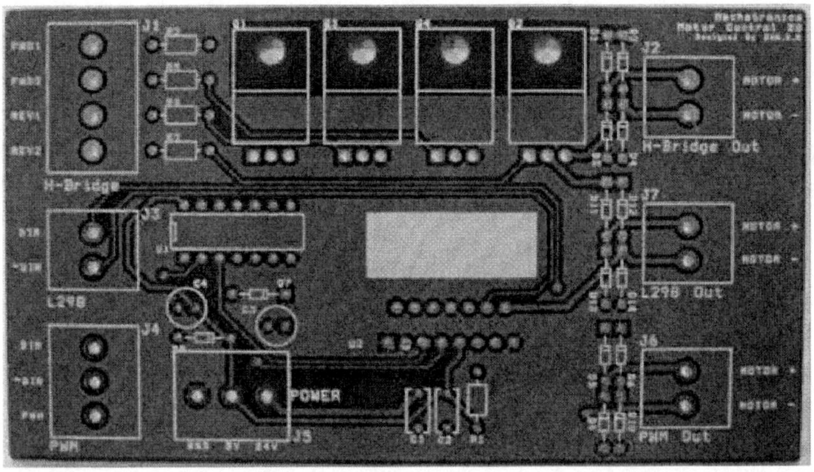

1) 부품리스트

품명	규격	수량	비고
제어회로용 DC모터 PCB기판	114.9 * 66.2 mm	1	
전해 콘덴서	10uF/25V	2	
세라믹 콘덴서	104	2	
다이오드	IN4007	14	
단자대	USL-5SAB1-4P	1	
	USL-5SAB1-2P	4	
	USL-5SAB1-3P	2	
Transistor	D288	4	
Resistor	1/4W J 4.7KΩ	1	
	1/4W J 2.2KΩ	4	
IC	74HC08	1	
	L298/MUTIV	1	

2) 회로도

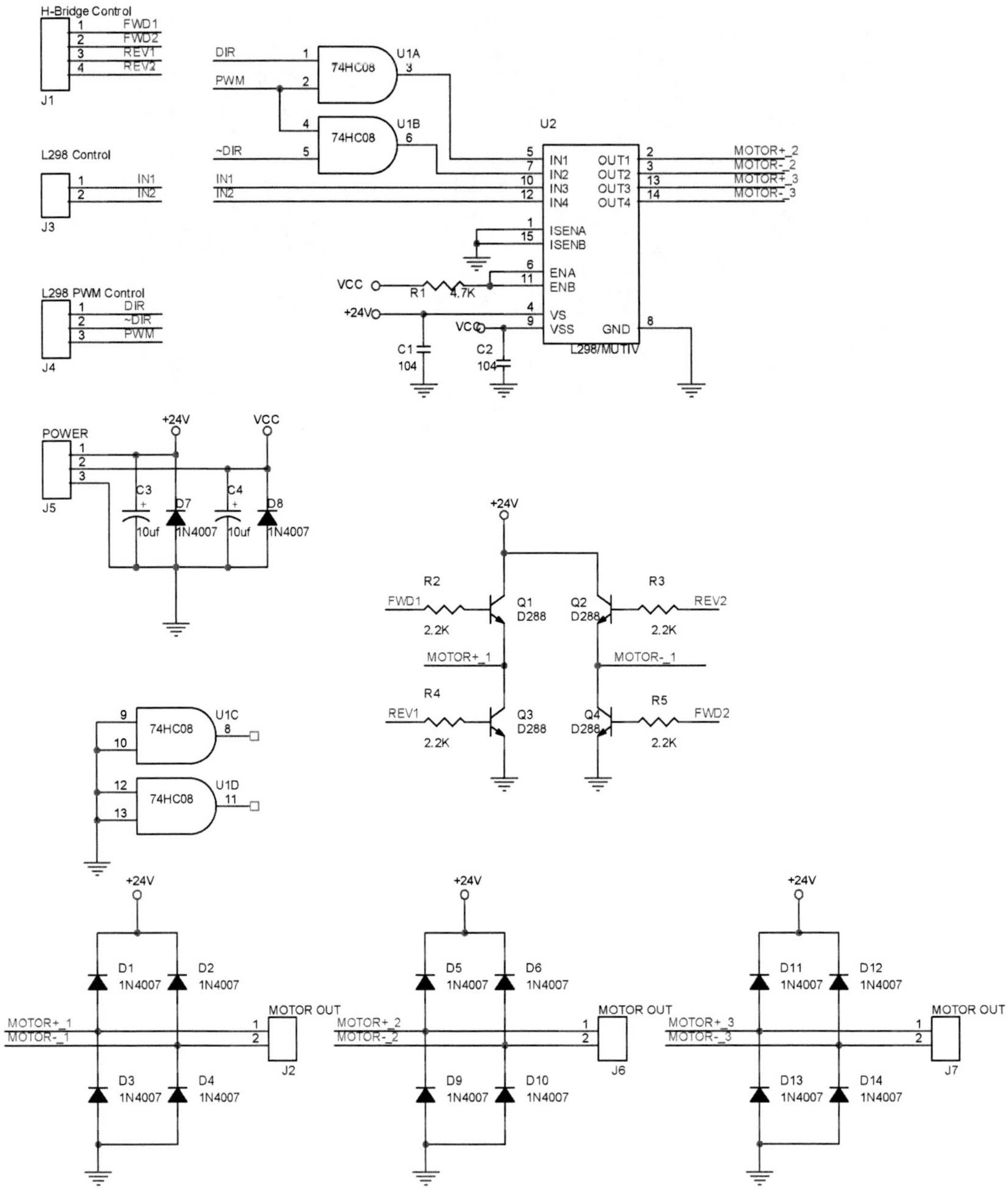
H-Bridge Control
FWD1
FWD2
REV1
REV2
J1
L298 Control
IN1
IN2
J3
L298 PWM Control
DIR
~DIR
PWM
J4
74HC08
U1A
U1B
U2
IN1 IN2 IN3 IN4
OUT1 OUT2 OUT3 OUT4
ISENA
ISENB
ENA
ENB
VS
VSS
GND
L298/MUTIV
MOTOR+_2
MOTOR-_2
MOTOR+_3
MOTOR-_3
VCC
R1 4.7K
+24V
C1 104
C2 104
POWER
J5
C3 10uf
D7 1N4007
C4 10uf
D8 1N4007
R2 2.2K
R3 2.2K
R4 2.2K
R5 2.2K
Q1 D288
Q2 D288
Q3 D288
Q4 D288
MOTOR+_1
MOTOR-_1
U1C
U1D
D1 1N4007
D2 1N4007
D3 1N4007
D4 1N4007
D5 1N4007
D6 1N4007
D9 1N4007
D10 1N4007
D11 1N4007
D12 1N4007
D13 1N4007
D14 1N4007
MOTOR OUT
J2
J6
J7

(5) 제어회로용 STEP모터 PCB

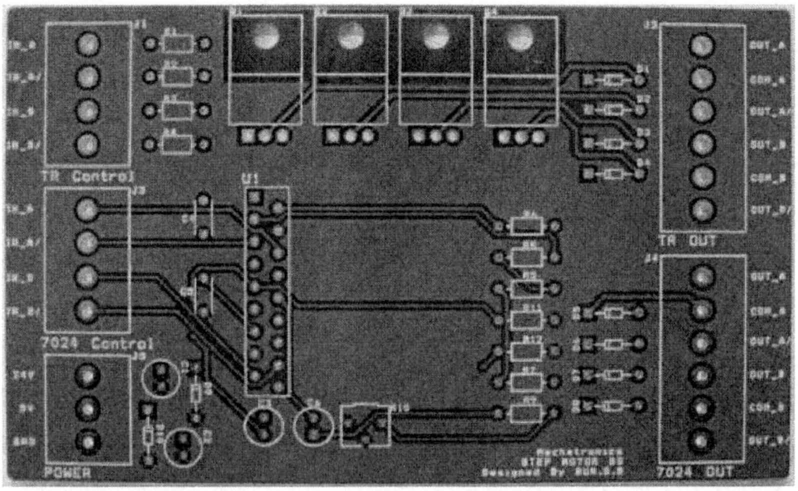

1) 부품리스트

품명	규격	수량	비고
제어회로용 STEP모터 PCB 기판	118.5 * 72.0 mm	1	
전해 콘덴서	10uF/25V	2	
	0.22uF/25V	2	
세라믹 콘덴서	470pF	2	
다이오드	IN4007	10	
단자대	USL-5SAB1-4P	2	
	USL-5SAB1-3P	1	
	USL-5SAB1-6P	2	
Transistor	D288	4	
Resistor	1/4W J 2.2KΩ	4	
	1/4W J 510Ω	1	
	1/4W J 47KΩ	2	
	1/4W J 2.4KΩ	2	
	1/4W J 1Ω	2	
사각볼륨	GF063P101 100Ω	1	
IC	SLA7026M	1	

2) 회로도

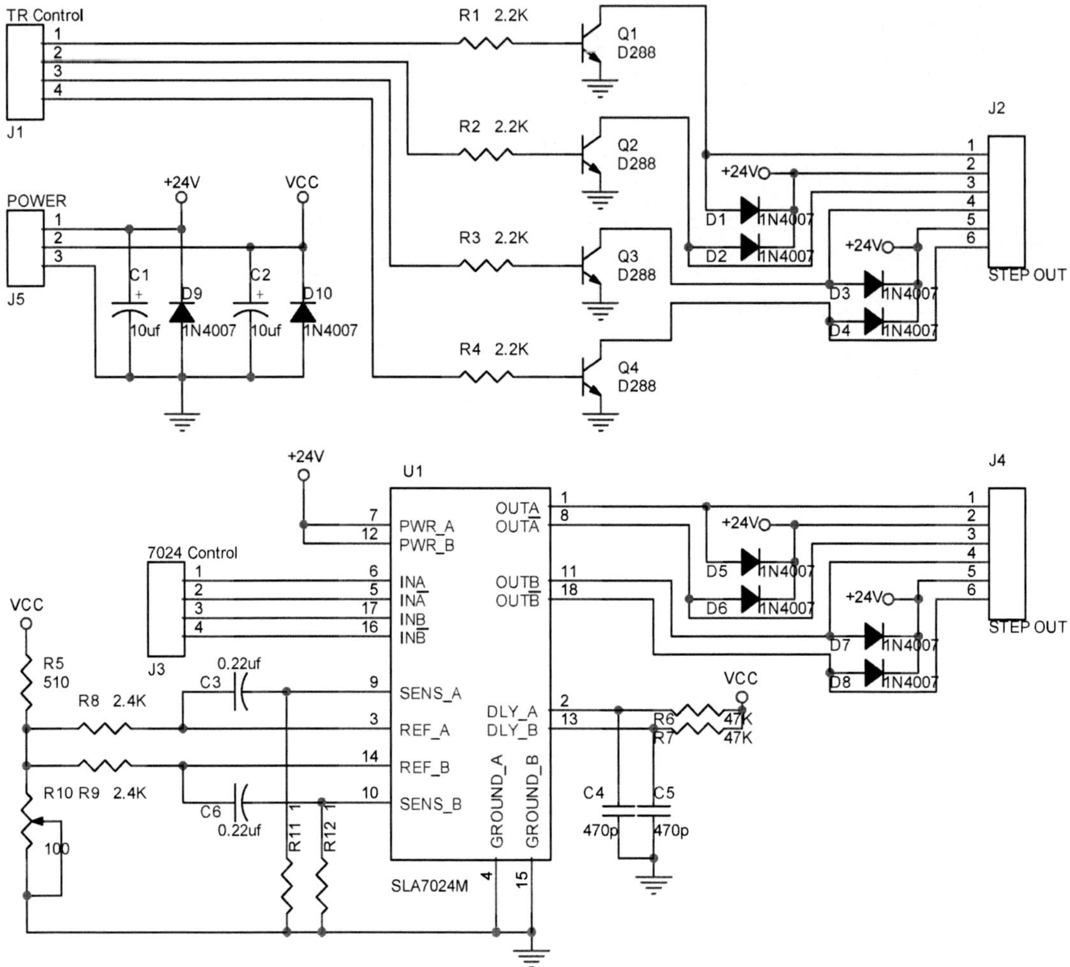
TR Control
J1
R1 2.2K
R2 2.2K
R3 2.2K
R4 2.2K
Q1 D288
Q2 D288
Q3 D288
Q4 D288
J2
+24V
D1 1N4007
D2 1N4007
D3 1N4007
D4 1N4007
STEP OUT
POWER
J5
VCC
C1 10uf
D9 1N4007
C2 10uf
D10 1N4007
U1
J4
PWR_A
PWR_B
7024 Control
J3
INA
INB
OUTA
OUTB
D5 1N4007
D6 1N4007
D7 1N4007
D8 1N4007
R5 510
R8 2.4K
C3 0.22uf
SENS_A
REF_A
REF_B
SENS_B
DLY_A
DLY_B
R6 47K
R7 47K
R10 R9 2.4K
100
C6 0.22uf
R11 1
R12 1
GROUND_A
GROUND_B
C4 470p
C5 470p
SLA7024M

(6) 제어회로용 포토커플러 PCB

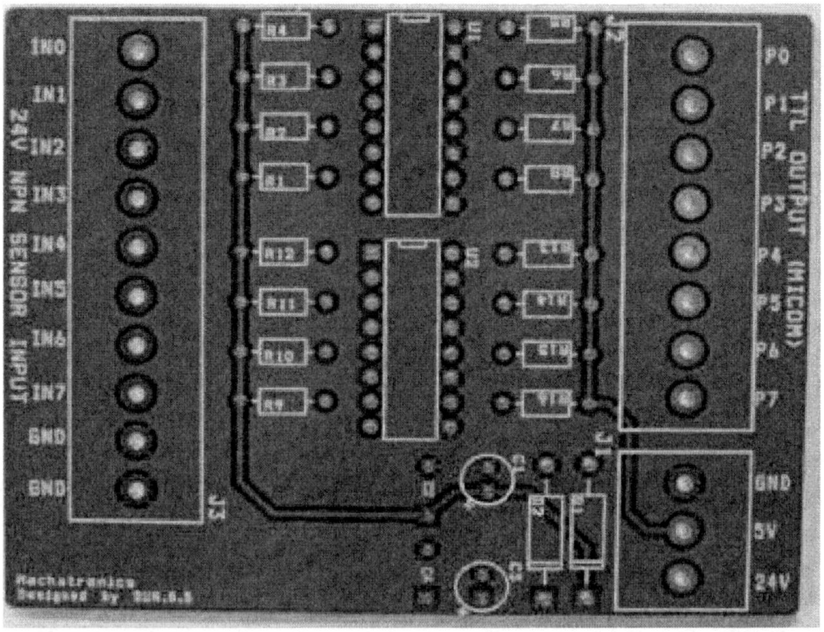

1) 부품리스트

품명	규격	수량	비고
제어회로용 포토커플러 PCB기판	78 * 62 mm	1	
전해 콘덴서	10uF/25V	2	
세라믹 콘덴서	104	2	
다이오드	IN4007	2	
단자대	USL-5SAB1-3P	1	
	USL-5SAB1-8P	1	
	USL-5SAB1-10P	1	
Resistor	1/4W J 2.2KΩ	8	
	1/4W J 4.7KΩ	8	
IC	PC847	2	

2) 회로도

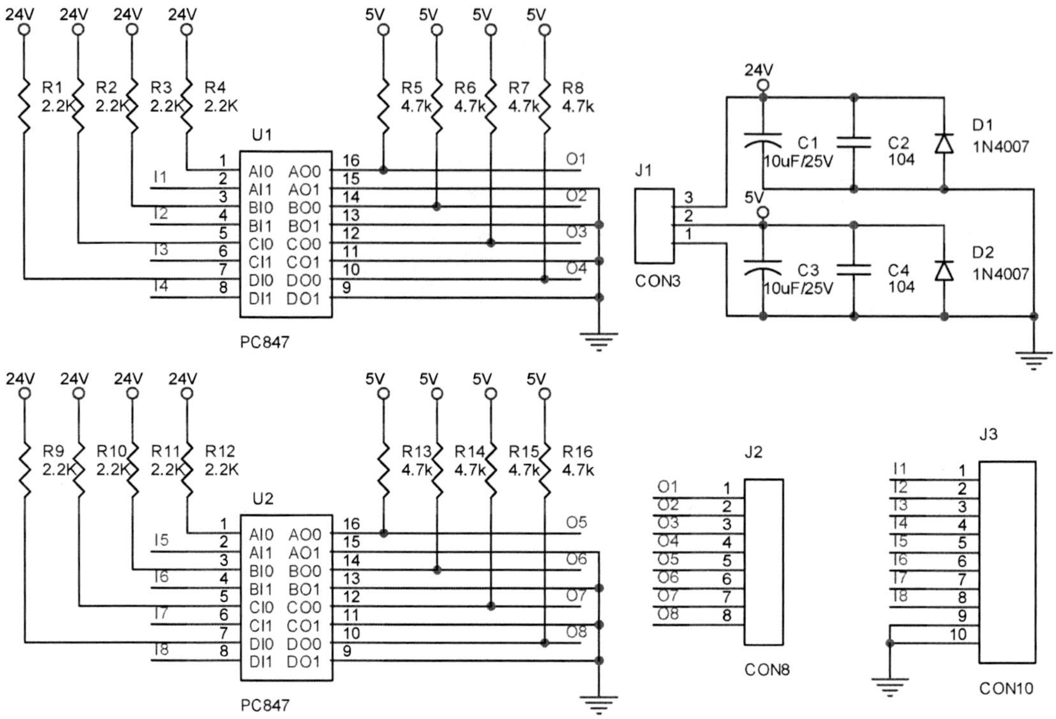
24V
5V
R1 2.2K
R2 2.2K
R3 2.2K
R4 2.2K
R5 4.7k
R6 4.7k
R7 4.7k
R8 4.7k
U1
AI0 AO0
AI1 AO1
BI0 BO0
BI1 BO1
CI0 CO0
CI1 CO1
DI0 DO0
DI1 DO1
PC847
I1
I2
I3
I4
O1
O2
O3
O4
J1
CON3
C1 10uF/25V
C2 104
D1 1N4007
C3 10uF/25V
C4 104
D2 1N4007
R9 2.2K
R10 2.2K
R11 2.2K
R12 2.2K
R13 4.7k
R14 4.7k
R15 4.7k
R16 4.7k
U2
PC847
I5
I6
I7
I8
O5
O6
O7
O8
J2
CON8
J3
CON10

(7) 제어회로용 TR PCB

1) 부품리스트

품명	규격	수량	비고
제어회로용 TR PCB기판	91.2 * 78.2 mm	1	
전해 콘덴서	10uF/25V	1	
세라믹 콘덴서	104	1	
다이오드	IN4007	9	
단자대	USL-5SAB1-2P	9	
	USL-5SAB1-8P	1	
Transistor	D288	8	
Resistor	1/4W J 2.2KΩ	8	

2) 회로도

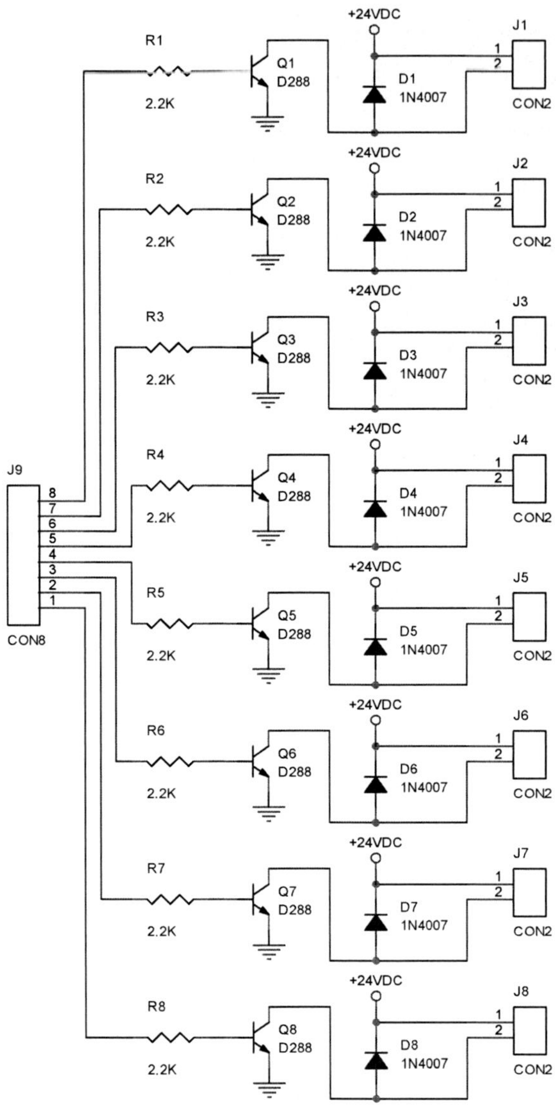
+24VDC
R1
R2
R3
R4
R5
R6
R7
R8
2.2K
Q1
Q2
Q3
Q4
Q5
Q6
Q7
Q8
D288
D1
D2
D3
D4
D5
D6
D7
D8
1N4007
J1
J2
J3
J4
J5
J6
J7
J8
CON2
J9
CON8

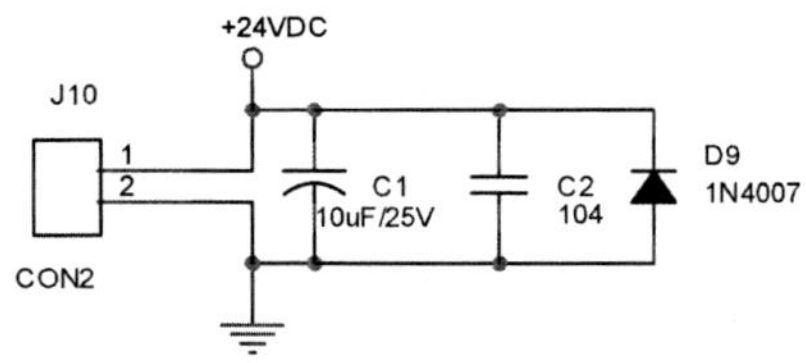
+24VDC
J10
CON2
C1
10uF/25V
C2
104
D9
1N4007

7장 FX_PLC

1. FX PLC
1.1 각부 명칭
1.2 사용 FX 모델
1.3 전원 사양
1.4 입력 사양
1.5 출력 사양
1.6 성능 사양

2. 단자배열과 배선
2.1 단자대 배열
2.2 FX3U-32MR/ES

3. 입력으로 내부전원 사용
3.1 입력단자에 센서 연결
3.2 입력에 오픈콜렉터 트랜지스터 연결

4. 입력기기 접속시 주의
4.1 무전압 접접점인 경우
4.2. 2선식 근접스위치 사용
4.3 3선식 근접스위치 사용

5. 입력단자 연결
6. 출력단자 연결

1. FX PLC

1.1 각부 명칭

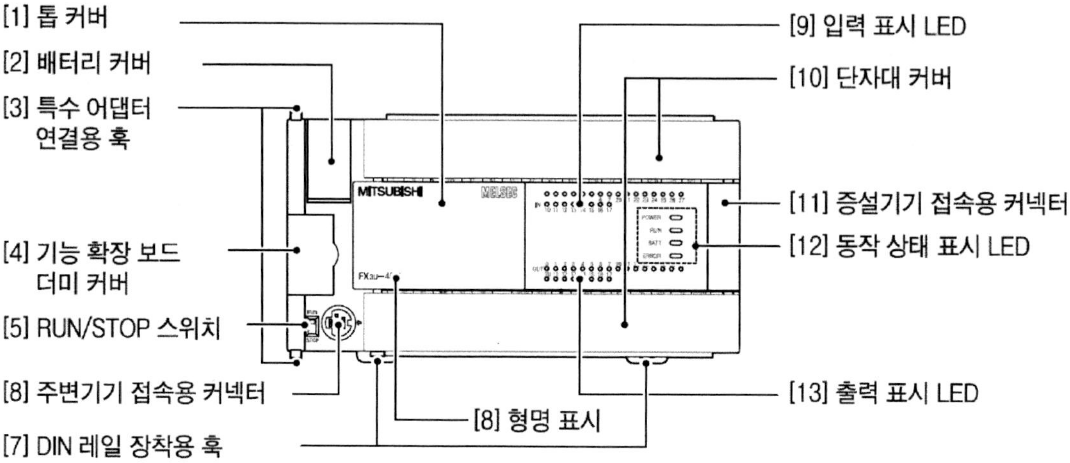

RUN/STOP 스위치 : 시퀀스 프로그램의 쓰기(일괄)나 연산을 정지할 때는 STOP으로 한다. 연산처리(기계 운전)시에는 RUN으로 한다.

동작상태 표시등 : PLC의 동작 상태를 LED의 점멸로 확인 할 수 있다.

LED명칭	표시색	내용
POWER	녹색	통전 중일 때 점등
RUN	녹색	운전 중에는 점등
BATT	적색	배터리 전압의 저하 시에 점등
ERROR	적색	프로그램 에러 시에 점멸
	적색	CPU에러 시에 점등

1.2 사용 FX 모델

입출력점수			형명	출력형식 (접속타입 : 단자대)
합계 점수	입력점수	출력점수		
AC전원/DC24V 싱크 · 소스 입력 공용 타입				
16	8	8	FX3U-16MR/ES	릴레이
32	16	16	FX3U-24MR/ES	릴레이
48	24	24	FX3U-32MR/ES	릴레이
64	32	32	FX3U-48MR/ES	릴레이
80	40	40	FX3U-80MR/ES	릴레이

1.3 전원 사양

항목	사양				
	FX3U-16MR/ES	FX3U-32MR/ES	FX3U-48MR/ES	FX3U-64MR/ES	FX3U-80MR/ES
전원 전압	AC100-240V				
전원 전압 허용 범위	AC85~264V				
정격 주파수	50/60Hz				
허용 순간정전 시간	10ms 이하의 순간정전에 대하여 동작을 계속합니다. 전원 전압이 AC200V계인 경우는 사용자 프로그램에 의해, 10~100ms로 변경할 수 있습니다.				
전원 퓨즈	AC250V 3.15A		AC250V 5A		
돌입 전류	최대 30A 5ms이하/AC100V, 최대 65A 5ms이하/AC200V				
소비 전력 ※1	30W	35W	40W	45W	50W
DC24V 서비스 전원 ※2	400mA 이하		600mA 이하		
DC5V 내장 전원 ※3	500mA 이하				

1.4 입력 사양

항목		사양				
		FX3U-16MR/ES	FX3U-32MR/ES	FX3U-48MR/ES	FX3U-64MR/ES	FX3U-80MR/ES
입력 점수		8점	16점	24점	32점	40점
입력 접속 타입		고정식 단자대 (M3 나사)	착탈식 단자대 (M3 나사)			
입력 형식		싱크/소스				
입력 신호 전압		DC24V ±10%				
입력 임피던스	X000~X005	3.9kΩ				
	X006, X007	3.9kΩ				
	X010 이상	–	4.3kΩ			
입력 신호전류	X000~X005	6mA/DC24V				
	X006, X007	7mA/DC24V				
	X010 이상	–	5mA/DC 24V			
ON 입력 감도 전류	X000~X005	3.5mA 이상				
	X006, X007	4.5mA 이상				
	X010 이상	–	3.5mA 이상			
OFF 입력 감도 전류		1.5mA 이하				
입력 응답 시간		약 10ms				
입력 신호 형식		무전압 접점 입력 싱크 입력 시 : NPN 오픈컬렉터 트랜지스터 소스 입력 시 : PNP 오픈컬렉터 트랜지스터				
입력 회로 절연		포토커플러 절연				
입력 동작 표시		포토커플러 구동 시 패널의 LED 점등				

입력 회로 구성
※1.입력 임피던스

싱크 입력 배선

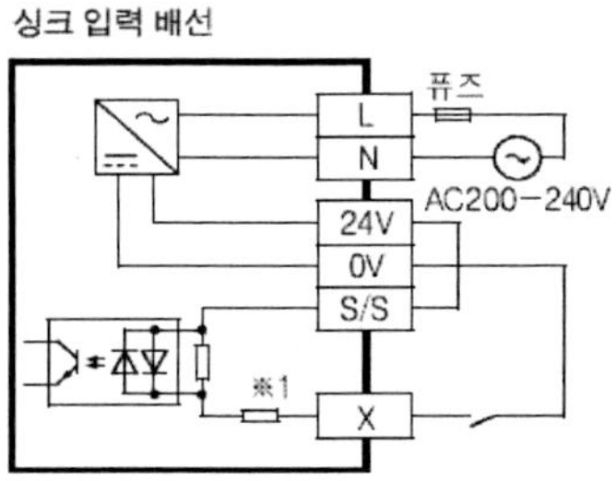

소스 입력 배선

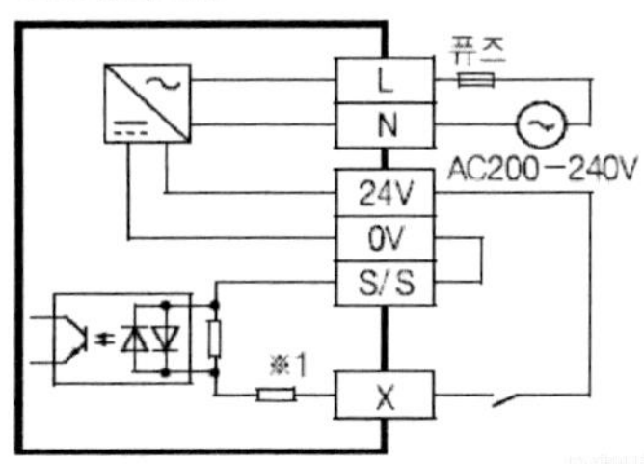

1.5 출력 사양

항목		릴레이 출력 사양				
		FX3U-16MR/ES	FX3U-32MR/ES	FX3U-48MR/ES	FX3U-64MR/ES	FX3U-80MR/ES
출력 점수		8점	16점	24점	32점	40점
접속 타입		고정식 단자대 (M3 나사)	착탈식 단자대(M3 나사)			
출력 종류		릴레이				
외부 전원		DC30V 이하 AC240V 이하(CE, UL, cUL 규격 미대응 시는 AC250V 이하)				
최대 부하	저항 부하	・출력1점/1코먼: 2A 이하 2A/1점 ・출력4점/1코먼: 8A 이하 코먼당 합계 부하 전류 ・출력8점/1코먼: 8A 이하				
	유도 부하	80VA				
최소 부하		DC5V 2mA (참고치)				
개로 누설 전류		–				
응답 시간	OFF→ON	약 10ms				
	ON→OFF	약 10ms				
회로 절연		기계적 절연				
출력 동작표시		릴레이 코일 통전 시 패널의 LED 점등				
출력 회로구성		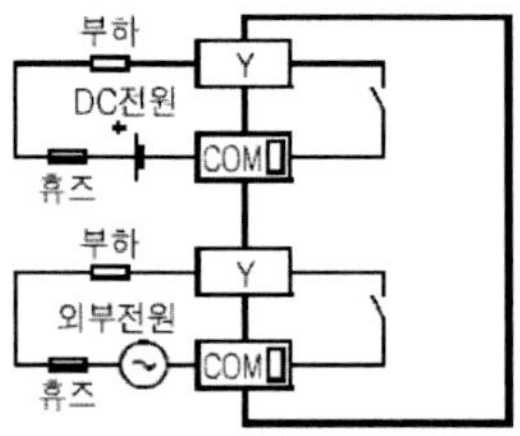 [COM□]의 □에는 번호(1~)가 들어갑니다.				

1.6 성능 사양

항목		성능
연산 제어 방식		스토어드 프로그램 반복연산 방식 (전용 LSI), 인터럽트 기능 있음
입출력 제어 방식		일괄처리 방식(END 명령 실행시), 입출력 리프레시 명령, 펄스 캐치 기능 있음
프로그램언어		릴레이 심볼방식 + 스텝 래더 방식 (SFC 표현 가능)
프로그램 메모리	최대 메모리 용량	64000스텝 (파라미터 설정에 의해, 2k/4k/8k/16k/32k도 가능) 파라미터에서 설정함으로써 코멘트, 파일 레지스터를 프로그램 메모리 내에 작성 가능 ・코멘트: 최대 6350점(50점/500스텝) ・파일 레지스터: 최대 7000점(500점/500스텝)
	내장 메모리 용량/형식	64000스텝/RAM 메모리 (내장 리듐 배터리로 백업) ・배터리 수명: 약 5년(보증 1년) ・패스워드 보호 기능 있음 (키워드 기능)
	메모리 카세트 (옵션)	플래시 메모리 (메모리 카세트의 형명에 따라 최대 메모리 용량이 다릅니다.) ・FX3U-FLROM-64L: 64000스텝 (로더 기능 있음) ・FX3U-FLROM-64: 64000스텝 (로더 기능 없음) ・FX3U-FLROM-16: 16000스텝 (로더 기능 없음) 쓰기 허용 횟수: 1만회
	RUN중 쓰기 기능	있음(PLC RUN 중에 프로그램의 변경 가능)

리얼타임 클록	시계 기능	내장 서기 2자리/4자리, 월차± 45초/25℃		
명령의 종류	기본 명령	· 시퀀스 명령 27개 · 스텝 래더 명령 2개		
	응용 명령	209종 486개		
연산 처리 속도	기본 명령	0.065㎲/ 명령		
	응용 명령	0.642㎲~ 수100㎲/ 명령		
입출력 점수	①증설 병용시 입력 점수	248점	③합계 점수	①+②≦③합계 점수는 256점 이하
	②증설 병용시 출력 점수	248점		
	④리모트 I/O 점수(CC-Link)	224점 이하		CC-Link, AS-i 마스터는 어느 하나를 사용 가능 (동시에 사용 불가능)
	④리모트 I/O 점수(AS-i)	248점 이하		
	상기 ③+④의 합계 점수	384점 이하		
입출력 릴레이	입력 릴레이	Y000~Y367	248점	디바이스번호는 8진수가 됩니다. 입출력 합계는 256점
	출력 릴레이	Y000~Y367	248점	
보조 릴레이	일반용 [가변]	M0~M499	500점	파라미터에 의해 킵/비킵의 설정을 변경 가능
	킵용 [가변]	M500~M1023	524점	
	킵용 [고정]	M1024~M7679	6656점	–
	특수용	M8000~M8511	512점	–
스테이트	이니셜 스테이트 (일반용)[가변]	S0~S9	10점	파라미터에 의해 킵/비킵의 설정을 변경 가능
	일반용 [가변]	S10~S499	490점	
	킵용 [가변]	S500~S899	400점	
	어넌시에이터용 (킵용)[가변]	S900~S999	100점	–
	킵용 [고정]	S1000~S4095	3096점	–
타이머 (온 지연 타이머)	100ms	T0~T191	192점	0.1~3,276.7초
	100ms[서브루틴, 인터럽트 루틴용]	T192~T199	8점	0.1~3,276.7초
	10ms	T200~T245	46점	0.01 ~327.67초

항목		성능		
타이머 (온 지연 타이머)	1ms 적산형	T246~T249	4점	0.001~32.767초
	100ms 적산형	T250~T255	6점	0.1~3,276.7초
	1ms	T256~T511	256점	0.001~32.767초
카운터	일반용 업 (16비트) [가변]	C0~C99	100점	0~32,767카운트 파라미터에 의해 킵/비킵의 설정을 변경 가능
	킵용 업 (16비트) [가변]	C100~C199	100점	
	일반용 쌍방향 (32비트) [가변]	C200~C219	20점	-2,147,483,648~+2,147,483,647카운트 파라미터에 의해 킵/비킵의 설정을 변경 가능
	킵용 쌍방향 (32비트) [가변]	C220~C234	15점	
고속카운터	1상1계수 입력 쌍방향 (32비트) [가변]	C235~C245	C235~C255 중에서 최대 8점 사용 가능	-2,147,483,648~+2,147,483,647카운트 파라미터에 의해 킵/비킵의 설정을 변경 가능 → **고속카운터의 동작 주파수는 아래표 참조**
	1상2계수 입력 쌍방향 (32비트) [가변]	C246~C250		
	2상2계수 입력 쌍방향 (32비트) [가변]	C251~C255		
데이터 레지스터 (페어 사용 시에 32비트)	일반용 (16비트) [가변]	D0~D199	200점	파라미터에 의해 킵/비킵의 설정을 변경 가능
	킵용 (16비트) [가변]	D200~D511	312점	

데이터 레지스터 (페어 사용 시에 32비트)	킵용(16비트) [고정] <파일 레지스터>	D512~D7999 <D1000~ D7999>	7488점 <7000점>	파라미터에 의해 킵 고정용 데이터 레지스터 7488점 중에 D1000이후를 500점 단위로 파일 레지스터에 설정 가능
	특수용(16비트)	D8000~D8511	512점	–
	인덱스용 (16비트)	V0~V7 Z0~Z7	16점	–
확장 레지스터(16비트)		R0~R32767	32768점	배터리로써 정전 유지
확장 파일 레지스터(16비트)		ER0~ER32767	32768점	메모리 카세트 장착 시만 사용 가능
포인터	JAMP, CALL 분기용	P0~P4095	4096점	CJ 명령, CALL 명령용
	입력 인터럽트, 입력 지연 인터럽트	I0□□~I5□□	6점	–
	타이머 인터럽트	I6□□~I8□□	3점	
	카운터 인터럽트	I010~I060	6점	HSCS명령용
네스팅	마스터컨트롤용	N0~N7	8점	MC 명령용
정수	10진수(K)	16비트	-32,768~ +32,767	
		32비트	-2,147,483,648~ +2,147,483,647	
	16진수(H)	16비트	0~ HFFF	
		32비트	0~ HFFFFHFF	
	실수(E)	32비트	-1.0× 2128~-1.0× 2-126, 0, 1.0 ×2-126~-1.0 ×2128 소수점 표현으로 지수 표현이 가능	
	문자열(" ")	문자열	" "으로 둘러 쌓인 문자로 지정합니다. 명령상의 정수로는 반각32문자까지 사용 가능	

2. 단자배열과 배선

2.1 단자대 배열

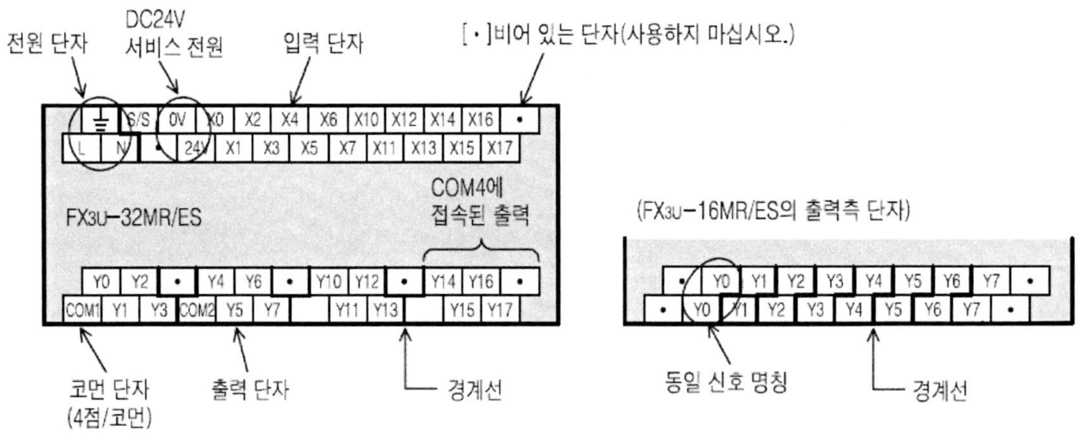

공통단자 COM : 출력 COM1은 Y0, Y1, Y2, Y3의 4개 출력 단자의 공통단자이다. COM2는 Y4, Y5, Y6, Y7의 4개 출력 단자의 공통 단자가 된다. COM에 접속할 수 있는 출력번호(Y)는 "경계선" 이 에워싼 범위가 된다.

2.2 FX3U-32MR/ES

1) 단자 배열

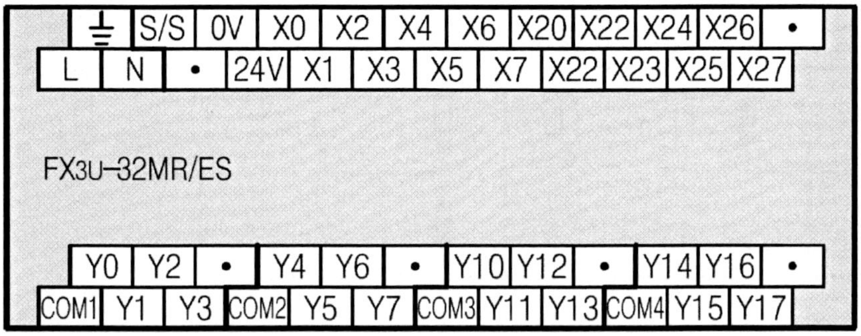

2) 입력 배선

■ 싱크 입력 배선

PLC 내부의 24V DC 전원을 사용하여 공통단자 COM을 0V로 설정하여 입력장치들을 연결하는 방법이다.

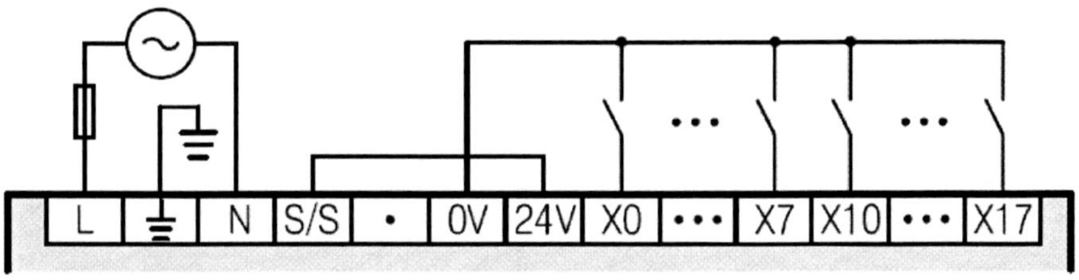

■ 소스 입력 배선

PLC 내부의 24V DC 전원을 사용하여 공통단자 COM을 24V로 설정하여 입력장치들을 연결하는 방법이다.

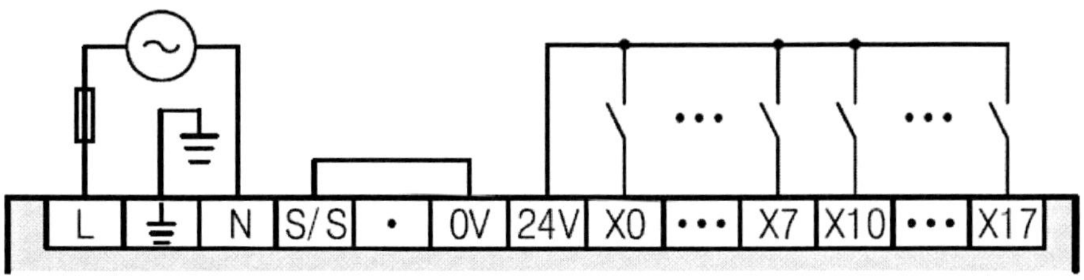

3) 출력배선

각각의 출력 COM단자를 기준으로 교류 혹은 직류전원을 사용해야한다. 예를 들어 COM1에는 교류전원 사용하기 위한 출력배선을 해야지 직류전원과 혼합해서는 안된다. COM3에는 직류전원 사용 장치들만 연결한다.

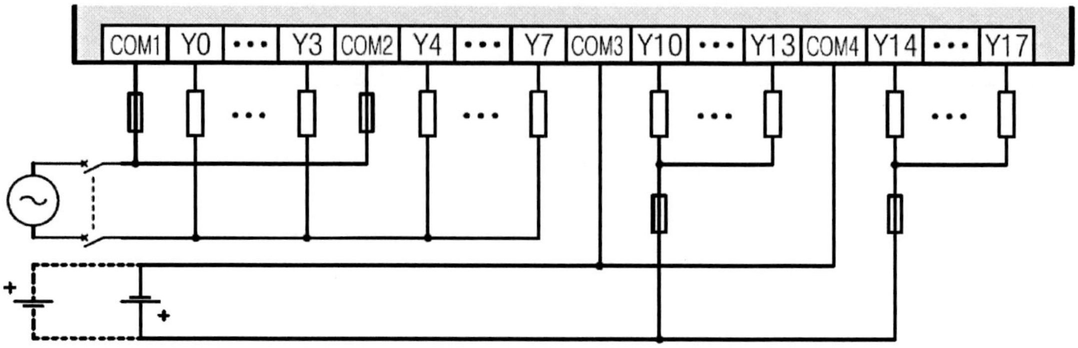

3. 입력으로 내부전원 사용

3.2

3.1 입력단자에 센서 연결

① 싱크 입력(-com)

DC 입력신호가 입력단자(X)에서 전류가 흘러나가도록 결선하는 방법. 트랜지스터 출력 타입의 근접센서, 포토센서 등의 출력으로 접속할 때 NPN오픈 콜렉터 트랜지스터 출력을 사용할 수 있다.

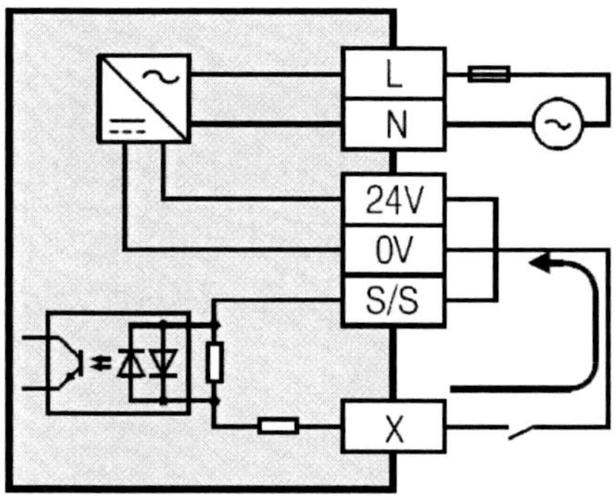

② 소스 입력(+com)

DC 입력신호가 입력단자(X)로 전류가 흘러들어가도록 결선하는 방법. 트랜지스터 출력 타입의 근접센서, 포토센서 등의 출력으로 접속할 때 PNP오픈 콜렉터 트랜지스터 출력을 사용할 수 있다.

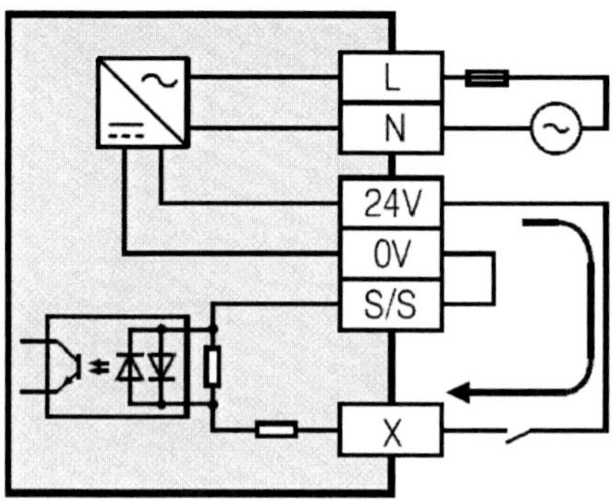

3.2 입력에 오픈콜렉터 트랜지스터 연결

① 싱크입력

입력단자(X)와 0V 단자 사이에 무전압 접점 또는 NPN 오픈콜렉터 트랜지스터 출력을 접속하고 트랜지스터가 ON되면 입력(X)가 ON의 상태가 된다.

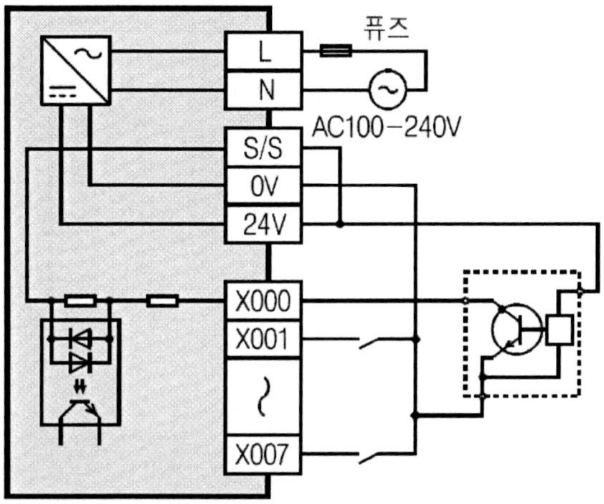

② 소스입력

입력단자(X)와 24V 단자 사이에 무전압 접점 또는 PNP오픈콜렉터 트랜지스터 출력을 접속하고 트랜지스터가 ON되면 입력(X)가 ON의 상태가 된다.

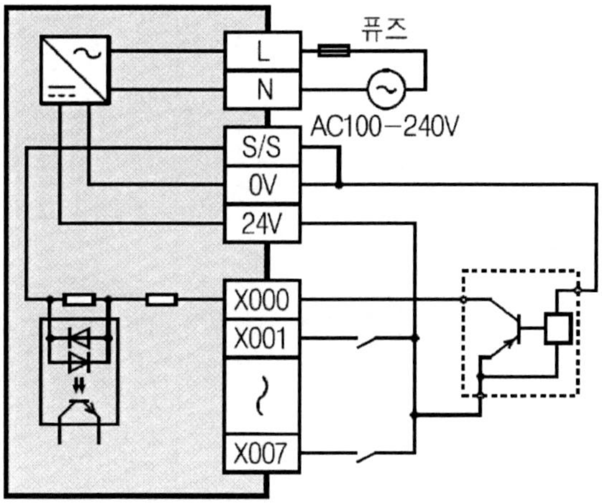

4. 입력기기 접속 시 주의

4.1 무전압 접점인 경우

① PLC의 입력 전류는 5~7mA/DC24V이다.

② 입력기기는 미소 전류용을 사용해야한다.

③ 대전류용의 무전압 접점(스위치 등)을 사용하면, 접촉 불량의 문제가 일어날 수 있다.

4.2. 2선식 근접스위치 사용

① 2선식 근접스위치 OFF시 누설전류가 1.5mA 이하제품 사용

② 1.5mA 이상 제품은 다음 식에서 구한 블리더 저항 Rb를 접속하시오.

$$Rb \leq \frac{6}{I\ell - 1.5}(k\Omega)$$

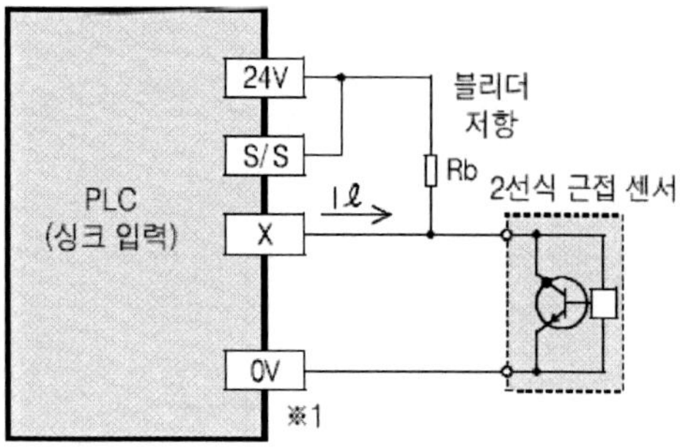

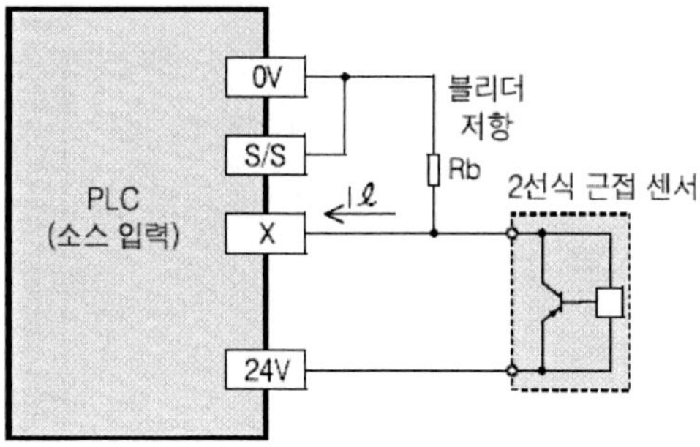

4.3 3선식 근접스위치 사용

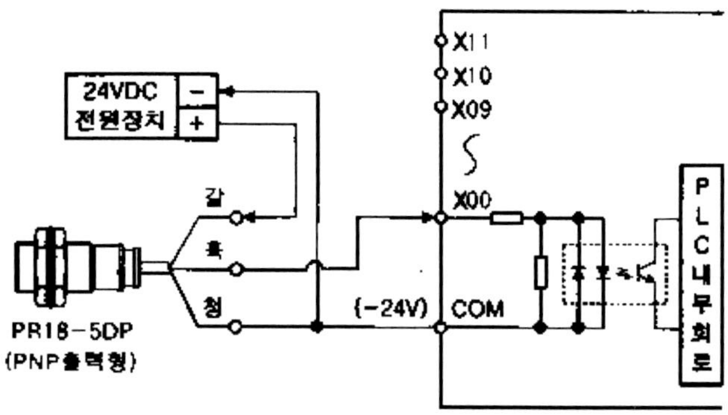

〈 PLC의 COMMON이 "−24V" 인 경우 〉

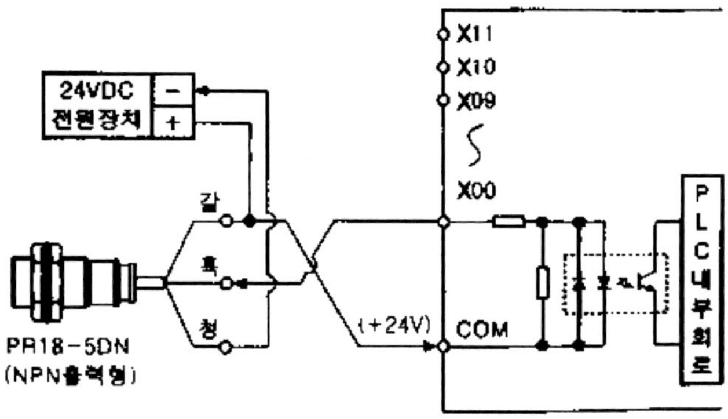

〈 PLC의 COMMON이 "+24V" 인 경우 〉

5. 입력단자 연결

NPN TYPE으로 배선시 (기본 배선)

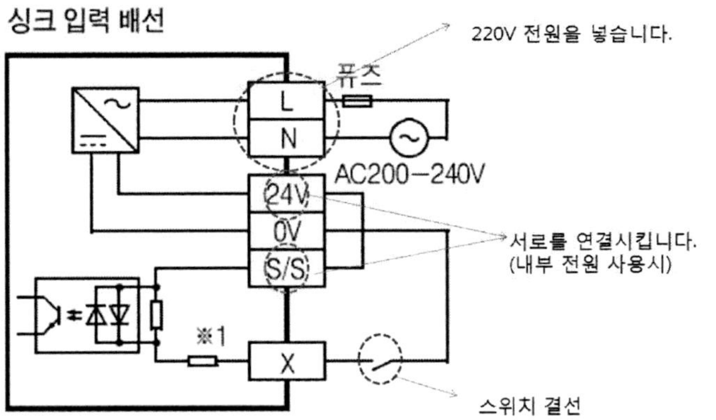

PNP TYPE으로 배선시

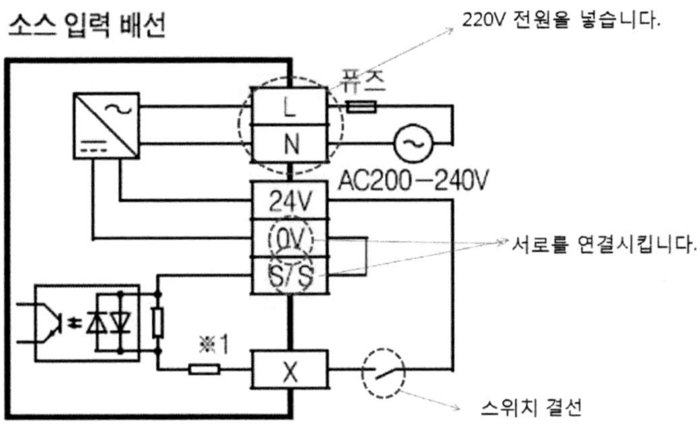

6. 출력단자 연결

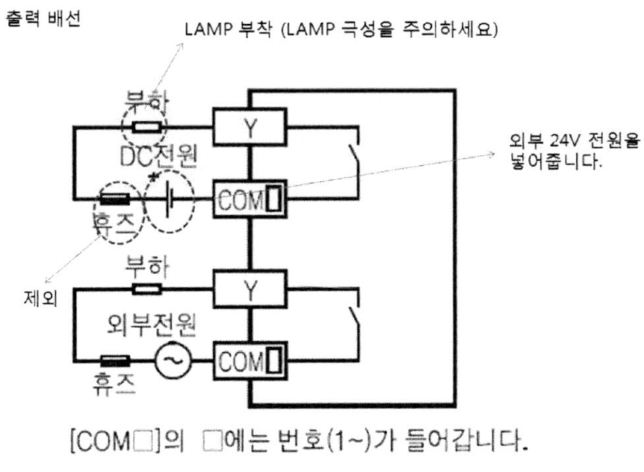

[COM□]의 □에는 번호(1~)가 들어갑니다.

참고문헌

QCPU 프로그래밍 매뉴얼.

QCPU 사용자 매뉴얼.

MELSEQ-Q 데이터북.

FX 프로그래밍 매뉴얼.

FX3U 시리즈 사용자 매뉴얼.

임동철 외2, "PLC제어(Melsec Q시리즈)",내하출판사, 2009.

정완보 외1, "PLC 이론과 실습", 복두출판사, 2009.

멜섹 PLC

2014년 8월 12일 인쇄
2014년 8월 15일 발행
저 자 백 승 수 저
펴낸이 오 성 걸
펴낸곳 **오성미디어**
주 소 132-916 서울시 도봉구 창 3동 491-1
전 화 02)997-0136
FAX 02)997-0137
등 록 2000. 5. 12 제 7-212 호

ISBN 978-89-6628-136-7 값 18,000 원